马百科全书

THE HORSE ENCYCLOPEDIA

［英］埃尔温・哈特利・爱德华兹◎著
冉文忠◎译

北京科学技术出版社

THE HORSE ENCYCLOPEDIA

Original text by Elwyn Hartley Edwards taken from Ultimate Horse and The Encyclopedia of the Horse copyright © Mary Hartley Edwards 1991, 1994
Copyright © 2016 Dorling Kindersley Limited
A Penguin Random House Company
Simplified Chinese Copyright © 2020 by Beijing Science and Technology Publishing Co., Ltd.

著作权合同登记号　图字：01-2019-7400

图书在版编目（CIP）数据

DK马百科全书 /（英）埃尔温・哈特利・爱德华兹著；冉文忠译. —北京：北京科学技术出版社，2020.5
书名原文：The Horse Encyclopedia
ISBN 978-7-5714-0651-6

Ⅰ. ① D…　Ⅱ. ①埃… ②冉…　Ⅲ. ①马－普及读物
Ⅳ. ① Q959.843-49

中国版本图书馆 CIP 数据核字（2019）第 285228 号

DK马百科全书

作　　者：〔英〕埃尔温・哈特利・爱德华兹
译　　者：冉文忠
策划编辑：廖　艳
责任编辑：张　芳
责任印制：李　茗
图文制作：天露霖文化
出 版 人：曾庆宇
出版发行：北京科学技术出版社
社　　址：北京西直门南大街16号
邮政编码：100035
电话传真：0086-10-66135495（总编室）
0086-10-66161952（发行部传真）
0086-10-66113227（发行部）
网　　址：www.bkydw.cn
电子信箱：bjkj@bjkjpress.com
经　　销：新华书店
印　　刷：深圳当纳利印刷有限公司
开　　本：635mm × 1092mm　1/16
印　　张：22.5
版　　次：2020年5月第1版
印　　次：2020年5月第1次印刷
ISBN 978-7-5714-0651-6/Q・184

定价：228.00元

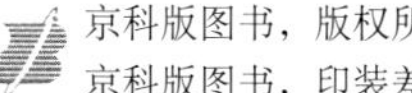

京科版图书，版权所有，侵权必究。
京科版图书，印装差错，负责退换。

A WORLD OF IDEAS:
SEE ALL THERE IS TO KNOW
www.dk.com

目录

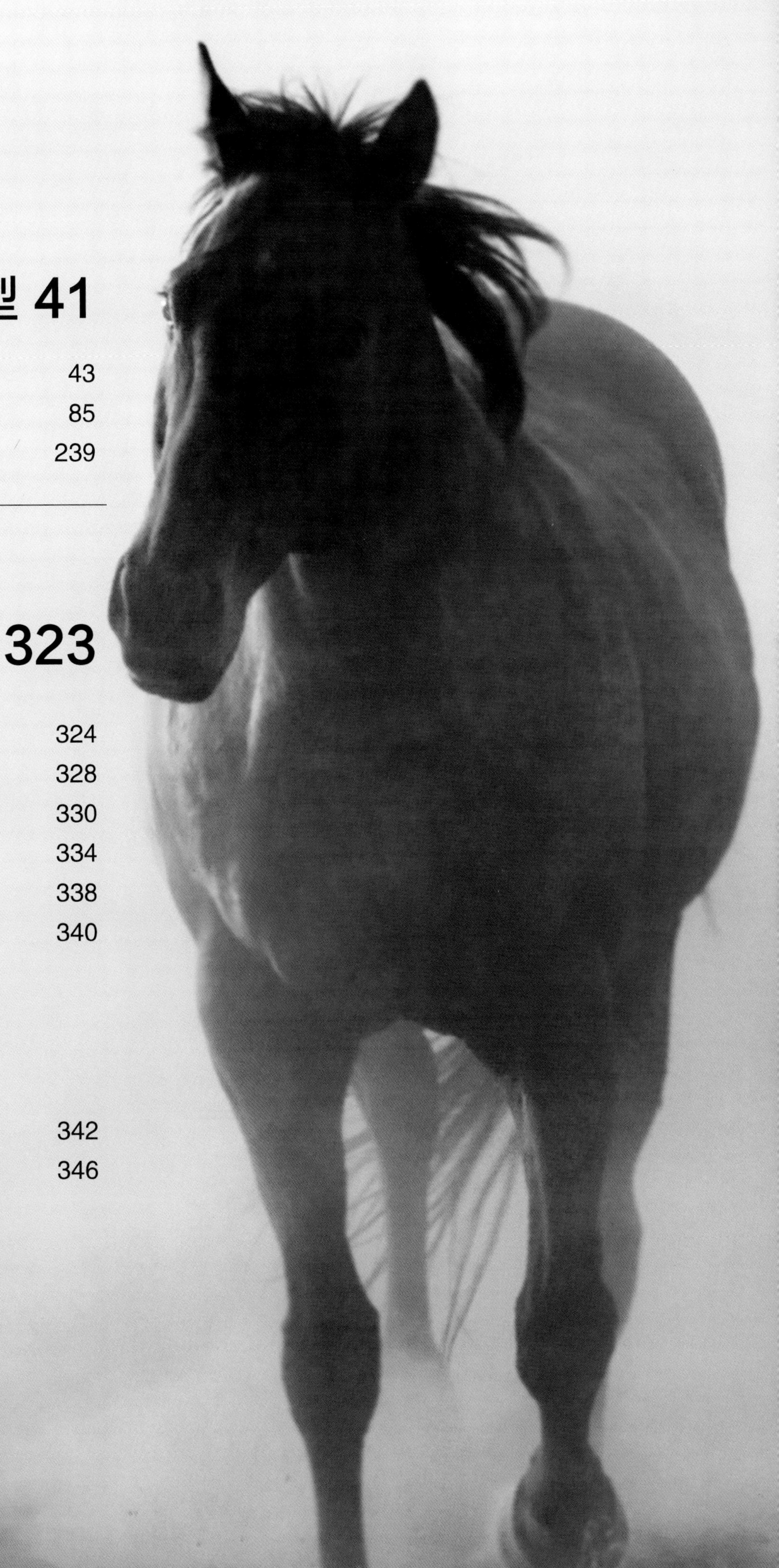

第一章

马的概述

马　科

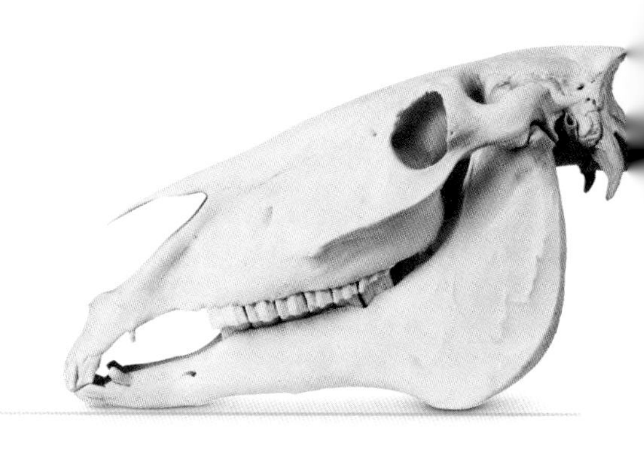

马科现有的所有成员都属于同一个属：马属。马科现在共有 7 个物种，其中 2 个物种是家畜（马和驴），野生的物种现在大都濒临灭绝，包括普氏野马、亚洲野驴、非洲野驴和斑马等。然而，在过去的 5600 万年中，生活在同一时期的马科动物曾经多达 12 个属，它们的外形往往相差很大。

多年来，马的进化一直被认为是一个渐进的过程：在脚趾数量减少的同时，它的体形不断增大，牙齿也逐渐从适合吃树叶和林地植物转变为适合吃草。然而，化石（尽管并不完整）却告诉了我们与之相反的事实：物种的快速多样化和灭绝。现在我们知道，只有一根承重趾的马和有三根承重趾的马曾生活在同一时期，尽管它们生活在不同的栖息地。例如，生活在开阔林地的马吃树叶，生活在开阔平原的马吃草；还有一些马什么都吃，在这两种栖息地都能生活。

早期的马科动物

与今天的马科动物不同，早期的马有多根脚趾，是生活在森林里的食草动物。始祖马有相对较短的脸、低冠齿和三根承重趾，每一根脚趾的末端都是小蹄。始祖马体形的变化很大——在长达 17.5 万年的全球变暖期内，它们体形缩小了 30%，变得和猫差不多大小。当温度再次降低时，它们则变大了，其体高达到 50 厘米左右。那些过去曾被认为是始祖马牙齿和骨骼的化石，现在则被认为混入了其他物种的骨骼化石。其中一些物种具有马的特征，另一些则没有，科学家们认为只有前者是马科动物。

早期的马

这三种已经灭绝的马，其蹄和牙齿与现代马的有很大的不同。人们认为，马科动物的食性、承重趾的数量和体形的变化至少在一定程度上与它们生活的不同环境有关。

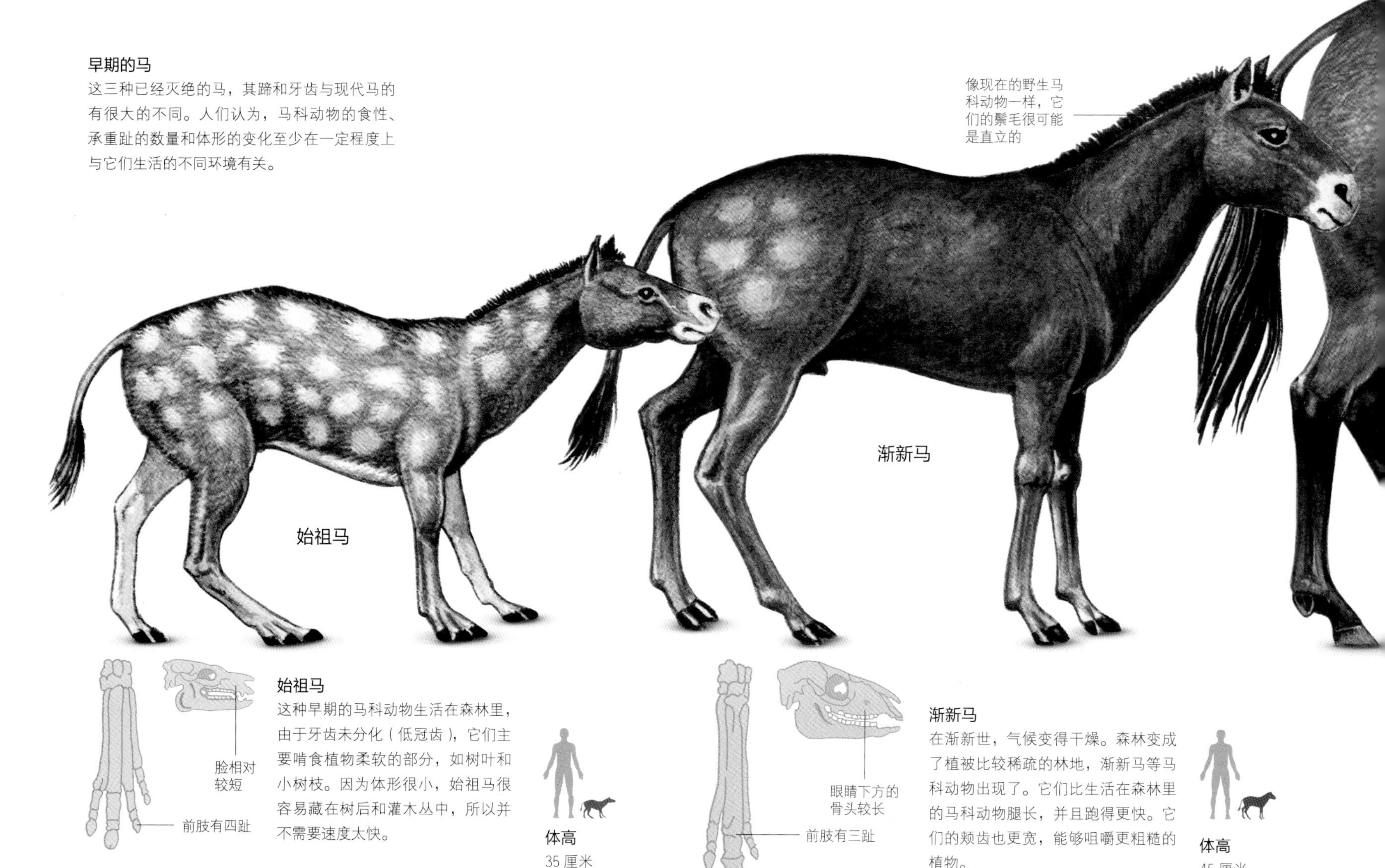

始祖马

这种早期的马科动物生活在森林里，由于牙齿未分化（低冠齿），它们主要啃食植物柔软的部分，如树叶和小树枝。因为体形很小，始祖马很容易藏在树后和灌木丛中，所以并不需要速度太快。

体高
35 厘米

渐新马

在渐新世，气候变得干燥。森林变成了植被比较稀疏的林地，渐新马等马科动物出现了。它们比生活在森林里的马科动物腿长，并且跑得更快。它们的颊齿也更宽，能够咀嚼更粗糙的植物。

体高
45 厘米

中期的马科动物

渐新马生活在距今3000多万年前的北美洲。它们又被称为间马，因为它们兼具早期马和现代马的特点。

在大约2000万年前的中新世时期，气候变得干燥，森林面积减小，草地面积增大。结果，马科动物迅速多样化，一些新物种体形变大了，另一些则体形变小了。到中新世末期（大约530万年前），马科动物的种类达到顶峰，有12个以上的属。

有一段时间，北美洲的平原上既有单趾马，也有多趾马；既有吃树叶的马，也有吃草的马。然而，只有那些食性和蹄子像现代马一样的物种存活到了今天。

草原古马是最早吃草的马种之一。它们生活在1000多万年前，体高约122厘米（12掌），像现代马一样有长长的脸，长着一排颊齿。后来的马脸更长，脑袋更大，下颌更长，其牙齿能够不断生长以弥补草对构成牙齿的二氧化硅的磨蚀。腿变长，桡骨和尺骨合并（见第8～9页），这些变化使它们能以更高效的方式获得速度和耐力，从而有助于它们逃脱新进化出来的平原食肉动物的追捕。

有着长长的腿、像踩着高跷的马，比如三趾马，出现在中新世初期。虽然这些食草动物有多根脚趾，但只有一根承重趾。它们的种族曾经非常兴盛，存在了大约2200万年。它们趁着合适的时机，迁徙到了欧洲和亚洲。然而，随着现代马的出现，以及在洞斑鬣狗等捕猎者的捕食下，它们也灭绝了。

大约1200万年前，一种类似于现代马的单蹄马——恐马在北美洲出现。又过了800万年，第一个马属物种才出现，但它们一出现，快速的多样化便随之而来。当晚上新世到更新世期间地球的气温下降时，它们就像其他马科动物一样，通过因海平面下降而形成的临时陆桥向东半球迁徙。在那之后的某个时期——由于某个现在仍然未知的原因——北美洲所有的马科动物都灭绝了。直到16世纪欧洲人引进现代马，马科动物才再次出现在北美洲。

草原古马

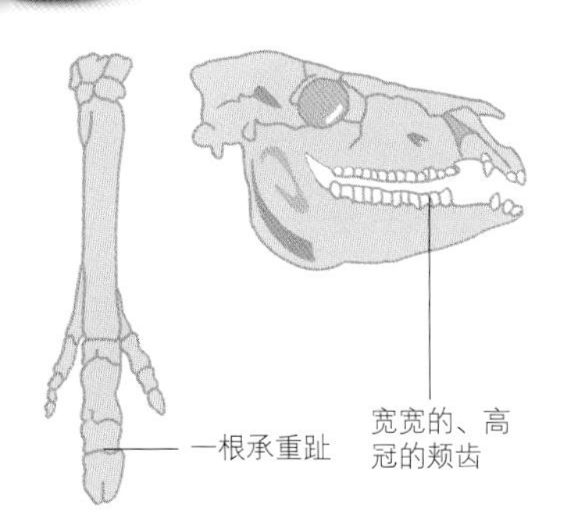

草原古马

草原古马是一种以草为食的马，其身体比例和现代马的差不多。它们生活在开阔的平原上。这里没有躲避捕食者的地方，速度是生存的关键。在同一时期，在相对潮湿的树林里，仍生活着多趾的、食草的马科动物。

体高

90厘米

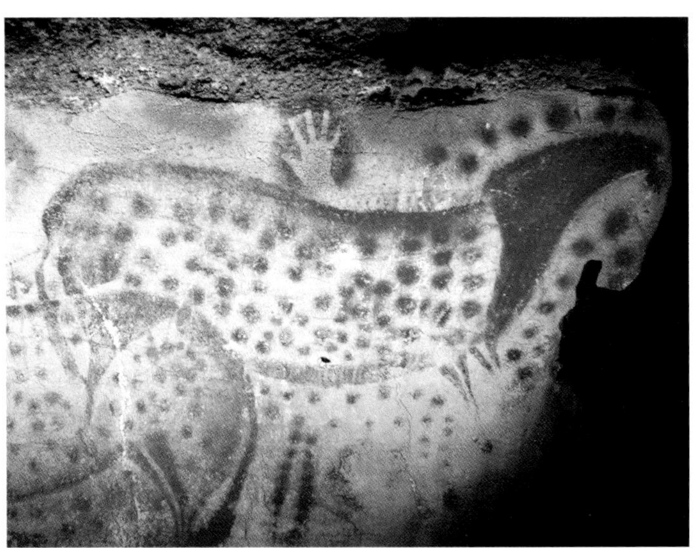

与人类的联系

从北美洲迁徙到欧洲之后，马科动物继续多样化，并遍布整个欧洲。在法国拉斯科的洞窟壁画上有类似马的动物，而这些壁画出现在马被驯化之前。

现存的马科动物

马属现存的成员可以分为非马的斑马与驴，以及马（见右页）。它们都是食草动物，只有一根功能正常的脚趾和一生都在生长的高冠齿。最著名的非马马属动物是斑马。斑马皮毛上黑白相间的条纹很容易辨认，它们有三种——细纹斑马、山斑马和平原斑马。细纹斑马体形最大，身上的条纹最窄。来自非洲南部的山斑马体形较小，是唯一颈部有喉袋的斑马。平原斑马有六个亚种，每个亚种都有独特的条纹图案，这取决于它们来自非洲的哪个地方。

北非和亚洲都有野驴。那些生活在北非的野驴已经濒临灭绝，仅存约 200 头成年个体。现存的非洲野驴亚种只有努比亚野驴和索马里野驴。家驴（见第 6～7 页）就是从非洲野驴驯化而来的。生活在亚洲的野驴有亚洲野驴和西藏野驴，其中亚洲野驴有四个亚种。遗憾的是，受人类活动的影响，它们的数量也在下降。

在马种中，只有普氏野马继续生活在野外。在 1969 年最后一匹“真正”的野生普氏野马消失后，人工捕捉饲养的普氏野马被成功地放归野外，重建了野外种群。另一种野生的马属动物——欧洲野马在 19 世纪就已经灭绝了。

与普氏野马相比，欧洲野马和家马在基因上更相似。它们都有 64 条染色体（DNA 链），而普氏野马有 66 条。

马最早被驯化是在 6000 年前（见第 26～27 页）。从那以后，人们将它们与驴杂交以繁育骡子和驴骡，并为不同的目的繁育出不同的品种和类型，将它们运往世界各地。这导致了一些地方的驴和马的野生种群数量激增，而这些地方之前从未出现过这些种群。

野生种群保护

普氏野马的野生种群之所以能在马群最初的栖息地存活下来，要归功于一项计划，即将被圈养的普氏野马——图中就是两匹曾经被圈养的普氏野马——放归野外。

马科各成员之间的关系

马科动物和它们的近亲（包括貘和犀牛）都属于奇蹄目。下面这张图显示了现存的马科动物（马属的所有成员）之间的关系。这些成员都被放在一个时间轴上以显示马科动物多样化的进化过程和各部分的分化顺序。400 多万年前，它们分成了非马的斑马与驴，以及马。从进化的角度来看，马科中有些物种的分化是近期才发生的。

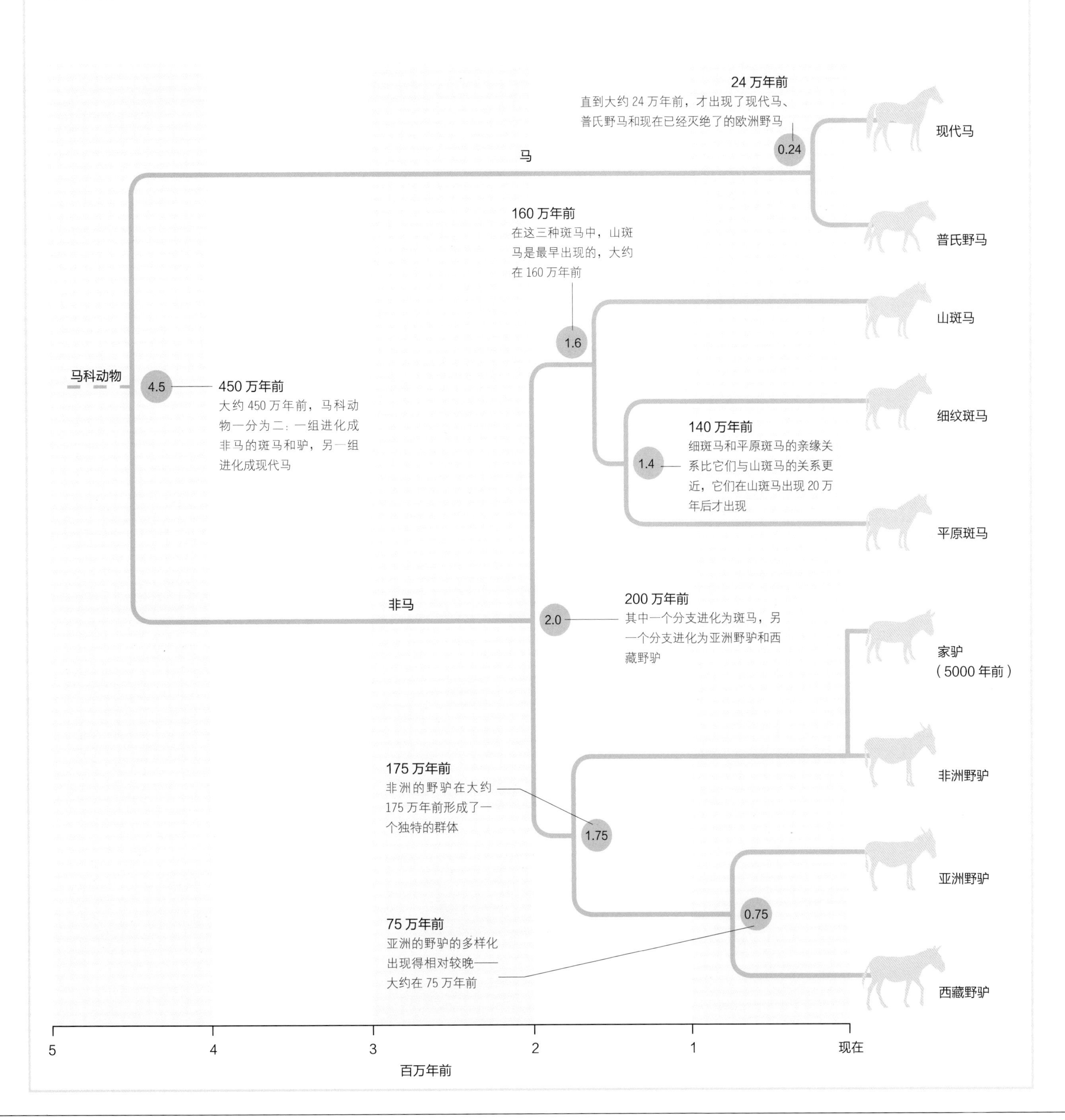

野驴、家驴、骡子和驴骡

人们所熟知的皮毛为青色的家驴和野驴都属于马属，而骡子和驴骡是马和驴的杂交品种。这些马科动物都以耐力好、有韧性和天性固执而闻名。

亚洲野驴

亚洲野驴的被毛多为红褐色，腹部和腿部的毛为灰白色，背部有深色鳗条。它们的腿与躯干相比显得格外细长；它们的耳朵比马的耳朵长，但比家驴的耳朵短。亚洲野驴濒临灭绝。

亚洲野驴有四个已被确认的亚种：蒙古野驴，来自蒙古北部，也被称为戈壁野驴；印度野驴，来自印度塔尔沙漠；土库曼野驴，来自土库曼斯坦；波斯野驴，来自伊朗。西藏野驴被看作是另一不同的物种，但最新的遗传学研究表明它们可能是亚洲野驴的亚种。各亚种的毛色略有不同。

蒙古野驴以速度快著称。美国博物学家R.C. 安德鲁斯于1922～1925年在戈壁沙漠对它们进行了研究。他说，当被汽车追逐时，它们的速度能达到56～64千米/时。这一速度比狼的都要快，而狼是它们的天敌。

家驴

家驴是由北非的非洲野驴驯化而来的。非洲野驴有两个亚种：努比亚野驴（可能已经灭绝）和体高约140厘米（13.3掌）的索马里野驴。它们的毛色为浅青色，冬天会变成铁青色；腹部和腿部的毛色较浅，小腿有斑马纹。

公驴常被称为“杰克”，而母驴则被称为“詹妮特”或“詹妮”。家驴的平均体高约为102厘米（10掌），但驴的品种很多，包括微型驴，比如西西里岛和印度的驴，其中最矮的才61厘米（6掌），而安达卢西亚的公驴高达152厘米（15掌）。在美国，猛犸象驴目前的体高纪录是173厘米（17掌）。家驴的毛色有黑色、白色和深浅不同的青色，据说有一些驴的毛色是彩色的。除了毛色为彩色的驴之外，其他驴的背部都有一条贯穿整个背部的鳗条，肩部则有一条深色条纹与其垂直。与马不同，家驴的后腿上没有附蝉；有5块而不是6块腰椎；耳朵长长的，与身体的其他部分不成比例；鬃毛短而直立，没有额毛；蹄又小又窄。它们尾巴上的长毛像牛的那样，簇生于尾端，肩隆扁平并且比臀部低。最后，驴那标志性的叫声非常特别，与马的嘶鸣声完全不同。

骡子

所有的马科物种都可以杂交，并产下可存活的后代，但其后代繁殖能力不强。不过，有两个例外：非洲野驴和家驴杂交的后代，以及家驴和普氏野马杂交的后代。骡子是公驴和母马杂交的品种。人们很早就对这种杂交非常重视，在亚述人的纹饰和其他很多古代雕刻中都有骡子的形象。

骡子身体上突出的部位——耳朵、四肢、蹄和尾巴——很像它们驴爸爸的。它们被描述为马的身体安在驴腿上的物种，从前面看像驴，而从后面看像马。如果得到合理的调教，它们就是人类最有用的帮手之一，而且它们非常聪明。它们受到人类的重视还

工作中的骡子

在印度，骡子从事各种各样的工作，包括在山区拉沉重的、满载包裹的货车。

有一个比较特别的原因，那就是它们不会因怀孕或哺育后代而减少工作时间。

骡子身体结实、适应性强、有韧性，几乎和牛一样强壮，但比牛跑得快。它们比马强壮，更能承受长时间的辛苦工作，饲养也更经济。它们比大多数马更能适应炎热的气候，也比马工作得更好。在世界上许多地方，骡子都比马更实用，因为骑着它们比骑马更平稳，而且在对马来说非常陡峭和崎岖不平的山路上，它们也能步履稳健。现在在欧洲的地中海地区，骡子仍然是必不可少的家畜，它们能犁地，能驮沉重的货物，还能套上挽具拉车。有一段时间，美国南部各州大量使用骡子进行各种各样的运输工作和农业生产。

骡子更突出的优点是，人们可以根据特定的目的定向育种，繁育出各种类型的骡子——只需要选择合适的母马，并在相对较小的范围内选择公驴与之杂交。例如，将普瓦图公驴与普瓦图母马杂交，能繁育出重型驾车用骡（见第 67 页），而用较小的马耳他公驴和印度公驴则能繁育出较轻或者较重的品种，这取决于和它们杂交的母马的品种。较大的普瓦图骡和美国猛犸象驴的体高可能超过 163 厘米（16 掌），而为运输公司工作的骡子的体高可能在 142 厘米（14 掌）左右。

驴骡

驴骡是公马和母驴杂交的后代。它们通常比骡子个头小，这可能是因为母驴的个头比较小。它们的头部像马的头部，耳朵稍长，鬃毛和尾巴也常常像马的。它们的蹄很硬，但又窄又直，像驴的一样。驴骡的毛色很多，但通常是青色的。驴骡缺乏骡子的杂交优势，因此它们的役用价值不高，并且相对难饲养。

印度野驴
非常敏捷，吃苦耐劳，估计种群大小为 3900 头。

波斯野驴
圣经里提到的“野驴”指的就是它们。它们生活在伊朗，种群很小，只有 600 头左右。

西藏野驴
西藏野驴生活在中国的西部和中部、巴基斯坦东北部、印度北部和尼泊尔。种群大小为 60000 ~ 70000 头。

非洲野驴
家驴的祖先，生活在非洲之角的干旱地区，在野外只剩下几百头了。

家驴
家驴被成功驯化的历史大约有 5000 年。据估计，全世界有 4000 万头家驴。

骡子
人们认为步履稳健、吃苦耐劳的骡子的智力水平非常高，它们至今仍在世界各地被广泛饲养，从事各种各样的工作。不同的父母产下的骡子具有不同的身体特征。

骨 骼

马的骨骼的关键组成部分最初和所有哺乳动物的一样，但随着时间的推移，这些组成部分随着马所处环境的变化改变了。这反映了这样一个事实：马生活在开阔地带，以草为食，是善于奔跑的动物。

基本结构

和所有哺乳动物的骨骼一样，马的骨骼反映了它们的生活方式。长长的、肌肉发达的颈部让马可以吃草地上的草和矮小的植物，这些都是其天然食谱的组成部分；当马快速奔跑时，颈部也有助于马保持身体平衡。马不仅有与众不同的长腿，还有能容纳大心脏和肺的大胸腔，这些都使它们能够以极快的速度和极强的耐力进行长距离奔驰。

头骨

马的头骨又长又窄，眼睛位置很高，位于头的两侧。这个位置意味着马能够在吃草的同时有全方位的视野来提防捕食者（见第 19 页）。头骨原本由许多块相互分开的骨头组成。这些骨头的边缘会不断生长，直到马发育成熟，随后它们将融为一体，以容纳大脑、眼睛和鼻腔。下颌的两半也将融为一体，形成下颌骨，它可以上下移动和侧向移动。马有两排长长的牙齿（多达 40 颗），这些牙齿可以把草磨成小颗粒以便吞咽。长长的口吻部提供了足够的空间以容纳鼻窦和其他器官，这是马嗅觉敏锐的必要条件。

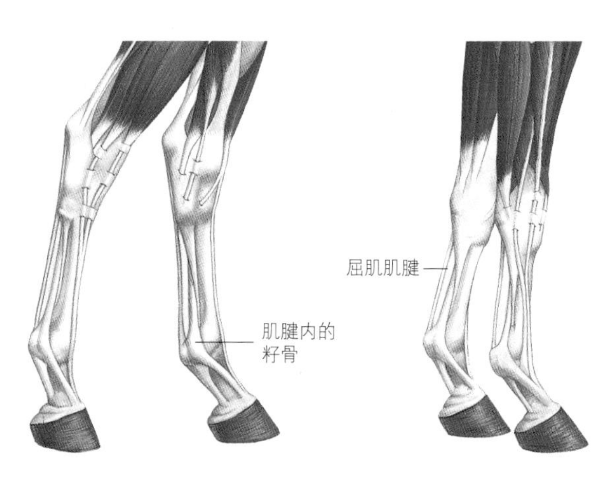

籽骨
籽骨是关节面附近的、嵌在肌腱中的小骨头。它们使得肌腱进一步远离关节运动轴，从而减少摩擦和加大杠杆作用。它们还能防止关节屈曲时肌腱变平。

脊柱

马的身体长而健壮。它们的颈椎有 7 块椎骨。头盖骨的后部刚好可以卡入寰椎（第一颈椎）前方深深的凹槽中构成关节，这使得马的头部可以上下移动。枢椎（第二颈椎）的前方有个短突起，它正好可以与寰椎的后部相吻合，这使得马的头部可以左右移动。剩下的 5 块颈椎以浅浅的球窝关节相连，这意味着马可以将头部转到胁腹来挠痒痒，也可以低下头吃草。颈部中的椎骨和尾巴中的尾椎骨一样，是马的脊柱中最灵活的部分。因为有它们，马可以改变重心来保持平衡，特别是在高速奔驰转弯时。

马的胸椎有 18 块椎骨，椎骨上缘有长长的棘突。在肩部，它们构成了肩隆。这些椎骨侧面的小平面支撑着肋骨的头。前 8 根肋骨与胸骨直接相连，其余的肋骨则和软骨形成弧形、彼此相连。这一切构成了一个坚固的“笼子”，为心脏、肺以及其他器官（如肝脏）提供保护。

腰椎的 6 块椎骨两侧都有较长的横突，保

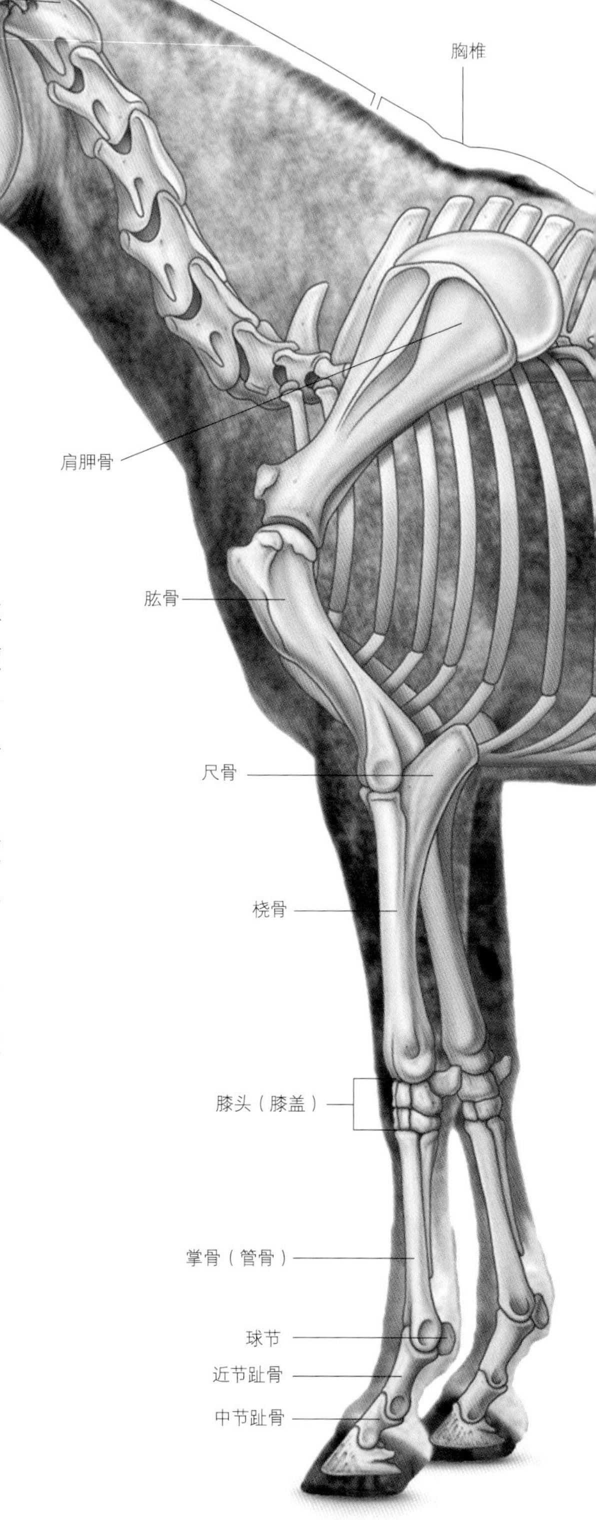

护着肾脏。脊柱的这部分很强壮且相对来说比较稳固，增强了后腿产生的驱动力，还承载了马的消化系统的重量（见第14～15页）。在腰椎之后是5块骶椎骨，它们融为一根骨头，与骨盆带由许多坚韧的短韧带相连接。

四肢

马的前腿通过肌肉附着在躯干上，可以在胸廓上方前后移动，这样马就能大步行走。当马快速奔跑时，前腿的运动与呼吸协调一致。马的肩胛骨下缘非常平坦，能允许这种运动方式，而肩胛骨顶部边缘有一块坚固的软骨，它增大了肌肉附着的区域。肱骨上端与肩胛骨相接，下端向后倾斜，在肘部连接桡骨和尺骨。尺骨变得很小，并和桡骨融为一体，这是一种有助于快速奔跑的适应性改变。

马的后腿通过球窝关节与骨盆相连，这使得后腿能够踏在身体的正下方。后腿的大腿部分骨骼强健。股骨从骨盆处开始向前倾斜，下端与胫骨关节相连，胫骨外侧面有一块非常小的腓骨，与之一起向下。股骨与胫骨之间的关节被称为后膝关节，最大的籽骨——髌骨（膝盖骨）也在这里。胫骨下方的关节被称为飞节，它相当于人的脚踝。

马的小腿骨骼上有一根单独的"脚趾"，其两侧有赘骨（其他脚趾的残余）。马的腿骨很长，这使它们的步幅进一步加大。马的前腿比后腿更结实，也更短，因为与后腿相比，马的前腿要承受更大的重量。马的小腿骨量减小，这使得它们的四肢更轻盈，也减少了对肌肉的需求（见第10～11页）。但这也导致马的行动不灵活，比较直观的表现就是马在躲避捕食者时一般都沿直线奔跑。

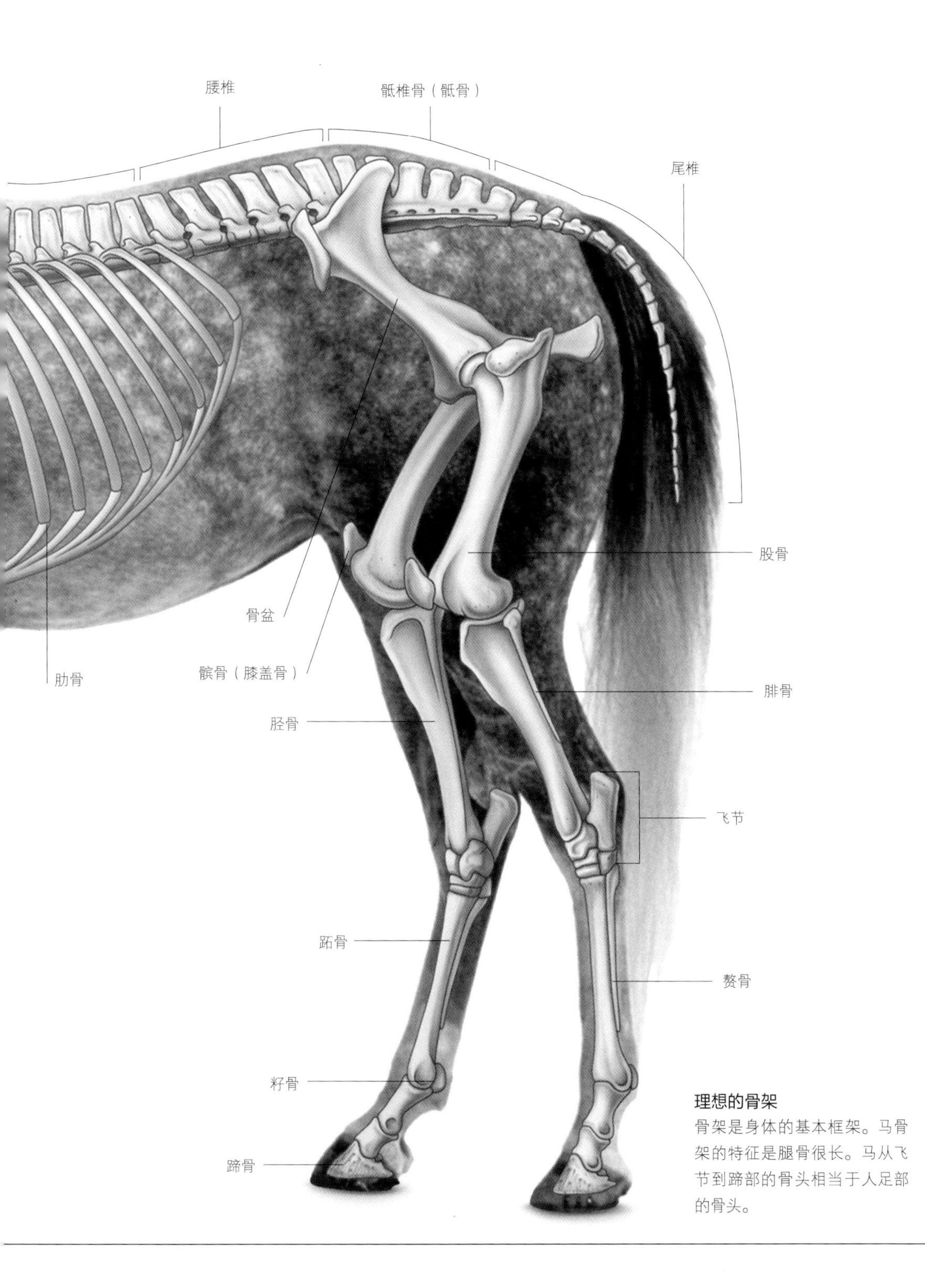

理想的骨架
骨架是身体的基本框架。马骨架的特征是腿骨很长。马从飞节到蹄部的骨头相当于人足部的骨头。

马蹄

马蹄壁由坚韧的角质层组成，包围和保护着蹄的内部结构和骨骼。无论是前蹄还是后蹄，马蹄的核心部分都是一块相对较小的楔形骨头——蹄骨。前蹄的蹄骨较宽，是圆形的，以便承担更重的马的前半身；而后蹄的蹄骨相对较窄，倾斜的角度更大，以增大四肢向前的推动力。

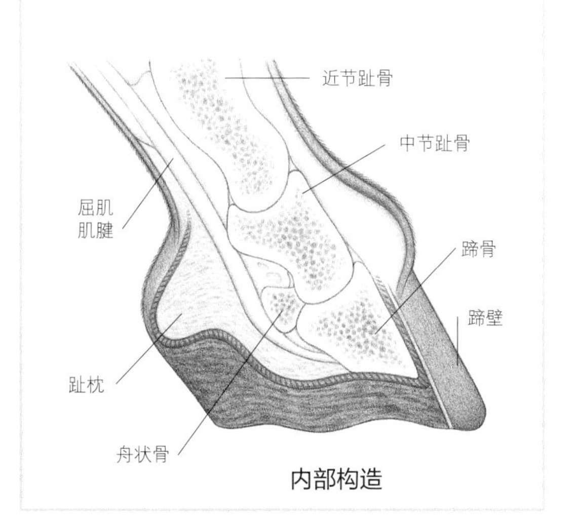

内部构造

肌　肉

肌肉是一种有弹性的组织，所有动物的动作和运动都是由肌肉的收缩产生的。韧带和肌腱是成束的、坚韧的纤维组织，这些组织被称为胶原。韧带把骨骼和关节连接在一起，而肌腱能储存和释放能量，从而减少肌肉的工作量。

肌肉是如何工作的?

肌肉的运动可以不受意志控制，比如心脏和消化道的肌肉；也可以受意志控制，比如控制腿部运动的肌肉。在关节周围，肌肉的运动通常由一组相互对抗的肌肉完成，每组由屈肌和伸肌组成。例如，在腿部，屈肌收缩，使关节屈曲、腿向后移动；伸肌收缩，使关节伸直、腿向前移动。当主动肌收缩时，其拮抗肌就会放松。

肌肉由不同类型的纤维组成。不同类型的纤维具有不同的能量和疲劳速度。马有两种主要肌纤维：慢肌纤维和快肌纤维。快肌纤维会爆发性地产生能量，使马以非常快的速度奔跑，但快肌纤维只能工作相对较短的时间，因为它们很快就会疲劳。慢肌纤维可以工作更长的时间，有更强的耐力。不同品种的马，其肌肉中快肌纤维和慢肌纤维的比例是不同的。例如，纯血马（以极快的速度和短时间爆发能量而闻名）与阿拉伯马（以能够长途跋涉而闻名）相比，其慢肌纤维在肌肉中所占的比例较低。

四肢的肌肉

马前腿的深层肌肉将前腿固定在躯干上（没有骨骼连接，见第 8～9 页），并支撑着马的头部和颈部。这是一个相当重大的任务，因为马身体重量的 2/3 在前端。

肌肉还充当了四肢的减震器。前腿的膝盖以下主要是肌腱和韧带。小腿上的长肌腱连接马蹄以及小腿的肌肉和骨骼以使其运动；小腿没有肌肉，这减轻了它们的重量，使它们对能量的使用更高效，但这也意味着它们更容易因受到震动而受伤。后腿上有

减震

马腿能承受很大的压力，比如在飞驰中或跳越障碍后着地时。肌肉、肌腱和关节都有助于吸收冲击力，防止腿部受伤。

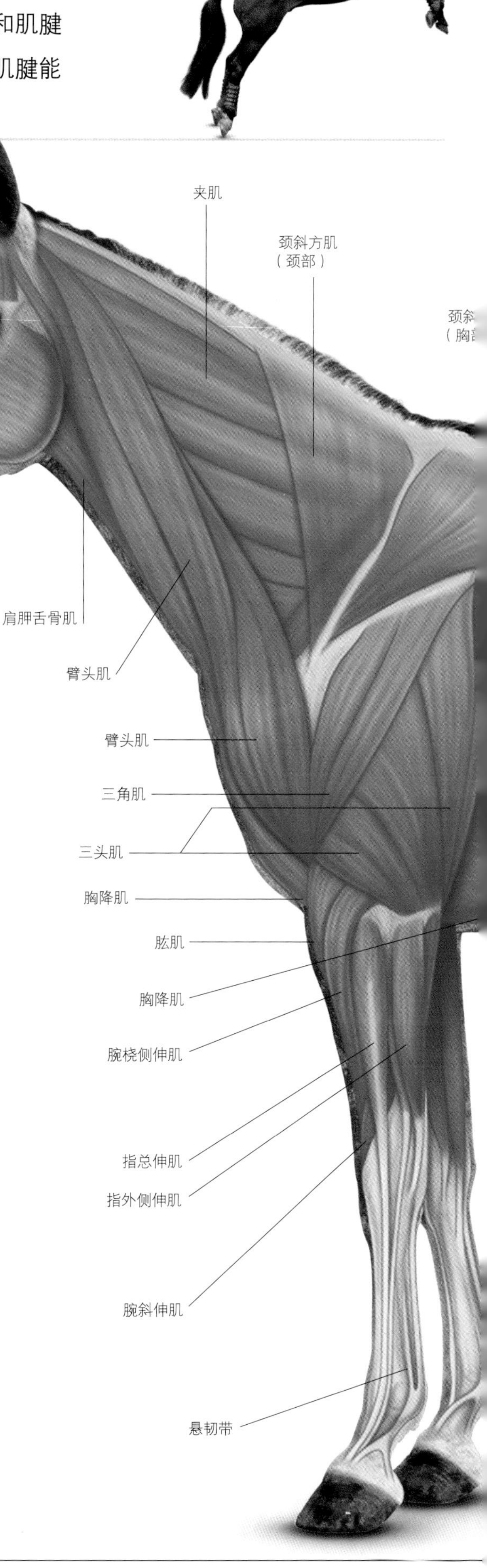

大块的肌肉来提供向前的动力。马的后腿飞节以下也没有肌肉（见第 9 页）。同样，小腿的运动靠的是肌腱而不是肌肉，这样可以减轻重量并节省能量。

韧带是成束的纤维组织，它们比肌腱弹性小。韧带往往会限制关节或肌腱的运动，从而防止过度伸展导致的损伤。例如，在腿部，抑制韧带会限制屈肌肌腱的运动。然而，在马身上，韧带还扮演着另一个角色。悬韧带从腿的后侧向下延伸——在前腿是从膝盖延伸到球节，在后腿是从飞节延伸到球节。球节一直承受着向下的压力，悬韧带可以防止其塌陷。它与环绕着整个球节的掌部环状韧带和籽骨一起（见第 8 页）形成悬吊结构，在腿移动时支撑球节。当马蹄接触地面时，球节向下压，收紧和拉伸这些肌腱和韧带。当马的重心从腿上转移时，就像松紧带被松开一样，这种结构有效地将马蹄从地上拉起来。

能量效率

小腿没有肌肉是马节省能量的一种方式，另一种方式是通过肌腱和韧带来减轻肌肉的工作。在野外，马如果躺下休息，就很容易受到捕食者的攻击，因为它们身躯庞大，需要花较长的时间才能费力地从地上站起来。马虽然确实会躺着休息，但它们也进化出了站着睡觉的本领，这得益于一种被称为“支撑器”的系统。这种系统由韧带和肌腱组成，在马的每条腿上都有，可以原位“锁住”主要关节，让关节周围的肌肉休息。这减少了马站立所需的能量，并避免了肌肉疲劳。

股阔筋膜张肌
臀浅肌
股二头肌
背阔肌
半腱肌
腓肠肌
腹外斜肌
趾深屈肌
趾外侧伸肌
侧锯肌（胸部）
趾深屈肌肌腱
趾长伸肌
趾长伸肌肌腱
掌部环状韧带

运动和支持
身体的随意肌与骨骼、关节和肌腱一起工作，支撑马的身体并使马运动。它们共同决定了马动作的质量。

脊柱的支撑

坚固的、像绳子一样的项韧带是马的颈部的组成部分之一，它沿着脊柱上方的颈脊连接到颅骨后部，为颈部提供支撑。纤维构成的片状分支从项韧带出发，向下辐射到颈椎的棘突，形成一个强有力的支撑系统。这条韧带对能量的使用效率非常高，减轻了抬头和低头时肌肉的工作。棘突上的韧带从项韧带末端开始一直延伸到尾根，附着在每块椎骨的顶端，使脊柱保持稳定。

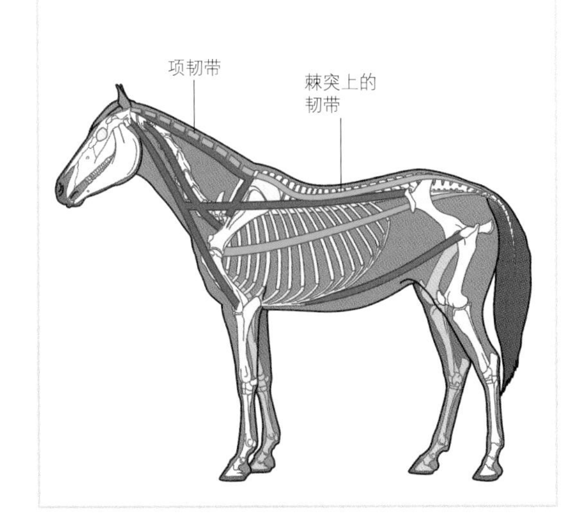

步 法

马的步法是指一种特定的落蹄顺序，马通过步法来运动和改变速度。大多数马有四种自然的步法：慢步、快步、跑步和袭步。另外，某些品种的马天生会一些独特的步法，但别的品种的马也能够学会或强化这些步法。

四种自然的步法是有规律、有节奏的。慢步是明显的四拍——骑手能听到马每一下的蹄声并感觉到它落蹄。马的胸腔会从一边移动到另一边。快步是一种两拍的步法，马的一对对角肢同时触地，然后另一对对角肢起跳。这是一种上下的运动。跑步是一种三拍的步法，马的一侧后肢先触地，然后一对对角肢同时触地，最后是剩下的那一侧的前肢触地。这是一种前后摇摆的运动。袭步通常是四拍的步法，节奏可能变得模糊，落蹄顺序也会因速度而异，是一种快速摇摆的运动。

马慢步时平均速度为 6 千米 / 时，快步时为 13 千米 / 时，跑步为 16 ~ 27 千米 / 时，袭步为 40 ~ 48 千米 / 时，但马不能以这样的速度袭步 1 小时。

慢步
清晰而有规律的四拍步法。例如，从左后肢开始触地：左后肢、左前肢、右后肢、右前肢。

快步
两拍的步法。例如，右前肢和左后肢——腾空期（四蹄离地）——左前肢及右后肢。在英式马术中，骑手在马快步时会随马的动作适时起坐。

跑步
三拍的步法。例如，从左后肢开始，触地顺序是：左后肢、左前肢和右后肢，最后是右前肢（领先肢）。

袭步
通常是四拍，其落蹄顺序随速度而变化。当右前肢为领先肢时，触地顺序为：左后肢、右后肢、左前肢、右前肢，接着四蹄均离开地面——腾空。

轻驾车赛马用马

美国标准马是世界上最快的轻驾车赛马用马。它们会对侧步，这意味它们快步时同侧前后肢同时移动。

独特的步法

独特的步法主要与美国品种的马有关，但在亚洲和欧洲部分地区的马身上也能看到。这些步法大多基于马的对侧步，此时马同侧两肢同时移动，而不是对角肢同时移动。一些俄罗斯品种的马天生就会对侧步；而西班牙则是具有平衡步法的马的发源地，这些马可以做高速、同侧的快慢步，在欧洲各地都很受欢迎。其中最著名的是来自加利西亚的马，它们的后代——墨西哥的加利青诺马——仍以它们自然的步法而著称。卡提阿瓦马和印度西部的马瓦里马都是天生就会对侧步的马，但这种步法得到改进和完善却是在美洲的马中。在南美洲，著名的秘鲁巴苏马是这种步法的传统代表。

步法最独特的马的群体在北美洲。除了世界上跑得最快的、轻驾车赛马用马——美国标准马之外，还有三种有独特步法的马：美国骑乘种马、密苏里狐步马和田纳西走马。与这些品种的马相关的三种经典步法是对侧步、台步和快慢步。对侧步是两拍的步法，马同侧两肢同时移动。美国标准马的“标准”是以对侧步能在 145 秒内行进 1 英里（约 1.6 千米）。美国骑乘种马的台步是快速的慢步（四拍），这个品种的马还可以走出慢的横向对侧步（两拍）。密苏里狐步马的快慢步是一种四拍的对角线碎步，而田纳西走马的快慢步则是一种流畅的四拍步法，速度为 9 ~ 14 千米 / 时。

美国骑乘种马的台步

台步是一种富有表现力的步法。每一拍马腿都高高抬起，落蹄顺序和慢步的一样，但节奏不同。

西部马术步法

西部马术步法的发展是马和人合作的经典例子。这些步法非常适合马在牧牛时使用，也非常适合马所生活的美国西部地区。西部马术中马主要的步法是小跑，这是很一种缓慢、很低的快步（两拍），与英式马术中剧烈、上下颠簸的快步不同。不过，在欧洲其他国家的马术中也能看到慢快步，但在马慢快步时骑手可以坐在马鞍上，而不用随马的动作起坐。大步慢跑是一种缓慢而平稳的跑步（三拍），马步子长、腿抬得低、头也低着，这使它们可以跑很长时间而不累。

身体系统

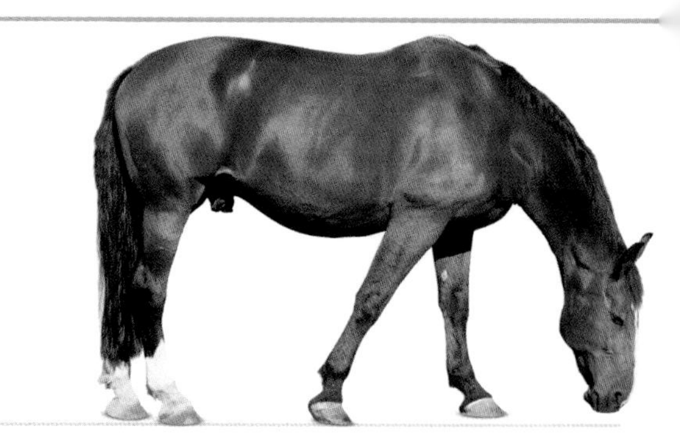

长期以来，马的身体系统已经进化得与马生活的环境非常匹配。马是生活在开阔平原上的被捕食者，主要以草为食。它们的身体已经形成了一套消化坚韧纤维素的系统，而它们的器官可以在短时间内提供巨大的能量并保持一定的水平。

心脏和肺

和其他所有的哺乳动物一样，心脏是马的循环系统或心血管系统的动力源泉。一匹体高为 152 厘米（15 掌）、体重为 450 千克的马，其心脏重 4.5 千克。马的静息心率为 30 ~ 40 次 / 分，在此期间马的心脏能泵出 40 升的血液。

马有一种特殊的能力来适应逃跑。当它们安静吃草的时候，它们的循环系统的血液中的红细胞所占比例仅为最大值的 35% ~ 40%，而脾脏中的血液中有 80% 是红细胞。当马奔跑时，脾脏被周围的肌肉挤压，将其中含氧量较高的血液释放到循环系统中，这为马提供了极大的能量，使它们能够逃离危险。

马蹄对心血管系统所起的作用非常有意思。当马蹄接触地面时，它们就像泵一样将血液压回腿部，使其流向心脏。

虽然马的胸腔很大，但是它们的肺并不像人们想象的那么大，因为肺还得与心脏和主要血管共用一个空间。此外，当马跑步或袭步时，其横膈膜会向胸腔扩张，直至第六根肋骨（这进一步限制了肺部的空间），横膈膜的这种运动使空气被肺部吸入和排出；当马休息时，这项工作是由胸腔完成的。马的呼吸与它们的运动是同步的，所以在跑步时，马每迈一步就呼吸

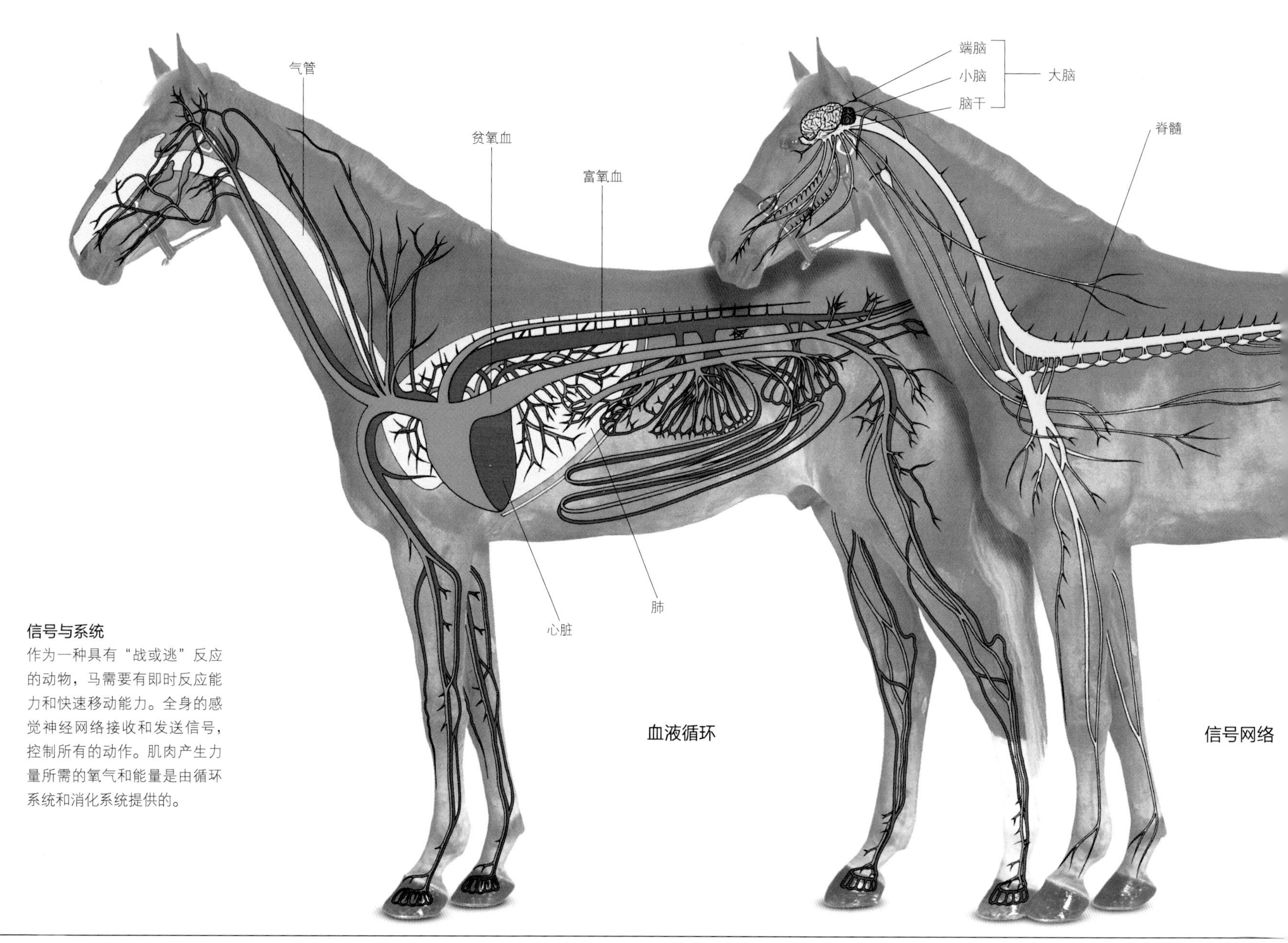

信号与系统

作为一种具有“战或逃”反应的动物，马需要有即时反应能力和快速移动能力。全身的感觉神经网络接收和发送信号，控制所有的动作。肌肉产生力量所需的氧气和能量是由循环系统和消化系统提供的。

一次——相对不那么频繁——每秒能吸入45升空气。

神经系统

神经系统协调马的所有身体活动。它们通过感觉器官接收信息，并向相关系统发送指令，使其执行任务。神经系统的大部分工作是自动完成的。例如，呼吸是一项由脑干控制的、自动完成的任务。大脑的主要部分——端脑则负责思考。

马的大脑重量约为人类的一半。然而，它们的小脑相当大。小脑是大脑中控制肌肉活动和保持身体平衡的部分。小脑发达使得马和所有经常需要逃跑的动物一样，在出生后一小时内就能奔跑。

消化系统

马在把食物吞下去之前会把食物嚼烂。马有臼齿，臼齿可以一直生长，直到马变老。臼齿会形成一个大而平坦的表面以磨碎粗糙的食物。马不会呕吐，所以它很容易中毒，食物也可能卡在它们的喉咙里，这种情况被称为窒息（见第340页）。这很少会致命，但会让马很痛苦。

马的胃很小，所以马必须不停地吃东西才能得到所需要的营养（少食多餐）。食物很快就会进入小肠。马的主要食物都富含纤维素，纤维素是草和其他植物的细胞壁中的糖。大多数哺乳动物——包括人类——都无法通过消化作用获得这种糖，但马有一个专门负责这项工作的器官——盲肠。盲肠位于大肠和小肠的交汇处，是一个巨大的囊状器官，其长度超过1米，在这里，纤维素在肠道细菌的作用下发酵。尽管有了盲肠的帮助，马仍然不能消化吃下的所有食物。不过，盲肠让马能以多种多样、千差万别的植物为食，包括树皮和树枝。这与反刍动物（比如牛）形成鲜明的对比。牛有4个胃，可以消化更多的食物——多达30%——但它们更喜欢较软的食物。与奶牛相比，马能吃下更多的食物，因为食物只需要48小时就能完全通过其消化道，而奶牛则需要70～90小时。

马的消化系统非常大，其小肠长20多米，大肠则长7米多。马的肠道中有两个180°的转弯，食物在那里很容易被卡住，从而导致腹绞痛（见第340页）。

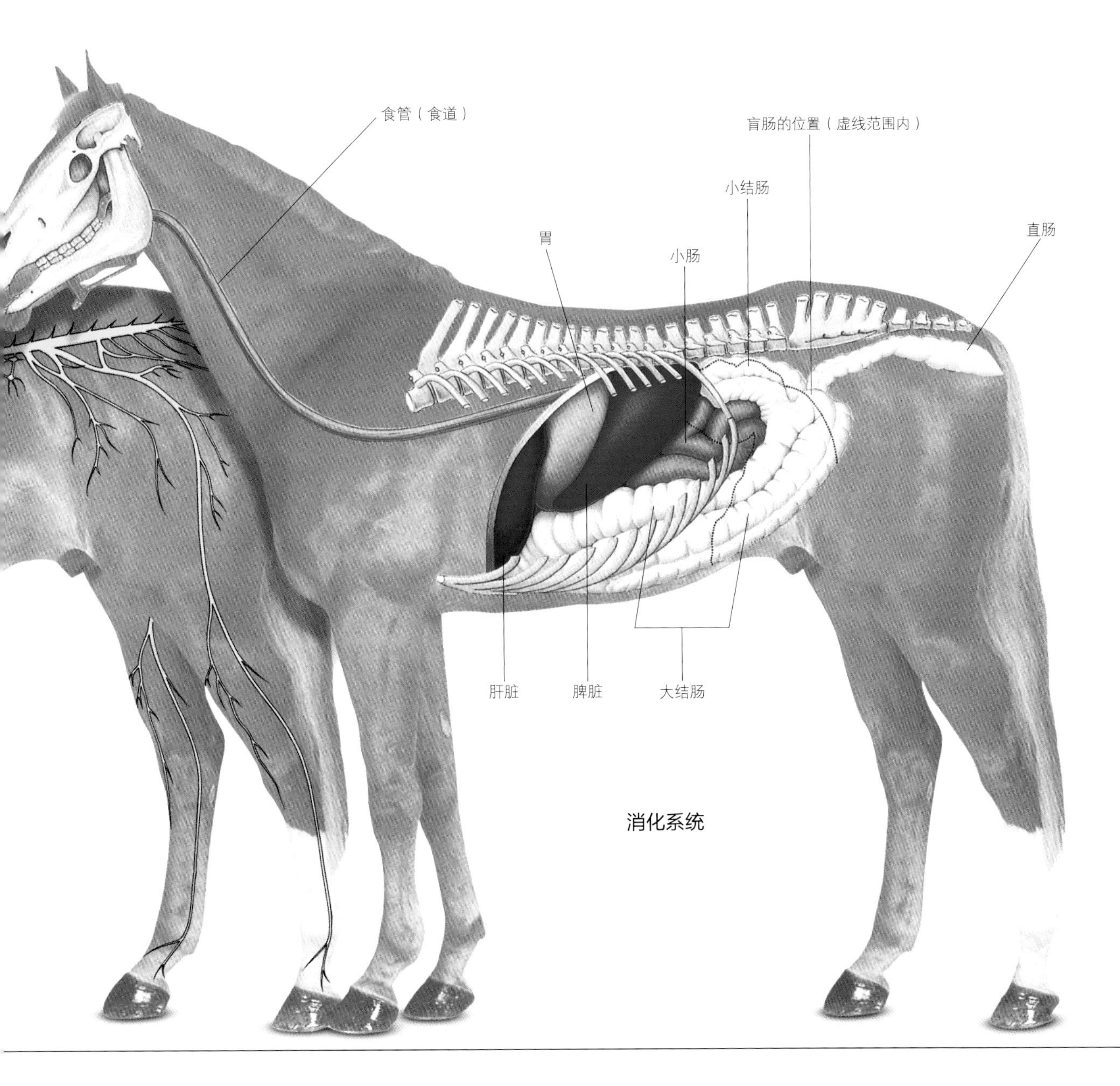

消化系统

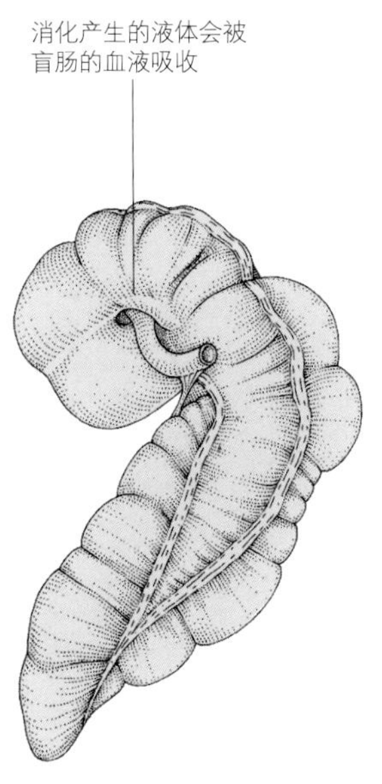

纤维的分解

未消化的纤维进入盲肠和大结肠，在此被细菌分解。肠道中有多种细菌，每一种分别适合分解某种纤维。如果马的食物发生变化，细菌也会随之发生变化。液体被吸收进入血液，干燥的纤维残留物则以粪便的形式从直肠排出。

白章和毛色

就像马的其他身体特征一样，马的毛色是由它的基因组成决定的，而其基因组成平均地继承自其父系和母系。与野马不同的是，不同品种的家马需经过培育才能达到一定的品种标准，这往往确保了某品种马的毛色为某种（些）特定的颜色。

什么决定毛色？

基因携带着决定马的毛色的遗传指令，存在于马的所有细胞中。这些遗传指令（等位基因）从父母双方遗传而来，它们可能是相同的（纯合子），在这种情况下后代将与父母毛色相同；遗传因子也可能是不同的（杂合子），在这种情况下后代的毛色表现为等位基因上显性基因决定的毛色，隐性基因决定的毛色则被有效地掩盖了。

在马的毛色中，青色相对黑色、骝色和栗色为显性；骝色相对黑色为显性；栗色相对所有颜色都是隐性的。因此，骝毛马和栗毛马结合会生出骝毛小马驹，因为骝色等位基因是显性的。如果骝毛马和栗毛马的后代自行交配，它们会分别带有一个隐性的栗色等位基因，结合可能生出栗毛小马驹。两匹栗毛马交配后总是生出栗毛小马驹。

其他基因被称为稀释基因，也会影响马的毛色。隐性等位基因从父母一方遗传而来后，会使马的毛色变浅。例如，骝色的颜色遗传指令会让马的毛色变成兔褐色，栗色的颜色遗传指令则会让马的毛色变成帕洛米诺色。

另外有一种基因，它如果呈显性，则会抑制皮肤和毛中的颜色形成，导致白化病。影响马腿上白章（被称为管半白和管白）的基因和影响马脸上白章（见下页）的基因则还没完全被弄清楚。

育种的影响

作为选择性育种的结果，随着时间的推移，纯血马的后代可能只携带特定毛色的基因编码，因此它们被培育得很“纯”——毛色总是同一种颜色或一定范围内的颜色。特别是，在这个品种的育种史上，如果马的数量在某一时期非常少，这样的情况就更容易发生，因为育种种群小会进一步减小遗传变异概率。主要是一种毛色的马包括利皮扎马和弗里斯马。

在大多数情况下，育种不只是为了获得特定的毛色，但也有一些例外，如帕洛米诺马（见第 208 页）和一些斑点马。以获得特定毛色为目的的育种会以牺牲其他理想的身体特征为代价。但也有特殊情况，比如那些在血统上相隔较远的马或根本没有血统的马，通常会在毛色（及其他特征）上有更大的不同。

青色

青色马的毛大多是白色的，通常夹杂着一些黑毛，它们的皮肤是黑色的。出生时，它们一般毛色较深（黑色或褐色），随着年龄的增长，毛色会变白。蚤痕灰是一种变异，在青毛中点

基本毛色

描述一匹马时，毛色很重要。对毛色的综合描述包括马的被毛、皮肤颜色以及鬃毛和尾巴的颜色。

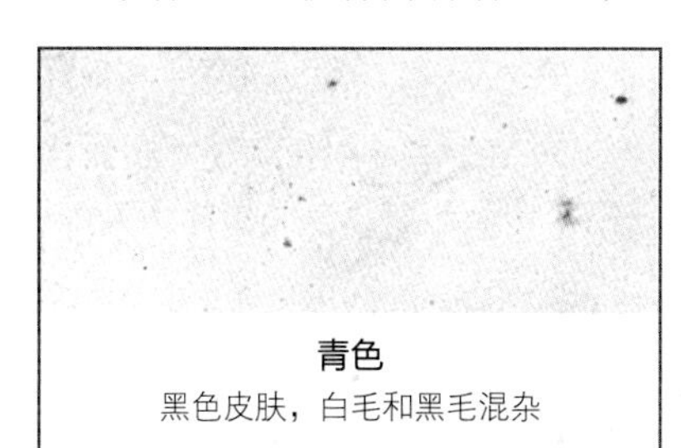
青色
黑色皮肤，白毛和黑毛混杂

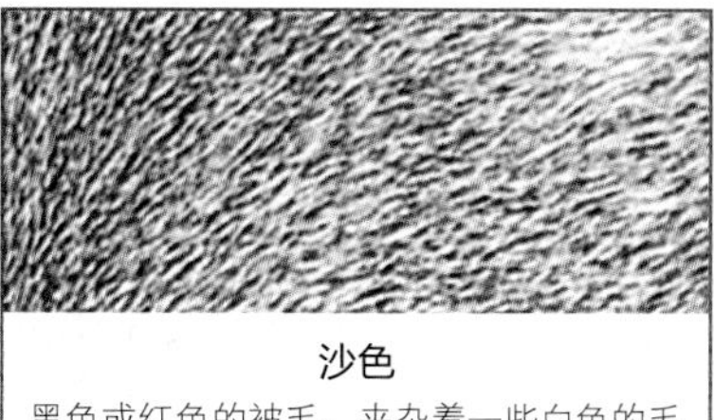
沙色
黑色或红色的被毛，夹杂着一些白色的毛

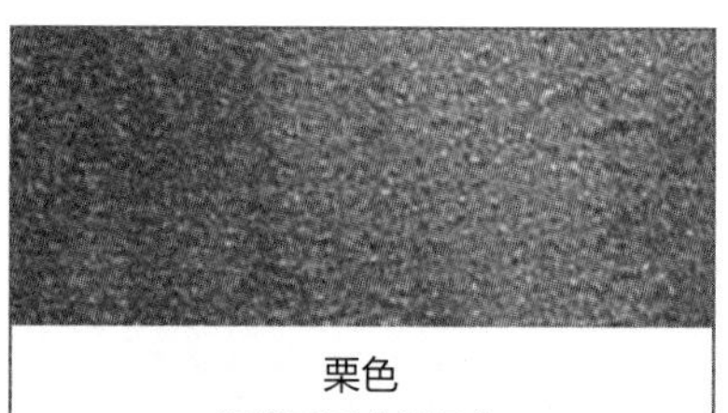
栗色
深浅不同的栗子色

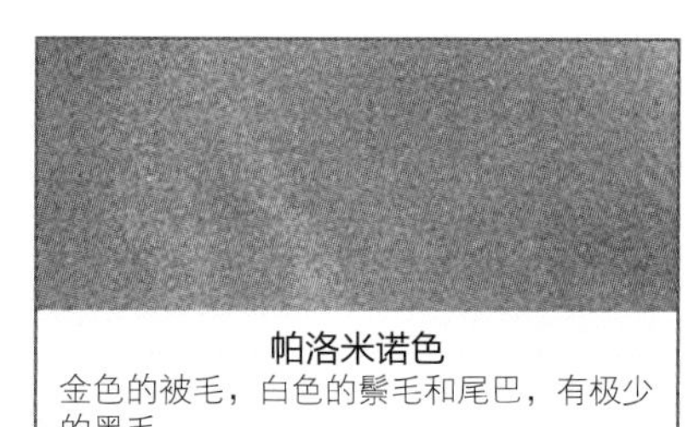
帕洛米诺色
金色的被毛，白色的鬃毛和尾巴，有极少的黑毛

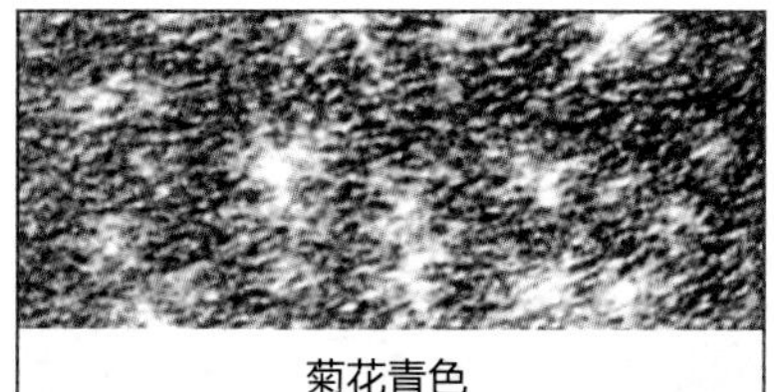
菊花青色
深青色的毛在青色的基础毛色上形成环状

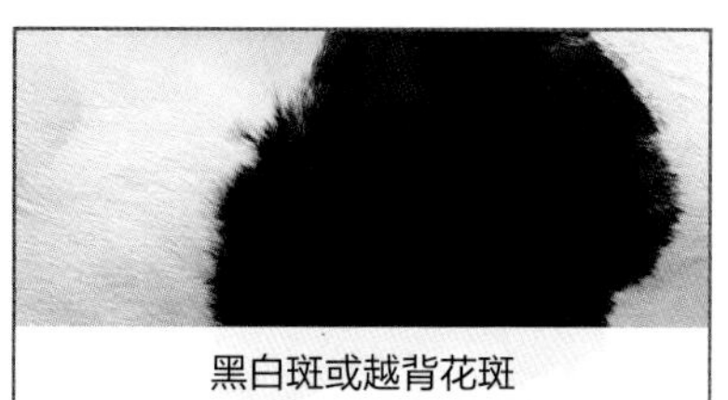
黑白斑或越背花斑
通常是大而不规则的黑白斑块

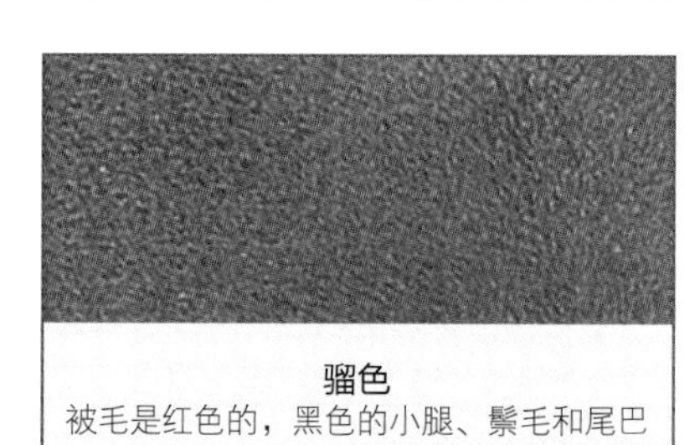
骝色
被毛是红色的，黑色的小腿、鬃毛和尾巴

兔褐色
黄色、蓝色或鼠灰色的被毛，取决于色素的扩散

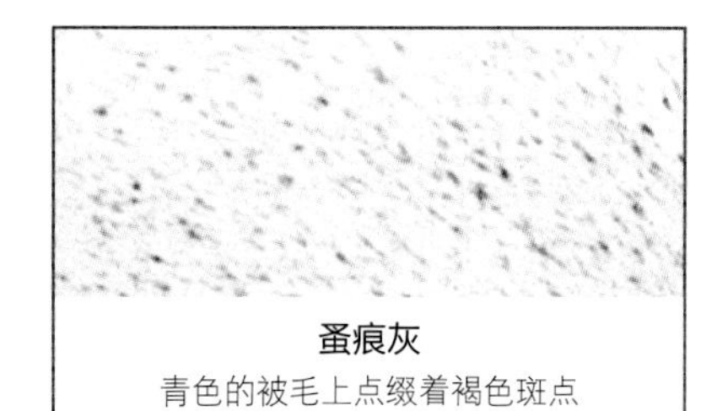
蚤痕灰
青色的被毛上点缀着褐色斑点

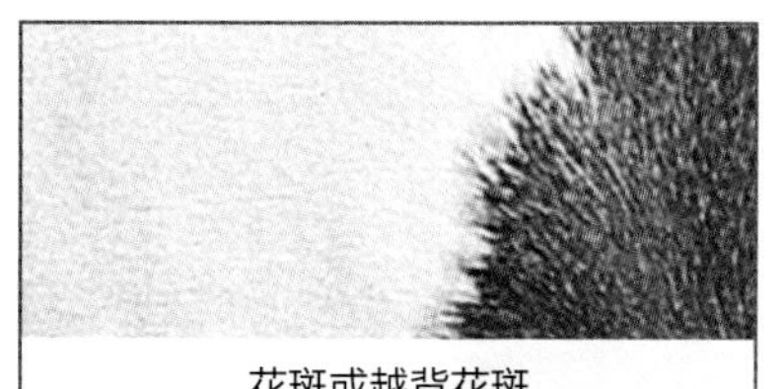
花斑或越背花斑
大的白色斑块和除黑色以外的各种毛色

黑色
黑毛，偶尔有白章

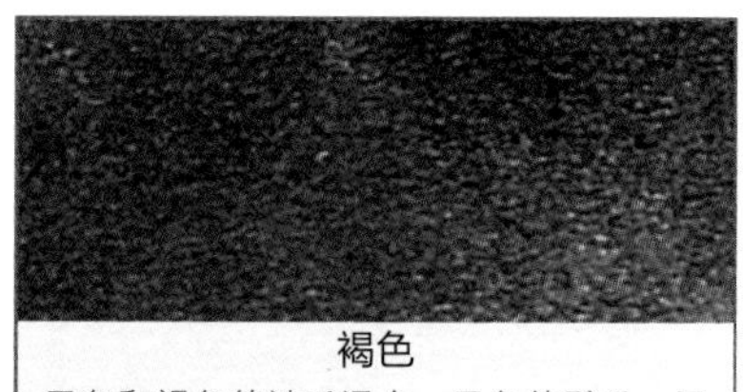
褐色
黑色和褐色的被毛混合，黑色的鬃毛、尾巴和四肢

缀着大量褐色斑点。

骝色

马的全身被毛为深浅不同的红色（深红色和褐色一样深），鬃毛、尾巴和小腿上的毛为黑色。它们有一个等位基因，如果呈显性，上述部位就会是黑毛（见下文对黑色的描述）。骝色马如果还携带一个稀释等位基因，它们的被毛就呈兔褐色，小腿呈黑色。

黑色

黑色是一种比较稀有的毛色。这是控制黑色长毛的基因和控制黑色小腿毛的隐性等位基因（不常见）共同作用的结果。

栗色

马的被毛为栗子色（深浅不同）且没有任何黑毛。鬃毛和尾巴的颜色深浅差异很大，从黄色到深褐色不等。

帕洛米诺色和象牙白色

马的这些毛色是由于基本毛色——栗色——被等位基因稀释形成的。象牙白色的马皮肤为粉红色，通常有一双蓝色的眼睛。当从父母遗传而来的稀释基因都是隐性的时候，它们就会有上述特征；当从父母遗传而来的稀释基因只有一方是隐性的时候，马的毛色就会是帕洛米诺色。帕洛米诺色和象牙白色的马都有可能有蓝色的眼睛。

沙色

沙色马的毛是黑毛或红毛夹杂着一些白毛。和青色一样，沙色是一种显性特征，但沙色马刚出生时是白色的。蓝沙色是黑色的长毛夹杂着白毛，而呈草莓色的沙色是红色的长毛夹杂着白毛。这种毛色的遗传机制我们还不太清楚。

彩色或品托色

马被毛上有白斑、皮肤为粉红色的毛色有很多不同的名称，比如在英国被叫作黑白斑（被毛为黑色）和花斑（被毛为除黑色和白色之外的其他颜色），在美国被叫作越背花斑（被毛为除白色之外的任何颜色）。这种马生来就有大面积的白斑，这些白斑将在它们的一生中保持不变，这是由基因突变导致的。

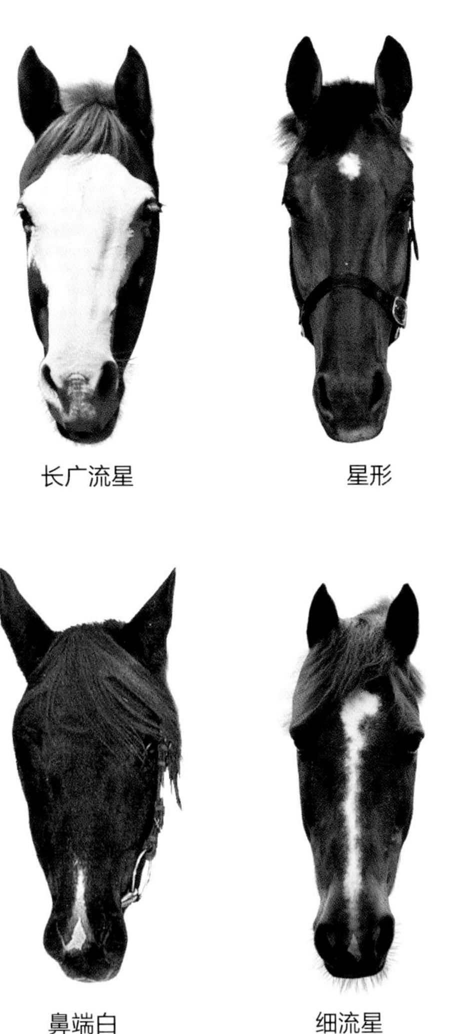

长广流星　星形

鼻端白　细流星

长流星

面部白章

许多马的脸上有白章。白章小到只有鼻梁上有一点点，大到马整张脸都是白色的。有一些品种的品质标准要求马脸上没有白章。

阿帕卢萨色或斑点

阿帕卢萨色或斑点是指马的被毛上有许多小斑点。这些斑点会随着马的生长而发生变化，变得更明显或更不明显。毛色有斑点的马通常皮肤上也有斑点，马蹄上有条纹。这些都是基因突变造成的。等位基因造成的效果如何取决于突变基因是遗传自父母双方，还是只遗传自其中一方。

白章

许多马的脸上都有一块或几块白章，我们通过白章来给马命名以便识别马。上图中展示的是常见的面部白章，它们也可以同时出现，比如星形和鼻端白。

马腿上的不同白章也可以用来给马命名。如果马的蹄冠（见第38页）上面有少量的白毛，那么可以称这匹马为蹄冠白；斑马纹则是指马腿上的深色条纹。

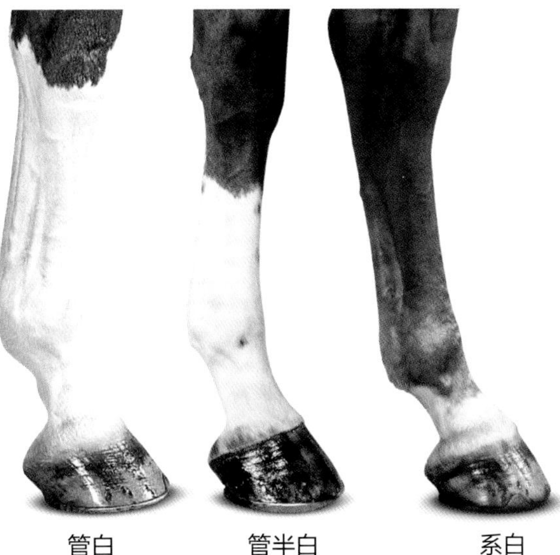

管白　管半白　系白

四肢白章

四肢白章包括管白（白毛延伸到膝盖）、管半白（白毛到膝盖以下）以及系白（白毛只到球节）。

感　觉

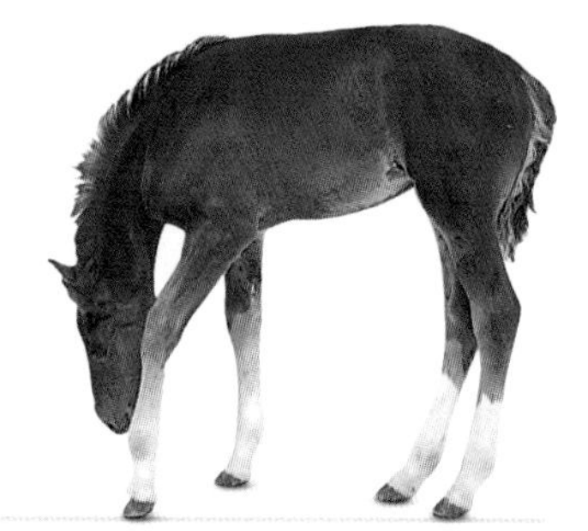

和人类一样，马有五种感觉：味觉、触觉、听觉、嗅觉和视觉。马的这些感觉远比人类灵敏。马还有神秘的第六感，这种高度知觉在马身上很明显，但在我们人类身上很罕见。

味觉

虽然我们对马的味觉知之甚少，但我们知道马的味觉与触觉有关，马在相互梳毛时味觉起着重要作用。我们猜测马喜欢吃甜食，但没有证据支持这一猜想。许多马似乎也喜欢味道浓郁甚至苦涩的植物，在灌木树篱和废弃牧场中寻找这样的植物吃，它们甚至会吃树皮和树枝。

触觉

触觉是马之间以及人与马交流的一种重要方式（见第 20 ~ 21 页）。马互相梳毛的行为和触觉有关，能强化马群中马的关系。马口吻部和眼睛周围的触毛对于感知附近的物体都很重要。马术骑行依靠的是马躯干的敏感部位和嘴。例如，腿扶助会给马身体两侧的感觉细胞施加压力——马能够分辨压力的细微变化，从而理解被要求做的是哪种动作。骑手也可以通过拉缰绳和衔铁，利用马嘴的触觉与马交流。

马全身上下的触觉都非常敏锐，即使身上有一只苍蝇，它们也能准确地觉察到，并甩动尾巴把它们赶走。

吃荆豆
马通常会吃草以外的植物，包括荆豆、树皮和树叶。它们可能只是喜欢那种味道或口感，也可能是厌倦了日常的食物或者没吃饱。

听觉

马的听觉比人类的灵敏得多。马的头就像一个音箱，由比较大的、可转动的耳朵来接收四面八方的声音。当马听到声音时，它们会抬高头，通常会转头看向声音的源头，而非转动全身去看。因为声音如果被证明确实代表着危险，那么转动身体会影响它们逃跑。长而可弯曲的颈部使马能够看到背后发生的事情，高度灵活的耳朵能使马听清背后的声音。马还能单独活动一只耳朵。

听前方的声音

耳朵朝后

听背后的声音

对所有的声音保持警觉

马能对人的声音做出反应，这可以作为一种很有价值的训练手段。我们的声音可以有效地安抚受惊的马，使它平静下来，或者让它知道我们不会对它产生威胁。我们还可以通过语言让马知道我们不满意。

嗅觉

马的嗅觉同听觉一样灵敏，它在马的日常生活中扮演着重要的角色，也是马的防御系统的重要组成部分。马有独特的归巢本能，这也很有可能与其灵敏的嗅觉有关。它们很可能是把嗅觉和记忆力结合在一起来识别地理标志，从而找到回家的路。气味也在性行为（见第22～23页）和社会交往中发挥着重要的作用。

它们对血的气味特别敏感，如果必须经过被轧死在路上的动物，它们通常会表现得非常不安和紧张。

触毛
马的触毛能够感知附近的物体。因此，修剪马毛时千万不要剪到触毛，这很重要，即使是在为表演做准备时也如此。

视觉

马的视觉在许多方面都不同寻常。马的眼睛跟猪和大象等动物的眼睛比起来大得多，这说明它们非常依赖于视觉。它们的视野范围接近360°，眼睛天生能够聚焦在远处，时刻提防靠近的捕食者。它们对运动的物体非常敏感。马通过抬头和低头聚焦在特定的物体上，而非通过改变晶状体的形状来聚焦。因为两只眼睛各位于头部的一侧，所以马的横向视野很宽，但马是单眼视觉而不是双眼视觉，这意味着马的视野的深度不够。但当它们向前看时，确实有一小块区域是双眼视觉区。

马的单侧眼睛能够独立地看东西，比如在吃草的时候，它们的视野几乎是全方位的，马不需要抬头或转头就能看清周围。马虽然不是夜间活动的动物，但由于眼睛很大，它们在黑暗中也能看得相当清楚。然而，马确实有视觉盲区——主要在它们的正后方，它们看不到那里。在马身后时你千万要小心它们攻击你，因为它们可能看不到你，但其他感官能让它们知道你在那里。

第六感

有无数的例子证明，马具有某种几乎无法解释的知觉。马不愿经过据说闹鬼的地方，这是有据可查的。它们也有一种不可思议的能力来感知即将到来的危险，而且对骑手的情绪非常敏感。这在很大程度上可以用它们具有读懂肢体语言的能力来解释。在20世纪早期，据说有一匹叫聪明汉斯的马能做算术，还能完成其他与智力相关的任务。一项调查显示，这匹马实际上并没有明白这些算术题，它只是在观察人类观察者的反应。

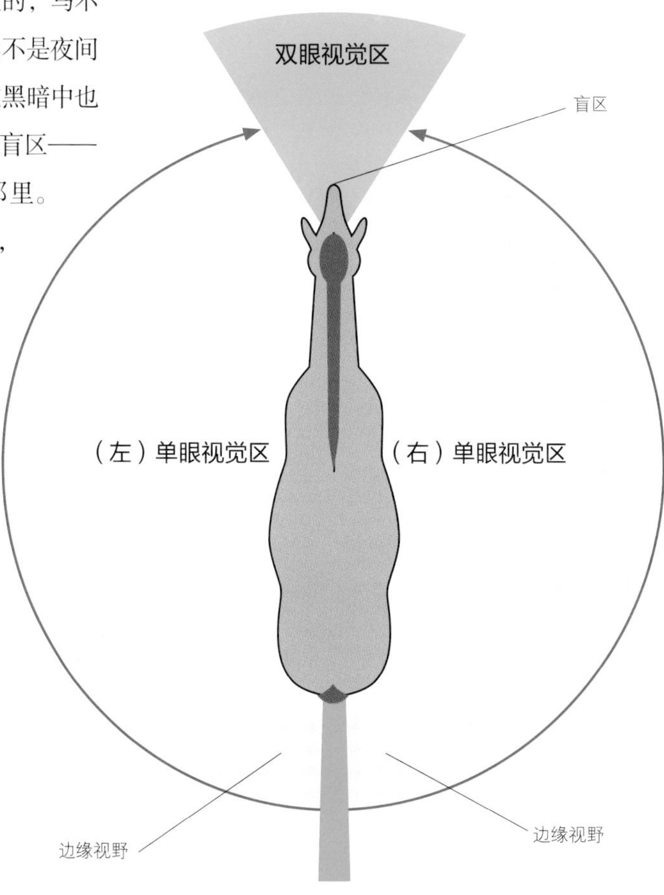

视野
马有近360°的视野，其中的64°是双眼视觉区，左眼和右眼各有146°的单眼视觉区，这让生活在野外的马能尽早发现捕食者。

行为和交流

马有一套复杂的语言系统，包括身体和触觉信号——身体语言——比如伏下耳朵和相互梳毛。它们也通过嗅觉进行交流。虽然马也会发出声音，但声音被认为在其沟通中不太重要。

嗅觉的重要性

小马驹本能地能辨认出妈妈的气味。马群中的成员可以通过一组气味来相互识别。气味在性行为中也扮演着重要角色。母马发情时散发的信息素向公马发出明确的信号，那就是母马已经准备好了，可以交配了。

母马的身体也会发出信号，比如阴门不停外翻，尾根抬起，出现交配的姿势。如果还没有准备好交配，它也会明确地表现出来，比如露出牙齿，试图咬或踢公马。母马还会用尖叫的方式进一步表示不满。虽然马不像其他动物那样有领地意识，但是公马确实会用尿液和成堆的粪便作为嗅迹标记来划分领地。公马还会在马群内的母马的尿液或粪便上撒尿，这向外来者发出了一个明确的信号——这些母马是属于它的。

裂唇嗅反应

公马通过嗅母马的阴门和尿液来判断母马是否发情。当母马快要发情的时候，公马会变得很兴奋，沉浸于前戏状态，会舔母马并用触碰的方式刺激母马。裂唇嗅反应指马的上唇向后翻起，这使它的嗅觉更灵敏（见右上图）。这时，空气被输送到位于鼻腔底部、口腔顶壁的犁鼻器。

裂唇嗅反应并不总是和性兴奋相关。马闻到强烈而不寻常的气味（如蒜味）时，也可能出现这种反应，尤其是当马第一次闻到这种味道时，公马和母马都有可能出现这种情况。

声音交流

马也用声音交流，虽然方式有限。马在看到或闻到特别感兴趣的东西或有潜在危险的东西时，都可能喷鼻息。尖叫声和咕哝声通常是攻击性或兴奋的表现。马还会为同伴的逝去而哀鸣，也会通过嘶叫来表示兴奋。母马会发出轻轻的嘶鸣声来安抚小马驹，而在期待被饲喂或得到一点儿美味时，公马和母马都会发出这

相互梳毛
马相互梳毛是很常见的。要进行梳毛，一匹马通常会先靠近另一匹马，再用鼻子蹭它的肩膀以表明梳毛会很愉快。

样的声音。如果没有按时被饲喂，一些马甚至还学会了用大声嘶鸣来吸引人的注意力。

味觉和触觉

马也通过味觉和触觉进行交流，这两种方式密切相关。它们通过相互梳毛来进行交流，这能让它们建立起友好的关系。作为这种方式的延伸，它们有时会用头轻轻推对方一下，这可能是在说“让开”或者说“我在这里”。它们也会这样与人类交流。我们可以尝试通过抚摸和轻拍来与马交流。给马刷毛是另一种与马进行交流的方式，这能让我们与马建立起良好的关系。

与你的马建立关系
人类可以通过给马刷毛与马建立良好的关系。大多数的马都喜欢有人给它们刷毛，但它们身体的某些部位可能怕痒。最好在户外刷毛，这样灰尘和掉落的毛就会被风吹走。

理解信号

了解马的一些肢体语言对我们来说并不难。例如，一匹马站立时，它的一条后腿放松，头低着，耳朵微微后仰，下唇垂下，眼睛半闭，这就是一种放松的状态。这很容易理解。

紧张的状态同样容易理解。马会将屁股转向那些进入马房或自己的领地的人，这就是一个明确无误的信号。后蹄踩踏、摇头和/或甩动尾巴都是生气的信号。例如，马在等待食物或被关在马房里时会变得不耐烦，它们可能踩或踢马房的门。马如果看到了令它们担心的事情或听到了令它们不安的声音，就会抬起颈部，朝那个方向竖起耳朵。遇到危险时，它们可能四处腾跃，或者逃得远远的。所有这些都是明显的恐惧、感兴趣或不安的信号。

马的耳朵会发出非常清晰的信号，它们也许是马身上沟通能力最强的部位。耳朵发出的信号经常能得到其他肢体语言的支持。马的耳朵有许多块不同的肌肉，它们使耳朵非常灵活，能够随意转动。耳朵的位置反映了马的心理状态。耳朵坚定地向前伸，这表明马对某种事物有强烈的兴趣。当马放松或打盹时，它们会放低耳朵，让耳朵变得柔软。耳朵向后竖起表示马不高兴、生气或可能发起攻击。一只耳朵转向侧面表明马可能听到了苍蝇的嗡嗡声或其他恼人的声音，也可能表明马在注意身边的人在做什么。当有骑手骑在马身上时，马摆动的耳朵对骑手来说是一种安慰，因为这表明马在留意骑手。

人类传递给马的信息

人类可以通过散发的气味与马进行交流，而且这种交流完全是无意识的。感到恐惧的人（可能还有好斗的人）散发的气味会把他们的心理状态暴露给马。这会导致马变得焦虑不安或有攻击性，但马具体如何表现取决于马自身是顺从的还是强势的。俗话说“勇者造豪马”，这揭示了人们长久以来对马的观察结果：无畏和自信的人往往比那些过度关注马的人与马相处得更好。然而，吵闹、麻木不仁的人往往又走向另一个极端——这是一种微妙的平衡。

现在不行！
这匹母马正在训斥要吃奶的小马驹。这样的场面有时看起来比较激烈，但小马驹不会被吓到，也不会生气。

繁　殖

母马通常在 15～24 个月大时进入青春期，有些可能更晚一些。正常情况下，它们每年都会怀孕，正好在当年的小马驹出生之前给上一年出生的小马驹断奶。马的妊娠期平均为 11 个月多一点儿。

发情

从早春到秋天，每隔 18～21 天，母马都会进入交配期（进入“发情”状态）。每次发情持续 5～7 天。发情时，母马会接受公马的交配请求。母马发情时会有许多明显的迹象，尽管这些迹象可能不会同时出现。母马可能显得焦躁不安，比平时更喜欢追逐别的马。它会不停地抬起尾根，还会不时地排出少量尿液。交配一般发生在交配期结束前 2～5 天。

马驹在子宫内发育

从母马怀孕的第 5 个月开始，我们就可以很明显地看到胎儿，从第 6 个月起就可以看到胎儿的活动。当妊娠期接近尾声时，母马的肚子会下垂。母马即将临产有两个迹象：乳房增大和乳头末端出现蜡状物。

和所有的妊娠过程一样，胎儿在子宫内的发育遵循一个特有的模式。2 个月大时，胎儿从胚极到尾巴长 7～10 厘米，有可能长出四肢，性别特征开始清晰。4 个月大时，胎儿重约 1 千克，体长 20～23 厘米。此时它的嘴唇周围看到毛的痕迹，马蹄也出现了。

身体上的被毛在胎儿 6 个月时更加明显，这时外生殖器已经长成了。胎儿的体长增长到 56 厘米，体重增长到 5.5 千克甚至更重。

8 个月时，胎儿在子宫内呈站立姿势，长出鬃毛和尾毛，重量为 16～19 千克，体长为 68～73 厘米。10 个月大的时候，胎儿的被毛、鬃毛和尾巴上的毛都完全长出来了。此时，胎儿重达 33.5 千克，体长为 85～92 厘米。它很快会在子宫内转身，这样它就会面对产道。到 11 个月大时，胎儿已经做好了通过骨盆弓的准备；它现在体重为 38.5～48.5 千克，体长达 109 厘米；它的牙齿已经从牙龈里露了出来。

怀孕的母马

我们很难准确预测母马何时会分娩，但平均而言，正常的妊娠期约为 340 天。

分娩

正常情况下母马会迅速产仔，小马驹在很短的时间内就能站起来，四处走动。家马通常在半夜产仔，从而避免引起主人的注意。因此，许多人都将临产的马安排进配有闭路电视的马房以确保母马遇到困难时能得到帮助。

母马的产程有三个阶段：母马准备娩出胎儿时，会自主产生子宫收缩，宫颈及与之相关的结构放松；胎儿进入骨盆，通过子宫颈，母马主动排出；最后，胎盘排出。分娩时间可能长达 6 小时，在此期间母马会焦躁不安，会站起来又躺下。羊水破了之后，母马会躺下来，努力生产。随后母马会娩出羊膜囊，其中充盈着羊水，胎儿就是在羊水中发育长大的。

小马驹的前蹄和腿紧跟着头部娩出，头部平放在腿上。此时胎膜（一种透明的膜）仍然包裹着它。只要小马驹的肩膀露出来，就代表最困难的阶段过去了，剩下的就简单了。鼻子前面的薄膜破裂后，小马驹就开始呼吸了。

当小马驹从母马体内挣脱出来时，脐带可能断开；如果脐带没有断开，分娩后的母马起身时就会把它扯断。母马会将小马驹舔干，使它的身体暖和起来。半小时后，小马驹就会用鼻子蹭母马，要求吃奶。初乳——小马驹吃到的第一口奶——对它的健康至关重要。初乳的作用就像抗生素的一样，还能确保小马驹在第一

出生后的纽带

母马通常会在小马驹出生后不久舔它，以此来使小马驹身体保持暖和并建立关系。小马驹此时仍然被胎膜包裹着。

开始建立关系

小马驹与人类的关系几乎从一出生就开始建立了。当小马驹出生还不到 3 天的时候，一个人牵住母马，另外一个人就可以控制小马驹。让母马站在马房的墙边，小马驹不需要经过训练就能走到妈妈身边。随后，驯马师或主人可以将右臂放在小马驹的臀部，左臂放在它的胸部。再过几天，只要能够靠近妈妈，靠在妈妈的腹部树立信心，小马驹就会安静地站着接受人的拥抱。从第二周开始，小马驹应该就习惯被人触碰和抚摸了。

次排便时将胎粪排出。胎粪由羊水和其他物质组成，这些物质是小马驹在子宫内吞下的。这些物质在妊娠期间一直在小马驹的直肠内堆积，直到小马驹出生后不久才被排出体外。

喂养和护理

如果牧草很好，母马饲喂得很好，它的奶和牧草就足够小马驹吃了。除了良好的营养，小马驹还需要充足的睡眠（就像人类的婴儿一样）。另外，它还需要其他马的陪伴，以及有足够的空间嬉戏。

在断奶前，除了那些打算用作种马的小公马驹外，其他小公马驹通常都要被阉割。阉割可以晚些时候进行，但如果不阉割，长到 1 岁的小公马驹就可能变得异常狂躁。阉割相当快速而简单，除了能使小公马驹失去生育能力之外，还能使它们保持安静。阉马很温顺，易于控制，而且很乐意和母马生活在一起。相反，种马通常保留着野马所有的潜在习性，这意味着人们必须小心地对待和控制它们。

断奶

如果没有外力干预，母马大约在下一匹小马驹出生前的一个月开始停止喂奶。此时，它体内的激素会发生变化，发出信号以产生初乳。此时，头一年出生的小马驹大约 10 个月大。从母马最初表现出不愿意喂小马驹到真正阻止它吃奶，可能只有几天的时间。

断奶的小马驹与母马仍保持着非常亲密的关系。一旦母马产下了新的小马驹，断奶的小马驹就会和族群里的其他成员建立起关系，最可能的是和其他小马驹建立起关系。但是，当小马驹缺乏信心或害怕的时候，妈妈仍然是它的避风港。

留作种马的小马驹通常在 6 个月左右断奶，尽管有些饲养员会等到它 8～9 个月大时才让它断奶，因为断奶可能给它带来心理创伤。给小马驹提供温柔的伙伴是一种温和的方式。让三匹马（或更多匹马）在一起多待几周，然后开始将母马和小马驹分开一小会儿（从 30 分钟开始，逐渐延长到几小时）。移开母马但让小马驹仍能看到妈妈，会让分离变得容易一些。

母马和小马驹
出生后半小时内，小马驹就能站起来。在很短的时间内，它就能跟上妈妈——这在野外是必须做到的。

第二章

马和人类

驯　化

马从早期被驯化到现在主要被用于休闲和竞技，是因为它们具有一项重要品质：良好的适应性。最开始人类将马视为猎物，后来才意识到它们还有其他用途。

洞穴岩画

在巴基斯坦北部喀喇昆仑山脉奇拉斯村附近发现的30000幅古代岩画中有人和马的图像。

马的驯化是一个渐进的过程。最初，人们捕猎野马作为食物。接着，人们意识到，可以把马圈养在围栏里以供食用。然而，那个时候人们既没学会控制马，也没学会照料马。直到人们学会控制马，才算完成了对马的驯化。到这个时候，人们才开始关注它们的福祉，因为它们只有保持健康，才能更高效地工作。

初期

人们在捕猎马以获得它们的肉和皮时，很可能偶尔活捉一些小马驹，随后这些小马驹很可能与人类生活在一起。然而，直到大约6000年前，养马才比较普遍。

马被驯化的最早证据发现于东欧（现在的乌克兰）、俄罗斯西南部和哈萨克斯坦西部的大草原上，马是食草动物，生活在这些地区不足为奇。居住在这里的人不是农民，仅靠狩猎他们无法度过严酷的冬天——无论定居点的规模有多大。大量的考古学证据表明，他们养马的目的是将马作为食物，和捕猎马的目的是一样的。在这些地区发现的大部分动物骨头都是马骨，其上有明显的屠宰痕迹。在这些地区还发现了一些其他证据，比如非常可能是用来饲养马的围栏，以及陶器残片上残留的马奶蛋白。

欧亚草原

一位年轻的骑手在蒙古草原上放牧。在马被驯化之前，他的祖先就已经在这里开始将野马作为食物了。

当人们开始养马时，他们学会了控制马。起初，这种控制非常有限，最常见的控制手段可能是通过暴力手段而不是通过训练。马也几乎没有什么福祉。然而，随着马在人类生活中发挥的作用越来越重要，人们认识到照顾好自己的马和训练它们一样重要。

用于拉车

驯化马的方法逐渐传到了越来越多的地方，再加上原始农业的出现，农民们开始种植庄稼，马开始被作为耕畜。与牛相比，马的优势在于：它们更吃苦耐劳，并且它们不需要休息来反刍。公元前 3200 年，车轮被发明出来了，马对人类

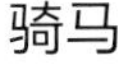

战车
辐条轮的出现和轻型车辆的发展，意味着马越来越直接地参与到战斗中，而不是作为运送士兵、武器和物资的工具。

社会的作用也随之越来越重要。除了可以耕地，它们还可以拉货车。早期的木制车辆由实心的车轮和两轮之间的一根木杆构成，可以将两匹马简单地套在木杆上。这种做法不能对马进行精准控制，限制了车辆的灵活性，而且那时候的车辆缺少一根可旋转的轮轴，这导致车辆转弯非常困难。因此，当时最常见的交通工具是两轮马车，而不是四轮马车。

人们还发现了被驯化的马的另一种用途：若干世纪以来，马一直被用于战争。起初，它们只是被简单地当作运输工具，把人和武器从一个地方运到另一个地方。在公元前 1900 年前后，人们发明了辐条轮，它使车辆变得更快更轻，因此车辆开始用于战争，战车出现了。人们在原有的拉车的一对马两侧又各增加了一匹马，这极大地提高了车的速度和动力。波斯和中国的军队还把大镰刀（长达 1 米的、与地面平行的刀刃）固定在车轮的轮毂上，作为武器。这种战车的主要缺点仍然是灵活性很差。要想成为有效的武器，战车需要足够的空间来转弯，因此战争必须在平坦、空旷的野外场地进行。

在青铜器时代，人们把金属水勒和缰绳系在一起，这种方法虽然能更有效地控制马，但这种水勒在马的面颊部位有刺，表明人们仍是通过让马感到疼痛来控制马。当士兵们能够在马背上有效战斗时，战车就被骑兵取代了。

骑马

最初的时候，因为人骑在马上很容易被击败，所以那时候骑在马背上作战并不常见。可能在很早的时候就有人骑过马（和驴），但是直到公元前 1000 年前后骑马才成为一种常见的活动。那时的马很矮小。人们往往是骑在光光的马背上或者只用一个简单的鞍垫。没有肚带，所以骑手们不太安全，也不舒服。

金属水勒能让人们更好地控制马。到公元前 3 世纪时，中亚的弓箭手们就能够在马背上熟练作战，赢得战争。罗马帝国晚期的骑兵是最早使用树形马鞍的骑兵。此时的马鞍没有马镫，但有各种各样的突出部分，可以让士兵们抓握以支撑身体，使他们更安全，这也使得士兵们使用其他武器成为可能。马镫最早出现在公元 4 世纪初的中国。可能在有些地方已经有人尝试在马镫上使用一些比较软的材料，但没有流传开来。马镫的出现为现代马术铺平了道路。最初的马镫仅一侧有，只是方便人们上马。大概是因为现在的马身形变得高大了，有些可能超过 147 厘米（14.2 掌），后来出现了两侧的马镫。这不但使骑手更加安全，还使他们

马头盔甲
穿上盔甲后意味着他们的坐骑成了攻击目标。这导致了马的盔甲的出现，比如这个来自德国的马头盔甲，它能保护马的头部。

更加灵活，允许他们在马背上站立或做趴伏等动作。

到这个时候，马已经成了军队和农民的必需品，骑马和乘坐马车也越来越流行，马在人类生活的各个方面的作用也越来越重要。马具有如此重要的作用，因此有必要对它们进行适当的照顾。

维京马镫
这种马镫在公元 850 ~ 1050 年为维京人所使用。它是三角形的，因为制作它用的铁比圆形的马镫少。马镫一侧的凸起可能起到马刺的作用。

马的护理

知道如何保持马的健康，并使它适应所需要做的工作，是完成驯化的关键一步。在公元前 9 世纪亚述人的带状石雕中，有一些与护理马和杂交育种有关的图案，这是已知的最早的证据。石雕清晰地展示了喂养马和给马刷毛，以及骡子（通过公驴和母马杂交而得）被作为驮畜使用的情景。

可能是需要对马进一步控制导致了对公马进行阉割的做法，据说斯基泰人早在公元前 8 世纪就开始这样做了。这可能是因为这样做可以让马在战斗中更易控制：与未阉割的马相比，阉马的表现更好。

马的奔跑速度也很重要，速度与呼吸的关系在很早的时候就已经为人所知。裂鼻术的目的是通过增加进入肺部的氧气量来提高马的奔跑速度。尽管在大多数地区人们已经采用了更有效的外科手术，但在一些国家现在仍有人在需要时会采用这种做法。

受人尊敬的马
伟大的中国皇帝唐太宗（599—649 年）下令把他最喜欢的 6 匹马的图像刻在石头上。这些马是从他的战马中挑选出来的，他还为它们写了一首诗。图中展示的是唐太宗的马——飒露紫。

在野外，马蹄会受到正常的磨损，坚韧的角质为马蹄提供了足够的保护。然而，在马被驯化并为人类工作后，如果想让马保持健康就需要对马蹄进行额外的保护。目前，保存最早的马蹄铁发现于罗马，底由金属制成，用皮带系在马蹄上。用钉子固定的马蹄铁出现的时间要晚得多——在公元 10 世纪——但到了中世纪，这种马蹄铁在欧洲大部分地区就很常见了。

针对特定任务对马进行育种是一种相对较新的技术。不同的地区都有表现出独特特征的马，渐渐地有人产生了这种想法：可以通过育种繁育出最适合从事某种特定任务的马，比如挽马。这反过来又导致了品种标准的发展。封闭的血统登记簿只记录一个品种的纯种个体，它们必须符合品种标准的规定。血统登记簿在最近几百年才开始出现（见第 38 ~ 39 页）。

工作马
在很长的一段时间里，马是农业生产中必不可少的。虽然机械化设备使马在大多数发达国家的农业生产中被淘汰，但有一些地区仍在使用它们。

现代马

在若干个世纪中，马是我们生活中必不可少的伙伴；但到了现在，在许多国家，它们只用于竞技和休闲。马的品种和类型有数百种，从 203 厘米（20 掌）高的大型重挽马到 30 厘米高的小型马，不一而足。它们从小马驹时就被控制得很好，且通常是经过精心训练的（不是通过暴力和恐吓的方式），能心甘情愿地为人类工作。

现在，在骑乘、驾驶和照顾马匹时使用的设备种类繁多，并且随着新材料和新款式的出现，这些设备还在不断完善。喂养马并让它们保持健康现在几乎已经成为一门科学，正如对马的行为的研究一样。马的护理通常由一个团队来共同完成，包括马主、饲养员、驯马师、兽医、牙医、整骨师和按摩师等。我们与这种奇妙的动物的关系是从一万年前在乌克兰草原上开始的。

罗马尼亚的马

除了澳大利亚野马和美国野马，很少有真正的野马。大多数的马都有主人，包括这些生活在罗马尼亚的罗德纳山中的马。

战争中的马

几乎从马被驯化开始，人们就意识到可以将马用于战争中。几个世纪以来，马的用途发生了很大的变化，但直到第一次世界大战期间，马仍然是战争中非常重要的工具，并且在第二次世界大战中它们也发挥了作用。

马背上的战斗

在马鞍出现之前，在马背上作战非常罕见，因为要成功地待在马背上并进行战斗并不容易（见第27页）。帕提亚人（公元前247～公元224年）发明了一种战术——骑马向敌人飞奔，然后在转身撤退时出击。这种战术避免了身体对抗，意味着战士不会被从马上拉下来。无论如何，随着为了骑马而设计的额外装备的出现和不断改进，在马背上进行的战斗越来越多了。

金光闪闪的骑士

这座制作于14世纪的青铜雕像展现了一位全副武装、举着剑冲向战场的骑士。

身披盔甲的骑士

关于中世纪马术的文字资料非常少，但保存下来的带刺的盔甲和粗糙的衔铁上的长钉，都意味着这种马术可能相当残忍。骑士们似乎从很小的时候就开始练习武器的使用技巧。在和平时期，骑士比武是城堡里的常规活动。就连骑士都有可能在比赛中受伤或死亡，更别说马了。虽然有骑士在马背上作战的画面，但从盔甲的重量和构造来看，很可能大部分战斗都是依靠步兵进行的，马则用于战场上的运输工作和战斗后的追击。马也被用盔甲保护起来，彩色的旗帜则被用来在战场上区分对战双方的骑士。

骑兵的出现

欧洲骑兵起源于公元6世纪的查尔斯·马特尔的法兰克骑士团，他们是全副武装的骑兵，善于排成密集的阵型冲锋。这种战术沿用了几个世纪。13世纪的蒙古人也多是骑射手，他们就以这种战术而闻名。

200年后，轻骑兵也异常活跃。比起阵地战，这些轻骑兵更喜欢发起出其不意的定点攻击，他们出击迅速，常常造成毁灭性的后果。他们善于追击溃败的敌人，采用松散、开放的阵型，这使得很难对他们发起反击。轻骑兵们骑马时使用短马镫，身体前倾，膝盖弯曲——这与自公元732年普瓦捷战役以来，使用长马镫、稳稳地坐在马鞍上的重骑兵们形成鲜明对比。

进一步的发展

在17世纪和18世纪，指挥官们对骑兵的管理堪称典范。其中瑞典国王古斯塔夫斯·艾道尔佛斯是最具创新精神的人之一，他在30年战争（1618～1648年）期间完善了冲击战术。在严密的组织下，他让骑兵先快步跑向敌人，用手枪射击，再冲向敌阵用剑作战。普鲁士的腓特烈二世用高速奔跑的马拉着炮车来支援骑兵，这在战场上增加了一个新的维度。这些轻型火炮由6匹马拉着，跟在骑兵后面，可以用来消灭任何对他们构成威胁的部队。

骑兵的没落

在19世纪，尽管轻武器的火力效果越来越强，火炮的用法也越来越多样，但骑兵部队仍是战斗主力。1815年的滑铁卢战役是欧洲最后一次大规模的以骑兵为主力的战斗。在这场战役中，这些骑兵的作战方式犹如教科书一般。战斗中拿破仑一方可使用的战马有16000匹，

黑斯廷斯战役

诺曼骑兵是一支可怕的战斗部队，他们在1066年10月14日黑斯廷斯战役中为威廉的胜利做出了重要贡献。哈罗德的英国军队大都是步兵，只有少数弓箭手。

滑铁卢战役

苏格兰灰骑兵是三个重型旅之一，这三个重型旅击溃了一个步兵旅、整整一队骑兵旅，以及许多法国野战连，但他们在战斗中也伤亡惨重。

而即使不包括属于普鲁士联军的马匹，威灵顿一方也有13000匹马。

英国骑兵表现得非常出色。法国人也同样英勇，在奈伊元帅的领导下，他们对英国步兵方阵发动了多次进攻，但多次被击退，在威灵顿率领的顽强而坚决的步兵前面留下了一堵由马和人的尸体构成的墙。奈伊本人所骑的战马先后被射死五匹，双方都伤亡惨重。联军能取得这场战斗的胜利，很大程度上归功于乘骑炮兵，他们对步兵的支持至关重要。尽管骑兵在滑铁卢战役中死伤惨重，但在拿破仑被击败后的很长时间内，骑兵仍是战争中不可或缺的一部分。

在第二次布尔战争（1899～1902年）期间，尽管布尔突击队没什么经验，但最终却迫使英国骑兵采用了殖民地的骑步兵战术。这是在美国内战（1861～1865年）中骑兵部队采用的方式，士兵骑着马去战场，然后下马作战。

两次世界大战

在第一次世界大战期间，数以百万计的马匹被用于作战和运输物资，800万匹马在恶劣的条件下死亡。由于战争采用堑壕战的形式，骑兵的作用有限。然而，骑兵和作为运输工具的马仍然保留到了第二次世界大战中。第二次世界大战中，马的损失几乎和第一次世界大战中的一样惨重。在1941年的一场可怕的战斗中，蒙古骑兵在对德国步兵师发动攻击后几分钟内，就有2000匹马和它们的骑手被杀死。

到目前为止，马仍在军事冲突中使用，但很少担任前线作战任务。在波黑战争（1992～1995年）中，人们骑着马逃离战场，甚至连刚好能骑的小马驹都用上了。

仪仗队

今天，在许多国家，马在仪仗队性质的骑兵卫队中扮演着重要的角色。例如，英国皇家骑马炮兵团的国王仪仗队在伦敦很受游客欢迎。骑警除了执行仪仗任务之外，也执行警卫的任务。

第二次世界大战

在闪电战期间，在英国的很多城市中，马被用来拉消防车和运输其他消防设备。在遭遇空袭时，人和马都戴着防毒面具。

马术艺术

任何骑过训练有素的马的人，都知道那种人马一体的感觉有多和谐，只需用脚后跟轻轻一叩或者腰轻轻一扭，就能让马以任意速度向任意方向前进。马术作为一种艺术源于色诺芬（公元前431—前354年）的作品。他是最早、最著名的驯马师之一，还是第一个提倡奖励式训练方法的人。

训练马的好处

从古代的战斗技巧到16～18世纪的古典马术，再到现代的盛装舞步，马术作为一门艺术一直有许多践行者。适当训练马，使它们保持健康，并学会理解骑手的命令，从经济的角度来说是很有意义的。对所有参加竞赛项目的马来说，训练至关重要。良好的训练可以确保骑手和马都不会感到疲劳。马如果知道每一道命令的意义，并心甘情愿地执行，就能避免受伤，也不会感到有压力。

马术简史

色诺芬的专著《论马术》是最早研究马术的著作之一。它所讲述的内容范围广泛，从正确的护理和刷毛直到战马所需的装备，书中所讨论的许多技术至今仍在使用。色诺芬懂得如何训练一匹马做一些动作，比如用后腿直立和腾跃，以展示它的运动能力和优雅。就色诺芬生活的那个时代来说，他是那么的与众不同，因为他考虑到了马的舒适度，要求骑手不要使用马刺、马鞭以及不要硬拉缰绳。

马上比武大会开始于11世纪，最初是为了训练骑士参加战斗。到15世纪时，这些赛事已经发生了很大的变化，更像是有地位的人想通过他们在马背上的技巧给大家留下深刻的印象。尽管这些赛事一直延续到17世纪，但其他非接触性的马术竞技运动开始占据主导地位，包括武器使用技巧，比如跑马拔桩（见第112～113页）。在后来的几个世纪里，许多欧洲国家都创建了马术学校，向骑手传授更高超的马术技巧。1532年开办的那不勒斯马术学校是最早的学校之一，该校最著名的老师是费德里科·格里斯顿，他的学生乔万尼·巴蒂斯塔·皮尼亚泰利开发了第一套马术教材。

在法国宫廷里，马术教练备受尊敬。这个职位通常由出身高贵、有教养的人担任，比如安托瓦内·德·布鲁维耐（1555—1620年）。他创造了一套体操式训练方法，旨在提高马的

西班牙皇家马术学校

位于维也纳的西班牙皇家马术学校是著名的古典马术表演中心。西班牙皇家马术学校的成员也在世界各地巡回演出。

柔韧性和灵活性，并在很大程度上摒弃了当时使用的暴力训练方法。人们普遍认为是他发明了马柱，用来让马学习收缩和莱瓦德——第一种地面腾跃动作。

弗朗索瓦·罗比雄·德·拉戈希尼耶（1688—1751年）在1730～1751年是路易十四的侍从。德·拉戈希尼耶把马术的训练原理提炼成一门理性的科学，并开发了包括肩内和空中换腿在内的训练，以提升马的柔韧性和平衡力。他认为训练目标是使马冷静、轻盈、服从，使得骑马变成一种享受，无论骑马走多远，人都觉得舒服。

安达卢西亚马

西班牙马种，这匹安达卢西亚马（见第134～135页），具有很好的古典马术表演天赋。

现存最古老的、成立于1572年的西班牙皇家马术学校位于维也纳，以倡导马术是一种艺术而闻名。该学校的名字源于其最初使用的马。这种马现在被称为利皮扎马（见第196～197页），该品种是1850年从西班牙进口到位于利皮扎的宫廷种马场的马之一。最初，学校使用的是木制的马术竞技场；著名的马术表演大厅于1729年建造。今天，学校由奥地利共和国管理，演出向公众开放。

西部马术

虽然与欧洲马术有一些相同点，但西部马术更加轻松，也没那么正式。它还有一套独特的马具。

高级动作

基本的马术动作——慢步、快步、跑步、袭步和跳越障碍——相对容易掌握并非常有趣。然而，马术作为一种艺术，是人一生可以从事的事业。马和骑手必须掌握很多动作，这需要消耗大量的能量、拥有极高的平衡力和控制技巧，马还得学会服从。据说，当马兴奋、害怕或精力过于旺盛时，人几乎没法教给它们任何东西，因为它们在场上几乎什么都不做，而教会马按指令做动作也需要花费大量的时间。

尽管一些动作通常被称为马场马术，但在西部马术中也经常能看到它们。马场马术训练是在一个长方形的场地上，沿着地上的圆圈或圆圈的一部分，让马做多种不同的动作。一旦马学会了平衡，通常还要通过很多不同的侧向动作，来训练它们在慢步和快步时缩短和伸长步幅。它们还被教导要抬高动作（每一步都要把蹄子举得更高）。

随着训练的深入，马被教导要学会后腿深踏，来提供向前运动所需要的强大动力——这就是所谓的推动力。优美的皮埃夫和帕萨基需要强大的推动力。它们是两拍的对角线快步步法，速度需要放慢到和行进的速度一致，每一拍马蹄都要抬高。皮埃夫是原地踏步，而帕萨基需向前移动。

高级跑步动作包括空中换腿——即马在不打破三拍节奏的情况下变换领先肢（见第12页）——以及节奏变换，这是一种更高级的方式，要求马每四步、三步、两步甚至每隔一步变换一次领先肢。这需要惊人的体力和平衡力。如果做得好，这些高级动作就像优雅的舞蹈。

马场马术

被广为接受的马场马术训练可以追溯到古希腊时期，但今天的马场马术训练原则都来源于维也纳的西班牙皇家马术学校。

文化中的马

几个世纪以来，人类在食物、工作和交通上一直对马非常依赖，有时甚至需要马的陪伴。所以，历史上流传下来许多关于人和马的神话、传说和真实故事也就不足为奇了。在大量的绘画和雕塑中，都体现出马和骑手是亲密伙伴的创作理念，而关于马的壮举的小说和电影也是现代文化的一部分。

神秘生物

古希腊和古罗马的许多传说与外形像马的神秘生物有关。这些传说的来源已不可考，但很可能起源于驯化早期。例如，有人认为半人马（上半身是人，下半身是马）的形象可能源于最初的马术文化——人们第一次遇到骑马的人时。这种情景不太可能被长期误解，但你可以想象，在篝火边的闲谈中人们很有可能夸大这种奇遇，尤其是如果还发生了战争。虽然半人马很明显是神话中的一种野兽，但有趣的是，罗马哲学家卢克莱修（生活于公元前 1 世纪）却郑重其事地来辩驳这种说法，并为此写了一首诗。他在诗中说人类和马性成熟的时间不同（3 岁的人仍然是个小孩，而马在 3 岁时已经性成熟了），人和马是不可能生出半人马的。

另一个例子是独角兽。希腊人相信可以在印度找到它们，在那时他们认为印度是一个相当遥远而神秘的地方，几乎是任何想象出来的生物的家园。独角兽并不总是像马一样——它们也可能和山羊很像——但它们的前额总是长有一只螺旋状的长角。在中世纪，独角兽成为纯洁的象征，只有处女才能驯服它们。在纹章学中，它们是一种骄傲的野兽，宁死也不愿被

女人和独角兽

这幅挂毯是 15 世纪出产于法国佛兰德的 6 幅挂毯之一，所有的挂毯上都有一位贵妇、一头狮子和一只独角兽。独角兽代表的是“爱”与“理解”。

捕获，在许多旗帜和盾牌的徽章上都能找到。

古希腊传说中还有关于珀伽索斯的故事。珀伽索斯是一匹纯白的、长着翅膀的公马，它的父亲是海神波塞冬，它的母亲是蛇发怪物美杜莎。无论在哪儿，只要它一碰到地面，地下就会有泉水涌出。它是骑手柏勒罗丰的坐骑，最终在试图登上奥林匹斯山时掉了下来。同样与水有关的形象还有苏格兰民间传说中的凯尔皮，它是能变化、居住在水中的精灵，可以变成人，但它的蹄子总是保留着。它并不是一种迷人的或让人喜欢的生物，经常出现在童话故事中，用来吓唬小孩，让他们远离水，以免发生危险。

纳腊萱国王

纳腊萱国王是泰国的民族英雄之一，在 1590 ~ 1605 年，他将泰国人民从缅甸的统治中解放出来，建立了大城王国。纳腊萱的纪念碑上的雕像就是他骑在战马上的样子。

带翅膀的马

这枚银币上的图案是珀伽索斯，它来自古代城邦科林斯，骑士柏勒罗丰就是在那里出生的。

文学作品中的马

特洛伊木马的故事是关于马的最古老的故事之一，希腊人通过木马攻入特洛伊城，并打败了特洛伊人。特洛伊城的象征是一匹马，正是在这匹马的启发下，希腊人制作了一匹巨大的木马。很难想象特洛伊人会因为这样的把戏受骗上当，但也许是这匹马实在太美、太诱人？

在 1877 年，安娜·休厄尔出版了《黑骏马》，它可能是最著名的关于马的故事书。在一个主人很少考虑动物福祉的时代，《黑骏马》尤其引人注目，因为它是从马的立场上来讲述故事的。这是一个非常沉重的、关于人性的善恶美丑的故事。在当时，书中突出描写了工作中的动物生存环境的残酷，它推动了英国和美国的动物权利立法。

《战马》也是从马的角度来讲述故事的，是关于人马关系的又一次感人至深的探讨。《战马》是迈克尔·莫尔普戈在 1982 年为儿童写的小说，后来被改编成了电视剧和电影。它讲述了一个名叫阿尔伯特的小男孩和他的马乔伊之间的故事。他们在第一次世界大战中天各一方，乔伊在战争中遭受了巨大的苦难。莫尔普戈想要偿还人类对战争中服役的数百万匹战马欠下的“巨额债务”，他突出描写了大多数战马在战争中的悲惨命运。

艺术作品中的马

在肖像画中，国王和战斗英雄经常是骑在马上的。不知何故，骑在高大的战马上，让这些受尊敬的人显得更威严，也更神气。在世界上任何一座城市走一圈，你几乎都会看到名人骑在马背上的雕像（偶尔也会看到女人们的雕像）：伦敦的理查一世和威灵顿公爵、巴黎的查理曼大帝和圣女贞德、蒙古乌兰巴托的成吉思汗等等，这里所列的只是其中很小的一部分。

在美国，也有战斗指挥官骑在马上的肖像，但更值得人们注意的是，许多雕像中的骑手都是无名之辈。例如，1909 年塞勒斯·达林雕刻的《伟大精神的呼唤》展示了一位美洲原住民在马背上张开双臂祈祷，而亚历山大·P. 普罗克特的《野马骑士》则展示了骑在马上的牛仔。由于马在美国的文化中没有占据重要地位，雕刻家们不得不在没有这些体形庞大的动物的帮助下，创造出令人印象深刻的雕像。在大多数情况下，机动车是无法达到同样效果的。

电影中的马

虽然有以马为主角的电影，无论是虚构的还是真实的，比如《玉女神驹》《马语者》《奔腾年代》，但是更多、更受欢迎的还是西部片，它们几乎总是将马作为配角。尽管如今西部片已过了全盛时期，但自 20 世纪 30 年代末以来，这类电影仍是 50 年来票房收入最高的电影，约翰·韦恩和克林特·伊斯特伍德等明星的成名作都是西部片。美国西部的浪漫故事在电影中一再上演，如《关山飞渡》（1939 年）、《边疆铁骑军》（1950 年）、《荒野大镖客》（1964 年）、《苍白骑士》（1985 年）和《大地惊雷》（1969 年和 2010 年）。当然，也有很多西部题材的电视剧，包括《皮鞭》《高地丛林》和《弗吉尼亚人》。在这些影视作品里最酷的演员如詹姆斯·斯图尔特、伯特·兰开斯特、加里·库珀、查尔斯·布朗森等，骑着马荷枪实弹地冲进小镇，马蹄声震耳欲聋。

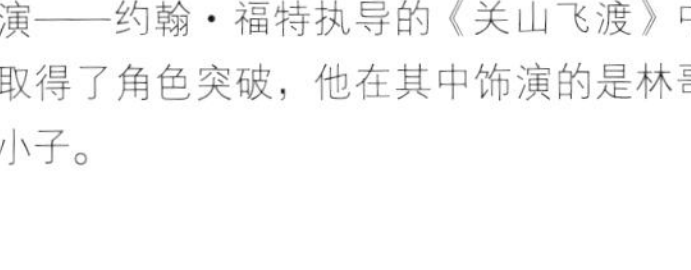

好莱坞英雄

好莱坞的约翰·韦恩在广受赞誉的导演——约翰·福特执导的《关山飞渡》中取得了角色突破，他在其中饰演的是林哥小子。

工作马

在长达若干个世纪中，大多数国家的经济发展都依赖于马的力量。直到发动机和机动车辆出现，这种依赖程度才减小了，但在世界上的某些地区，马仍然是生产中的一个基本要素。

四轮马车和运输

直到 15 世纪晚期，人们旅行（见第 26～27 页）主要还是靠走路和骑马，有时也用手推货车和重型马车。在匈牙利的科奇出现的四轮马车使轮式运输工具发生了革命性的变化。四轮马车的车身很轻，车厢有弹簧支撑，最多可载 8 名乘客。

这种车辆被称为驿站马车，由马（或骡子，见第 6 页）拉着。每队拉车的马（或骡子）有 2～6 匹（头）。在 19 世纪的英国，四轮马车的道路网变得非常庞大，人们每天旅行的距离可以长达 112 千米。"站" 指的是在换下一组马之前一组马的工作距离——通常是在马车旅馆换马。在美国，与之类似的马车是著名的康科德马车。

这些马车也常常用于长途旅行，通常能以 23 千米 / 时的速度行驶。它们于 1853 年被引入澳大利亚，新南威尔士州和昆士兰州因此建立起总长 9655 千米的道路网。这个时代还因私人驾驶车辆的数量而引人注目，这些车辆的形状不同，大小各异，车主都是富人。

城市里第一次出现的公共交通工具，是一种叫作公共马车的封闭车辆，由马拉着前进。后来出现了 "马拉轨道车"，则是由马拉着车辆在铁轨上运行。早在 1662 年，布莱斯·帕斯卡就第一次在巴黎提供了公共交通服务。然而，这项服务很快就停止了。直到 1828 年，巴黎才出现了定期客运服务。1829 年，法国的客运服务被复制到了伦敦。到了 1890 年，伦敦共有 2210 辆公共马车，服务公司雇员多达 11000 人，而马的数量是人的 2 倍。

火车和运河

在 18 世纪，运河被用来运输货物和乘客。运河里的驳船是由被称为 "船夫" 的马来拉动

又轻又快

轻型四轮马车的发展使长途旅行更快、更舒适。"四手结" 的缰绳打法可以让一位驾驭者同时控制四匹马——之前的马车需要两位驾驭者来控制四匹马。

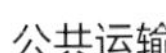

公共运输

从 19 世纪 20 年代起，马拉有轨车——比如伦敦的这种——就开始在大城市流行起来。19 世纪 80 年代，随着电缆的发明，大多数马拉有轨车消失了，但其中少数后来又焕发了活力。

的，但有时也使用骡子甚至驴。尽管在 19 世纪早期，铁路运输得到了长足的发展，但驳船仍在继续使用。在 20 世纪 50 年代，仍有少数驳船在使用。在蒸汽机车出现前后，中短距离的货运和客运火车都是由马来拉动的。1803 年，在伦敦郊外，连接旺兹沃思和克里登的第一列马拉火车开始运行，在北爱尔兰有一条类似的支线，终点站是芬托纳车站，后者一直使用到 1957 年。整个欧洲都有类似的线路。在美国，没有关于马拉火车的记录，但是架设轨道所用的木材是存放在大型的伐木营地里，由 6 匹或 8 匹马组成马队拉着木材爬上陡峭的斜坡。

通信

从传递重要文件到发送简单信件，马使书面交流成为可能。早在公元前 3 世纪，波斯人就已经建立了一套高效的邮递系统，从埃及延伸到小亚细亚，从印度延伸到希腊群岛。希腊和罗马也有类似的系统。而在 13 世纪，成吉思汗使用“牙木”（驿站）传递信件，这是一种可靠的信使系统，使他能够管理庞大的帝国。19 世纪，马驮货物还很常见。在没有平坦道路的山区，直到 20 世纪人们还在用马驮的方式来运输货物。

保留传统

对环境的持续关注导致了人们在林业中重新开始使用马。它们是在茂密的林地中移走树木的理想选择。

工业和农业

英国工业革命（1789～1832 年）对国际贸易框架产生了非常大的影响。虽然机器可以完成几个世纪以来需要手工完成的工作，但工业仍然高度依赖于马的辛勤劳作。马是煤矿生产主要的动力来源：在坑口，由马来转动起重机的绞盘，运送重型机械，拖运煤车。小马驹则在地下的矿井里工作。

几百年来，农业生产主要是用牛而不是用马。但在 18 世纪，农业耕作方法发生了改变，加上新农具的发明，这意味着用马——速度更快，不需要时间休息反刍——来耕作变得更为流行。条播机从 1731 年开始使用，是最早专门以马为动力设计的农具之一。犁的设计也有了很大的改进，摆杆步犁是完美之作，它比任何其他犁都轻，并使翻耕变得容易。试验证明，如果用 2 匹马拉一台摆杆步犁的话，它们一天耕的地的面积比 6 头牛使用老式农具耕的还要大。到 19 世纪中期，打谷机、玉米脱粒机、升降机、多沟犁、深耕犁、收割机、切割机、捆扎机都投入了使用。在美国，出现了需要 40 匹马拉的、又大又重的联合收割机。事实上，美国尤其擅长制造需要多匹马拉动的农具。到了 1914 年，在美国马的数量达到了 2500 万匹。但其消失速度几乎和增长速度一样快。到 1940 年，拖拉机的出现导致了成千上万的马被淘汰。

然而在许多行业中（比如货运和旅游），马仍然每天都在使用，偏远地区更为常见——在那里更容易找到马，它们的“维护”费用也比重型机械的更低。马仍然是世界各地的人们工作和生活中的重要伙伴。

驿马快信

具有传奇色彩的驿马快信服务在 1860 年 4 月到 1861 年 10 月之间在密苏里和旧金山之间寄送邮件。这项服务是人类开拓精神的集中体现，能够将相距 3164 千米的信件在 10 天内送达。许多骑手接力运送邮件，每人骑行 96 千米，每匹马都要奔驰 16 千米，骑手们在驿站更换新的坐骑。但驿马快信服务未能盈利，很快就停止了，但它开发出了横穿整个美国大陆最实用的路线，这些路线随后被著名的富国银行运输公司采用。

马的繁育

被驯化之后，马进化出如今这些众多的品种和类型的速度加快了，但大多数变化都集中发生在最近的几百年。绝大部分现代马是选择性育种的产物，得益于饲养、马房管理和兽医护理的进步。

精挑细选育种

一旦人们开始意识到具有某一特征的马比其他马更适合完成某项任务，他们就开始有意识地培育具有这种特征的马。例如，人们寻找腿上距毛较少的马，繁育出了萨福克潘趣马（见第48～51页），因为人们注意到腿上距毛较少的马能更好地适应萨福克地区的重黏土土壤，而后躯比较狭窄的马更适合在田间行走和耕作。肩膀倾斜的马骑起来更舒服，轮廓清晰的肩隆能使马鞍装得更稳，马的这些特点被称为身体构造。慢慢地，身体构造上的“缺陷”，如牛腿肢势（见右页），也被人们发现，人们在育种时就会努力避免这些“缺陷”。好的身体构造的标准对不同的品种来说各不相同，这取决于马的用途。

随着基因在身体特征——比如毛色——中所发挥的作用被逐渐认识到，人们意识到马的能力也可能遗传。所以，最近人们开始关注如何通过精心育种来繁育特定血统的马，以提高其跳越障碍或奔跑的能力。欧洲马术比赛中所用的温血马（见右页）和纯血马（见第114～115页）的育种就是以血统、评估和成绩记录为基础进行的。

重型马、轻型马和小型马

马之间一直存在着差异，出于特定目的进行的育种强化了这些差异。如今，根据体格，马可以分为三类：重型马、轻型马和小型马。重型马身体高大，腿短而结实，蹄子大，它们

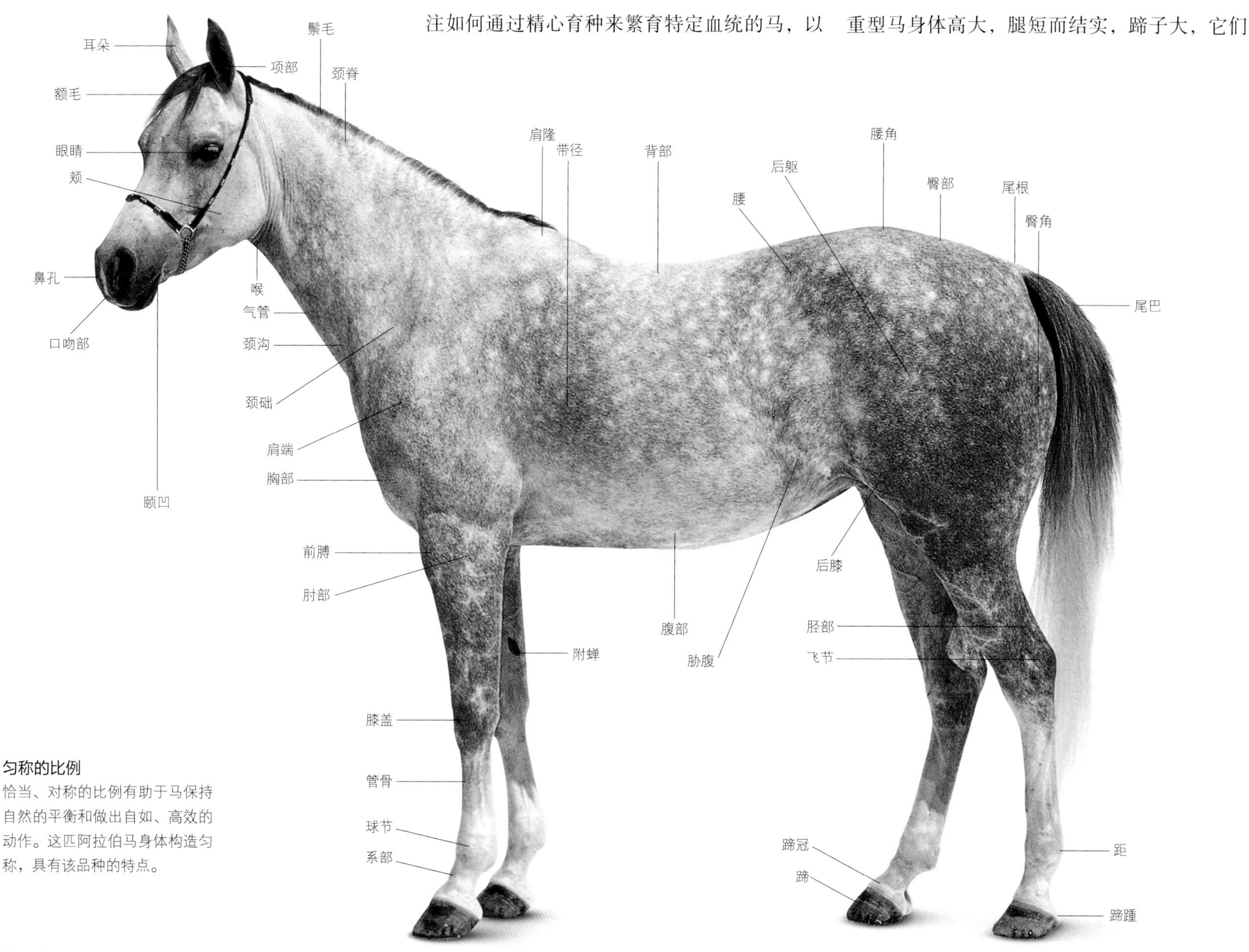

匀称的比例
恰当、对称的比例有助于马保持自然的平衡和做出自如、高效的动作。这匹阿拉伯马身体构造匀称，具有该品种的特点。

重型马
重型马的身体比例和粗壮的身体使它们在低速前进时具有巨大的力量。它们一般肩部竖直，动作时蹄子抬得也比较高。

轻型马
纯血马是最标准的轻型马。它们的外形特点是具有长长的四肢和窄窄的躯干，它们的肩膀明显倾斜，这样就可以跨出很大的步子。

小型马
相对体高来说，小型马的躯干显得更长；它们身体的宽度与腿的长度相当。它们可能有竖直的肩部，这会导致步法不连贯。

的头一般又大又平，耳朵很小。轻型马的代表是纯血马，它们通常比重型马身体更窄，腿更细，头部更优雅，耳朵也显得更协调。小型马通常是152厘米（15掌）以下的品种和类型。相比轻型马，就体高而言，小型马身体更宽，腿也较短。

热血马、冷血马和温血马

还有一种分类方法是将马分为热血马、冷血马和温血马。阿拉伯马（见第86～87页）和柏布马（见第88～89页），连同它们的衍生马种——纯血马——传统上被称为热血马，指的是它们纯种的血统品系。冷血马指的是欧洲重挽马。有热血马血统也有冷血马血统的马被称为温血马。现在最好的竞技用马大多数是温血马。

血统登记簿、品种和类型

品种是指登记在血统登记簿上的马。对这些马来说，选择性育种已经进行了足够长的时间，能确保其幼畜具有共同而鲜明的特征，如体形、身体构造、动作和可能的毛色——这些构成了品种标准。在马身上，骨量的数据有时也被视为一种要求。例如，“要求有20厘米的骨量”，是指管骨的周长，这被认为是腿部力量的一个指标。

育种用的马（母马和种马）通常必须通过检查和能力测试才能进入血统登记簿，从而确保后代得以保持一定的标准。封闭的血统登记簿不允许有新的血统进入。例如，在繁育一个品种以消除身体构造上的缺陷时，育种者会把一些马种与优良的马种（如纯血马或阿拉伯马）杂交，以将它们的良好的身体特征传递给下一代。一旦下一代的马达到了育种者想要的标准，血统登记簿就会关闭，只有同品种的成员才能进入。这保证了某一品种所有的后代都具有相似的特征，以保证品种的纯度，但这样也减少了基因库。

类型是指马缺乏固定的特征，因而不具有品种地位，并且也没有被纳入一个公认的血统登记簿，有名的例子有马球马（见第232～233页）、猎马（见第118～119页）、骑乘马（见第122～123页）和柯柏马（见第124～125页）。

在这本书所列出的马中（第41～321页），马的品种和类型混合在一起，马只按重型马、轻型马和小型马分类。普通马和小型马的分类比较主观，所以像普通马一样的小型马可能被放入普通马的部分，或者像小型马一样的普通马可能被放入了小型马的部分。

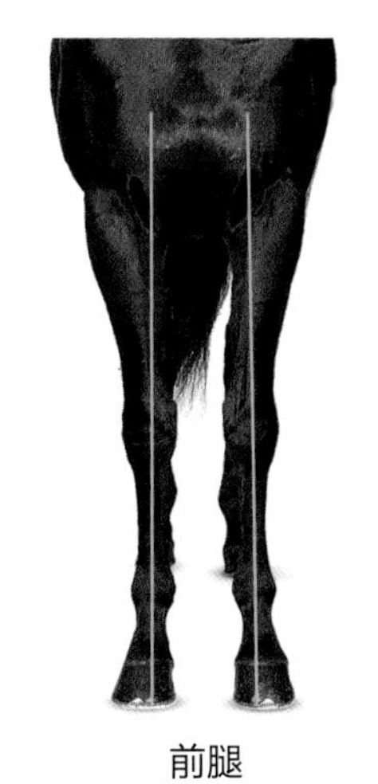

对齐的四肢
如果马的前腿是直的，那么从它的肩端画一条垂线，会通过膝盖、球节和马蹄的中心。如果有偏差，马会被认为有缺陷，这会导致马在工作中跛行。

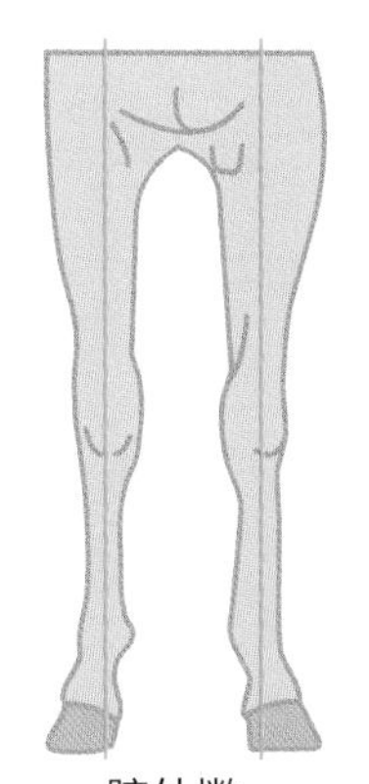

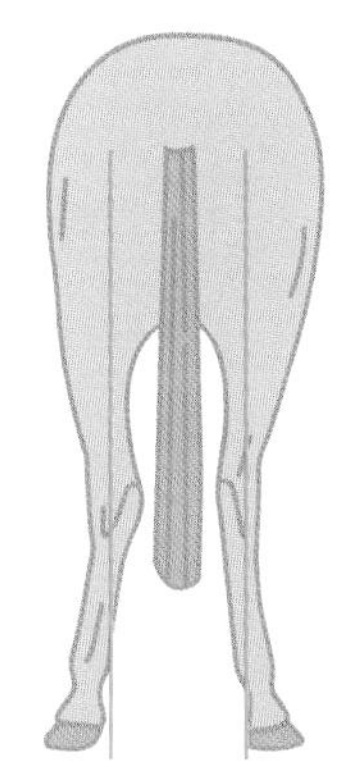

身体构造缺陷
如果马蹄外撇，当马移动的时候，它可能做出碟形动作。碟形动作是指马蹄向外抛出，画出圆形的轨迹。马的后腿呈牛腿肢势时，其双腿的飞节端会靠得比较近，下肢向外倾斜，这导致关节磨损不均，马的运动速度也会降低。在一些较重的马中，牛腿肢势是一种人们想要的特性。

第三章

马的品种和类型

重型马

重型马也被称为冷血马或挽马。重型马有许多不同的品种，这些品种的特点各不相同，但它们都有相似的身体构造和整体比例。重型马的共同特征还包括力大无穷、耐力好和性格温顺。这使得它们尽管体形庞大却很容易驾驭，适合做各种各样的工作，如农业和林业工作、驾车、运货，甚至拉运河中的驳船。重型马有魁梧、紧致的身躯和短而强壮的四肢，这使它们能在速度不快的情况下输出巨大的力量。

◀ **为工作而生** 就像在农业中一样，重型马在林业中也发挥着巨大的作用，它们可以在机械设备不能工作的环境中拖运木材。

克莱兹代尔马

体高	原产地	毛色
168～183厘米（16.2～18掌）	苏格兰	骝色、褐色、栗色，也有青色、沙色和黑色

这种大型马行动自如，以优雅的体态而闻名。

克莱兹代尔马原产于苏格兰的克莱德山谷，可追溯到18世纪中期。当时，汉密尔顿第六代公爵引进佛兰德马，以改良当地的挽马原种并增加马种数量，从而使克莱兹代尔马得以产生。与此同时，附近利克斯湖的约翰·佩特森也引进了佛兰德马（可能来自英格兰），并建立了一种至少到19世纪中期仍有重大影响的品系。大约在这个时候，夏尔马（见第46～47页）的血统也被两位致力于改良育种的当地人——劳伦斯·德鲁和大卫·里德尔——引入到克莱兹代尔马中。

现在，克莱兹代尔马以其高步动作而闻名于世，并且经过精心繁育，它们拥有了非常耐磨和结实的蹄子。它们非常适合在城市街道上工作，而不太适合在田间犁地，因为它们的蹄子太大。现代的克莱兹代尔马比其祖先的身体要轻盈，在特征和外观上都很独特。育种者的目的是让这种马能做出“紧贴”的动作：前腿置于肩膀下，后腿靠在一起，这使得牛腿肢势可以接受。

克莱兹代尔马是最成功的重型马品种之一，它们已经被出口到了世界各地，尽管其身上明显的白章和浓密的距毛在一些国家的市场上被认为是一种劣势——这会引起腿部湿疹等疾病。现在，克莱兹代尔马养殖在俄罗斯、德国、日本、南非、加拿大、美国、新西兰以及澳大利亚，在澳大利亚，人们称它们为“建造了澳大利亚的马”。

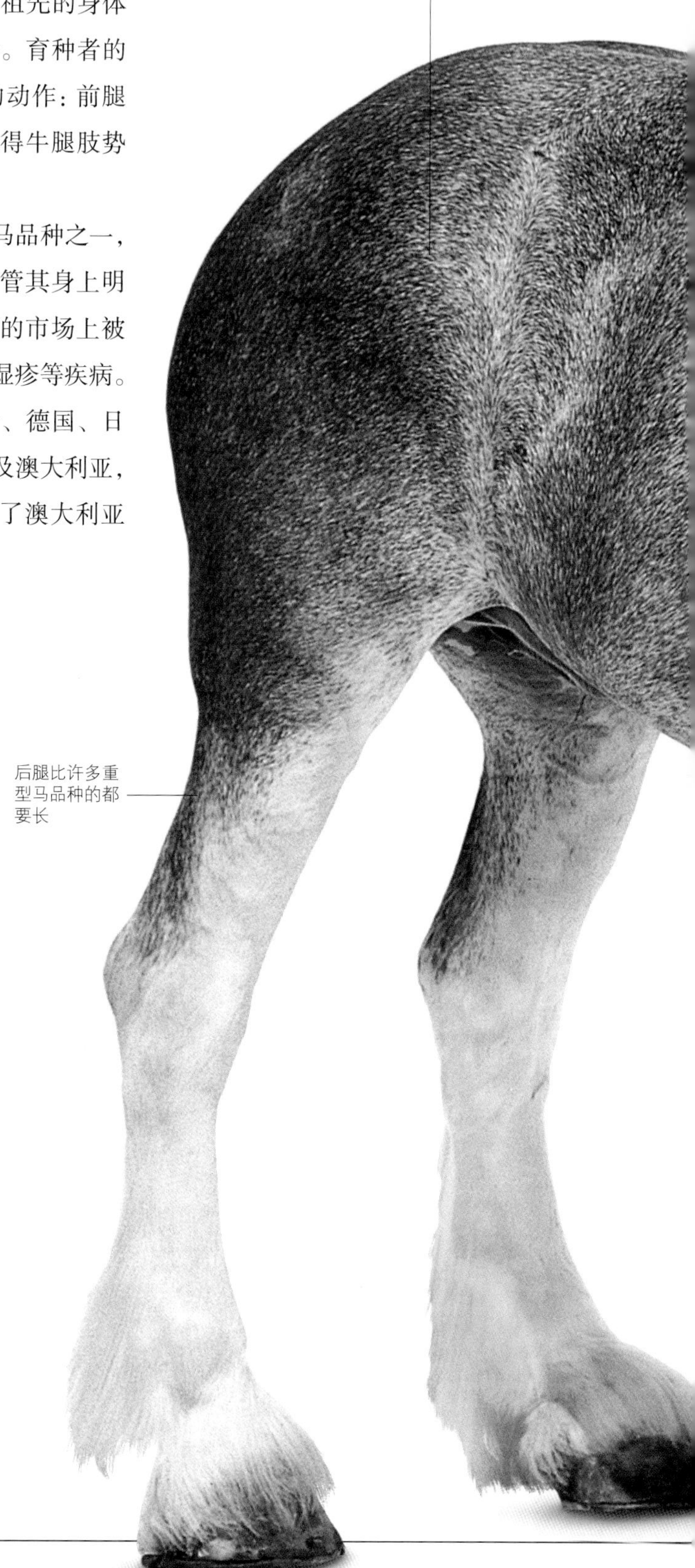

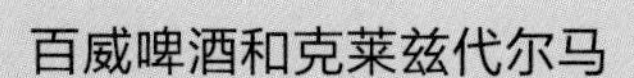

百威啤酒和克莱兹代尔马

在美国，安海斯—布希啤酒酿造公司利用克莱兹代尔马来推广百威啤酒。他们聪明地选用了由8匹马的车队拉着的马车为品牌做广告。他们只用骝色的阉马，并严格选用四肢有管白、脸上有白色长流星的马。这些马至少要满4岁，高度达到183厘米（18掌）。这一传统始于1933年，当时是为了庆祝废除禁酒法。后来，这些克莱兹代尔马每年都会四处游行，很受公众欢迎。

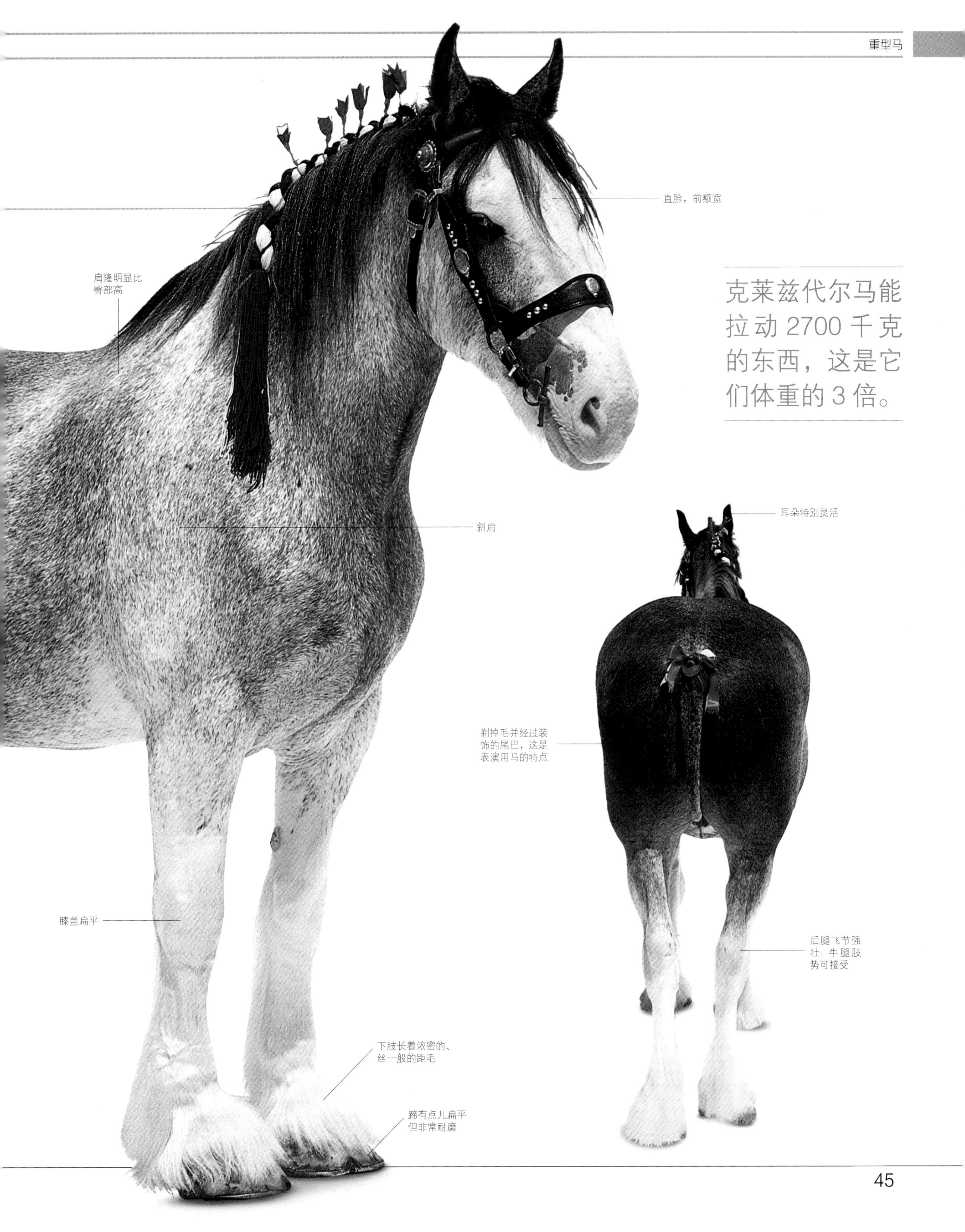

克莱兹代尔马能拉动 2700 千克的东西，这是它们体重的 3 倍。

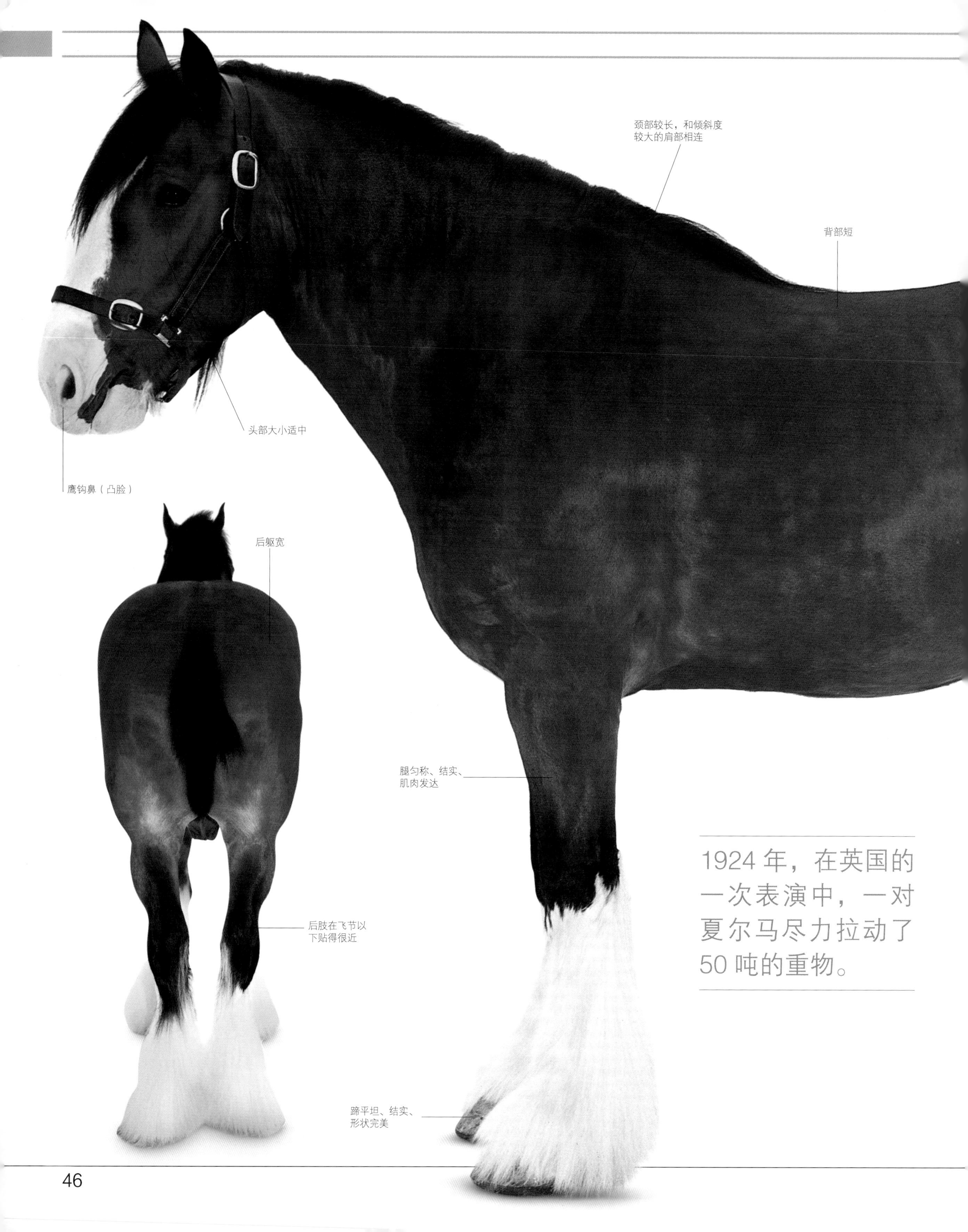

1924 年，在英国的一次表演中，一对夏尔马尽力拉动了 50 吨的重物。

夏尔马

体高	原产地	毛色
173 厘米（17 掌）以上	英格兰	多为黑色，也有骝色、褐色和青色

这种“温柔的巨人”被许多人认为是最高的挽马，它能做直线动作，性情温顺。

夏尔马于 1884 年正式得名，它们的名字源于英文单词 shires（郡）。最初这种马可能是由英国中部的郡——林肯郡、莱斯特郡、斯塔福德郡和德比郡等地的英格兰大马培育而来，但这目前无法得到证实。

当战争不再需要英格兰大马时，它们被用于农场工作，最终发展成了非常强壮的挽马。这些马通过和其他马——其中最具影响力的是重型马佛兰德马——杂交得到了改良。在 16 世纪和 17 世纪早期，荷兰的工程承包商引入了佛兰德马，用于为英格兰的沼泽排水，这些马后来与当地的马杂交。另一种进口品种是弗里斯马（见第 158 ~ 159 页），这种马则起到了提纯效应，使夏尔马的动作更为潇洒。

夏尔马的始祖是一匹名叫帕金顿・布林德的种马，它在 1755 ~ 1770 年繁育了许多用于配种的公马。英国货车马协会于 1876 年成立，并于两年后出版了血统登记簿，在 1884 年更名为夏尔马协会。美国夏尔马协会成立于 1885 年。

现代的夏尔马更像是在英格兰中部地区发展起来的类型，而不是较为粗糙的沼泽品系。理想的挽马要有壮硕的身体，肌肉发达的夏尔马就是典型代表。

虽然夏尔马不再在农业中扮演重要角色，但它们也参加耕田比赛。在城市街道上，偶尔可以看到它们拉着满载着啤酒的货车，也能看到它们在街头游行中拉着四轮马车。

飞节宽而平

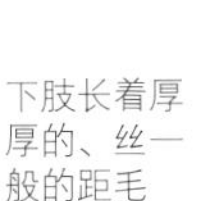

夏尔马比赛

英国第一次有记载的夏尔马比赛举办于 2013 年，一匹名叫乔伊的马获胜，骑手是马克・格兰特。这项比赛现在一年举办一次，克莱兹代尔马也能参加。比赛为这些可爱的动物提供了展示的机会，还是一种家庭休闲娱乐活动。

萨福克潘趣马

体高	原产地	毛色
163 ~ 170 厘米（16 ~ 16.3 掌）	英格兰	深浅不同的栗色

萨福克潘趣马是英国最古老的重型马品种之一，是讨人喜欢的、“又矮又胖的家伙”。

萨福克潘趣马是从 16 世纪开始在英国东安格利亚发展起来的一种农用马。尽管这种纯种马的起源尚不清楚，但所有现存的萨福克潘趣马都可以追溯到一匹 1768 年出生的栗色种马。这匹栗色种马有着短短的腿、庞大的身躯，其主人是牛津的托马斯・克里斯普，它被宣传为“繁育四轮马车马和公路马的好种马”。

所有的萨福克潘趣马的毛色都是栗色系的。成立于 1877 年的萨福克潘趣马协会认可的毛色有 7 种深浅不同的栗色，最常见的是亮栗色。

萨福克潘趣马性成熟较早，寿命也比较长。就耐力和力量而言，它们所需的饲料比其他的重型马都要少。这种强壮的有蹄动物有非常强壮的后躯，能提供巨大的拉力。过去，在萨福克的集市上，人们常常通过使马拉动一棵倒下的树来测试它的力气。即使这匹马没能拉动那棵树，但只要它开始跪下，它就会被认为通过了测试，因为这是萨福克潘趣马典型的“拖曳”动作。它们与众不同的拉力可以归因于较低的肩部，这是早期育种者繁育出来的一种身体特征。

萨福克潘趣马适合在黏性较大的土地上工作。它们腿上很少或没有距毛，这意味着它们在泥泞的环境中工作时腿上很少会沾上泥土。在过去，它们多用于做城镇和城市中繁重的体力工作。

这种马在行进时只是膝盖适度运动，慢步时敏捷而活跃，快步时独特而有节奏。由于前腿之间的距离，萨福克潘趣马在行进时会出现轻微的碟形动作（移动时前腿会踢向侧面，画出一个圆形的轨迹）。

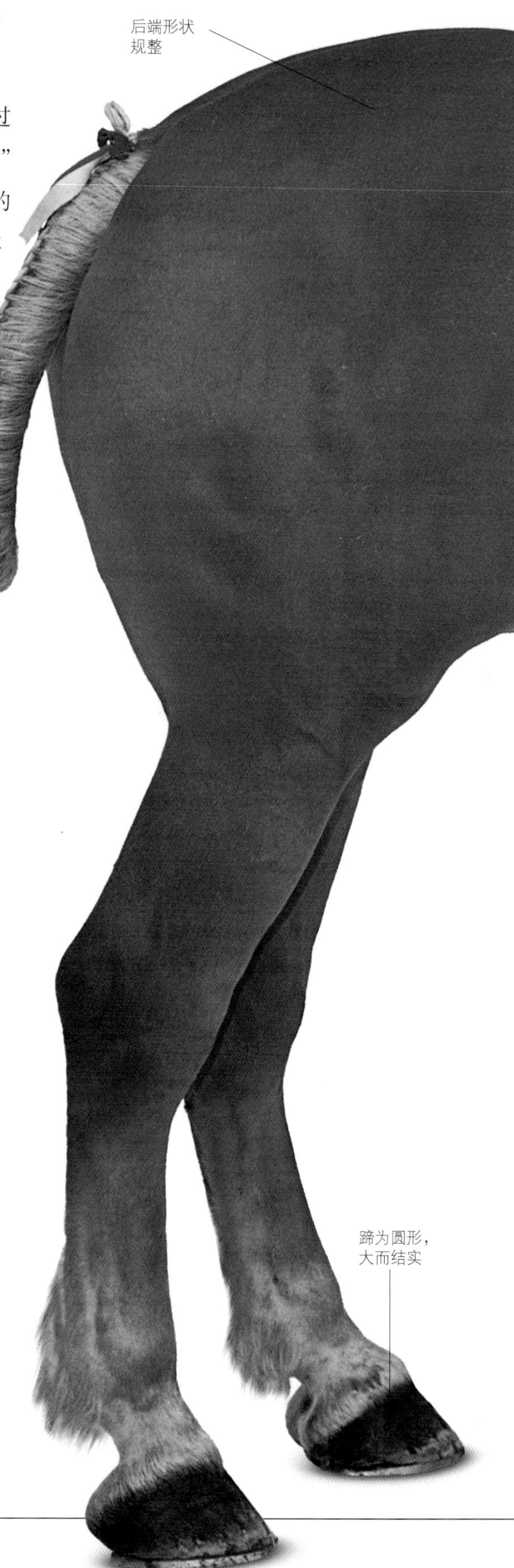

萨福克潘趣马信托基金会

萨福克潘趣马信托基金会致力于保护这种有独特历史的马，他们在萨福克拥有一座种马场：霍斯利湾种马场。这座种马场建于 1759 年，是世界上最古老的萨福克潘趣马种马场。该信托基金会成立于 2002 年，成立的目的是从种马场的前任所有者英国监狱管理局手中将种马场接管过来。1938 年以来，英国监狱管理局将该种马场作为罪犯改过自新的场所。今天，这座种马场对公众开放，游客可以在导游的带领下观赏这种马。

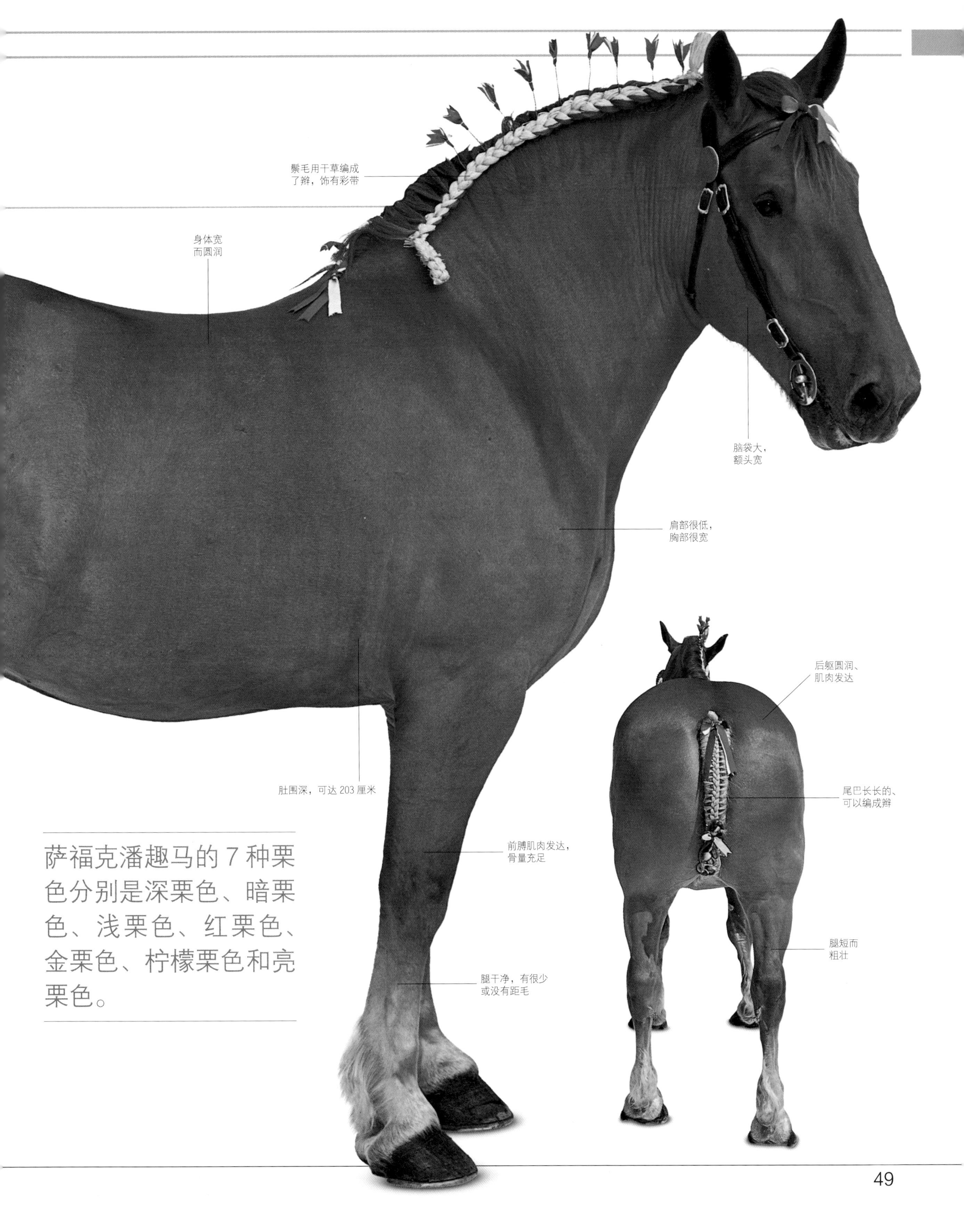

萨福克潘趣马的 7 种栗色分别是深栗色、暗栗色、浅栗色、红栗色、金栗色、柠檬栗色和亮栗色。

收割作物

以前在欧洲和美国的农田里经常可以见到重型马，比如萨福克潘趣马。现在，仅在少数几个仍保留古老传统的农场中能看到它们。

诺里克马

体高 163~174 厘米（16~17 掌）
原产地 奥地利
毛色 栗色、黑色、褐色、斑点

这是一种力量很大的工作马，其名字来源于罗马的诺里克姆——大概是今天的奥地利。几百年来，这种马在这个地区经常被用来翻越阿尔卑斯山，将货物运到亚得里亚海。从大约 400 年前开始，诺里克马的育种开始变得较为规范，与其他欧洲品种的马杂交提高了诺里克马的体高，西班牙马血统的引入则使这个品种变得精致。平茨高—诺里克马是一种有斑点的品种，是早期诺里克马与西班牙马杂交的结果。今天，所有诺里克马的育种都遵循严格的标准。

诺里克马强壮而温顺。它们是一种非常优秀的挽马，被广泛用于雪橇比赛中。

黑森林马

体高 145~163 厘米（14.1~16 掌）
原产地 德国巴登 – 符腾堡州
毛色 深栗色，鬃毛和尾巴为淡黄色

位于符腾堡州的马尔巴赫有德国最古老的种马场，它们最为人熟知的是繁育阿拉伯马，但它们同时也繁育一个较古老的冷血品种——黑森林马。这个品种的建立大约是在 200 年前，这种马——正如它们的名字所示的那样——常被用于在黑森林附近运送木材和做农活。但随着这些行业机械化程度的提高，该品种的数量下降了，但它们雄健有力，脾气温顺，易于驾驭，现在也是一种越来越受欢迎的骑乘马。

2001 年之后，美国开始养殖黑森林马，并正在建立登记制度。

阿福林格马

体高
高达 150 厘米
（14.3 掌）

原产地
意大利南蒂尔罗

毛色
栗色或帕洛米诺色

奥地利还是意大利？

在奥地利本土之外也有大量的哈福林格马，而阿福林格马则只生活在意大利——它们的发源地。随着DNA 测序技术的广泛应用，两者之间的任何关键区别在未来都有可能被揭示出来。两者都是可靠的工作用马，无论是拉车和乘骑。相对而言，阿福林格马身躯较大，有迷人的头部，有明显的阿拉伯马的特征。

阿福林格马是一种非常可靠的挽马，也是一种受欢迎的骑乘马。

阿福林格马原产于南蒂罗尔的哈福林格村。严格来说，阿福林格马和哈福林格马（见第188～189 页）一样，都是一种冷血马，都有阿拉伯马血统的祖先，因此它们都有明显的东方血统。这两个品种的奠基马被认为是现已灭绝的高山重马，以及哥特人留在提洛尔山谷的马。

哈福林格马和阿福林格马有着细微的差别，后者体形高大一些。虽然阿福林格马的起源很早，但该品种直到 1874 年才正式建立。它们被精心繁育，特别是在博尔扎诺地区，是阿尔卑斯山上的高山牧场中理想的工作用马和驮畜。现在，在机械不实用的情况下，它们仍然被作为役畜使用，也是一种很受欢迎的骑乘马。阿福林格马可靠而温顺，在阿尔卑斯地区的高山道路上表现稳定，这使其在这个热门地区开展的野外骑乘和其他旅游活动中成为理想用马。今天，阿福林格马主要在意大利北部、中部和南部的山区繁殖。

阿福林格马的蹄子很结实，所以很少给它们用马蹄铁。

意大利重挽马

体高	原产地	毛色
152～163 厘米（15～16 掌）	意大利	多为黑栗色，但也有沙色和栗色

这是意大利人最喜欢的马。它们身材矮小，慢步步幅很大，快步充满活力，是农业生产的理想选择。

在意大利最受欢迎的重型马是意大利重挽马，它们有时也被称为意大利农用马。它们在意大利北部和中部繁殖，但主要分布在威尼斯附近。

它们的出现源于意大利农民需要体形较小、移动迅速的马来从事一般的、较轻松的农业生产工作。为了改善当地较差的马的品种，育种者从比利时引入了大量精力充沛的布拉班特马（见第 69 页）与当地的马进行杂交，繁育出了强有力的后代，但它们还是体形庞大、动作缓慢。后来，当地品种与布雷顿马的杂交则更为成功，特别是与较轻的、移动迅速的布雷顿·波斯特尔马（见第 62 页）的杂交。意大利重挽马以快步迅速而闻名，这来自诺福克公路马（见第 151 页）的影响。当后者与意大利母马杂交时，它们产生的后代身形紧凑，相对来说速度也较快。强健有力的体魄与友善温顺的性情相结合，使得它们非常吃苦耐劳，养殖起来也非常经济。它们的速度深受意大利农民的喜爱，这也就解释了其意大利语名字——Tiro Pesante Rapido（快速的重挽马）的来源。

意大利重挽马的外表有些粗糙，这是那些外表不太好的意大利母马遗留下来的特征。它们的四肢可能很单薄，通常骨量不足，关节又小又圆，系部直立，蹄则短而方。意大利重挽马的身体构造则显示了与布雷顿马杂交带来的好处，它们的头部对一个重型马品种来说好得出乎意料。除此之外，体形小、更轻的阿福林格马（见第 53 页）作为近亲很可能也贡献了一些不那么重要的元素。今天，人们饲养这种意大利重挽马除了用于工作之外，还用于产肉。

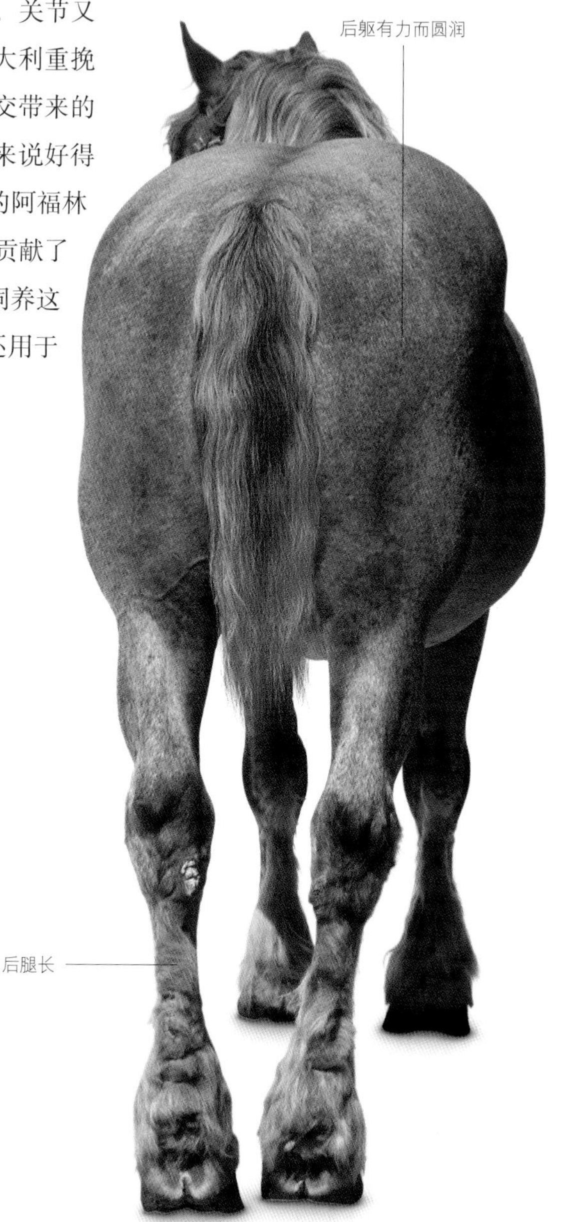

维罗纳的象征

意大利重挽马的品种标志是有五级梯子图案的盾牌。这与维罗纳市和维罗纳省的象征相似（见左图），这显示了该品种与该地区密切的历史联系。意大利重挽马的马驹要接受两次评估，以确保它们完全符合该品种的标准：第一次是在马 2～7 个月大时，如果通过评估，它们的左边后躯就会被打上烙印；第二次是在马 30 个月大时，如果通过评估，它们的颈部左侧会被再打一个烙印。

意大利有很多人喜欢意大利重挽马。2010 年，在册的意大利重挽马超过 6300 匹。

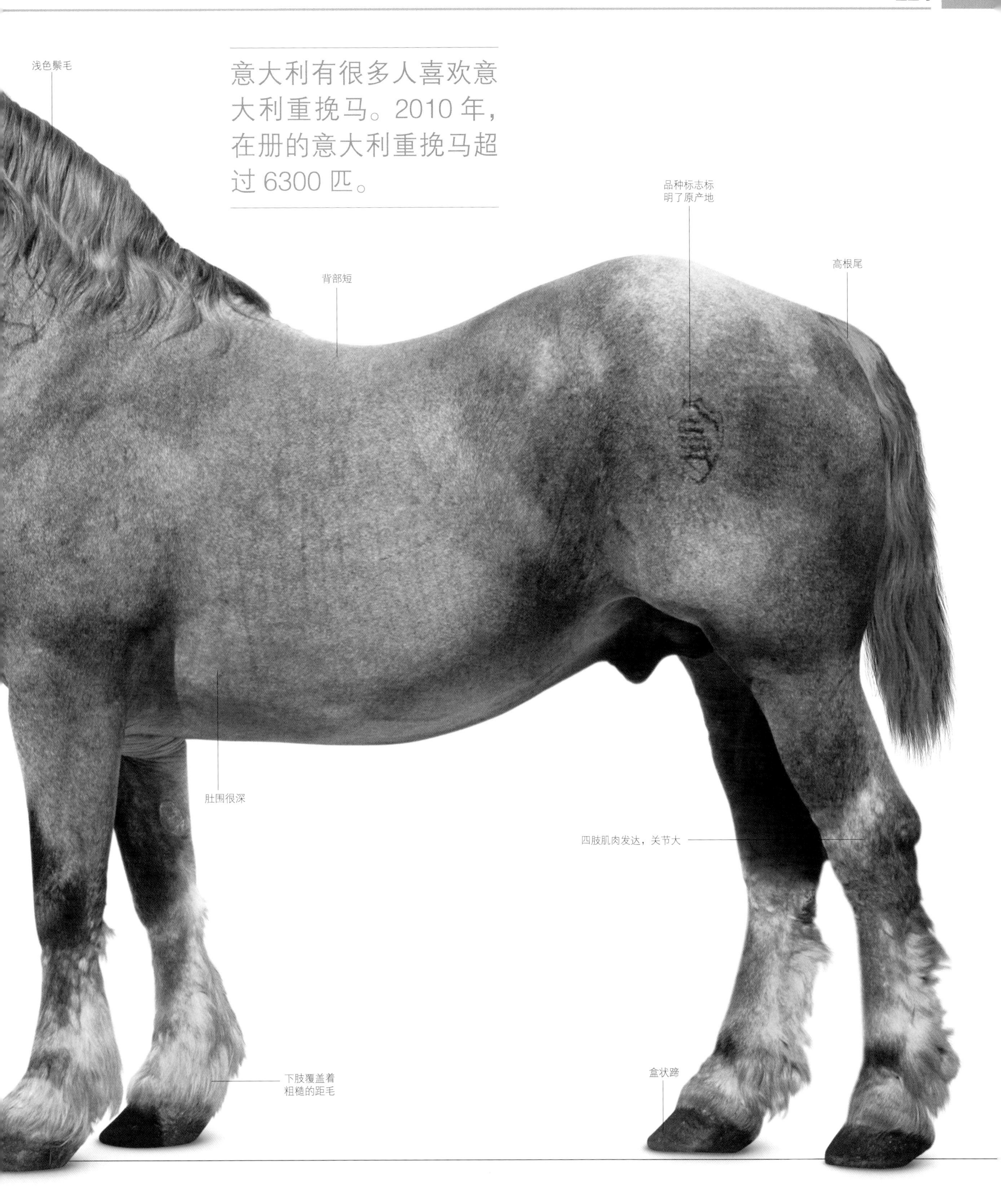

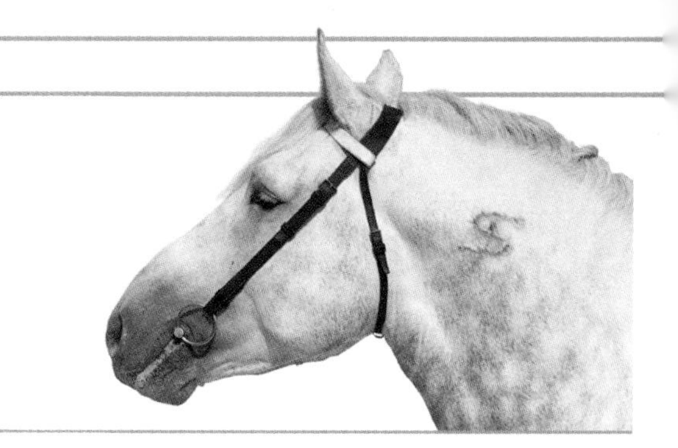

佩尔什马

体高	原产地	毛色
168 厘米（16.2 掌）	法国诺曼底	菊花青色，也可能是黑色，在法国还可能是骝色、栗色和沙色

佩尔什马据说是最优雅的马，也是经典的重型马品种之一。

对佩尔什马的育种师来说，黄金年代是1880～1920 年，那时佩尔什马被出口到北美、南美、澳大利亚和南非，当时美国是主要市场。据估计，在 19 世纪 80 年代，美国进口了该品种 5000 匹公马和 2500 匹母马。到 1910 年，该品种的登记数量上升到 31900 匹。

佩尔什马乐于服从，愿意并且能够做任何工作。这种适应能力是根据特定的市场需求精心繁育的结果。多年来，它们一直充当着战马、四轮马车马、农用马，甚至骑乘马。成千上万匹来自美国和加拿大的佩尔什马在第一次世界大战的战场上服役。在这场战争中死亡的 50 万匹英国战马中，很大一部分是佩尔什马。

佩尔什马富有魅力，它们以独特而飘逸的动作闻名，其步伐很长，动作低而自如。它们比其他重型马品种更容易适应不同的气候——这一特性通常被归因于它们的阿拉伯马血统——这使得它们成了为达到特定育种目的而进行杂交的优良基础原种。

在马尔维纳斯群岛的恶劣条件下，佩尔什马被用于与克里奥尔马（见第 230 页）杂交以繁育粗壮的放牧马；而在澳大利亚，它们被用来进行异型杂交以繁育赛马。现在它们仍然很受欢迎，包括日本在内的许多国家都有自己的佩尔什马种群。

美国奶油色挽马

这是一种 19 世纪初原产于美国艾奥瓦州的挽马。该品种是一种皮肤呈粉红色、眼睛呈琥珀色的象牙白色的马。它们以乐于工作和性格沉着而著称。美国奶油色挽马品种协会成立于 1944 年。这个品种最有影响力的种马之一叫伊兹队长，这匹马的血统在整个谱系中占了约 1/3。美国奶油色挽马最初是小麦带的农用马，但随着在农业生产中机器取代了马，它们的数量急剧下降。20 世纪 80 年代初，人们重新燃起了对这种马的兴趣，这使得这种马得以避免灭绝的命运。如今，人们通常能够在庆祝游行和牛仔竞技表演中看到它们。现在，它们也被用于骑乘。

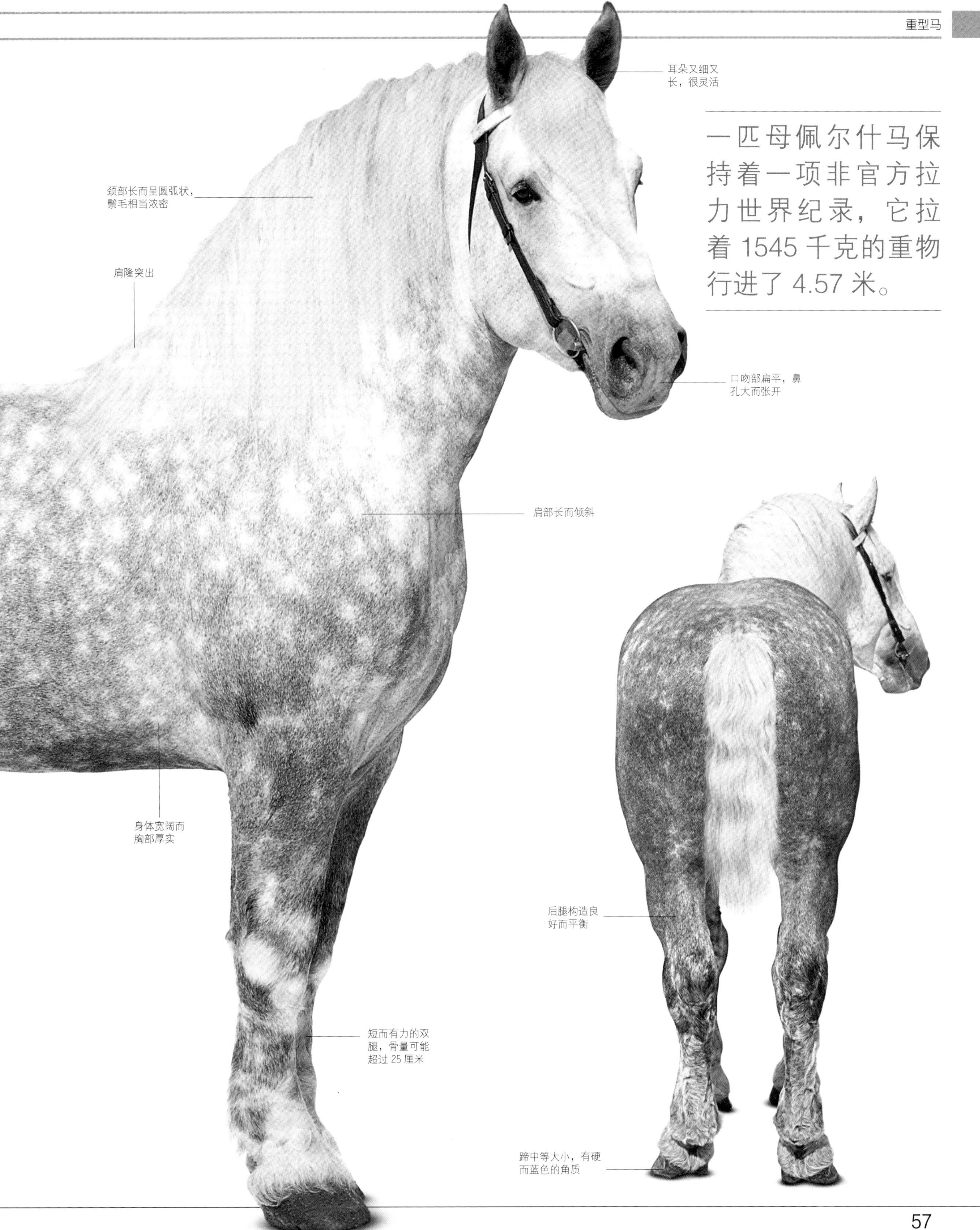

一匹母佩尔什马保持着一项非官方拉力世界纪录，它拉着 1545 千克的重物行进了 4.57 米。

阿登马

体高	原产地	毛色
160 厘米（15.3 掌）	法国阿登地区和比利时	沙色、红沙色、铁青色、深栗色和骝色，也有深褐色、浅栗色和帕洛米诺色

阿登马是一个数量众多的欧洲品种，以身形庞大、力大无比和极其温顺而闻名。

最初，阿登马是一种健壮活泼的马，既能用于骑乘，又能拉车。在 1789 年的法国大革命期间以及随后的几年中，它们以欧洲最好的炮车马而闻名于世。1812 年，在那场对拿破仑来说是一次灾难的俄法战争中，它们被用来运送枪支和食物；在从莫斯科撤退时，它们经受住了严酷冬天的考验。在 19 世纪初，为了提升阿登马的体力，人们将阿登马与阿拉伯马进行杂交，后来又与佩尔什马、布洛纳斯马和纯血马进行杂交。多年来，随着农业生产需求的变化，阿登马分化出了三种截然不同的类型：一种是较小的、最接近其祖先的类型；一种是本文介绍的体形较大的阿登·德·诺德马，或称特雷·德·诺德马，它们是与布拉班特马（见第 69 页）杂交而来的；一种是强健有力的奥克萨马（见下框）。

在 20 世纪初，阿登马因能改良其他品种而广受欢迎，在很多品种的育种过程中都发挥了非常重要的作用，如俄国重挽马（直到 1937 年，该品种重新建立为止）、孔图瓦马（1905 年左右，用于改良其腿部并增强力量）和波兰索科尔斯基马。

阿登马力大无穷，而给人留下了深刻的印象。阿登马曾经被描述为"像一台拖拉机"，它们的身体比其他任何一种货车马的都要厚实。它们有粗大的骨骼和强壮的肌肉。它们的腿又短又粗，非常强壮。阿登马肩部的形状非常好，这使得体形较小的阿登马行动非常自如、活泼。

阿登马已经适应了法国阿登高地严酷的气候和寒冷的冬天。因此，它们非常耐寒，体格强健。它们工作很主动，也非常努力，具有极好的耐力和承受力。另外，它们性情平和温顺，连孩子都能驾驭它们。

虽然阿登马仍然被看作重挽马，但人们现在饲养它们主要是为了产肉。

奥克萨马

来自勃艮第的奥克萨马是与阿登马同时代的马。19 世纪，阿登马分别与佩尔什马、布洛纳斯马杂交的影响在这个分支中表现得很明显。虽然它们保留了红沙毛，但它们的四肢和后躯比阿登·德·诺德马要小。法国人饲养这种马主要是为了产肉。尽管它们性情沉稳、忍耐力强，但在其他国家却没有人饲养。虽然法国政府鼓励饲养这种马，但在法国它们也变得越来越罕见了。

恺撒大帝（公元前 100—前 44 年）和希腊历史学家希罗多德（公元前 485—前 425 年）都非常欣赏来自阿登的马。

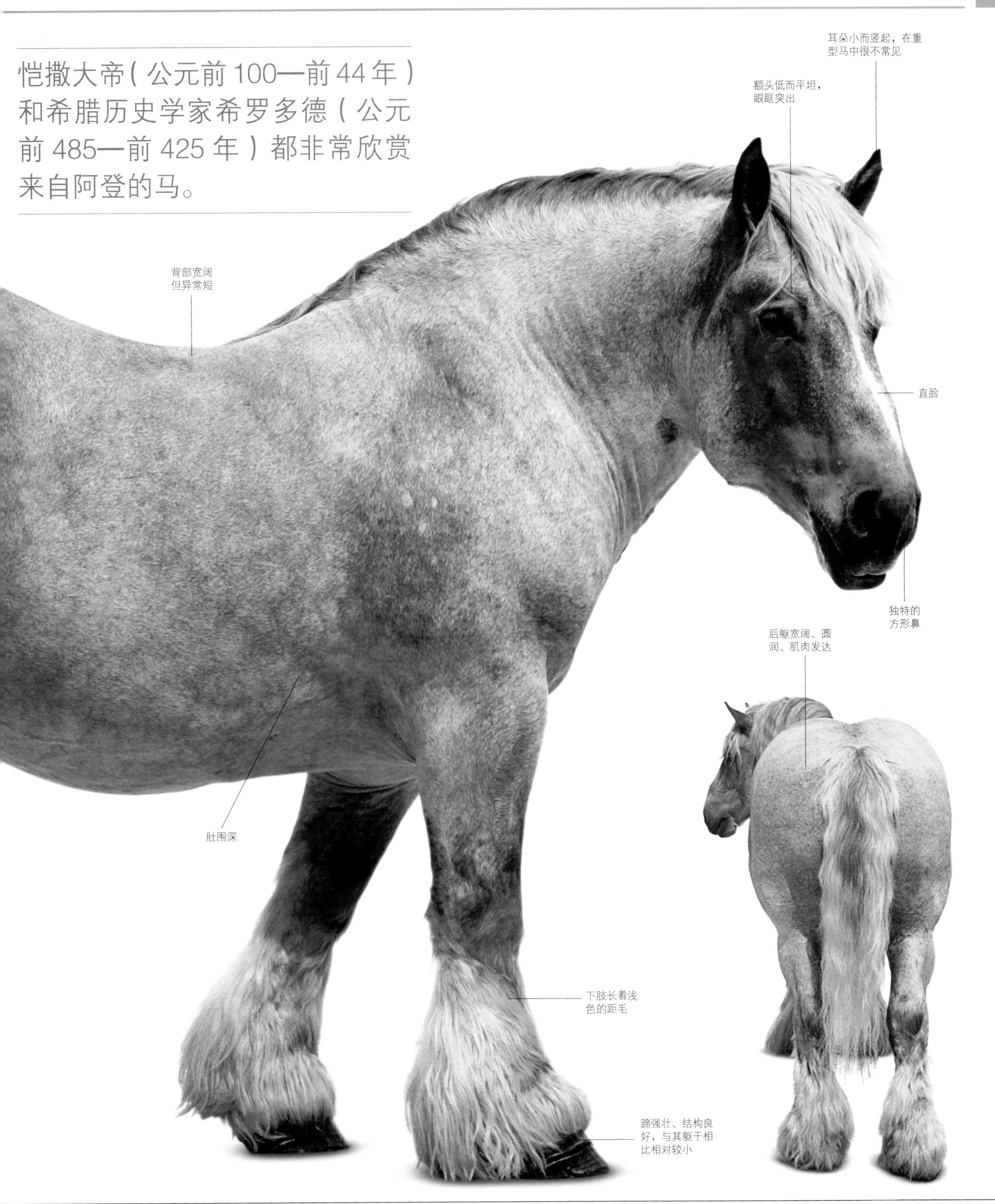

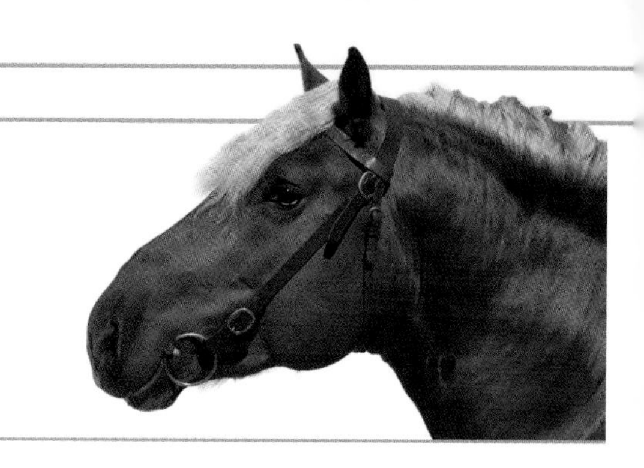

孔图瓦马

体高	原产地	毛色
150～160 厘米（14.3～15.3 掌）	法国弗朗什孔泰	栗色，偶尔有大理石色

达到品种标准

小马驹必须通过一系列的检测才能注册成为孔图瓦马种马。测试时必须要有一名本地种马场的代表及至少一名品种登记处的代表在场。除了根据品种标准进行检测外，小公马还必须有 4 匹登记在册的祖父母。如果检测通过，它身上则会烙上交叉的字母“TC”作为标记。

这种马来自法国侏罗省，强壮耐寒，现在大多养殖在法国山区。

这种山地马源于相邻的勃艮第地区引入的马。在弗朗什孔泰大区，这种马被用作挽马，传统上它们是一种通用的农用马，用于在这个偏远地区耕地和运输木材，以及在葡萄酒产地——阿尔布瓦周围的葡萄园中工作。

在 17 世纪，孔图瓦马是骑兵坐骑，在 19 世纪被拿破仑的军队用作炮车马。大约在这个时候，其他法国重型马的血统被引入该品种，包括佩尔什马（见第 56～57 页）和布洛纳斯马（见右页）。从 1905 年开始，母孔图瓦马被用来与骝色—彩色小型阿登马种马杂交，以改良品种。1919 年，法国人在贝桑松建立了一座孔图瓦马种马场。

如今，孔图瓦马仍被用作挽马，但现在人们将育种重点集中在繁育一种较轻的马，用于休闲活动和拉马车、雪橇。孔图瓦马学习能力很强，以其自如的动作和温顺的性情而著称。它们是法国数量最多的重型马品种，在 21 世纪初，登记在册的母马接近 4000 头。

孔图瓦马之前一直是骝色的，直到引入一匹优秀的栗色公马——奎斯特，才改变了这种马的毛色。

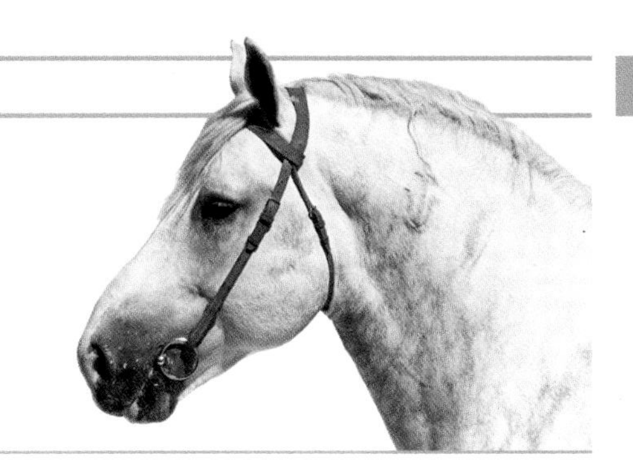

布洛纳斯马

体高	原产地	毛色
155～180 厘米（15.1～17.3 掌）	法国北部加来海峡省	通常为青色，偶有栗色

鱼路耐力赛

这项持续 24 小时的耐力轻驾车赛马于 1991 年起在法国举行，以纪念历史上从法国港口布洛涅到巴黎的鱼类快速运输服务。尽管比赛很受欢迎，但由于资金问题，比赛近年来已被取消。希望此项比赛以后能再次举办。

布洛纳斯马优雅而美丽，有时被称为挽马中的“纯血马”。

作为法国西北部的本土品种，引人注目的布洛纳斯马是从布洛涅—加莱地区的重型马发展而来的。然而，它们那鲜明的、像阿拉伯马的面部特征，是引入东方血统的结果。历史上曾驻扎在法国北部的罗马军队——努米底亚（今阿尔及利亚）人的骑兵师——的战马可能是布洛纳斯马第一次引入东方父系血统的来源。在十字军东征期间，法国贵族育种者引进了更多东方血统的马。在 14 世纪，人们又将早期的布洛纳斯马与一些重型马品种杂交，以使其在重量和体形上达到战马的要求。当西班牙在 16 世纪占领佛兰德的时候，这个品种又与西班牙马进行了杂交，这些西班牙马之前已经受到了沙漠马的影响（见第 92～93 页）。

这个品种被称为布洛纳斯马是在 17 世纪，当时出现了两种截然不同的类型：一种体形较小，快步迅速，是将鱼从布洛涅快速运到巴黎的最理想的马；而体形较大、体重更重的马则是农业用马。在两次世界大战期间，这个品种几乎消失了。今天，有人推动了对它们的保护，并对它们进行了改良，希望它们能够成为驾车比赛的一个比较好的选择。

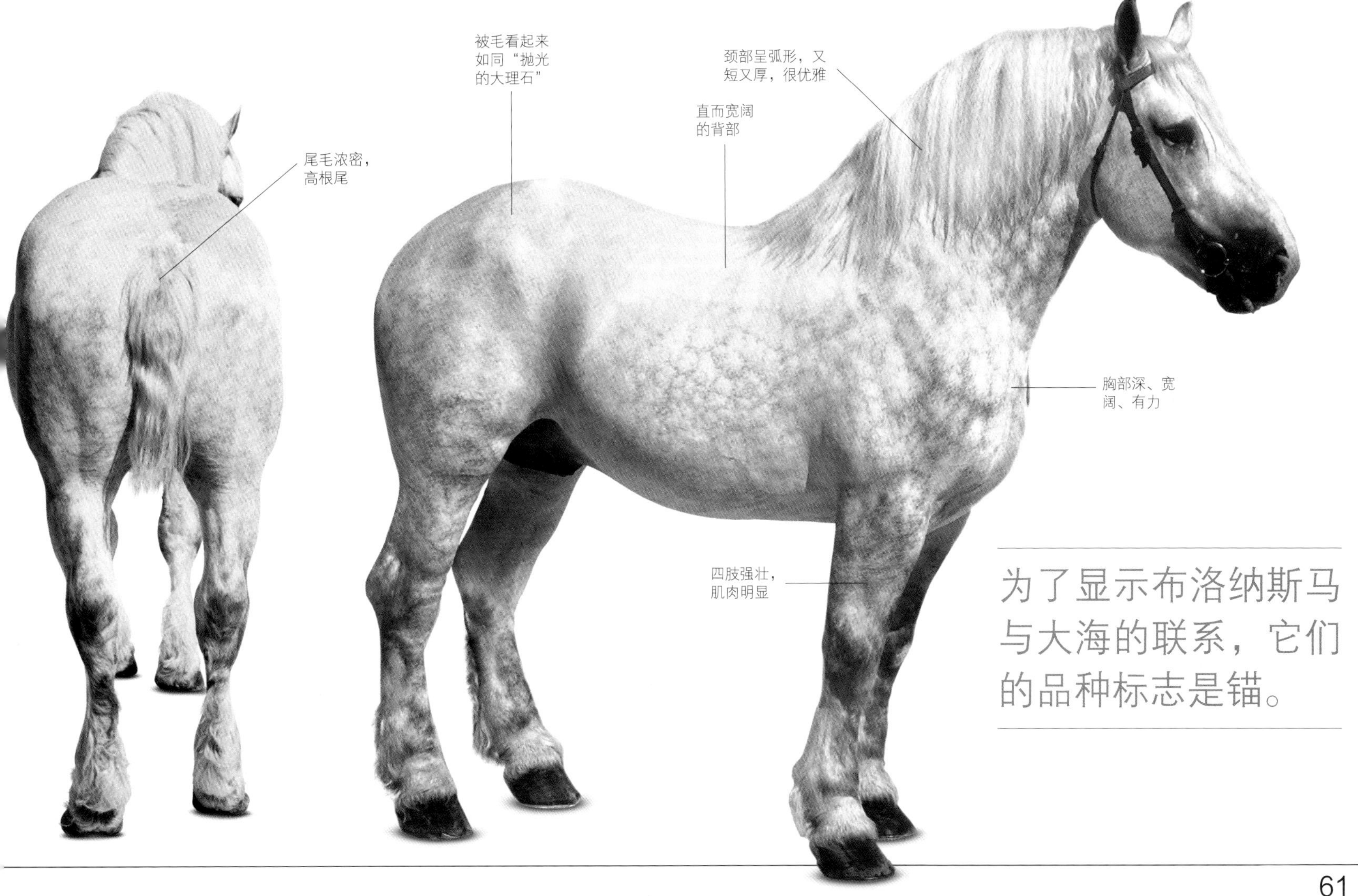

为了显示布洛纳斯马与大海的联系，它们的品种标志是锚。

布雷顿马

体高
155 ~ 163 厘米
(15.1 ~ 16 掌)

原产地
法国布里顿

毛色
红沙色和栗色，也可以是骝色和青色

布雷顿 · 波斯特尔马

布雷顿 · 波斯特尔马曾经是法国乘骑炮兵的骄傲，它们是一种活泼的、腿上无距毛的布雷顿马。它们在快步时表现出了非凡的力量，非常适合作为挽马和农用马使用。为了获得进入血统登记簿的资格，它们必须具备较好的血统背景，还必须通过驾车测试。如今，测试日就像一个节日，很多当地人都会来参加。

育种者们以近乎痴迷的热情谋求布雷顿马的发展。

为了满足当地人不断变化的需求，人们经常用布雷顿马与其他本地品种杂交，一度出现了四种类型的布雷顿马：两种溜蹄马，一种通用的骑乘马和一种较重的挽马。今天，主要有两种类型：一种是布雷顿重挽马，另一种是稍小一些的布雷顿 · 波斯特尔马（见左框）。自 1926 年以来，这两种类型共享一本血统登记簿。这个品种在 1951 年关闭了异型杂交。

布雷顿重挽马是一种结实的、早熟的马，在育种过程中引入了阿登马（见第 58 ~ 59 页）、布洛纳斯马（见第 61 页）和佩尔什马（见第 56 ~ 57 页）的血统。它们是一种很有魅力的马，有短而方的身体和强健的四肢。它们很强壮，耐力好，力量大，适合做各种农业工作。它们被广泛用于法国南部—比利牛斯大区的葡萄园中，也因其肉质鲜美而被认为是一种很有价值的肉马。

布雷顿马有健壮的体格、迷人的气质以及漂亮的外表，在不发达种群进行异型杂交时它们非常受欢迎，也非常适合。布雷顿马在法国很受欢迎，还被远销到日本和巴西。在英国，它们不仅因优秀的品质而备受称赞，而且通过杂交繁育了乘骑用的品种——柯柏马（见第 124 ~ 125 页）。对柯柏马的要求是力量大、工作勤奋，还要有干净整洁的外表。

布雷顿 · 波斯特尔马在体格上更轻，不太常见，是 19 世纪末由诺福克公路马繁育而来的。布雷顿马中还有一种类型的骑乘马，是由东方种马和纯血马杂交而来的，被称为柯莱马，现在已经非常罕见了。但在当时由于它们跑得足够快，常被用于同城聚会。

在印度，布雷顿马被用来繁育骡子，还被用来与盎格鲁—阿拉伯马杂交来繁育四轮马车马。

诺曼·柯柏马的祖先擅长快步，它们被用于在崎岖的道路上拉邮车。

诺曼·柯柏马

体高
160 ~ 168 厘米
(15.3 ~ 16.2 掌)

原产地
法国诺曼底

毛色
栗色、骝色或骝褐色；偶尔有红沙色或青色

诺曼·柯柏马强劲有力，健壮结实，是作为一种全能型的农用马而繁育的。

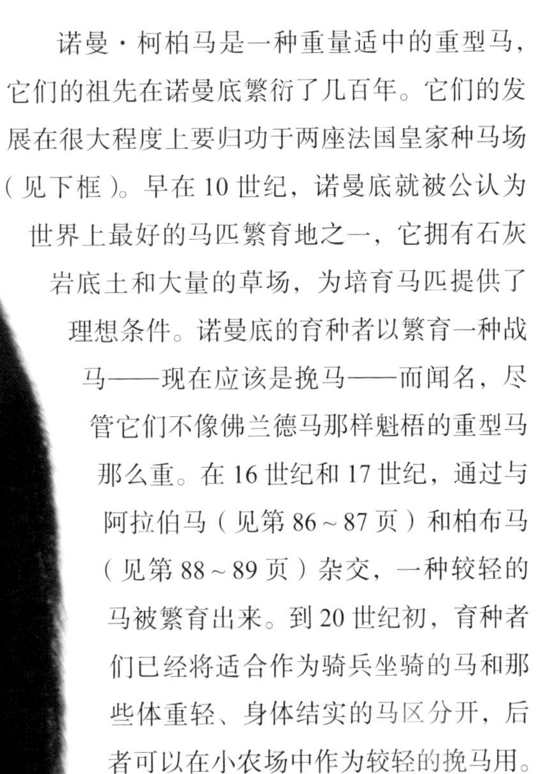

诺曼·柯柏马是一种重量适中的重型马，它们的祖先在诺曼底繁衍了几百年。它们的发展在很大程度上要归功于两座法国皇家种马场（见下框）。早在10世纪，诺曼底就被公认为世界上最好的马匹繁育地之一，它拥有石灰岩底土和大量的草场，为培育马匹提供了理想条件。诺曼底的育种者以繁育一种战马——现在应该是挽马——而闻名，尽管它们不像佛兰德马那样魁梧的重型马那么重。在16世纪和17世纪，通过与阿拉伯马（见第86 ~ 87页）和柏布马（见第88 ~ 89页）杂交，一种较轻的马被繁育出来。到20世纪初，育种者们已经将适合作为骑兵坐骑的马和那些体重轻、身体结实的马区分开，后者可以在小农场中作为较轻的挽马用。这些矮壮的马之所以名字中有“柯柏”，是因为它们与英国的柯柏马（见第124 ~ 125页）非常相似。很快，诺曼·柯柏马就凭借其本身的特性而被认为是一个独立的品种。

在20世纪后期，对注册登记的品种进行各种重组尝试的人将目光放在这个品种上，当时它们的数量和许多农用马一样，都已经大幅减少了。1992年，育种爱好者们创建了一本新的血统登记簿，他们致力于将诺曼·柯柏马繁育为适合拉车和休闲骑乘的马。如今，每年出生的诺曼·柯柏马的数量稳定在320匹左右。诺曼·柯柏马并不是真正意义上的重型马，因为它们是一种温血马，而且没有重挽马那么庞大的身形。它们也可以被归类为重量级的骑乘马，也适合作为较轻的挽马。

皇家种马场

位于法国诺曼底地区的勒潘和圣洛的皇家种马场（见下图）是为了满足军事上对马匹的大量需求而建立的。几个世纪以来，育种者在这里繁育了各种各样的马，包括法国快步马（见第150 ~ 151页）、佩尔什马（见第56 ~ 57页）和非常受欢迎的诺曼·柯柏马。勒潘的皇家种马场于1730年建立，圣洛的皇家种马场则于1806年建立。

普瓦图马是法国濒临灭绝的品种之一。2013 年，只有 61 匹小马驹出生。

普瓦图马

体高
163 ~ 168 厘米
（16 ~ 16.2 掌）

原产地
法国普瓦图

毛色
兔褐色、青色、黑色、骝色

相貌平平的普瓦图马并不算好的工作马，但用其母马繁育的普瓦图骡非常好用。

普瓦图马是荷兰、丹麦和挪威的挽马的后代，17 世纪的荷兰工程师把它们带到法国西南部。在这里，它们被用来做普瓦图及附近的旺达的沼泽的排水工作。这些进口的马与强壮的当地马杂交，繁育了普瓦图马。这种马有着巨大的、像盘子一样的蹄子，动作非常缓慢，非常适合在松软潮湿的地面上工作。除了蹄子，普瓦图马还保留了许多其他源自其遥远祖先——森林马的原始特征，如兔褐色的毛色、有黑色斑马纹的下肢。它们身体强壮，能在恶劣的条件下生存。但由于没有经过精心育种，它们的身体构造有许多缺陷，包括：身体较长，头部沉重而粗糙，耳朵厚实而不灵活。然而，它们后躯强壮，肌肉发达，后腿粗壮，性情沉着冷静。

母普瓦图马与普瓦图公驴杂交（见下框）会产下普瓦图骡。这种骡子以用途广泛和力大无穷而闻名，在农业生产和骑乘中广泛使用。这种任劳任怨的动物在恶劣的环境中可以只靠基本口粮持续工作 25 年。

20 世纪 90 年代，因为主要用于繁育更受青睐的骡子，法国纯种的母普瓦图马的数量不到 100 匹，所以人们制订了一项计划以确保该品种的生存。现在这个品种的数量有所增加，但仍然处于很低的水平。该品种仍然前途未卜。

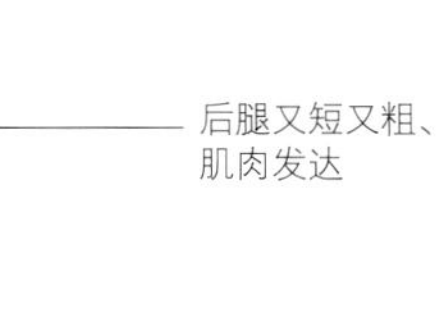

普瓦图驴

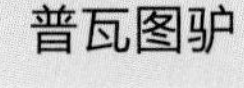

普瓦图驴与母普瓦图马杂交，可以产下普瓦图骡。普瓦图驴非常强壮，其体高差不多和普瓦图马的一样——163 厘米（16 掌）。它们行动迅速，步幅相当大，这得益于它们高大的身体、长长的四肢以及良好的肩部结构。它们的头——有着愉快的表情——由于有大耳朵而显得格外的大。

日德兰马

体高	原产地	毛色
152～165 厘米（15～16.1 掌）	丹麦日德兰半岛	栗色，浅色的鬃毛和尾巴

啤酒巨头——嘉士伯

自嘉士伯啤酒公司 1847 年在丹麦哥本哈根郊外的瓦尔比成立以来，日德兰马就一直被其用于拉货。当时，这家公司饲养了 300 多匹马，用于将啤酒拉到丹麦各地。但该公司饲养的并不都是日德兰马，也有一些忽洛丹斯堡马。现在仍有 7 匹日德兰马在为该啤酒公司工作，啤酒公司正在尽其所能地保护这种濒临灭绝的马。据估计，这些美丽的马对啤酒公司的贡献值达 20 万欧元（约 160 万元）/ 年。

迷人的日德兰马拥有强壮的身体和温顺的性格，这对工作马来说都是非常重要的特质。

日德兰马在丹麦的日德兰半岛繁育了数百年，其祖先可以追溯到维京时期。在中世纪，这种来自日德兰半岛的马被出口到英国，在那里它们可能影响了萨福克潘趣马（见第 48～49 页），后者与现代日德兰马最为相似。18 世纪时，人们将日德兰马与丹麦忽洛丹斯堡马（见第 172 页）杂交，以改善它的步伐。19 世纪，随着英格兰和丹麦之间的贸易日益繁荣，人们又在日德兰马的血统中引入了克利夫兰骝马（见第 116～117 页）的血统，但并不成功。无论如何，德国经销商奥本海默为梅克伦堡种马场进口的萨福克潘趣马对日德兰马产生了巨大的影响，尤其是一匹来自萨福克郡叫阿尔德鲁普·芒克达尔的种马——1862 年引进德国的栗色马奥本海默 62 的后代——创建了日德兰马最重要的血统。据说，大多数现存的日德兰马都是芒克达尔的两个儿子——侯福丁和日德兰王子的后代。日德兰马是石勒苏益格马（见第 72～73 页）的始祖。第一个日德兰马育种协会成立于 1888 年。

现代的日德兰马不同于萨福克潘趣马，它们的腿上长着距毛——这是日德兰马的育种者试图减少的特征。日德兰马比萨福克潘趣马更粗壮，它们保留了紧凑、矮壮的身体和英国马那迷人圆润的特征。活泼、耐力好的日德兰马在某些地区仍被用来拉车，在马术比赛中也很受欢迎。

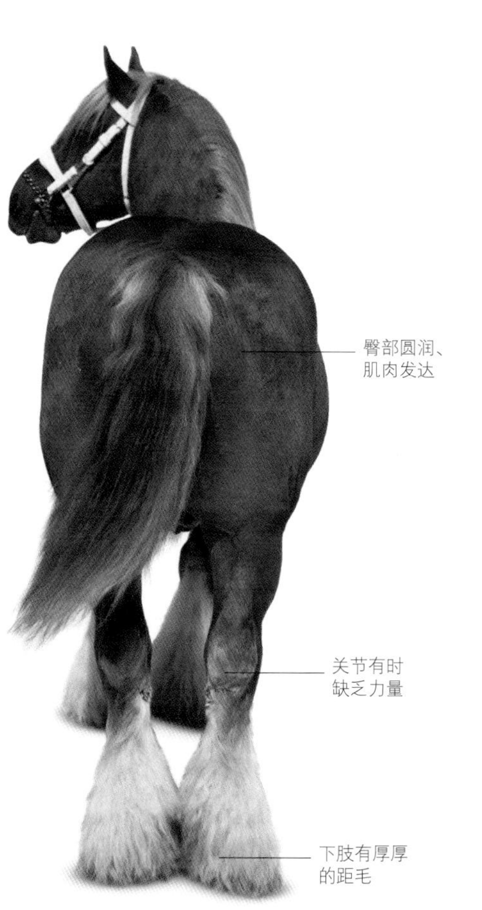

在马上枪术比赛中，身披盔甲的骑士会骑着这种来自日德兰半岛的马。

布拉班特马

体高 168~173 厘米（16.2~17 掌）
原产地 比利时的布拉班特和佛兰德
毛色 骝色、黑色和栗色

布拉班特马又名比利时重挽马，是一种数量众多的品种。它在历史上曾被称为佛兰德马，在其他重型马品种的发展中扮演了重要的角色，包括克莱兹代尔马（见第 44 ~ 45 页）和夏尔马（见第 46 ~ 47 页）。比利时的育种者通过排除外来血统和严格筛选的方法，繁育出了这种独特的挽马，以适应当地的气候和黏性较大的土壤。因此，布拉班特马比大多数重挽马用途更广，并且力大无穷。如今，美国也有布拉班特马，且数量众多。

荷兰挽马

体高 163 厘米（16 掌）
原产地 荷兰
毛色 栗色、骝色和青色

荷兰重挽马通常简称为荷兰挽马。它们是在 1918 年以后由布拉班特马（见上文）与老的泽兰马类型的荷兰母马进行杂交繁育而来的，偶尔它们也会与比利时阿登马（见第 58 ~ 59 页）进行杂交。荷兰挽马是一种结实的马，目前仍然是荷兰主要的工作马之一，被广泛用在农业、林业工作中，还可作为四轮马车马。荷兰挽马性情平和，动作灵活，耐力非常好。作为混合型农场的工作马，这种慢节奏的马以天性随和而闻名。

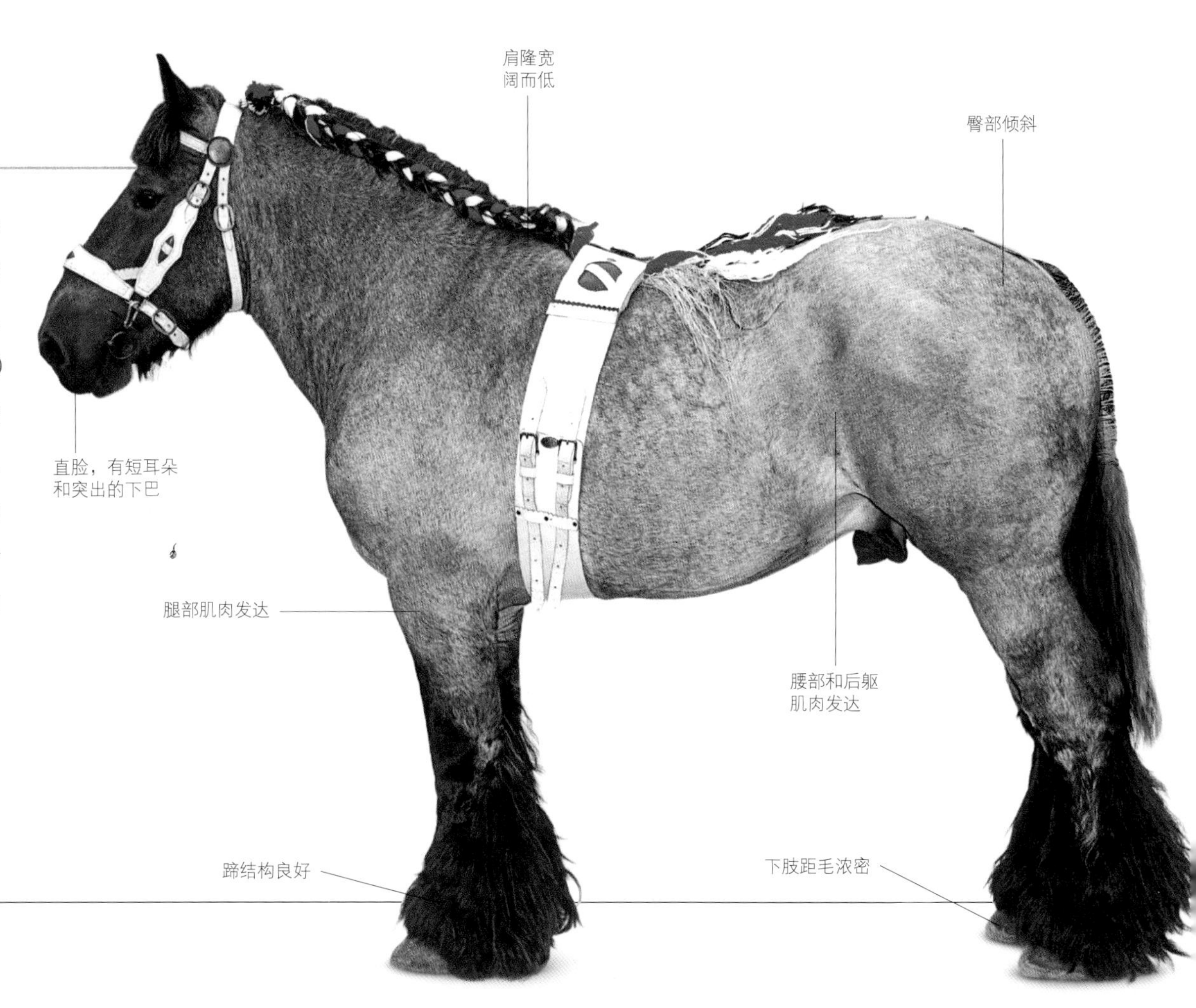

友善的动物

这两匹母马和它们的孩子是典型的荷兰挽马。从面部表情可以看出它们性情平和。它们的身体结实而紧凑。

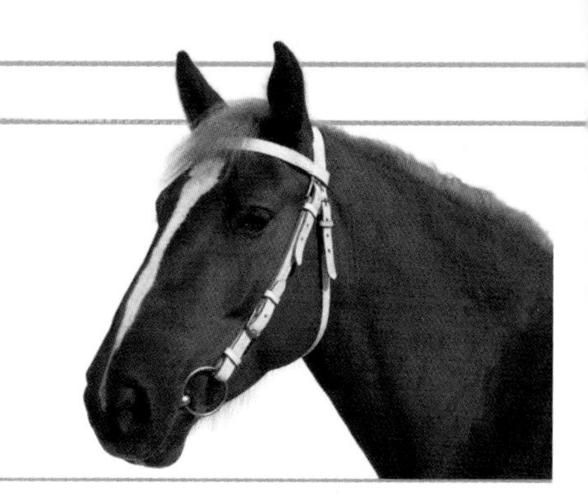

石勒苏益格马

体高	原产地	毛色
157～163 厘米（15.2～16 掌）	德国石勒苏益格—荷尔斯泰因州	栗色、青色和骝色

这种强壮而性情温和的马可以追溯到一匹与众不同的日德兰马种马。

石勒苏益格马这个品种是从健壮的日德兰马（见第 68 页）发展而来的，后者与英国萨福克潘趣马非常相似（见第 48～49 页）。该品种的建立据说可以追溯到一匹叫阿尔德鲁普·芒克达尔的日德兰马种马及其后代——侯福丁和日德兰王子。最初，约克夏挽马甚至纯血马（见第 114～115 页）也被用来改善当地温顺而外表有些粗糙的石勒苏益格马。最后，从 1860 年开始，基于芒克达尔的选择性育种开始实施。到 1888 年，石勒苏益格马的品种标准得到了承认。3 年后，石勒苏益格马繁育俱乐部成立。到了 19 世纪末，石勒苏益格马发展成了一种体形中等的挽马，被用于拉公共汽车和有轨电车。

早期石勒苏益格马主要是栗色的，这主要是受日德兰马的影响，但后来又出现了青色和骝色。在 1938 年之前，人们一直将它们与日德兰马进行杂交以维持这个品种，并对这个品种进行严格挑选以消除一些明显的身体构造缺陷，比如扁平的肋骨、过长的身体和结实而扁平的蹄。第二次世界大战结束时，是这个品种最受欢迎的时候，当时登记在册的有 25000 多匹母马和 450 匹种马。这时，为了改善石勒苏益格马的身体构造，人们引进了一匹布洛纳斯马种马（见第 61 页）和一匹布雷顿马种马（见第 62～63 页）以加速这一过程，其中布洛纳斯马对石勒苏益格马的发展影响更大。随着机械化程度的提高，正如其祖先日德兰马一样，石勒苏益格马的数量也随之减少。这一强壮而性情温和的品种在很多传统工作中，如农业生产、木材运输和运载旅客，都不可避免地被机器取代了。

育种协会

石勒苏益格挽马育种协会成立于 1891 年，马的品种标志烙在马的后腿上，为里面有协会缩写 V.S.P. 的椭圆形标记。这个协会于 1976 年倒闭，此时登记在册的马仅为 35 匹母马和 5 匹种马。该品种后来继续登记在汉堡的石勒苏益格—荷尔斯泰因种马场的血统登记簿上。石勒苏益格马育种协会成立于 1991 年，约有 190 个会员，登记在册的母马约 200 匹，种马约 30 匹。

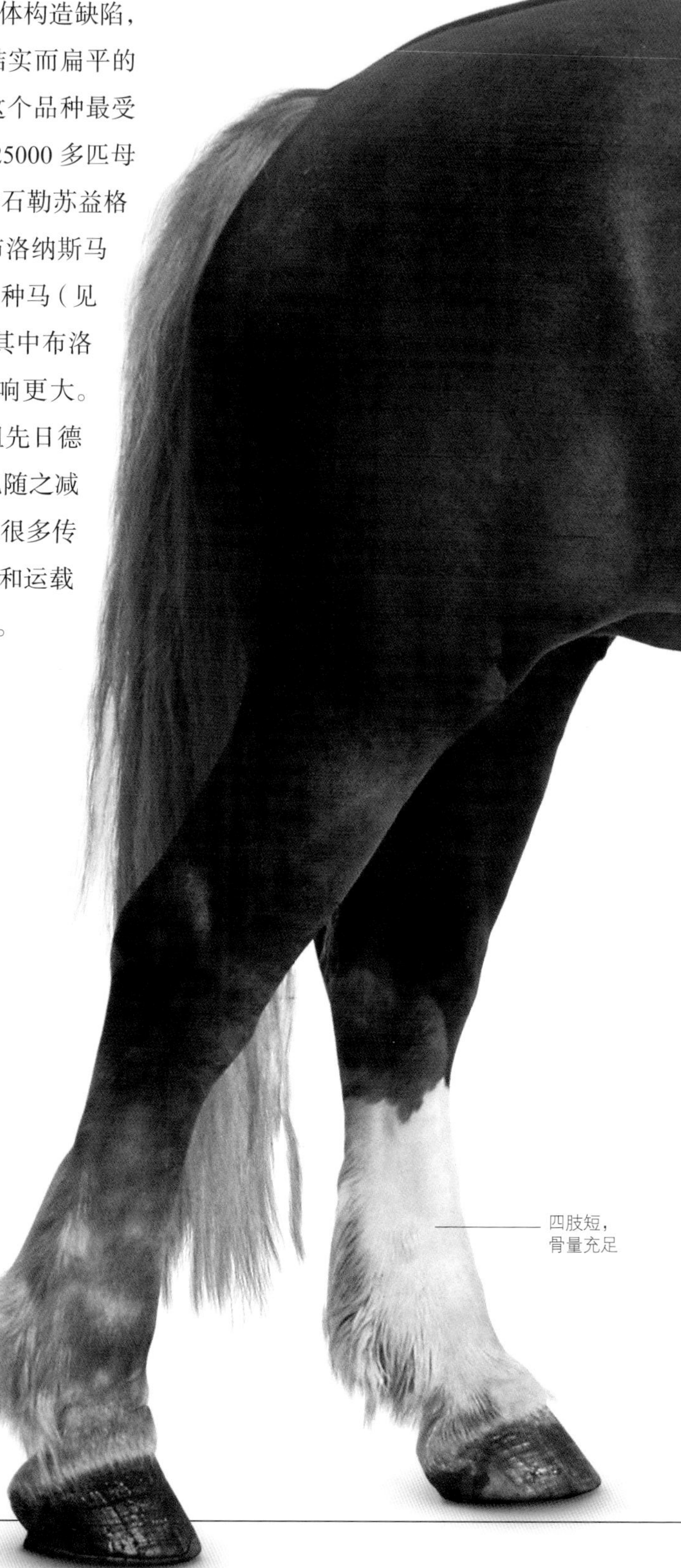

四肢短，骨量充足

像许多重型马一样，石勒苏益格马也濒临灭绝。2014 年时，只剩下 25 匹公马和 160 匹母马。

多勒·康伯兰德马

体高	原产地	毛色
152 厘米（15 掌）	挪威	黑色、褐色和骝色

这种用途比较广泛的马身体紧凑而匀称，慢步和快步动作规范而自如。

被饲养在挪威山谷中的多勒·康伯兰德马，被繁育成了一种强壮而耐寒的马，可用于农业生产，也可用于驮东西。多勒·康伯兰德马曾被用于挪威的陆上贸易路线，穿越挪威中部的康伯兰德山谷，到达了毗邻北海海岸的奥斯陆地区。

在 19 世纪，轻驾车赛马在挪威越来越流行，这导致人们为了提高马的快步速度而对其进行各种各样的杂交。其中，最引人注目的是多勒·康伯兰德马与 1834 年进口的英国纯血马欧丁杂交，结果是出现了一种较轻的马，在快步时步幅较长，效率更高。然而，对重型农用马的需求仍然存在。得益于挪威育种家的技术和一匹特别的种马布里门 825，这种重型马的品质得到了很好的保持。

第二次世界大战后，农业生产越来越依赖于机器，人们对这种马的兴趣变得越来越少，这种状况直到 1962 年国家育种中心成立才略有改善。

现在人们饲养的通常是一种较轻的多勒·康伯兰德马。它们体形中等，但就其体形而言，它们的力量相当惊人，这是许多具有驮马血统的品种所共有的特征。

多勒·康伯兰德马与费尔马（见第 266～267 页）和戴尔斯马（见第 268～269 页）等小型马具有很多共同的特征，后两种马也都是驮马。它们很可能有共同的祖先。

圣奥拉夫之路

以前人们用多勒·康伯兰德马从奥斯陆往特隆赫姆运输货物的路线，与古代朝圣者们走的圣奥拉夫之路（这条路线也被称为国王之路）一样。几条不同的路线都可以穿过康伯兰德山谷和洛根河，翻过多夫勒山，这就确保在冬季和夏季都有路线可以通行。骑马者（和步行者）现在仍然可以选择这些路线，这也是欣赏壮丽的挪威景色的绝佳方式。

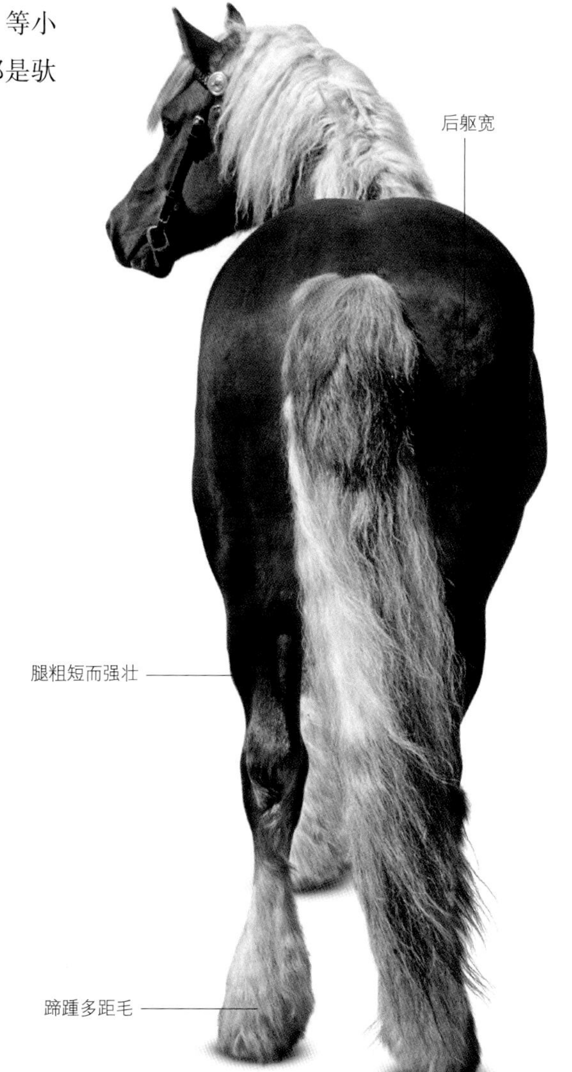

这种富于魅力、用途广泛的品种占挪威马匹总数的一半。

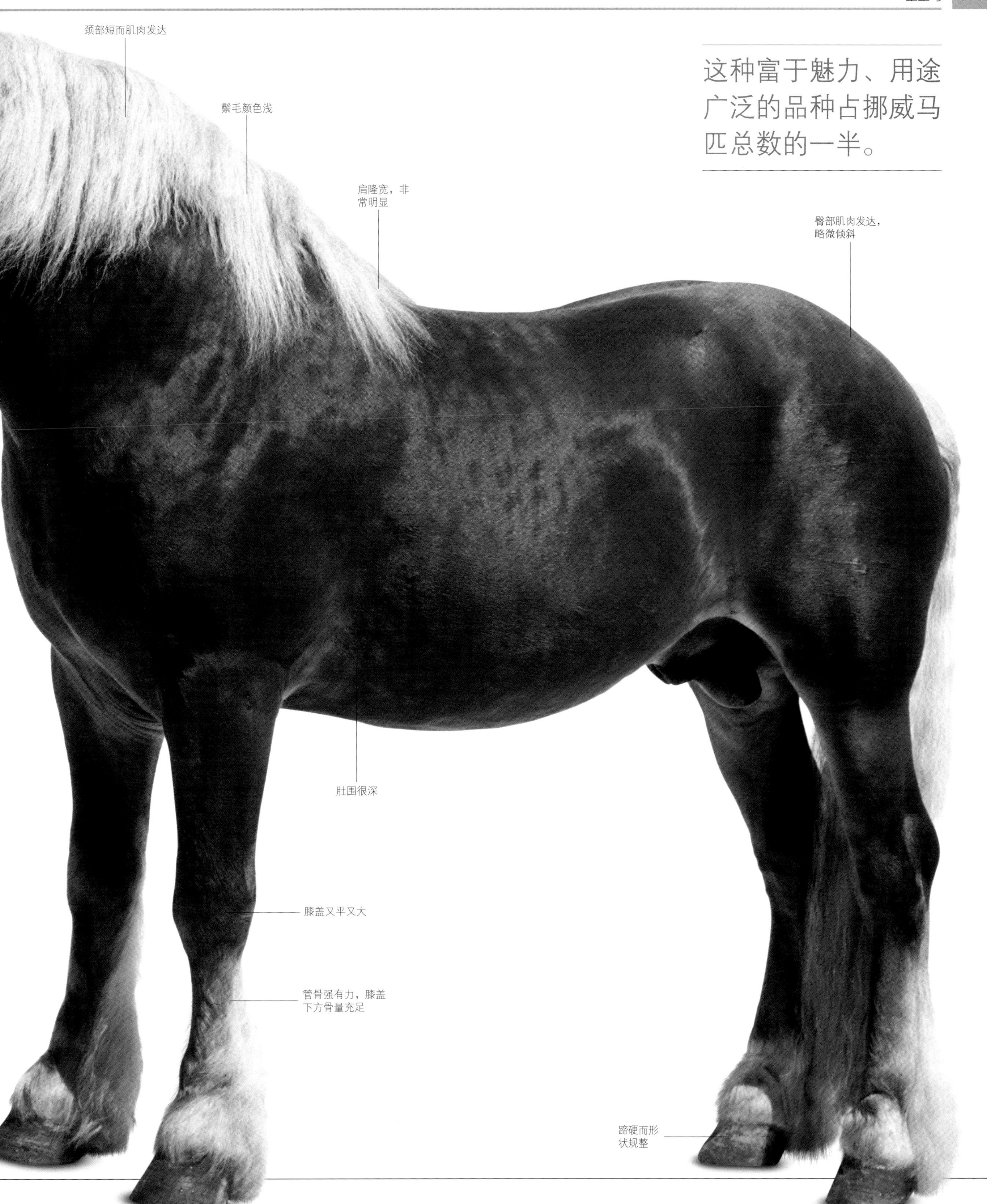

瑞典北部马

体高	原产地	毛色
163 厘米（16 掌）	瑞典北部	各种纯色，通常是褐色或黑色

耶尔夫索帕克

这匹瑞典快步马是一种半纯种的瑞典冷血马。它生于 1994 年，在 3 岁时开始参加比赛。它共参加了 234 场比赛，获得了 201 场胜利。在 2005 年 7 月，它以 1 分 17.9 秒的成绩跑完 1000 米，打破了世界冷血马的快步纪录。在职业生涯中，它在瑞典获得了许多奖项，包括年度最佳马匹（3 次）和年度最佳冷血马（12 次）。从赛马生涯退役后，耶尔夫索帕克开始了其作为种马的生涯，也非常成功，它成为 874 匹小马驹的父亲。

这是一种身形紧凑的品种，它们拥有非凡的拉力，能忍受恶劣的气候。

在北欧和斯堪的纳维亚，用于农业和林业生产的马应该特别耐寒，能在艰苦的条件下工作。然而，瑞典北部马不是欧洲传统意义上的“重型”马。在斯堪的纳维亚半岛，人们对竞技快步马越来越感兴趣，这鼓励育种者繁育出较轻的马——强壮且快步速度较快。

瑞典北部马被视为冷血马，它们源于老的斯堪的纳维亚品种和与之密切相关的挪威的多勒·康伯兰德马（见第 74 ~ 75 页）。直到 19 世纪末，它们本身还不是一个品种，而是几个进口品种的混合。随着品种协会的成立，再加上人们的努力，这个品种体现出了更多的一致性。1903 年，旺根建立了一座重要的种马场，那里遵守严格的选择性育种制度，还在粗糙的地面上对马进行严格的拖拽测试。这样的设计是为了确保马的表现能达到林业生产的要求，目前林业生产中仍然在使用这种马。

除了力量和耐力，瑞典北部马性情温和，寿命较长，据说对许多常见的马的疾病有很强的抵抗力。在 1966 年，与多勒马的杂交导致了这个品种再次发生了分化，发展出一种较轻的更适合轻驾车赛马的类型。这种体态轻盈的快步马是世界上唯一能参加轻驾车赛马的冷血马，它们四肢较长，动作敏捷，常被称为“斯堪的纳维亚冷血快步马”。但在斯堪的纳维亚半岛以外的地区，冷血快步马几乎不为人所知。

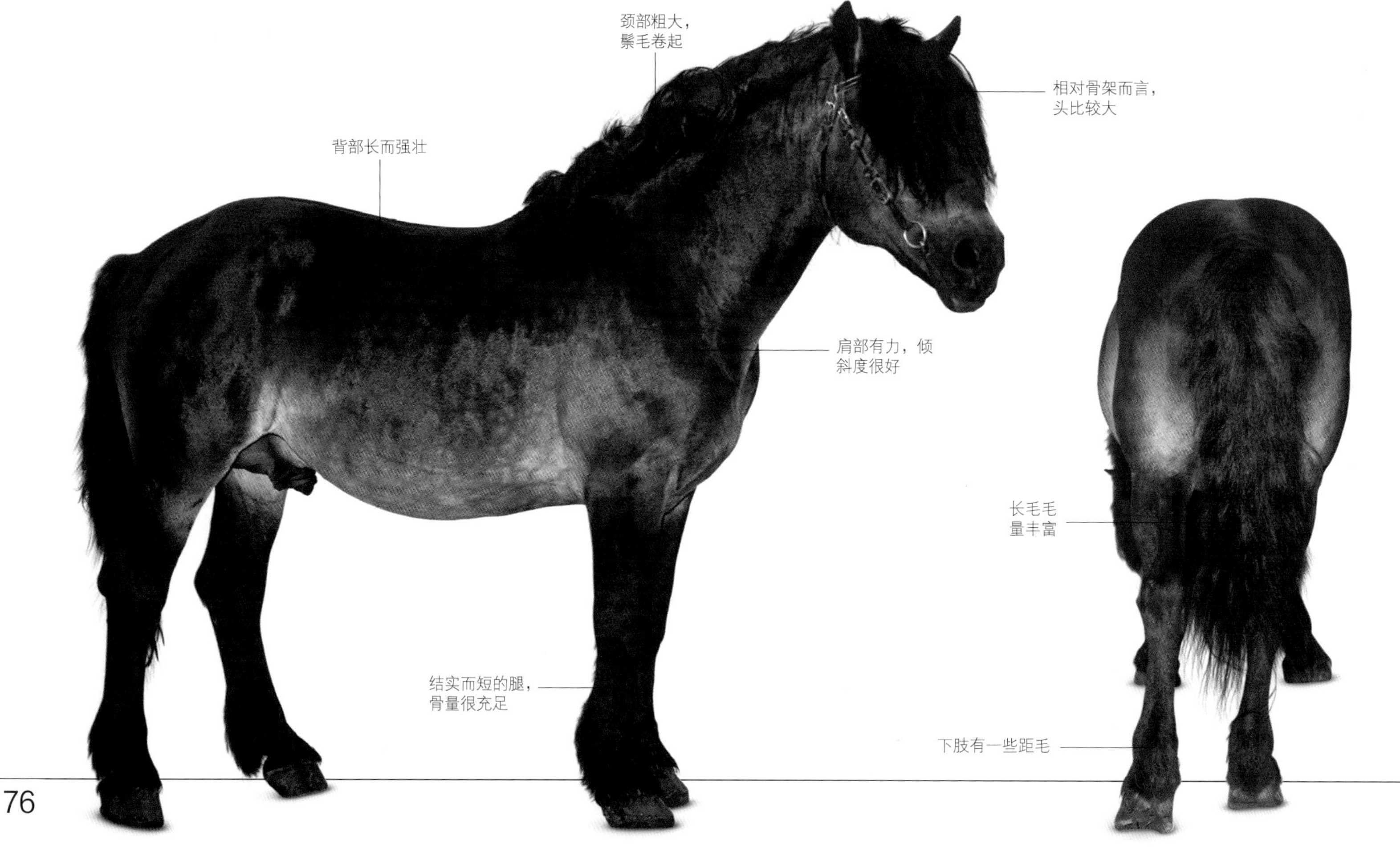

旺根是瑞典国家轻驾车赛马中心，对瑞典北部马的生存至关重要。

脸上带着一种警觉的表情，大而和善的眼睛，意味着这个品种有阿拉伯马血统。
头骨较轻，头部漂亮
就重型马来说，肩隆非常清晰
身体不厚实，也不宽
前膊肌肉发达
肚围深
后大腿肌肉发达
四肢很轻，但关节很硬
飞节位置很好
蹄踵距毛较少
蹄中等大小

穆拉科兹马

体高	原产地	毛色
163 厘米（16 掌）	匈牙利南部	主要为栗色，还有骝色、黑色和青色

这种匈牙利品种的马的鬃毛和尾毛为淡黄色，和它的奥地利祖先诺里克马一样。

后躯向下倾斜，直到尾根

匈牙利自 1870 年起，繁育了许多优良的轻型马，但在 1914 年第一次世界大战爆发时，也繁育出了优良的重挽马。在匈牙利南部穆尔河上的穆拉科兹，育种计划主要针对那些对该国农村经济发展至关重要的农用马。这些品种早期的基础种群有时被称为穆尔河地方种，意思是“局限于穆尔河地区”。为了繁育一个新品种，奥地利的母诺里克马（见第 52 页）被用来与阿拉伯种马杂交。随后，人们选用了质量优良的匈牙利种马，又引入了佩尔什马种马（见第 56～57 页）和阿登马种马（见第 58～59 页）。

根据育种计划繁育出的行动迅速、机警的穆拉科兹马，非常适合一般农场使用。它们足够强壮，能在难耕的土地上从事强度很大的耕地工作。第一次世界大战后，中欧的可耕种土地急剧增加，穆拉科兹马的需求量因此变得非常大。然而，第二次世界大战对这种马的种马产生了不利的影响，因此人们从法国和比利时进口阿登马种马——该品种在穆拉科兹马的基因构成中已经占了非常重要的地位——以恢复这个品种的活力，这个目标在很短的时间内就达到了。直到 20 世纪 70 年代末，这一品种仍在匈牙利蓬勃发展。

穆拉科兹马是一种与众不同的马，可能是由于其祖先受到过阿拉伯马的影响，它们仍被归为冷血马，并可分为两种类型：重型马和较轻、较小、更活跃和用途广泛的类型。两者都性情平和，体格健壮。该品种的饲养成本也非常低，以将食物转化为能量的高效率而著称。

重型马

重型的穆拉科兹马与较轻的穆拉科兹马非常相似，只是前者体格更壮实，因此在运动时速度不快，在步伐上也不够灵活。和许多其他重型马一样，由于农业上不再有需求，穆拉科兹马的数量也在减少。然而，它们作为一种有用的、表现稳定的骑乘马越来越受欢迎，如果有需要的话，它们也可以拉车。

在菜地除草

一匹穆拉科兹马套着传统的匈牙利马具，在长有幼苗的农田中工作。这个品种快速的行动能力和平和的性情使其成为做这项工作的理想选择。

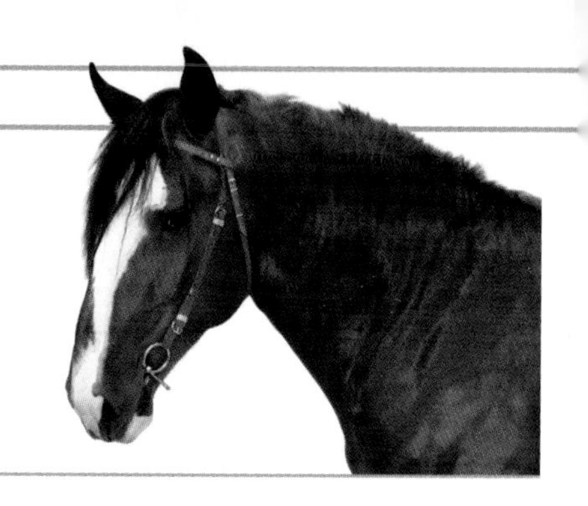

弗拉基米尔挽马

体高	原产地	毛色
165 厘米（16.1 掌）	俄罗斯东北部	骝色

弗拉基米尔挽马拉的三套车

尽管弗拉基米尔挽马是一种挽马，但事实证明，它们非常善于拉著名的俄罗斯三套车（见第 104 页）。这可能是由于它们动作非常自如并且精力非常充沛，育种者也非常重视控制其体形。与其他挽马相比，它们体形相对较小，能拉着 50 千克的重物在 4 分 34 秒跑完 2000 米。

在 1917 年俄国革命前，俄罗斯每 100 人拥有的马匹数量比除冰岛以外的任何欧洲国家的都多。

在莫斯科东部伊万诺沃和弗拉基米尔的农场里有一种马叫弗拉基米尔挽马。它们是 20 世纪初由加夫里洛沃—波萨斯克州种马场的选择性育种计划繁育而来的，该计划是用当地母马与克莱兹代尔马（见第 44 ~ 45 页）和夏尔马（见第 46 ~ 47 页）进行杂交。该品种主要的奠基种公马是三匹克莱兹代尔马：生于 1910 年的詹姆斯勋爵和博德·布兰德，以及生于 1923 年的格伦·阿尔宾。当地母马与夏尔马的杂交虽然很重要，但夏尔马的影响较小，都发生在谱系很靠后的地方。到 20 世纪 20 年代中期，由于该品种获得了许多优良的杂交品种，异种杂交逐渐停止。接下来，育种者通过选择性异种杂交来固定弗拉基米尔挽马的类型和特征。

尽管选择性育种一直持续到 1950 年，弗拉基米尔挽马在 1946 年就被正式认定为一个品种。它们身材匀称，肚围很深，拉力大，速度快，是一种性情温和的动物。这种马的成熟速度很快，对 3 岁就开始工作的动物来说，这是一种重要的特性。

第二次世界大战后，弗拉基米尔挽马的发展大大得益于俄罗斯的国家育种政策。

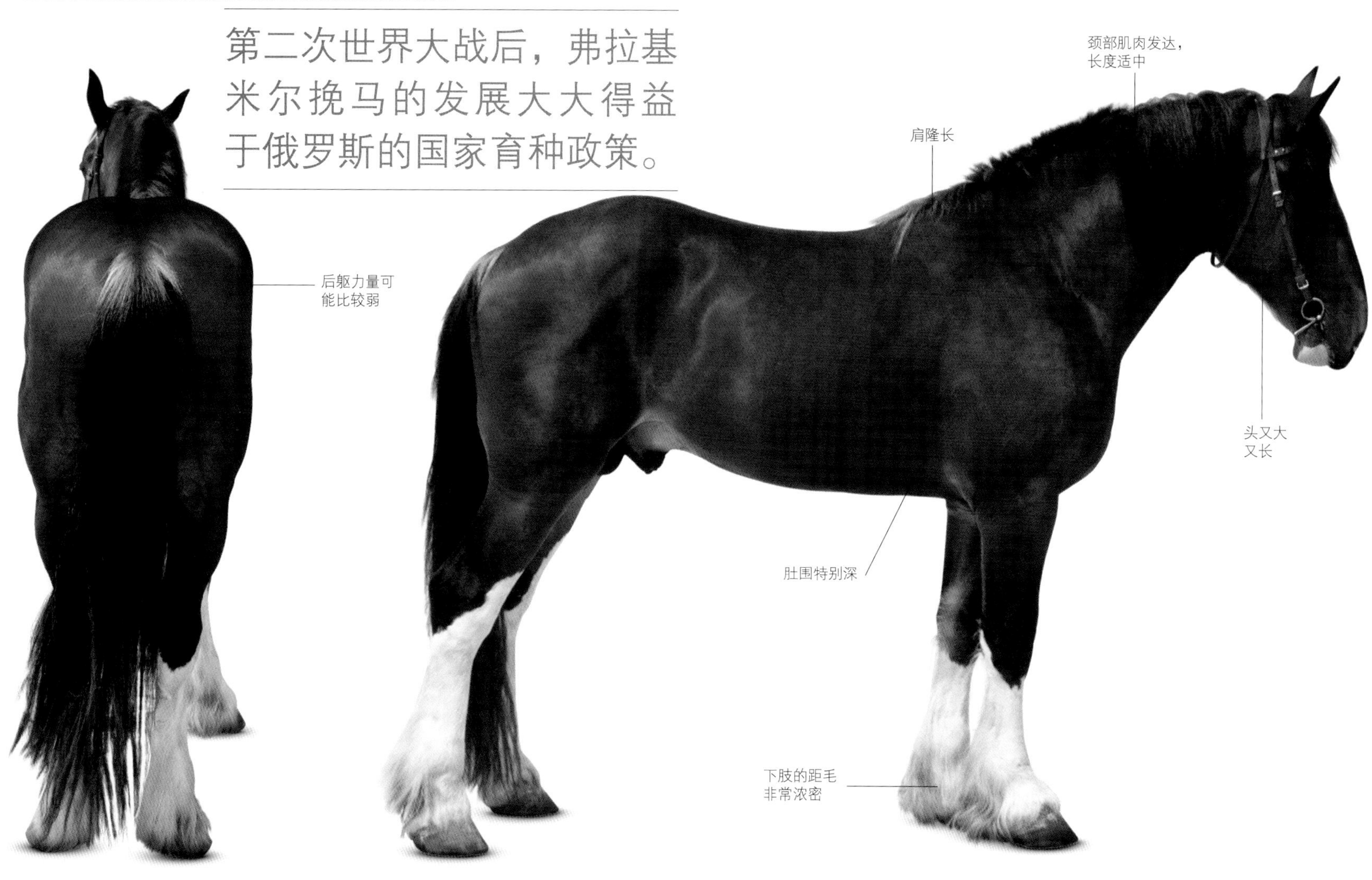

俄罗斯重挽马

体高
147 ~ 150 厘米
（14.2 ~ 14.3 掌）

原产地
乌克兰

毛色
草莓沙色和栗色

马奶酒

马奶酒是发酵而成的、温和的酒精饮料，由马奶制成，它被认为有药用价值，一般冰冻后饮用，传统的喝法是用小碗啜饮。俄国作家列夫・托尔斯泰（见下图）经常喝马奶酒，并在他的自传体小说《忏悔录》中提到过。在俄罗斯南部梁赞市的一个试验性农场中，俄罗斯重挽马产的奶被用来生产马奶酒。

直到 20 世纪 20 年代之前，俄罗斯重挽马一直被称为俄罗斯阿登马，1952 年才开始被登记为俄罗斯重挽马。

身体相对较短的俄罗斯重挽马在乌克兰赫伦诺夫和杰尔库尔河种马场繁育的时间与弗拉基米尔挽马（见左页）的差不多。最初，育种者用瑞典的阿登种马与乌克兰母马及其他品种杂交，包括布拉班特马（见第 69 页）和佩尔什马（见第 56 ~ 57 页），奥尔洛夫快步马（见第 104 ~ 105 页）也被引入以增加其动作的灵活性。在 20 世纪 20 年代，俄罗斯重挽马的数量开始下降。但是，一项育种计划挽救了这个品种，该计划的目标是繁育一种适合普通农业生产的、温顺的马。

俄罗斯重挽马是一种聪明的马，体形像重型柯柏马，身材魁梧，体格健壮，动作灵活。它们的头部非常轻盈，常常带着迷人的表情，非常引人注目，这是与奥尔洛夫快步马杂交的结果。俄罗斯重挽马的成熟速度非常快，据计算，18 个月大的马的体高就已经达到了成年马的 97%，体重也达到了成年马的 75%。该品种具有较长的寿命，年龄相当大时仍能够从事农业工作。而母马用来产奶据说也非常好（见左框）。

该品种的种马在超过 20 岁后仍然可以用来配种。

轻型马

虽然在农场也有轻型马工作的身影，但是轻型马主要用于骑乘和拉车。这种马包括奔跑速度很快的阿拉伯马、纯血马，以及具有特殊步法的密苏里狐步马和秘鲁巴苏马等。轻型马多为温血马，其中大多数都是为比赛而特意繁育出来的。轻型马在身体构造上差别很大，普遍体重较轻；相对躯干而言，许多轻型马的四肢都很长，但有些品种的四肢较短，还有些品种的身体比较矮壮。

◀ **为工作而繁育** 许多轻型马是经过多年精心繁育的产物，但也有一些轻型马是为了适应它们所处的自然环境自然进化来的，如卡马尔格马。

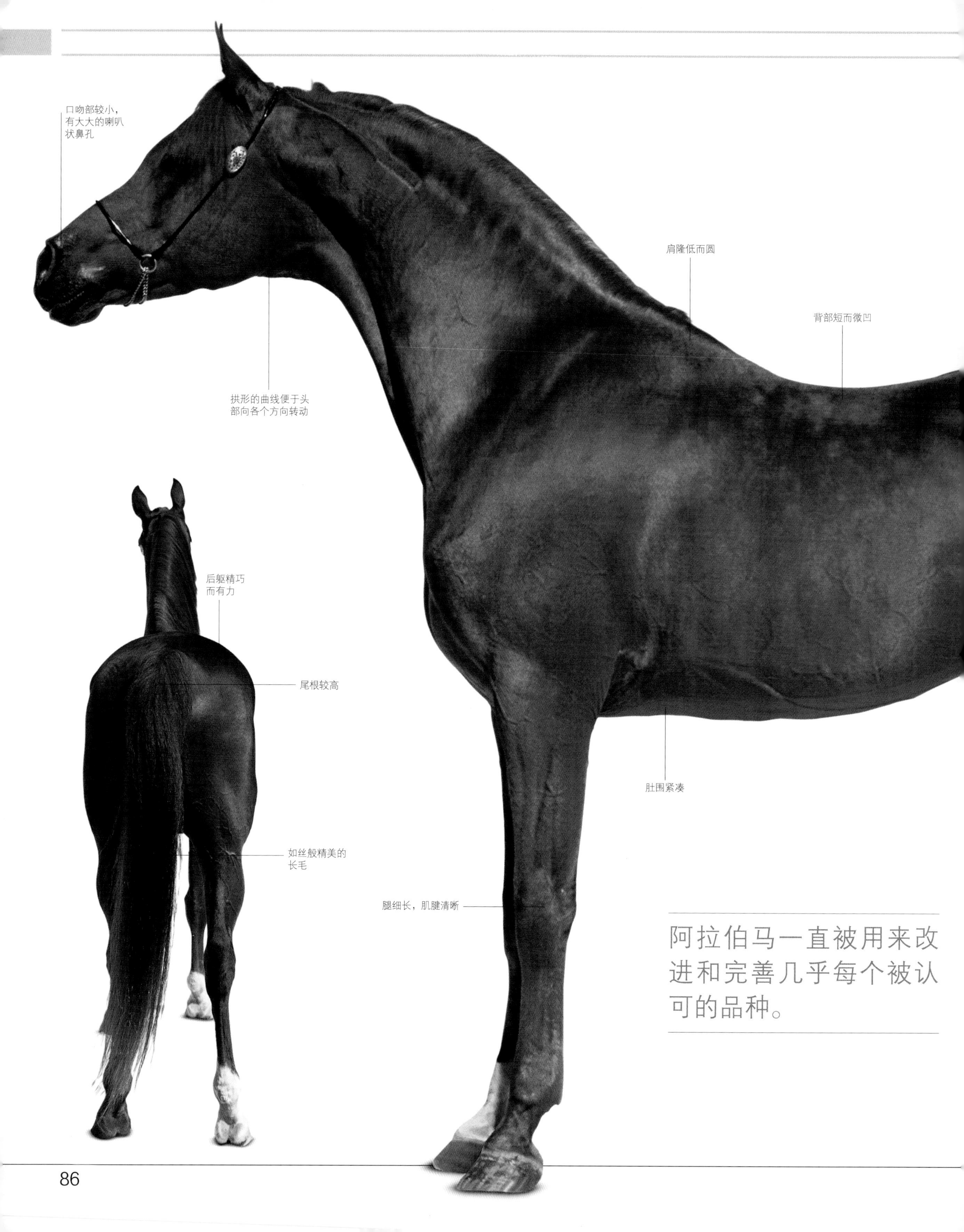

阿拉伯马一直被用来改进和完善几乎每个被认可的品种。

阿拉伯马

体高
150 厘米
（14.3 掌）

原产地
阿拉伯半岛

毛色
栗色、青色、骝色和黑色

在所有的马中，优雅而独特的阿拉伯马是最容易辨认的。

公元 786 年，阿拉伯历史学家埃尔·凯尔比认为，阿拉伯马可以追溯到公元前 3000 年左右一匹叫巴兹的母马和一匹叫荷沙巴的公马。据称，巴兹曾在也门被诺亚的曾曾孙子巴克斯捕获，他是一名驯马师。类似这样的记载虽然没有被证实，但也说明了阿拉伯马历史很悠久。众所周知，摩尔人在 8 世纪入侵西班牙和葡萄牙时，是带着沙漠马的，这使得它们散布在整个西方世界。

阿拉伯马被公认为是纯血马（见第 114～115 页）的基础品种。它们是一种很受欢迎的改良用杂交品种，据说世界上大部分的马都有阿拉伯马的血统。

虽然现在已经没有了血统纯正的阿拉伯马，但这个品种仍有一些独有的特征。它们比较突出的特征是头部短而精致，干瘦，有清晰可见的纹理；脸部轮廓明显凹陷，前额凸起，成为一种特殊的盾牌状；头部从上到下逐渐收窄，口吻部较小；眼睛很大，富有感情，眼间距很宽，眼睛的位置较其他品种的要低。

阿拉伯马有一种遗传特征——多一节胸椎骨，少一节腰椎骨。有证据表明，阿拉伯马尾巴高高翘起的姿态及其独特的体形都源于这种变异。阿拉伯马有一种“漂浮”步法，移动时就好像踩着弹簧一样。

现代阿拉伯马耐力非常好，擅长耐力赛。但是，在许多其他竞技比赛中它们并没有太明显的优势。不过，人们仍带着极大的奉献精神大量养殖阿拉伯马。它们热情而勇敢，性情异常温和。

马伦戈

法国皇帝拿破仑·波拿巴偏爱阿拉伯马，并拥有军用青色阿拉伯马种马场。他鼓励法国国家种马场选用阿拉伯马，并在 1815 年的滑铁卢战役中骑着他最喜欢的阿拉伯战马马伦戈。这匹马之所以被命名为马伦戈，是为了纪念 1800 年法国军队在马伦戈取得的胜利。

鲁恩巴巴利是理查二世（1367—1400 年）最喜欢的马，据说是柏布马的后代。

柏布马

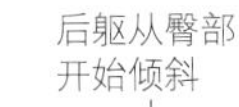

体高	原产地	毛色
147 ~ 157 厘米（14.2 ~ 15.2 掌）	摩洛哥	通常是青色，但也有黑色

后躯从臀部开始倾斜

柏布马是仅次于阿拉伯马、世界上最伟大的基础品种之一。

这种强壮的沙漠马的祖先很可能是在 8 世纪摩尔人入侵西班牙时被柏柏尔骑兵带到欧洲的。尽管这种马与阿拉伯马进行了杂交，但是这种沙漠马仍然保持了其遗传上的优势。在用阿拉伯马对大部分其他品种的马进行改良杂交时，这些品种的马都具有了阿拉伯马独特的外表，但是柏布马，仍保留着特有的长凸脸、倾斜后躯和低根尾，没有显露出阿拉伯马的基因。一些权威人士认为，柏布马属于沙漠（阿拉伯）赛马品系，类似于驯化前的阿哈尔捷金马（又称汗血宝马，见第 92 ~ 93 页），但其确切的祖先已经无法确认了。

虽然柏布马的影响不像阿拉伯马的那么深远，但它们对欧洲和美国的品种有明显的影响。这种影响通过其最重要的“衍生品”——西班牙马而得以延续。柏布马在西班牙马的后裔——安达卢西亚马（见第 134 ~ 135 页）的繁育中起了重要作用，并且对纯血马（见第 114 ~ 115 页）和爱尔兰的康尼马拉马（见第 258 ~ 259 页）的进化也产生了影响。还有证据表明，这种沙漠马对法国马的血统也产生了影响。现在已经灭绝的利穆赞马——在中世纪的时候为军用而特意繁育——就是由摩尔人的军队带到法国的战马“升级”而来的。今天，北美以保护野马为目的的各种野马协会也非常重视“西班牙柏布马”的血统。也许是因为柏布马数量比阿拉伯马少，也没有阿拉伯马那样的魅力，所以它们还未得到应有的认可。

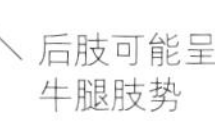

后肢可能呈牛腿肢势

蹄往往很窄

北非骑兵

几个世纪以来，沙漠马（柏布马的前身）一直是北非柏柏尔骑兵的坐骑。710 年，这些勇猛的骑兵穿过直布罗陀海峡，在伊比利亚半岛北部和法国的一系列战役中取得了胜利。732 年，他们的军队在普瓦捷被击败。这支军队非常看重这种顽强的小马，因为它们有着极其出色的速度和耐力。在摩洛哥、阿尔及利亚、西班牙和法国南部仍能发现柏布马，但北非的柏布马的数量正在下降。

现代的骑士比武

在摩洛哥，每年都有几十名柏柏尔骑士聚集在一起，进行一种在中世纪时非常流行的比赛。在比赛中，他们排成一条直线驰骋，同时开枪射击。

1935 年，有人骑着阿哈尔捷金马从阿什哈巴德到达莫斯科，在 84 天内行进了 4152 千米，其中大约 1/4 的旅程是穿越几乎没有水的沙漠地区。

阿哈尔捷金马

体高
150 ~ 163 厘米
（14.3 ~ 16 掌）

原产地
土库曼斯坦阿什哈巴德

毛色
骝色、栗色和兔褐色，经常带有金色的金属光泽。也可能是黑色、青色和银色

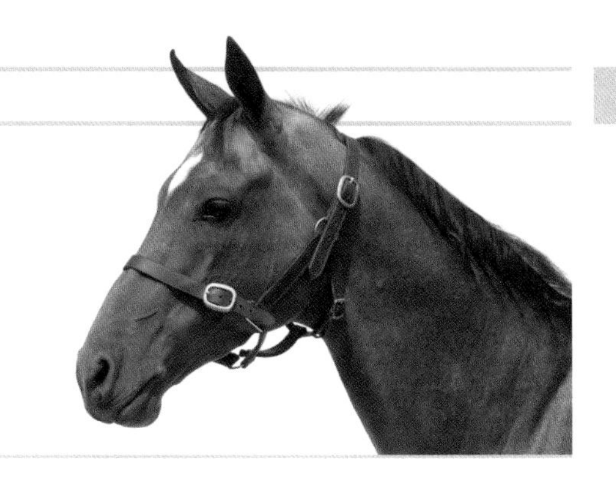

阿哈尔捷金马是最古老、最独特的品种之一，是一种能够忍受高温并能长距离奔驰的赛马。

皮肤薄，被毛格外精致

大腿长而肌肉发达

后腿长，通常呈镰刀形和牛腿肢势

蹄小而结实耐用

阿哈尔捷金马是来自土库曼斯坦的沙漠马。它们与土库曼马（见第 107 页）密切相关，有可能这两个品种是同一个古老的祖先。尽管阿哈尔捷金马原产地尚不清楚，但早在公元前 1000 年，土库曼斯坦阿什哈巴德的种马场就繁育出了以高超的赛马技术而闻名的马。如今，阿什哈巴德是阿哈尔捷金马的繁育中心，所以两者之间似乎有联系。

阿哈尔捷金马有一种独特的动作：能够以流畅的动作"滑过"地面而不晃动身体。在它们的家乡，它们的价值主要体现在速度和耐力上，但它们缺乏西方赛马——如纯血马（见第 114 ~ 115 页）——在身体构造上所追求的品质。它们的背部很长，胸廓很窄，后大腿细长。长长的颈部使得它们的头部可能高于骑手的手的高度，这被称为"抗缰"，会削弱骑手对马的整体控制。此外，据说阿哈尔捷金马相当倔强。尽管这种马的骑乘体验很差，但它们那引人注目的、金属般的皮毛颜色使得它们在全球拥有众多粉丝。

在现代，育种者们试图通过将阿哈尔捷金马与纯血马或其他马杂交来改良品种。现在它们在外观上更接近欧洲的赛马，是俄罗斯队在盛装舞步和场地障碍赛中选用的比赛马。然而，育种者们也意识到这种杂交降低了阿哈尔捷金马抵御恶劣的沙漠环境的能力，因此重启了纯种品系的繁育。

传统的饲养方式

现在，阿哈尔捷金马白天在户外活动，晚上被圈养在马房里。以前，它们全天都被拴在户外。为了给马保暖，人们会在夜间用厚厚的马衣将它们包裹起来。但现在白天也是如此，因为这样可以"融化"马体内多余的脂肪。人们喂它们吃的是高蛋白的苜蓿、羊肉脂肪球、鸡蛋、大麦和油炸面团蛋糕，目的是塑造一种适合赛马的偏瘦型身材。

3
7

土库曼斯坦赛马

阿哈尔捷金马因其在赛道上的表现而备受青睐。虽然它们奔跑的速度不像纯血马那样快，但它们行动敏捷，耐力很强。

卡巴尔德马

体高	原产地	毛色
152 ~ 157 厘米 （15 ~ 15.2 掌）	俄罗斯北高加索地区	骝色、暗骝色和黑色 （没有任何明显白章）

适应山区环境

在卡巴尔达—巴尔卡尔的高地牧场上，仍然可以看到成群的卡巴尔德马在吃草。春天，它们开始往山上爬，随着积雪的消融，它们能爬得相当高。这些马完美地适应了高海拔地区的生活环境，心脏和肺的功能都很强大，能够在稀薄的空气下生存良好，并且能够通过增加脂肪度过冬天。作为耐力马，它们的能力颇为出众。

卡巴尔德马动作敏捷，步履稳健，有一种不可思议的能力——能在薄雾和黑暗中穿行。

卡巴尔德马是苏联最好的山地马品种之一，自 16 世纪起就被认为是一个品种。它们源于蒙古马类型的草原马，并通过与卡拉巴赫马以及波斯和土库曼斯坦的马杂交进行了改良。在 20 世纪 20 年代，育种者在卡巴尔达—巴尔卡尔和卡拉切夫—切尔基斯种马场对它们进行了进一步的杂交。这产生了一种更强壮的马，这种马既适合骑乘又适合做农业工作。在俄国革命之后，育种者又在这两座种马场进行了进一步的杂交，繁育了一个更强壮的类型，这种马同样既适合骑乘又适合做农业工作。

如今，卡巴尔德马被用来改善亚美尼亚、阿塞拜疆、格鲁吉亚的原生种群。其中最好的马都是在马洛—卡拉切夫和马尔金种马场繁育的。虽然这些马的速度不及专业赛马的速度，但它们在当地的体育活动中很受欢迎。

卡巴尔德马非常听话，性情温和。它们可以在险要的地形上工作，不受冰雪和湍急河流的影响。它们的动作充满活力，竖直肩能让它们的腿抬得相当高，这有助于它们在崎岖的路上行走。它们袭步的速度不快，但慢步步法均匀，快步和跑步也轻快而流畅。一些卡巴尔德马天生会对侧步。

在 1935 年的一次冬季测试中，卡巴尔德马在 37 天内跑完了 3000 千米。

卡拉巴赫马

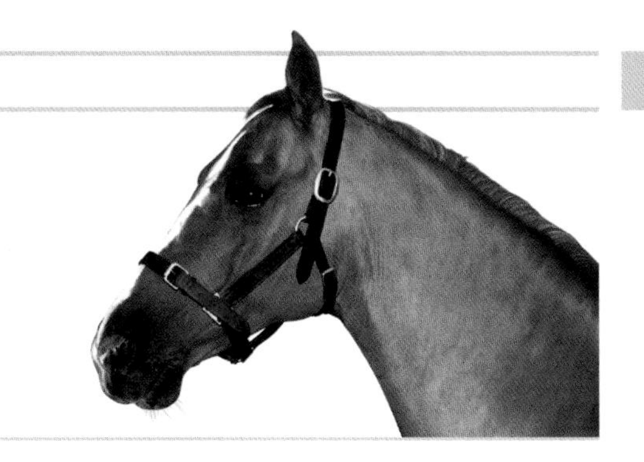

体高	原产地	毛色
142 厘米（14 掌）	阿塞拜疆纳戈尔诺-卡拉巴赫	栗色、骝色或兔褐色，有金属光泽

诺瓦·基尔吉兹马

据说，吉尔吉斯斯坦东部是古代阿哈尔捷金马的故乡。这个地区的吉尔吉斯部落改良了当地的山地马，诺瓦·基尔吉兹马是 20 世纪 50 年代初在这里繁育出来的。这种改良后的品种非常适合该地区的地理和气候条件。

卡拉巴赫马是一种轻型骑乘马，性情温顺，是中亚地区强壮的山地马。

这个品种的原产地可以追溯到阿塞拜疆阿拉克河和库拉河之间的卡拉巴赫高地，此地与卡巴尔德马的原产地在地理上是邻居。这个品种深受阿拉伯马（见第 86～87 页）和与阿拉伯马有关系的沙漠马的影响。阿哈尔捷金马（见第 92～93 页）对这一品种也有特别明显的影响，后者从前者那继承了其引人注目的带金属光泽的毛色。

据说，卡拉巴赫马对顿河马（见第 107 页）的影响很大。在阿塞拜疆也发现了德波里马，这种马可能是卡拉巴赫马的一种。

最好的卡拉巴赫马是在阿克达姆种马场繁育的，它们在赛马竞技中已经体现了其特点。这个品种也被广泛应用在马球运动中。

据说，卡拉巴赫马性情温顺，行动敏捷。但是，像其他许多高山马一样，它们也有身体构造上的弱点，后腿通常呈镰刀形。虽然这一弱点对高品质的骑乘马来说无法接受，但这是山地马的一个共同特点，这种身体构造也许有助于它们在行走时步履稳健。

这个品种在它们的家乡非常珍贵，正面临灭绝的危险。

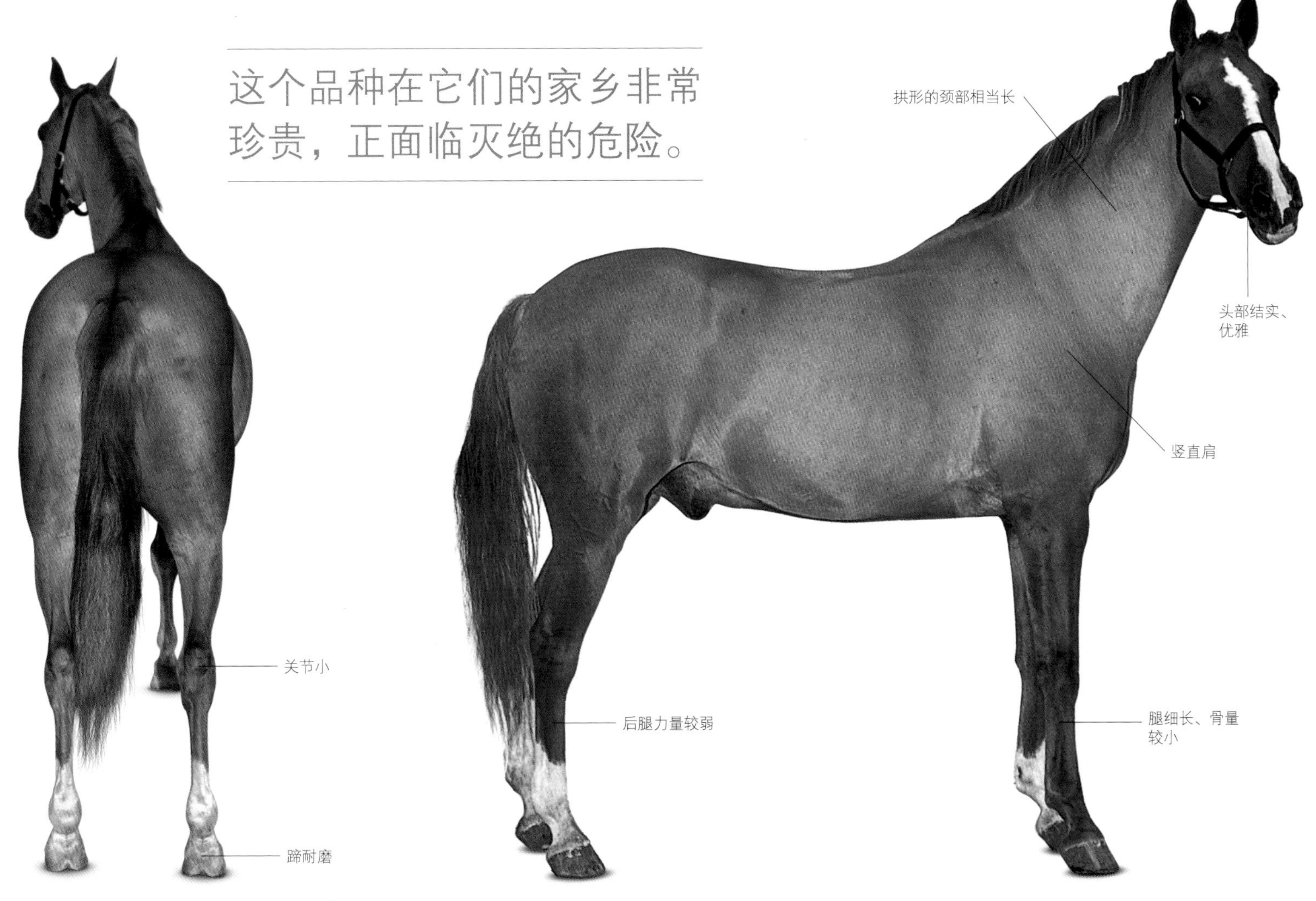

克拉巴依马

体高	原产地	毛色
150 ~ 156 厘米 （14.3 ~ 15.2 掌）	乌兹别克斯坦和 塔吉克斯坦北部	骝色、青色和栗色，也有可能是兔褐色和 暗淡的帕洛米诺色，但很少有黑色或花斑

马背叼羊

勇敢的克拉巴依马是中亚最强健的马种之一，通常用于马背叼羊。这种快速而危险的马上活动几乎没有规则，参与者需要抢到山羊的尸体并拖到场地的圆圈中，活动中经常有很多人受伤。它被称为阿富汗的“国技”。

这种通用的中亚马是一种兼用型的马，既用于拉车，也用于骑乘。

克拉巴依马是未经改良的草原马与包括阿拉伯马在内的各种南方马、东方马杂交的产物，这些马通常行走在穿过该地区的古老的贸易之路上。克拉巴依马是中亚最古老的品种之一。

虽然它们和阿拉伯马一样，有许多沙漠马的特征，但这种体形较小、跑得很快的马看上去更粗糙，也不那么优雅。克拉巴依马虽有牛腿肢势，但四肢强劲有力，骨量充足。该品种的骨量标准是：种马为 19.6 厘米，母马为 18.8 厘米。众所周知，克拉巴依马体格强健，很少跛行，并且耐力极好。

现在，撒马尔罕的吉扎克种马场是这个品种的主要繁育中心，但生活在灌木和荒漠草原地区的乌兹别克游牧民族也在放牧这种马。它们被轮换放养在山上和山脚的牧场中，因为这样可以保持它们的耐寒性和适应性。

骑乘和驾驭混合的全能运动比赛为该品种提供了更好地展示其多样性、性情和耐力的舞台。为了繁育跑得更快的赛马，人们也将母克拉巴依马与纯血马杂交。

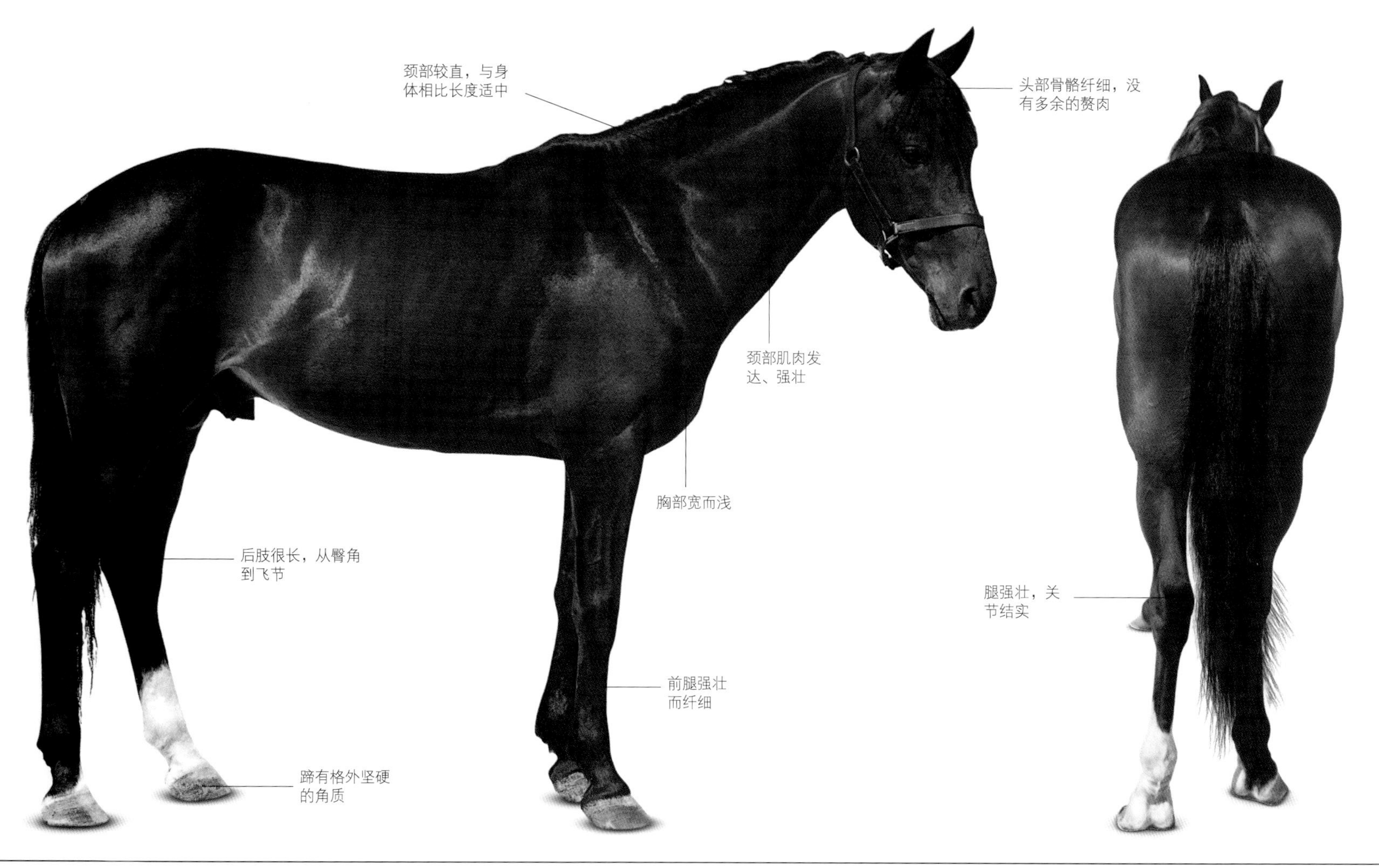

乌兹别克斯坦的游牧民族认为这种马是美的化身。

洛卡依马

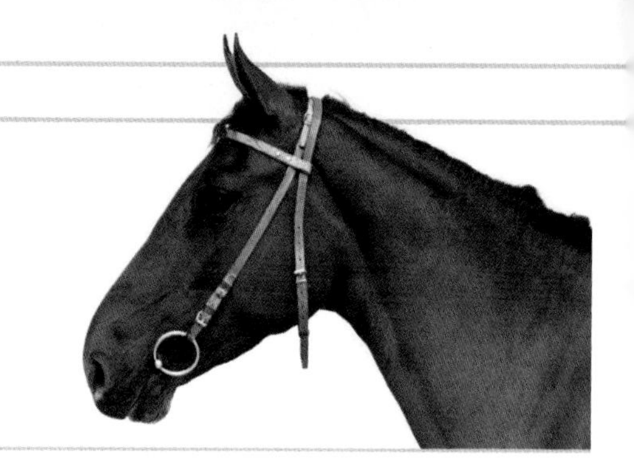

体高	原产地	毛色
152 厘米 （15 掌）	塔吉克斯坦帕米尔高原	青色、骝色 或带金属光泽的栗色

山地运输

生活在帕米尔高原的部落仍然使用马运输货物。这些地方很少有公路，所以马匹仍然是最好的交通工具。这些马通常看起来比较矮小，似乎营养不良，而且驮的东西看起来也太重了。它们对人们来说非常有用，所以关注它们的健康和幸福非常重要。

这种步履稳健的马的祖先来自世界上最难翻越的山脉。

洛卡依马是一种耐寒的亚洲山地马，是有多个不同祖先的混血儿，名字源于一个乌兹别克人。从 16 世纪开始，它们通过与乌兹别克斯坦的主要品种克拉巴依马（见第 98 ~ 99 页）和有阿拉伯马（见第 86 ~ 87 页）、土库曼马祖先的东方马进行杂交，以改良其基础血统。最近，它们又与特尔斯克马（见右页）、阿拉伯马和纯血马（见第 114 ~ 115 页）进行了杂交。

瘦而结实的洛卡依马的蹄子很硬，在帕米尔高原陡峭的山路上，它们作为驮马和骑乘马都不可或缺。据说洛卡依马能在极端险峻的山路上行走，即使载人也能以 8 ~ 9.5 千米 / 时的平均速度每天走 80 千米。在“马背叼羊”（类似于马球，但使用的是山羊尸体，见第 98 页）这种激烈的民族性体育活动中，洛卡依马也是塔吉克骑手们最喜欢骑的坐骑。它们也被用来参加赛马比赛。帕米尔高原上的游牧部落仍然以传统方式饲养洛卡依马，冬季在低地牧场上放牧，夏季则迁徙到高山牧场上。他们还以母马的奶为食。

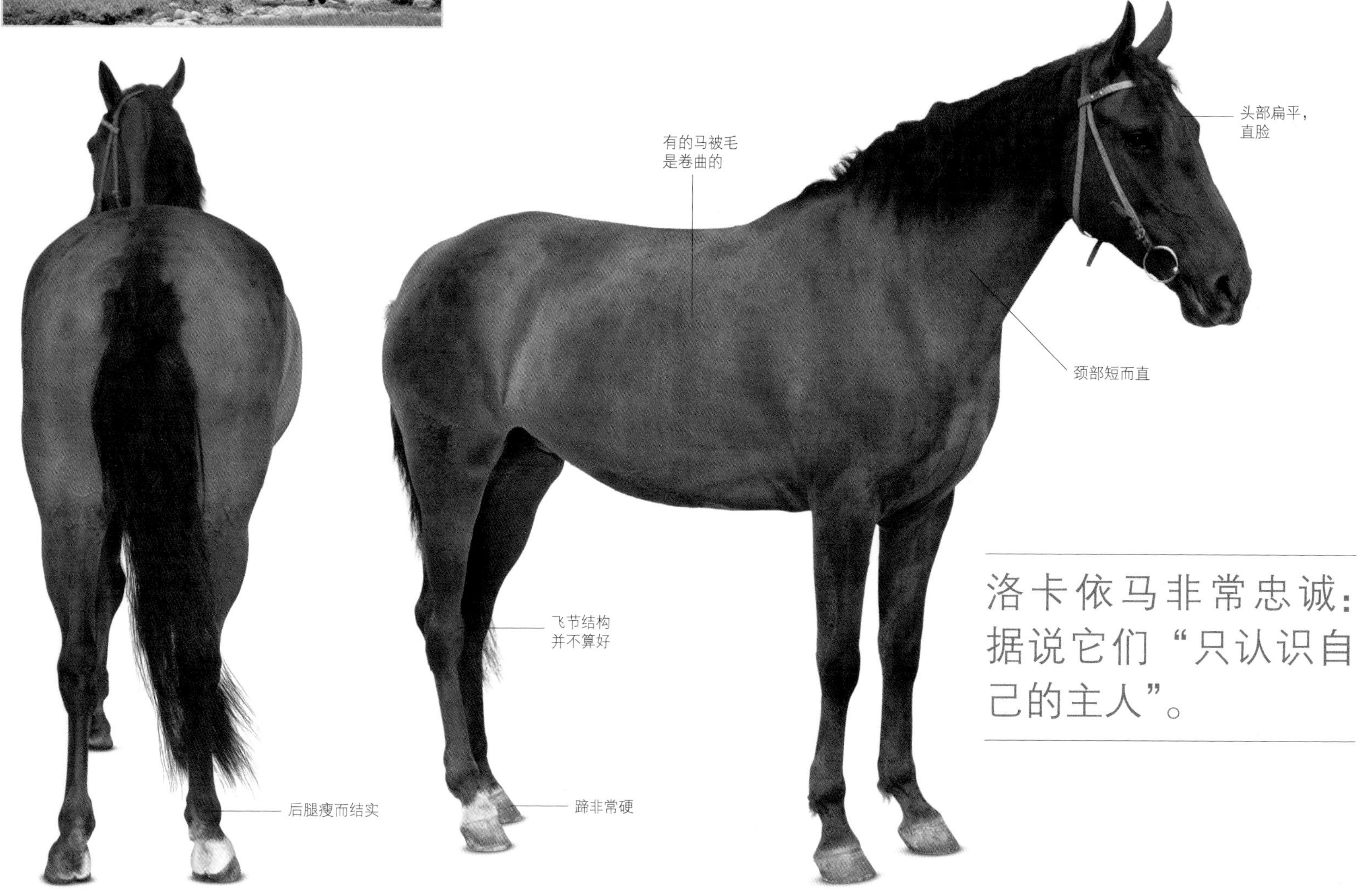

洛卡依马非常忠诚：据说它们“只认识自己的主人”。

特尔斯克马

体高
152 厘米
（15 掌）

原产地
俄罗斯高加索地区北部

毛色
青色

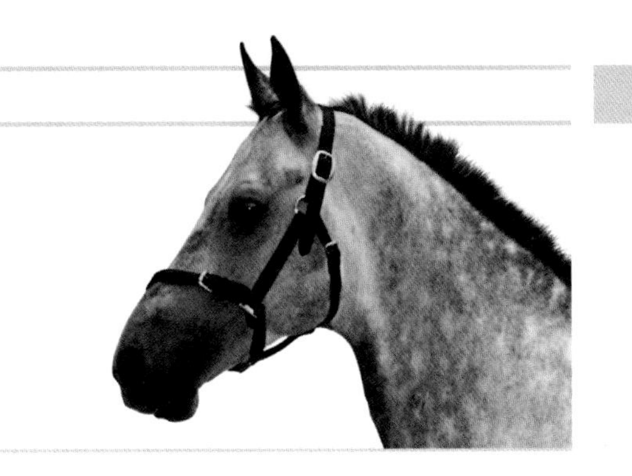

科拉拜特—阿拉伯马

1936 年，特尔斯克种马场的官员拜访了英国著名的科拉拜特种马场，以寻找有纯正阿拉伯血统的马。虽然科拉拜特种马场的安妮·温特沃思夫人（见下图）不愿出售最好的马，但她同意出售 6 匹种马和 19 匹母马。在这些种马中有纳斯伊姆，它是名马斯科罗内克最优秀的儿子。这次采购非常成功，大大提高了特尔斯克种马场的声誉。

这种聪明而有运动天赋的马特别适合马术运动。

这个品种是在 1921～1950 年北高加索地区的特尔斯克种马场和斯塔夫罗波尔种马场繁育出来的，当时苏联农业部决定恢复马的数量。

人们繁育这种新品种，是计划取代斯特莱特—阿拉伯马，后者在 20 世纪 20 年代初几乎消失了，只有两匹银青色的种马和几匹母马保留了下来。这些马在 1925 年被送到特尔斯克种马场，作为新的育种项目的基础种群。但是没有人愿意保护原始的斯特莱特—阿拉伯马，因为幸存下来的这些马被认为是近亲繁殖的产物。随后人们又引进了三匹纯种的阿拉伯种马和一些杂交母马：阿拉伯—顿河马、斯特莱特—卡尔巴德马和一些杂交的基特兰·阿拉伯马（见第 202～203 页）。

该计划非常成功，繁育出的现代品种得到了高度评价。特尔斯克马不仅在外表上具有阿拉伯马的显著特点，也具有阿拉伯马特有的轻盈、优雅的动作，而它们利落、规整的步法使它们成为很好的盛装舞步马。它们是优秀的场地障碍赛选手，也是勇敢的越野赛用马，作为赛马比阿拉伯马更成功。特尔斯克马很聪明，性情温顺，因此在俄罗斯的马戏团里也很受欢迎。

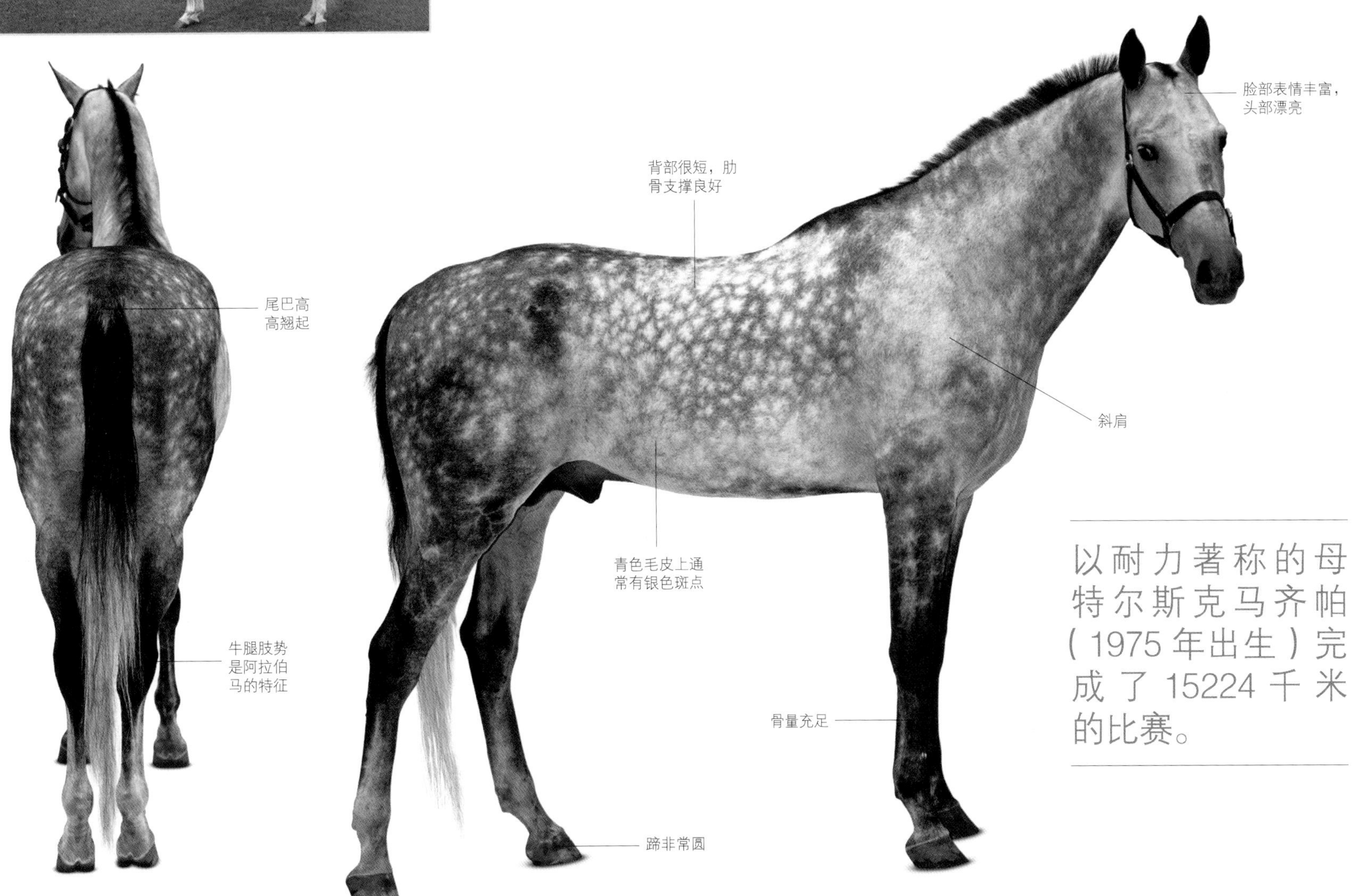

以耐力著称的母特尔斯克马齐帕（1975 年出生）完成了 15224 千米的比赛。

俄罗斯的贵族

特尔斯克马有其阿拉伯祖先的许多突出特征，不仅有精致的面部特征和柔和的表情，还具有阿拉伯马的智慧和可训练性。

奥尔洛夫快步马

体高	原产地	毛色
163 厘米（16 掌）	俄罗斯中部	青色、菊花青色，也有黑色和骝色

奥尔洛夫快步马是俄罗斯最古老、最受欢迎的品种之一，最初是作为马车马和赛马而繁育的。

18 世纪末，亚历克西斯·奥尔洛夫伯爵将他的白色阿拉伯种马斯梅坦卡与来自荷兰、德国梅克伦堡和丹麦的母马在莫斯科郊外的奥尔洛夫种马场进行了杂交。虽然斯梅坦卡在他短暂的马种生涯中只留下了五个“孩子”，但其中就有波尔肯一世，这是斯梅坦卡与一匹西班牙血统的丹麦母马交配生下的后代。

波尔肯一世与一匹体形庞大的荷兰母马进行了杂交，这匹母马之所以被选中，是因为它动作自如，具备快步时所需的能量等级。二者繁育出了奥尔洛夫快步马的奠基种公马——1784 年出生的青马巴茨一世，它在赫伦诺夫的新种马场中经常被选用。

从 1788 年开始，奥尔洛夫伯爵和赫伦诺夫种马场管理者继续研究奥尔洛夫快步马这个品种的演化。巴茨一世被用来和来自阿拉伯、丹麦、荷兰的母马，以及英国的混种母马和母阿拉伯—梅克伦堡马进行杂交。接着，人们用巴茨一世和它的儿子们进行近亲繁殖，以繁育他们想要的类型：所有纯种的奥尔洛夫快步马的血统都显示出了与奠基种公马的紧密联系。从 1834 年起，育种者在莫斯科对这些马进行了训练，并定期举办快步马比赛，以鼓励品种改良和提高比赛成绩。

奥尔洛夫快步马轻盈有力，高而优雅。它们的四肢很纤细，组成长方形，肌肉非常发达。受各种马场繁育规定的影响，该品种有五种基本类型。最好的是赫伦诺夫型——被认为是最经典的奥尔洛夫快步马。对该类型继续改良的方向，仍然是强调保持其体高、体形、肌腱的力量和快步速度的潜力。

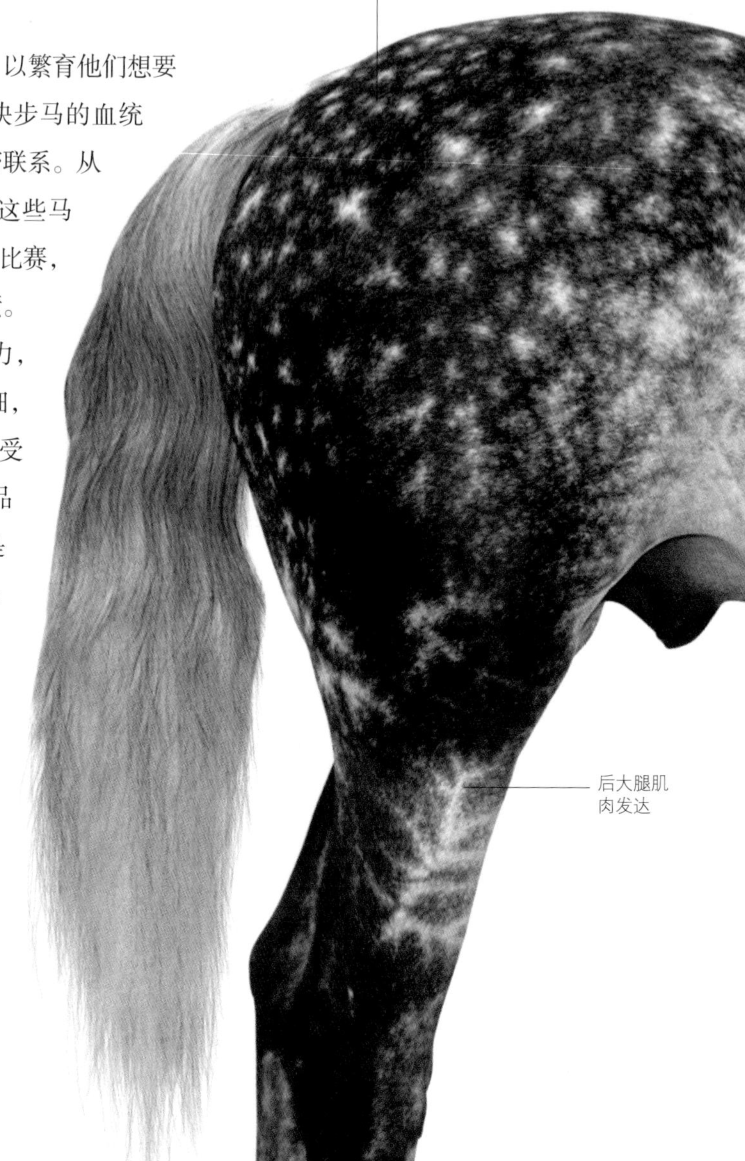

三套车

三套车是指三匹马并排拉车，拉的经常是雪橇。中间的马套着一个颈圈，连在一个独特的轴弓（像在肩膀上方的拱门）上。它拉车的时候用一种快速快步，两边的侧马通过套在胸部的挽具与它相连。侧马也被紧紧地拴在侧缰上，这让它们的头向外偏，必须跑步或飞奔才能跟得上中间的马。

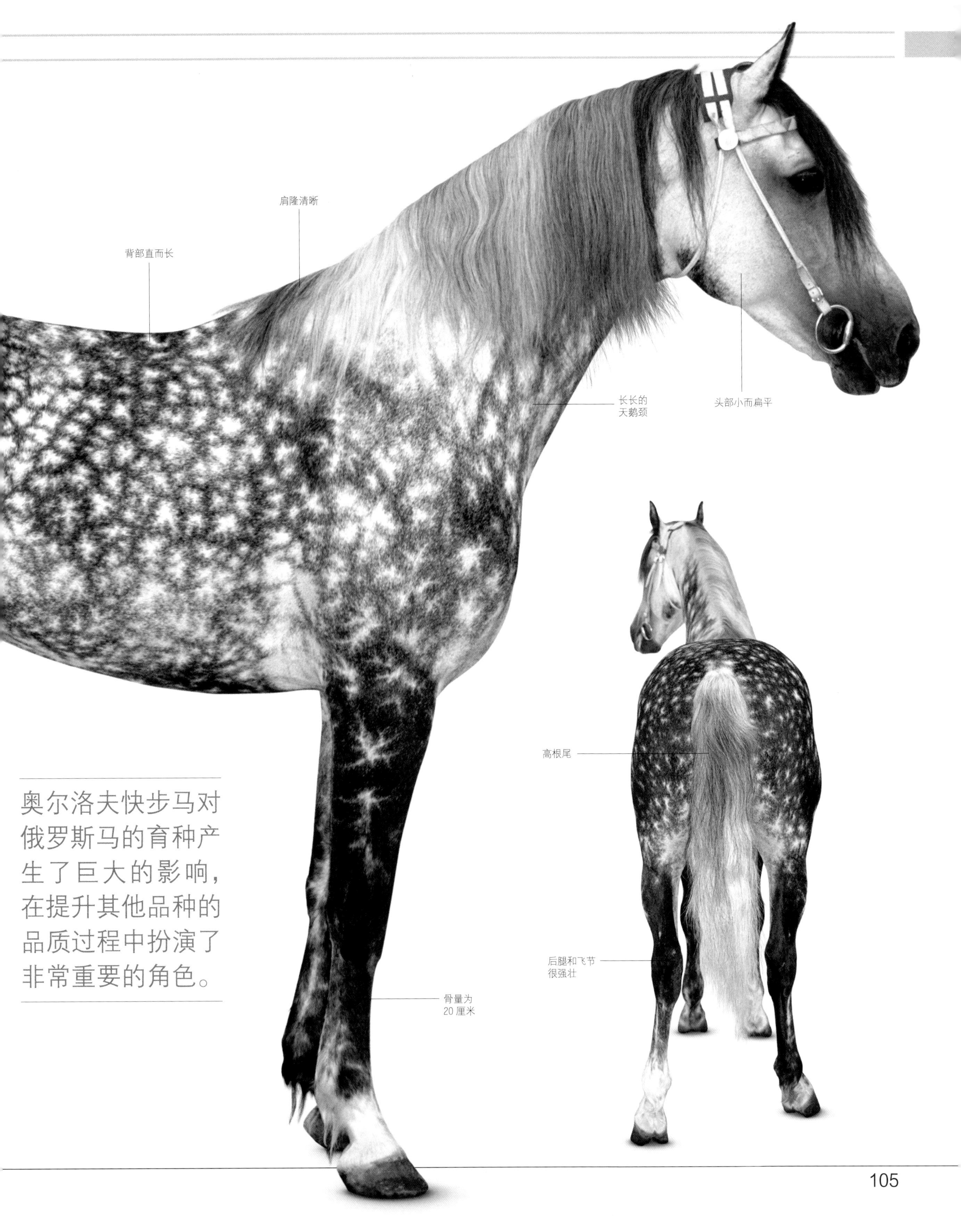

奥尔洛夫快步马对俄罗斯马的育种产生了巨大的影响，在提升其他品种的品质过程中扮演了非常重要的角色。

俄罗斯快步马

体高
160 ~ 163 厘米
(15.3 ~ 16 掌)

原产地
俄罗斯莫斯科

毛色
骝色；还有黑色、栗色和青色

快步赛马

俄罗斯快步马在比赛中用的是传统的对角线快步步法。快步赛马是一种非常有益的比赛，在俄罗斯很受欢迎。但俄罗斯快步马的最高速度没有参加轻驾车赛马的马的那样快，比如盎格鲁—阿拉伯马（见第 142 ~ 143 页）和美国快步马。俄罗斯快步马虽然比奥尔洛夫快步马快，但没有后者具有的历史声望。不过，如果继续进行精心繁育，它们的声望肯定会提高。

作为俄罗斯赛马场上的纪录保持者，这种马的速度在国际上也非常有竞争力。

19 世纪下半叶，美国标准马对其他品种的快步马具有压倒性的优势，所以俄罗斯育种者将其与俄罗斯最好的奥尔洛夫快步马（见第 104 ~ 105 页）杂交，繁育了俄罗斯快步马。从 1890 年到第一次世界大战前夕，美国标准马被进口到俄罗斯，包括当时的世界纪录保持者——克雷斯卡斯，它跑 1600 米只用了 2 分钟 2 秒。到 20 世纪 30 年代初，通过精心的育种，俄罗斯快步马的体高已经得到了提高，骨架、体质指标和身体构造都得到了改善。它们也重新获得了奥尔洛夫快步马强壮的体质。

在 20 世纪 70 年代末和 80 年代初，随着俄罗斯快步马越来越受欢迎，出口的数量越来越多，进口更多的美国标准马也越来越有必要，这进一步提高了俄罗斯快步马的速度。现代俄罗斯快步马主要在莫斯科地区饲养，它们不俗的表现也在莫斯科主要的赛马场上得到了验证。尽管这种马发育成熟得很快，但要满 6 岁或更大些，才能达到最快的奔跑速度。

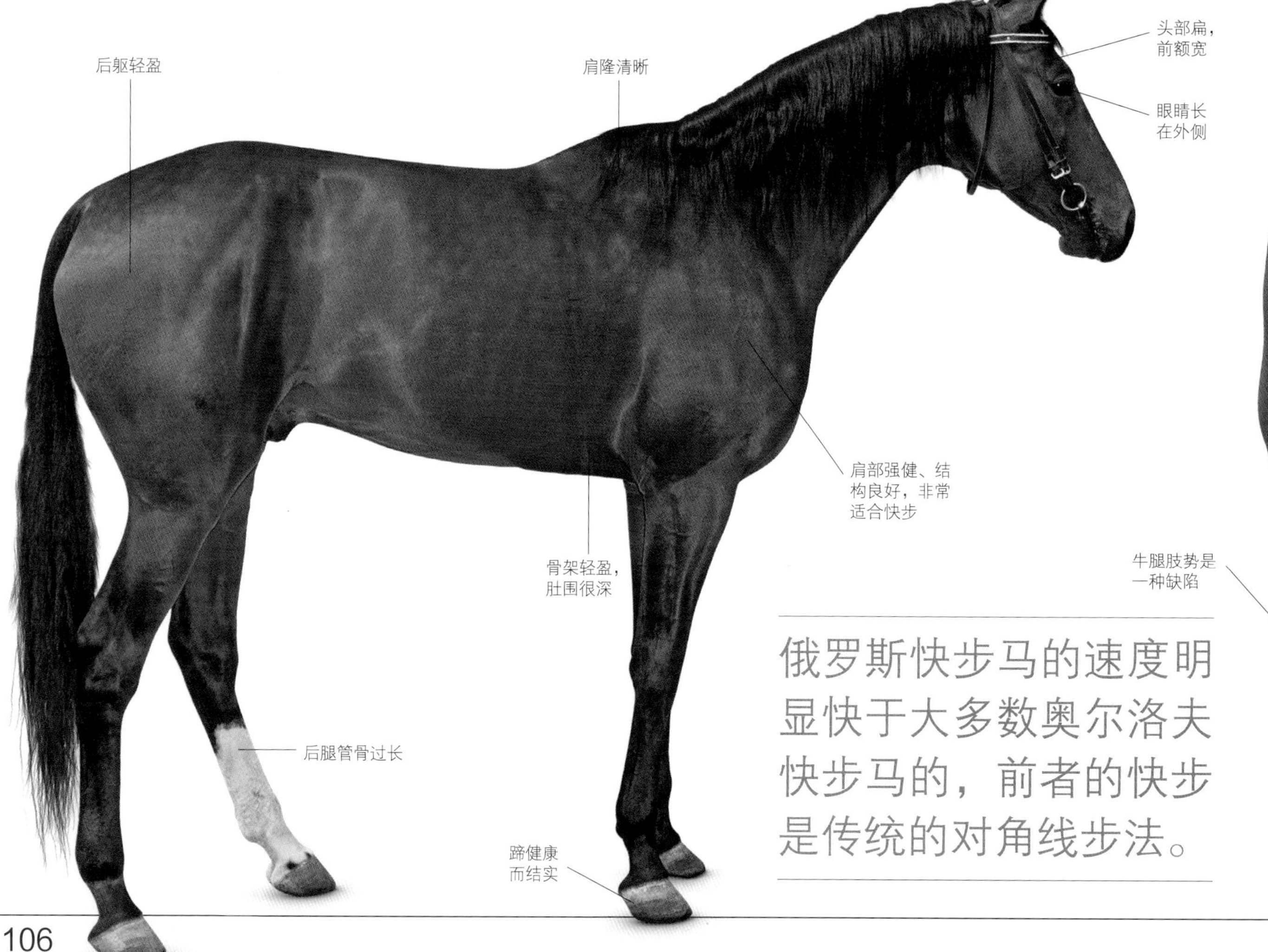

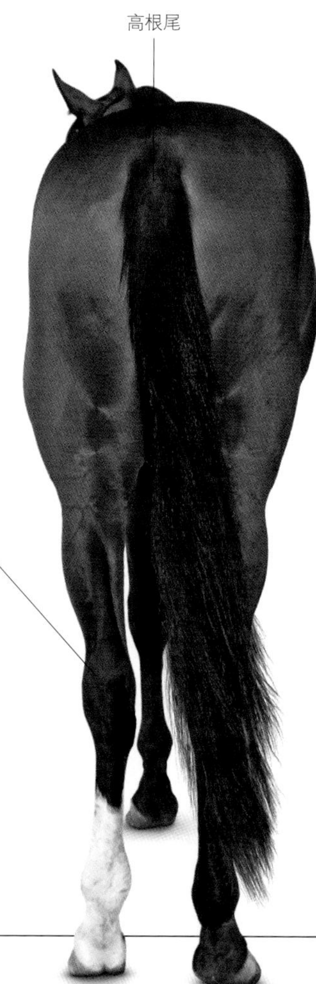

俄罗斯快步马的速度明显快于大多数奥尔洛夫快步马的，前者的快步是传统的对角线步法。

顿河马

体高	原产地	毛色
160 ~ 168 厘米 （15.3 ~ 16.2 掌）	俄罗斯中部 顿河草原	栗色和褐色

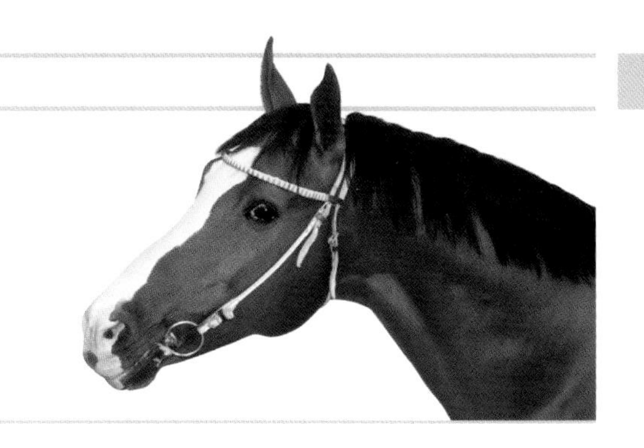

这种传统的俄罗斯哥萨克骑兵的坐骑得名于顿河大草原。

顿河马的祖先是游牧部落的坐骑，包括卡拉巴赫马（见第 97 页）、已灭绝的土库曼马和来自阿塞拜疆的山地马。在与奥尔洛夫快步马、斯特莱特—阿拉伯马和纯血马（见第 114 ~ 115 页）进行杂交改良前，顿河马被饲养在伏尔加格勒东北的顿河大草原上。自 20 世纪初以来，没有再引入外来血统。

顿河马主要作为一种经济的、容易饲养的骑兵用马而被广泛饲养。它们非常皮实，只吃简单的饲料就可以长期生活在非常恶劣的条件下。顿河马在俄罗斯国家种马场的一些品种繁育过程中发挥了重要作用，特别是布琼尼马（见第 108 页）。我们今天看到的顿河马源于 19 世纪 30 年代初密集的选择性育种计划。俄罗斯的育种者非常重视马的能力测试，一直在对顿河马进行长距离的耐力测试，顿河马在这方面表现出色。

虽然现代的顿河马很引人注目，但它们并不完全符合品种标准，因为它们的腿有点儿过长，还有一些会限制运动能力的缺点。然而，这个品种已经存在了很长时间，作为一种性情平和、吃苦耐劳的马，它们已经证明了自身的价值。

土库曼马

这张图片展示了一匹理想中的土库曼马，它体态轻盈，受到了东方血统的强烈影响。有些人声称，土库曼马是纯血马的祖先。从东方归来的英国士兵带回去了所谓的“土库曼马”，但这些马可能只是来自土耳其的马。

顿河马的被毛带有金色的光泽，让人想起其祖先卡拉巴赫马。

布琼尼马

体高	原产地	毛色
163 厘米（16 掌）	俄罗斯罗斯托夫	栗色

切尔诺莫马

切尔诺莫马是布琼尼马的祖先之一，比顿河马更小，更轻盈，更活跃。这种马最初被饲养在高加索山脉北部的克拉斯诺达尔附近，是扎波罗热哥萨克饲养的马的后代。从 16 世纪到 18 世纪晚期，哥萨克是一股强大的军事力量，后来他们与俄罗斯人签署了一项条约，不久就被武力解散了。

布琼尼马得名于马歇尔·布琼尼，他是苏俄内战时期（1917～1922 年）的布尔什维克骑兵指挥官。

布琼尼马是一种俄罗斯血统的温血马，由本地母马和纯血马（见第 114～115 页）杂交而成。在 20 世纪 20 年代早期，苏联人初步进行了选择性育种，后来繁育出了布琼尼马，并建立了第一骑兵部队种马场。育种的目的是繁育骑兵用马，以恢复第一次世界大战期间遭受了巨大损失的军马的数量。在第二次世界大战中，很大一部分苏联骑兵部队的马也来自第一骑兵部队种马场。繁育这个新品种的第一步是将顿河马（见第 107 页）和母切尔诺莫马（它们都是哥萨克马）、纯血马进行选择性杂交。第一次杂交的后代被称为盎格鲁—顿河马。这些马中最好的马是通过异种杂交产下的，布琼尼马的基础种群是从它们的后代中精心挑选出来的。这个品种在 1949 年被正式承认。第一本血统登记簿出版于 1951 年。它是开放的，但也有一些限制，比如纯血马、阿拉伯马和特雷克纳马的血统最多为 3/4。在第二次世界大战之前，繁育布琼尼马使用母纯血马、母顿河马和母盎格鲁—顿河马的数量大致相当，但现在使用的大多数的母马是盎格鲁—顿河马，母纯血马少了很多。

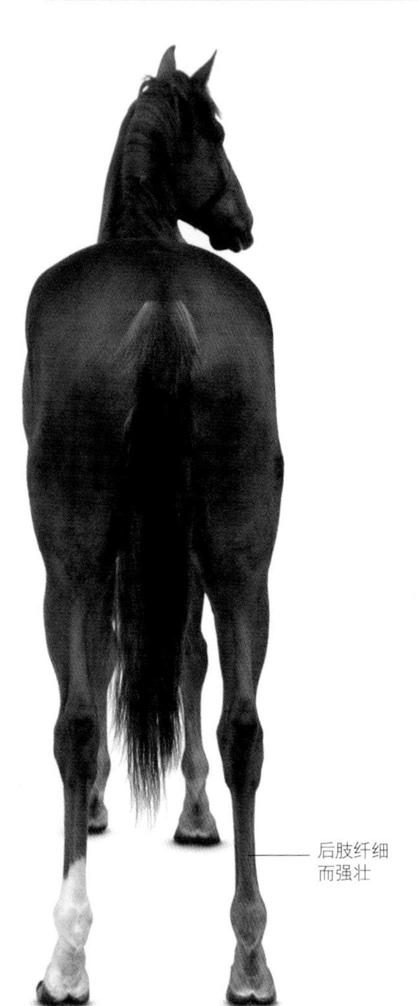

据说，公布琼尼马赞诺斯在 24 小时内跑了 309 千米，其间只休息了 4 个小时。

乌克兰骑乘马

体高	原产地	毛色
155 ~ 165 厘米（15.1 ~ 16.1 掌）	乌克兰	通常是骝色、栗色、褐色

这种全能的竞技马比纯血马体形小，但数量非常多。

第二次世界大战后，乌克兰种马场开始培育这种高大、强壮的骑乘马，主要用特雷克纳马（见第 180 ~ 181 页）、汉诺威马（见第 166 ~ 167 页）和纯血马（见第 114 ~ 115 页）等品种的公马，与农聂斯马（见第 204 页）、弗雷索马（见第 205 页）和基特兰·阿拉伯马（见第 202 ~ 203 页）等有匈牙利血统的母马进行杂交。育种开始于第聂伯罗彼得罗夫斯克种马场，随后继续在其他四座种马场进行。育种者尽可能挑选血统可以追溯到俄罗斯骑乘马（也被称为奥尔洛夫—罗斯托普钦马，见左框）的马来育种。较粗糙的母马与纯血马和纯血—汉诺威马种马杂交，而较精致轻盈的马则与汉诺威马种马或纯血—汉诺威马种马杂交。近来育种的目的主要是进行血统纯化和用纯血马进行改良杂交。巴斯佩切尼这一品系是由最新的俄罗斯骑乘马繁育出来的马繁育的。

育种者的主要目的是繁育可靠的竞赛用马。为了达到这个目的，育种者通过优质的饲料和密集的训练，以培育最好的年轻种马。马在 18 个月大的时候开始训练，有潜力的马在 2 ~ 3 岁时就参加盛装舞步、越野赛和场地障碍赛等项目，参与竞争。表现最优秀的马在种马场中会被当作种马。这种谨慎、系统的繁育造就了一个多才多艺而又性情平和的骑乘马品种，它们骨量充足、骨架轻盈、身体强壮。

奥尔洛夫—罗斯托普钦马

这种马也被称为俄罗斯鞍马（或骑乘马），这个品种在二战后濒临灭绝。在 20 世纪 50 年代，人们用乌克兰骑乘马重新繁育出了这个品种。最近，人们又用特雷克纳马（见第 180 ~ 181 页）对其进行了进一步改良。该品种虽然在本土的生存受到了威胁，但在美国数量众多。巴林（见下图）是一匹具有奥尔洛夫—罗斯托普钦马背景的优秀竞技马。

俄罗斯国家育种计划的重点是繁育能与欧洲高性能品种竞争的马。

马瓦里马

体高	原产地	毛色
150 厘米（14.3 掌）	印度拉贾斯坦邦	骝色、褐色、栗色和帕洛米诺色

印度混种马

印度恶劣的气候对马来说并不舒适。然而，通过将本地强壮的原种马与纯血马、澳大利亚威乐马、阿拉伯马以及其他强壮品种的马进行杂交，印度军队成功繁育出了表现稳定的、品质好的工作马。其中最好的马体形中等、身体结实、骨骼强壮，能够承受持续的艰苦工作。

这个品种出现于马尔瓦尔邦（焦特布尔），是由著名的拉杰普特战士的坐骑繁育而来的。

马瓦里马和土库曼斯坦及其周边地区的马有明显的相似之处，尽管这些马没有马瓦里马那独特的内卷耳朵。16 世纪初，当莫卧儿帝国的军队征服印度北部时，他们把土库曼马带到了现在被称为拉贾斯坦邦的地区，极有可能这些马与拉杰普特地区的原种进行了杂交。这个品种应该与卡提阿瓦马（见右页）有关系，因为二者都有内卷的耳朵。

与马瓦里马的耐力、勇气和忠诚有关的传说是焦特布尔传统文化的一部分。马瓦里马擅长古典马术中的腾跃（在印度比在欧洲出现得更早）。关于这方面还有一个著名的故事：1576 年，一匹名叫印度豹的马通过原地腾跃拯救了与莫卧儿军队战斗的王公马哈拉那·普拉塔普，尽管他骑的不是马瓦里马。

到 20 世纪 30 年代，这个品种已经退化，只是在乌迈德·辛格吉王公的干预下才得以保存，他的孙子继续繁育这种马。现代的马瓦里马身体强壮、结实，肌肉发达，四肢修长，蹄子很硬。

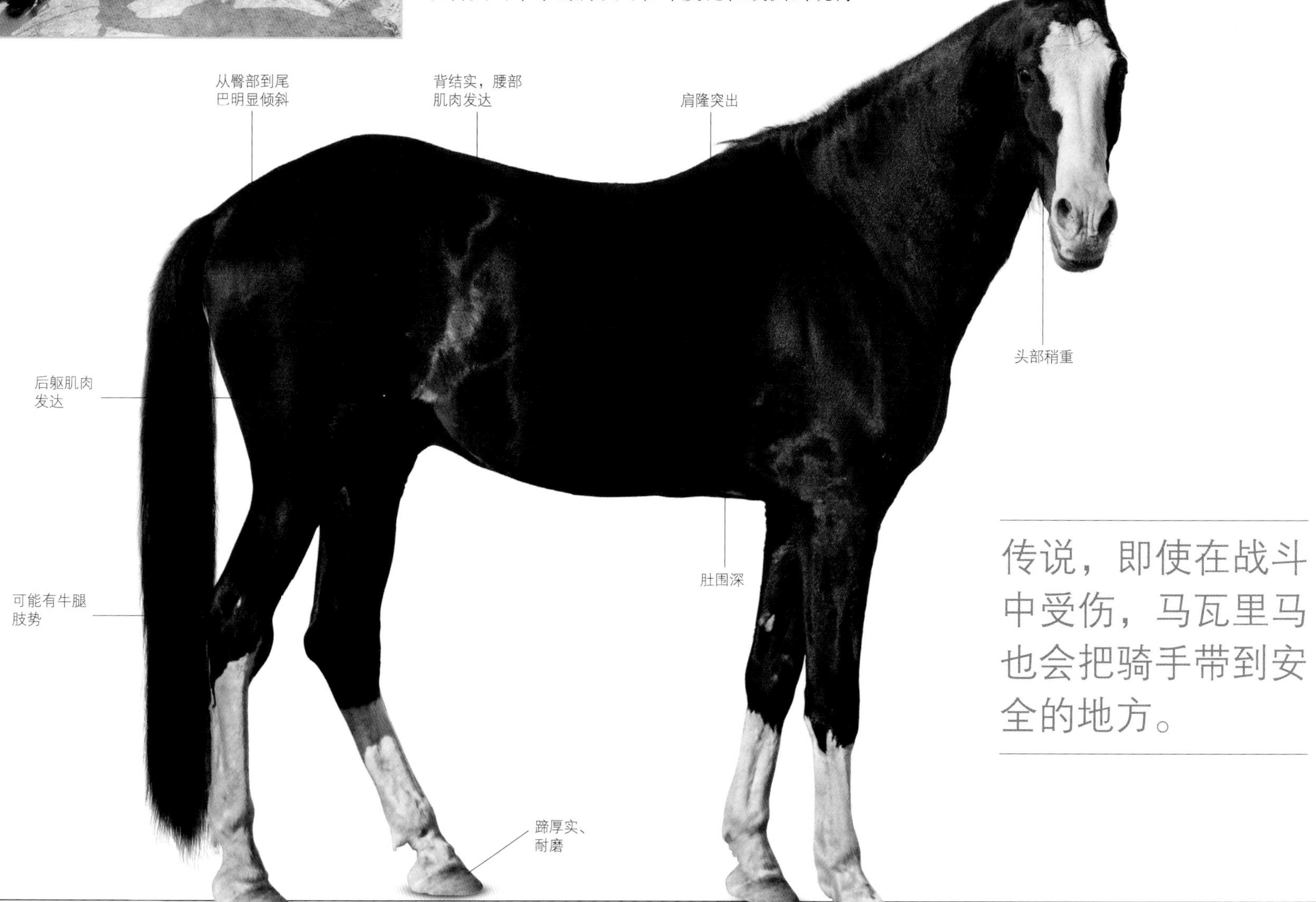

传说，即使在战斗中受伤，马瓦里马也会把骑手带到安全的地方。

卡提阿瓦马

体高
152 厘米
（15 掌）

原产地
印度西北海岸

毛色
黑色以外的其他颜色

警马

卡提阿瓦马在印度骑警中很受欢迎，因为它们吃苦耐劳，价格不高。它们广泛用于巡逻工作和城市警务。跑马拔桩是警察们最喜欢的一项比赛。比赛时，骑手们要用长矛刺中地上的目标，卡提阿瓦马是非常优秀的参赛者，它们跑得又快又直，所以骑手很容易干净利落地刺中目标。

数百年来，干旱的卡提阿瓦半岛一直以卡提阿瓦马而闻名。

虽然卡提阿瓦马的起源并没有详细的记载，但几个世纪以来，印度的西海岸就已经有了本地原种。这些本地原种源自草原马和沙漠马，如卡布里马和俾路支马，通常有卡提阿瓦马那样独特的内卷耳朵，有些还能走对侧步。人们将从阿拉伯湾和南非引入的阿拉伯马（见第86～87页）与当地的原种马进行杂交。印度贵族对这些马进行了选择性育种，形成了独特的品系，至今能辨认出来的仍有28个品系。

这些马是最受欢迎的家庭宠物，它们以聪明、温顺和感情丰富而闻名。卡提阿瓦马是优秀的骑兵坐骑，目前仍在印度各地的警察部队中服役。它们不仅速度很快，动作还很灵活，因此也是非常好的马球马，并且它们还擅长其他在马背上进行的运动（见左框）。

卡提阿瓦马的特点是其活动能力非常强的耳朵——耳朵不仅可以向内卷至耳尖能够互相触碰到，还可以轻松转动180° 以上。和所有有沙漠马背景的马一样，它们能忍受高温，只需要很少的饲料和水就能生存。卡提阿瓦马最吸引人的被毛颜色是兔褐色，它们背上通常有一道清晰的鳗条，四肢有独特的斑马纹。

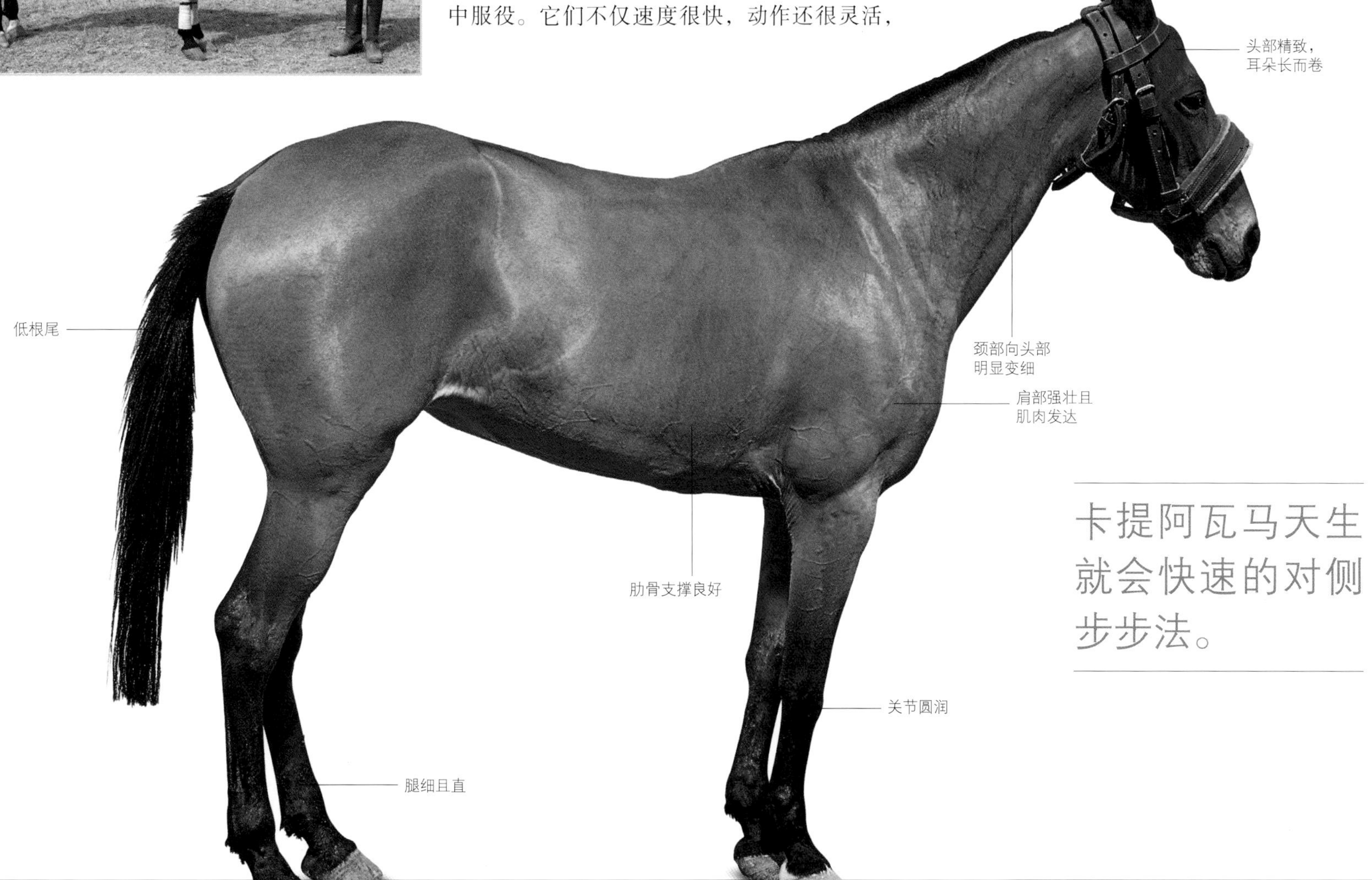

卡提阿瓦马天生就会快速的对侧步步法。

武器使用技巧

跑马拔桩是一种古老的游戏，目的是提高骑士的战斗技能。参与者会觉得很有趣，观众也觉得很刺激，这一运动现在仍然很流行。图中是印度的卡提阿瓦马和它的骑士。

纯血马

体高	原产地	毛色
157～173 厘米（15.2～17 掌）	英格兰	褐色、骝色、栗色、黑色和青色

庞大而获利颇丰的跨国赛马业得益于这些“超级运动员”的表现。

纯血马是在 17～18 世纪繁育出来的，以满足英国贵族对赛马的需要。英国的育种者引进了阿拉伯马的后代，使之与当地的原种“奔跑的马”进行了杂交。今天，纯血马是速度最快、最具商业价值的品种。

从亨利八世（1491—1547 年）开始，英国的君主就建立了种马场，人们将来自西班牙、意大利的马和受柏布马（见第 88～89 页）影响的马与当地的原种马进行杂交，包括费尔马（见第 266～267 页）和康尼马拉马（见第 258～259 页）的祖先。在历代君主的统治下，皇室的支持力度越来越大，英国的纽马基特逐渐成为英国赛马运动的中心。

所有的纯血马都可以追溯到三匹奠基种公马——拜尔利·图尔克、戈多尔芬·阿拉比安和达利·阿拉比安。纯血马有四个优良品系：希律、日食、马湛和翱翔者。拜尔利·图尔克（1689 年引进）是第一个品系——希律的雄性祖先。达利·阿拉比安于 1704 年从叙利亚的阿勒颇来到约克郡，在那里它繁育出了第一匹伟大的赛马——日食品系的种公马飞童。马湛品系可以追溯到于 1728 年来到戈多尔芬勋爵的剑桥种马场的戈多尔芬·阿拉比安。

纯血马的特点是步幅大、动作低、能耗小。后腿从臀部到飞节的长度有助于它们在袭步时获得最大的推动力。它们非常容易兴奋，并拥有超强的体力和无畏的勇气，在其他马已经放弃时，它们仍然在战斗。它们发育成熟得很快，从 2 岁时就开始参加比赛。

非常强壮的臀部和腰部，适合袭步

最伟大的赛马

著名的美国赛马秘书处在它非常成功的赛马职业生涯中共赚了 130 多万美元（约 900 多万元）。1973 年，它在美国三冠赛（肯塔基德比大赛、普雷克尼斯赛马锦标赛和贝尔蒙特赛马锦标赛）中创造了世界纪录，这些纪录至今仍未被打破。这匹非凡的赛马在参加的 21 场比赛中，有 16 场获得第一名。退休后，秘书处作为种马繁育了大约 600 匹小马驹，但它的后代不如他优秀。它于 1989 年去世，享年 19 岁。

日食——英格兰历史上最著名的纯血马，从未被击败过。

克利夫兰骝马

体高
163 ~ 168 厘米
（16 ~ 16.2 掌）

原产地
英国克利夫兰和
约克郡东北部

毛色
骝色，小腿为黑色

自乔治二世（1727 ~ 1760 年在位）继位以来，克利夫兰骝马的繁育一直享受英国皇家的保护。

这个品种之前曾被称为查普曼。除了原生小型马，克利夫兰骝马是英国最古老的本地马品种。它们曾被用作驮马，以运输约克郡东北部煤矿出产的煤，还是当时旅行推销员的坐骑。

有证据表明，北非柏布马（见第 88 ~ 89 页）的后代在这个品种的发展中发挥了重要作用。1662 年，英国皇室通过查理二世与葡萄牙公主凯瑟琳 · 布拉甘萨联姻获得了丹吉尔港，并将巴巴里海岸的马匹进口到英国，纯血马就是从这些马中繁育而来的。约克郡的马匹育种者在当时的赛马运动中很有名，他们很可能把这些进口的马和当地的母克利夫兰马进行了杂交，并改变了这个品种。

在 1884 年克利夫兰骝马协会成立时，克利夫兰骝马被公认为是欧洲最好的、最强大的四轮马车马。但是在 19 世纪，新的地表处理技术改善了路况，使得人们花在路上的时间减少，此时这种马开始被认为太慢了。然而，作为农用马，它们能在非常难走、很容易陷下去的地面上拉动重物，因而仍广受欢迎，这个品种也得以延续，并确立了自己作为重量级猎马的地位。

到 1962 年时，英国只有 4 匹克利夫兰骝马种马，但是英女王伊丽莎白二世买下了小公马超级马尔格雷夫，使它没有被出口到美国，并允许公立的种马场用它做种马。超级马尔格雷夫后来成为一匹非常成功的种马，使得纯种马的种马数量急剧上升。它与纯血马杂交，繁育出了非常擅长场地障碍赛的克利夫兰骝马。在奥运会水平的盛装舞步和场地障碍赛中，克利夫兰骝马也很有优势。英国、美国和澳大利亚对该品种的支持力度都很大，使其得以延续，这个现象令人欣喜。

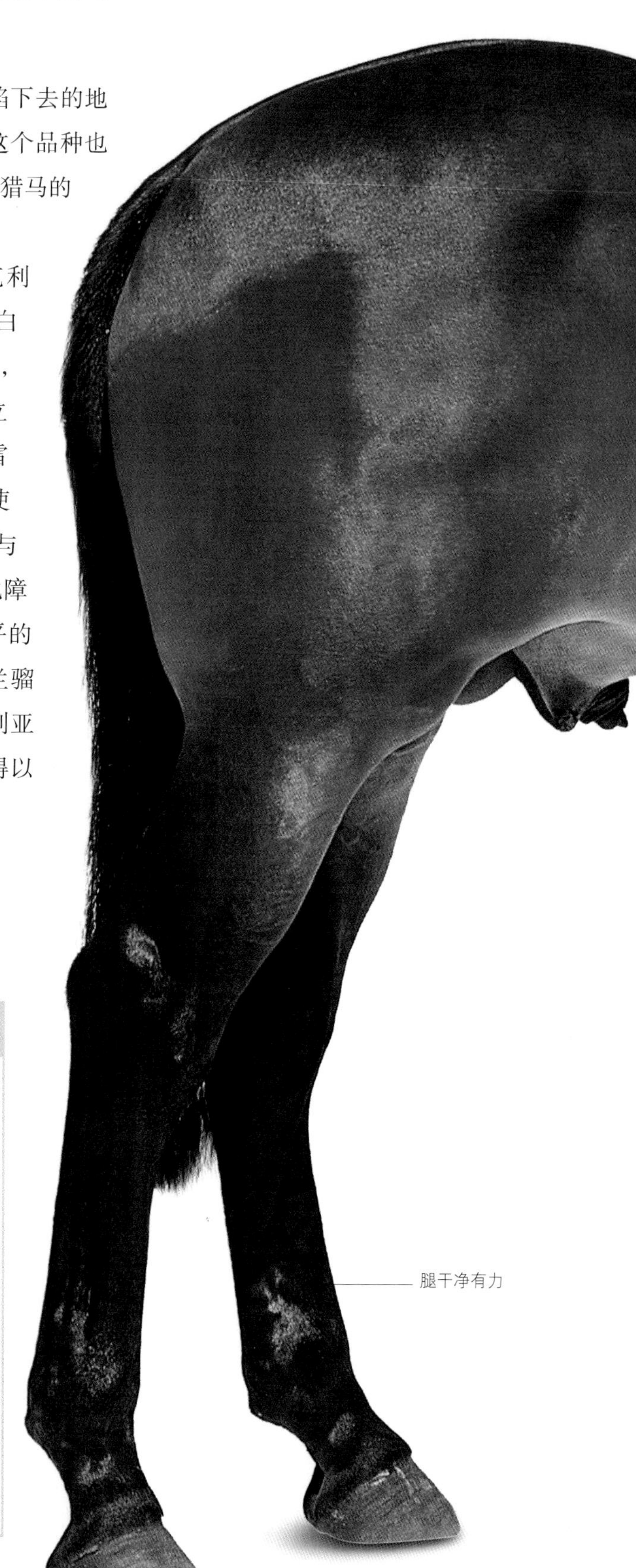

备受喜爱的马

最近一项对全球克利夫兰骝马数量的调查发现，该品种具有强大的粉丝基础。在英国，克利夫兰骝马协会成立于 1884 年，现在仍在蓬勃发展，该协会的赞助人是英国女王。皇家马房使用克利夫兰骝马以及一种较轻的克利夫兰骝马的杂交品种拉车。美国也有克利夫兰骝马协会，在澳大利亚和欧洲的其他地方也有一些克利夫兰骝马。

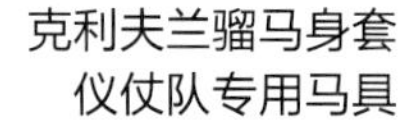

克利夫兰骝马身套
仪仗队专用马具

克利夫兰骝马在稀有品种保护信托基金会的濒危名单中。

猎马

体高	原产地	毛色
152 ~ 183 厘米（15 ~ 18 掌）	全世界	各种毛色

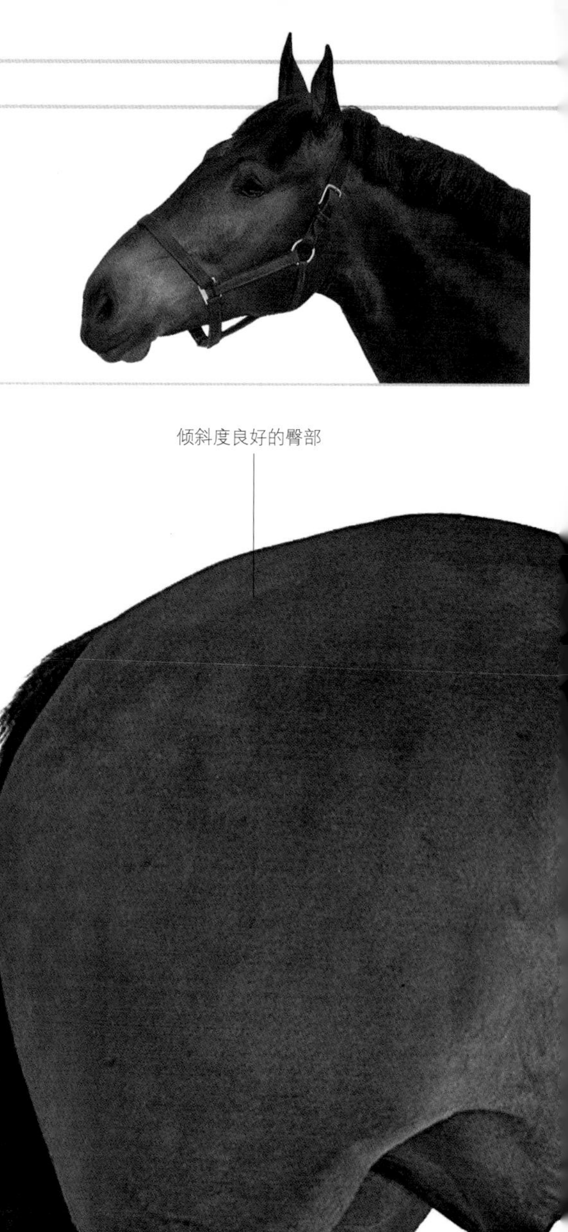

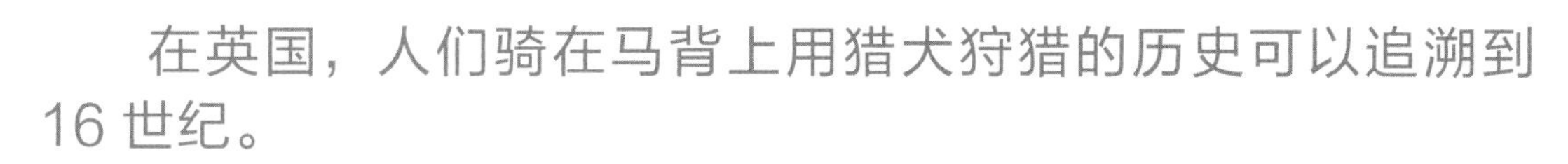

在英国，人们骑在马背上用猎犬狩猎的历史可以追溯到 16 世纪。

从定义上来讲，猎马在某些国家是指人们带着一群猎犬狩猎时使用的马。马的种类因各国地形的不同而有所不同，也就是说，猎马其实并不是一个品种。猎马最好的代表是那些有悠久狩猎传统的国家的马，特别是爱尔兰和英国的马，在某种程度上还包括美国的马。在这些地区，纯血马（见第 114 ~ 115 页）是最受欢迎的猎马。在英国和爱尔兰，优秀的猎马经常参加综合全能马术竞赛。

理想的猎马身体圆润，比例良好，具备顶级骑乘马所需的身体结构及天生的平衡能力，并兼具大胆和沉着的组合气质。动作敏捷、跳跃能力良好和体质强健也是先决条件。狩猎通常在冬季开始，因此猎马必须能够应对各种挑战，包括崎岖泥泞的地形。它们还需要有工作一整天的耐力与跨越各种困难和障碍的勇气。

爱尔兰的猎马通常是爱尔兰挽马和纯血马杂交的品种。虽然任何品种都可以杂交，但是最好的猎马都有一定比例的纯血马血统，这能使它们具备必要的奔跑速度和跳跃能力。例如，克利夫兰骝马（见第 116 ~ 117 页）不仅能跳过巨大的障碍，还能在松软、很黏的黏土上行走。许多优秀的重量级猎马也是用英国重型马繁育而来的，特别是夏尔马（见第 46 ~ 47 页）和克莱兹代尔马（见第 44 ~ 45 页）。英国本土小型马的杂交和二次杂交也能繁育出性格活泼、耐力出众和主动性强的猎马。这些本土小型马包括新福里斯特小马（见第 276 ~ 277 页）、费尔马（见第 266 ~ 267 页）、高地马（见第 264 ~ 265 页）和威尔士柯柏马（见第 130 ~ 131 页）。

狩猎的传统

在古希腊，猎犬通过气味寻找猎物；希腊的将军、历史学家和农业学家色诺芬（公元前 431—前 354 年）详细地写过如何饲养和训练猎犬。在欧洲，法国有最古老的大型狩猎传统，它在 11 世纪被引入英国。狩猎骑姿是指骑手采用的一种腿向前的老式骑姿。虽然英国已经禁止狩猎活的动物，但人们带上猎犬骑马出行，仍然非常流行。

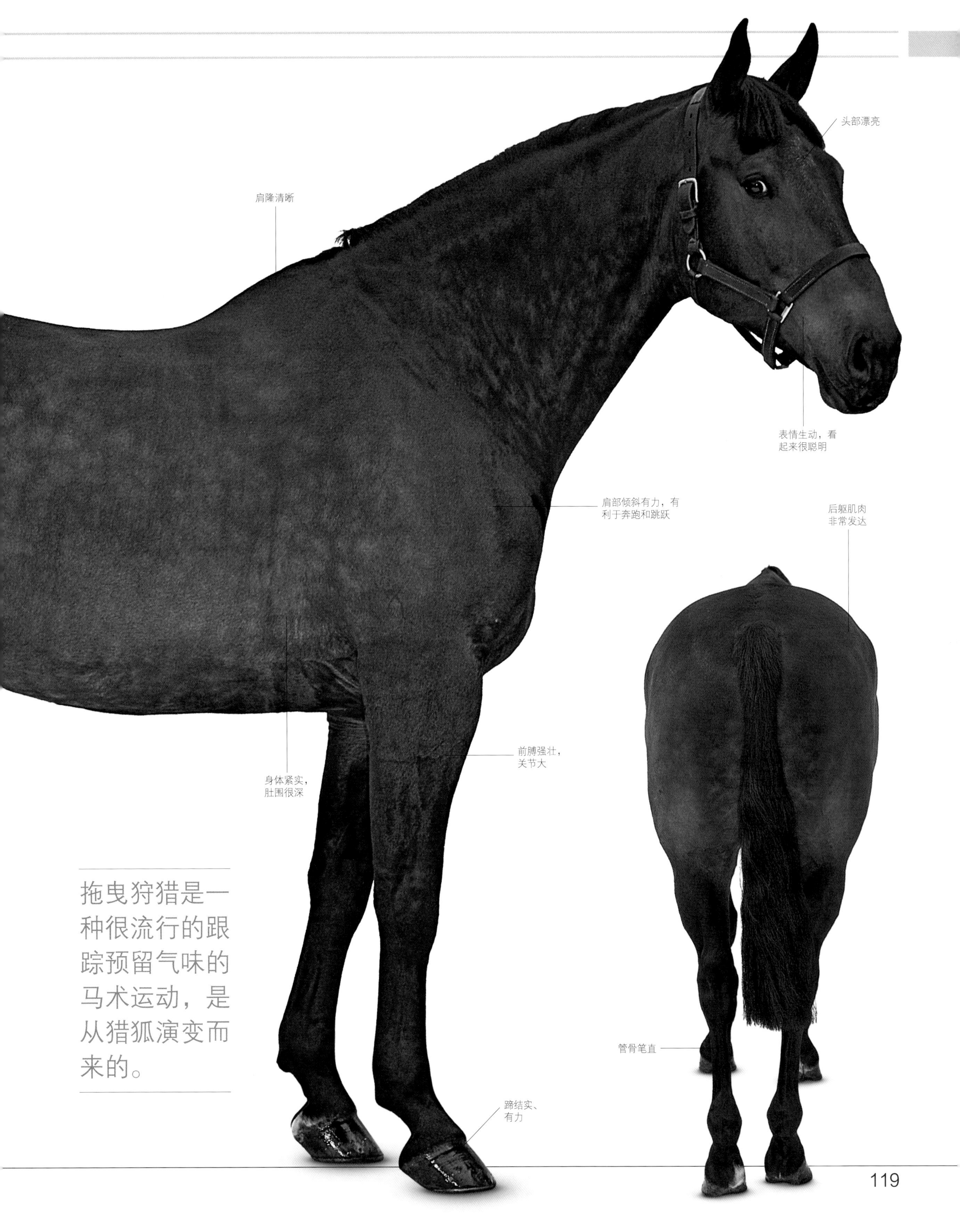

拖曳狩猎是一种很流行的跟踪预留气味的马术运动，是从猎狐演变而来的。

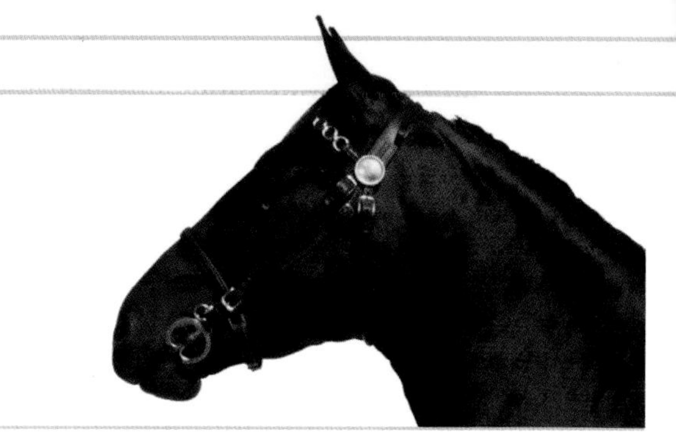

哈克尼马

体高	原产地	毛色
142 ~ 160 厘米（14 ~ 15.3 掌）	英国东安格利亚	深褐色、黑色、骝色和栗色

英文中 Hackney（哈克尼马）一词可能来自一个古老的法语词——haquenée（轻型骑乘马）。

能做高步动作的哈克尼马被认为是世界上最伟大和最吸引人的轻挽马之一。它们有独特的身体结构和华丽独特的动作，跑起来被描述为“不费吹灰之力”和“快如闪电”。虽然从某种程度上来说，马可以通过有技巧的训练学会和完善高步动作，但大部分马的这种能力是遗传而来的。这是基于 18 ~ 19 世纪英国快步马这个优良的基础种群，并经过人们多年精心地选择性育种的结果。

早期的快步马被称为“快马”或者“公路马”，它们以速度和耐力而闻名，并且早在它们被当作轻挽马之前就已经参加比赛了。它们有两种类型：诺福克公路马（见第 151 页）和与其有关的约克夏马。它们有共同的祖先——希尔斯初代，这是由一匹叫哈克尼的母马和一匹叫锋刃的纯血马种马（见第 114 ~ 115 页）繁育而来的种马，而锋刃是达利 · 阿拉比安的孙子。人们经常测试这些马，以评估其表现。铸钟者是一匹有诺福克公路马血统的种马，它是赛马日食的直系后代，曾在 6 分钟内用快步跑了 3 千米，在 30 分钟内跑了 14 千米。它于 1823 年被出口到美国，在那里它为美国标准马的发展做出了很大贡献。

今天，不同地区的哈克尼马之间的差异早已消失，哈克尼马最优秀的特征，包括肌肉发达的后躯和后大腿、良好的姿态以及矫健轻盈的步伐在现代哈克尼马身上都体现了出来。1883 年，英国哈克尼马学会在东安格利亚的诺里奇成立，现在仍在继续出版血统登记簿。该学会致力于推广哈克尼马，并组织套有合适马具的哈克尼马在骑手的控制下表演。哈克尼马和相关的哈克尼小型马（见第 287 页）在英国被列为稀有品种，它们在荷兰很流行，在美国和加拿大也很受欢迎。

希尔斯马

芬米尔青色希尔斯马（见右图）可以追溯到被公认为英国纯血马三大奠基种公马之一的达利 · 阿拉比安。希尔斯马是诺福克公路马的直系后代，也是其现代品种的同类。希尔斯马是 19 世纪英国的骄傲，它的优良血统对欧洲和美国的品种都产生了重大的影响。诺福克公路马对大多数温血品种都有影响，如欧洲的重型马和美国标准马（见第 226 ~ 227 页）。

根据品种标准，哈克尼马“站立时昂首挺胸”，能表现其“机警、活泼的性格”。

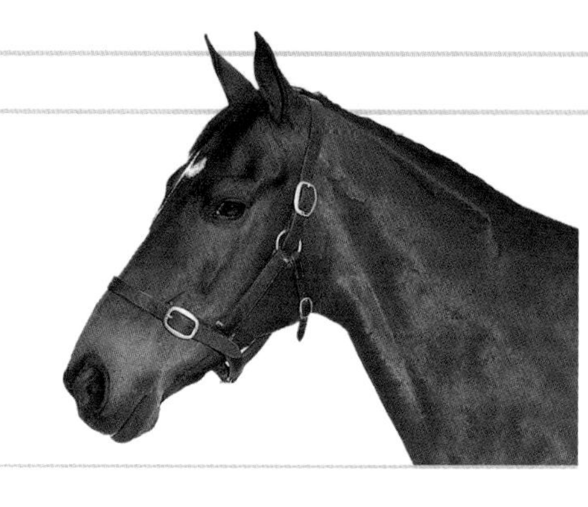

骑乘马

体高	原产地	毛色
147 ~ 160 厘米 （14.2 ~ 15.3 掌）	英国和爱尔兰	各种纯色

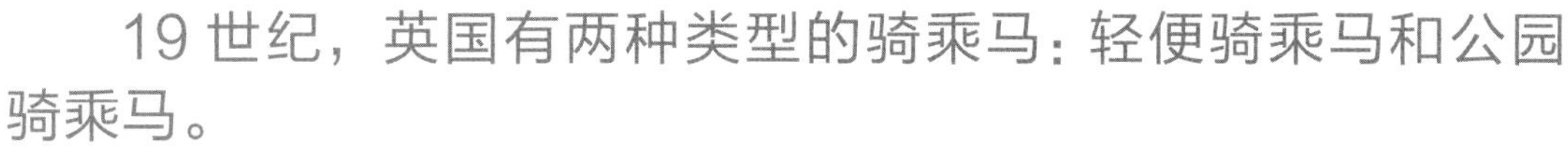

19 世纪，英国有两种类型的骑乘马：轻便骑乘马和公园骑乘马。

骑乘马是一种类型而不是一个品种。在 19 世纪，骑乘马是一种行为良好、骑起来很舒服的马。在狩猎的日子里，穿着考究的骑手们骑着轻便骑乘马前往集合地点，在那大出风头。随后他们会换上重而结实的重型猎马（见第 118 ~ 119 页），去参加一天的活动。伦敦的社交名流们更喜欢穿着优雅的定制服装，骑上更漂亮的公园骑乘马——它们外形漂亮、体型匀称，被训练得非常完美。

轻便骑乘马现在已经没有了。与它们最相似的马是在展示表演中看到的骑乘马，公园骑乘马则与当今马展中的表演马几乎完全一样。现代表演中的骑乘马必须是身体结构良好的模特，不能是“贫血马”（体质不好的马）。参加表演的大多数马都是纯血马（见第 114 ~ 115 页），有些可能是半纯种的阿拉伯马，一两匹非常好的可能是盎格鲁—阿拉伯马（见第 142 ~ 143 页）。

骑乘马的动作必须竖直、准确、低到贴近地面，不做碟形动作，也不提起膝盖。它们快步流畅而轻松，跑步慢而轻盈，以保证身体的完美平衡，动作以华丽见长。尽管骑乘马受过完美的训练，但它们的动作并不需要像盛装舞步马的那样精准。表演用马可以分为小型骑乘马（147 ~ 151 厘米 /14.2 ~ 15 掌）、大型骑乘马（152 ~ 160 厘米 /15 ~ 15.3 掌）和女士骑乘马（147 ~ 155 厘米 /14.2 ~ 15.1 掌）。女士们有一个小技巧要学，就是使用单侧坐的马鞍骑马（见下框）。骑乘马要会慢步、快步和跑步。它们的举止必须在任何时候都无可挑剔。

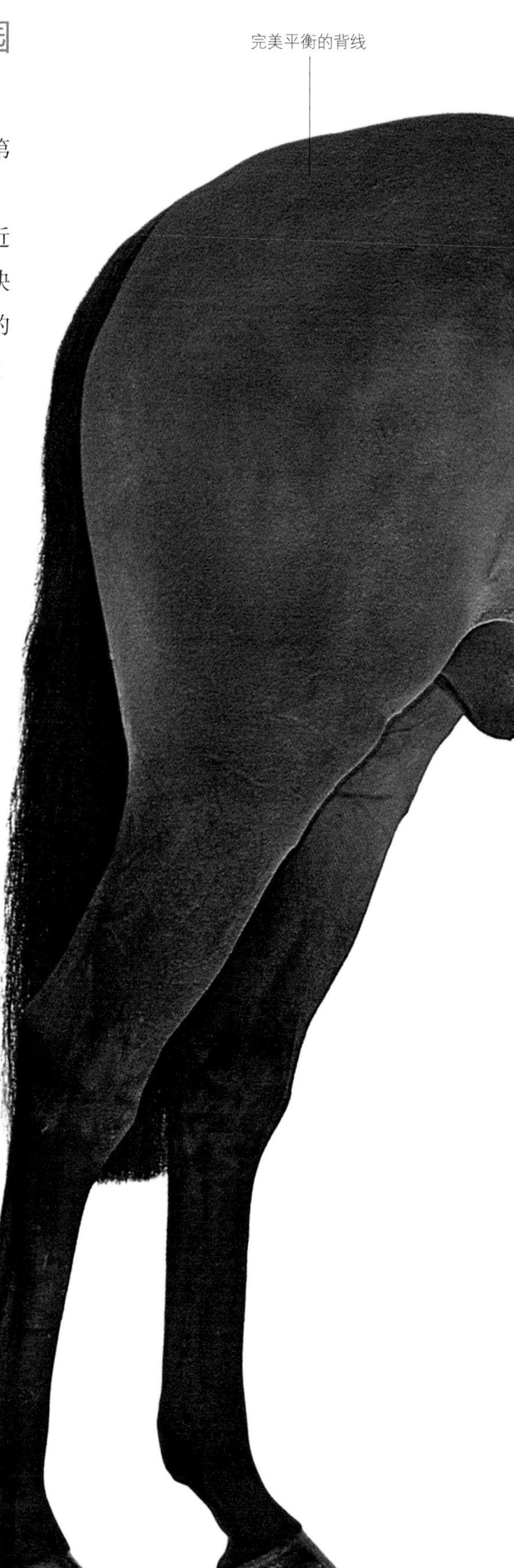

完美平衡的背线

侧鞍

曾经有一段时间，女士都使用侧鞍，但如今这种优雅且需要一定技巧的骑乘方式仅出现在表演中。骑手只用左腿做扶助，而右侧的扶助要依靠马鞭，所以马必须受过良好的训练，并且反应灵敏。侧鞍制作成本非常高，二手侧鞍也很少见，这使得骑手们想要采用这种充满艺术感的骑乘方式更加困难。

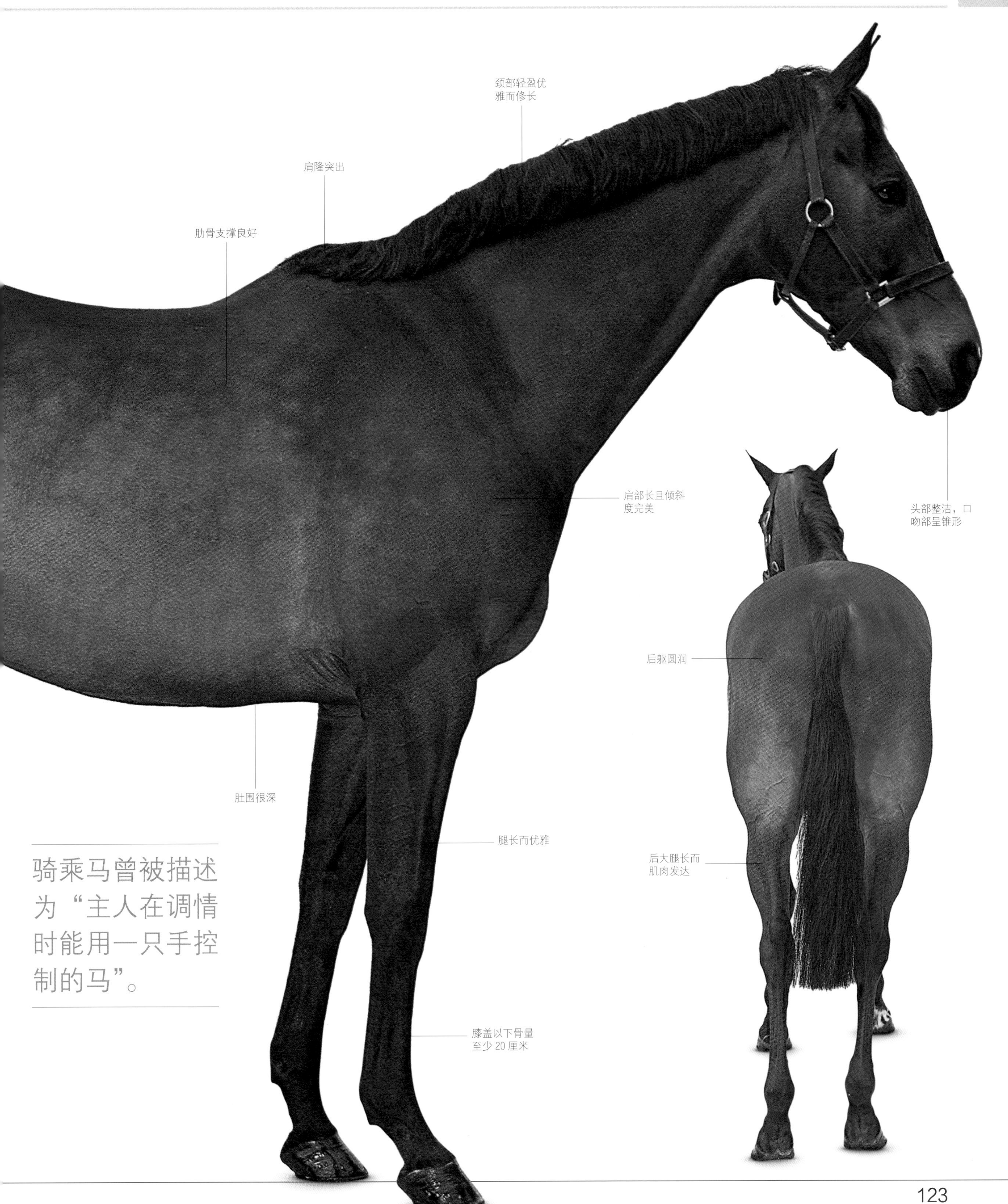

骑乘马曾被描述为“主人在调情时能用一只手控制的马”。

柯柏马

体高
152 厘米
（15 掌）

原产地
英国和爱尔兰

毛色
任何纯色，通常是青色

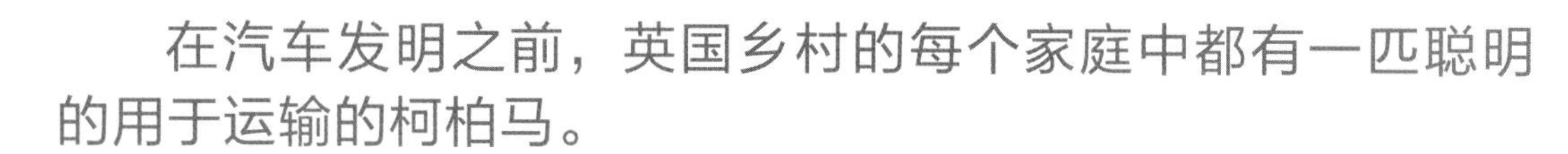

在汽车发明之前，英国乡村的每个家庭中都有一匹聪明的用于运输的柯柏马。

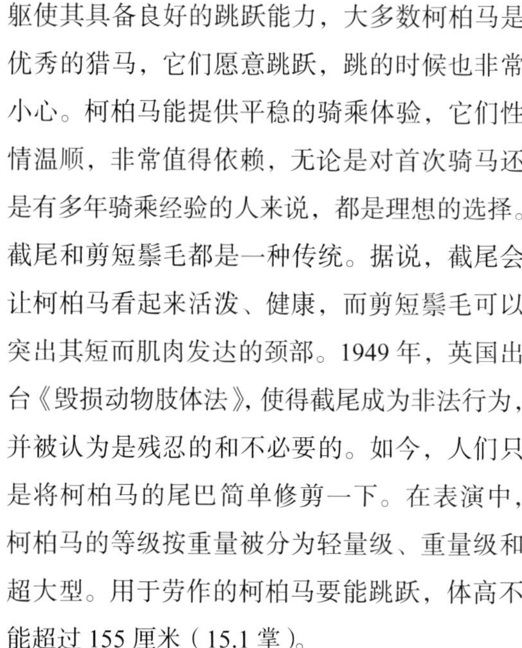

人们在繁育这种体形较大的马时，看重马的力量而不是速度，它们的四肢短小有力，站立时方方正正。不同于威尔士柯柏马（见第130～131页），它们是一种类型而不是一个品种，没有任何固定的繁育模式。在过去，柯柏马被用作轻挽马，还能载人去农场或较胖的人去打猎。事实上，勤劳的柯柏马可以说是马房里最实用、最健康的马，也是最容易饲养、最经济的马。在英国和爱尔兰，人们对柯柏马的喜爱由来已久，不仅因为它们敦实、独特的外表，还因为它们的能力、智慧和性情。

从身体结构和骨骼强度来看，真正的柯柏马更接近重型马，而不是轻型的纯血马（见第114～115页）。柯柏马有着非常结实的肌肉，身体又宽又壮，能够承载较重的骑手。强大的后躯使其具备良好的跳跃能力，大多数柯柏马是优秀的猎马，它们愿意跳跃，跳的时候也非常小心。柯柏马能提供平稳的骑乘体验，它们性情温顺，非常值得依赖，无论是对首次骑马还是有多年骑乘经验的人来说，都是理想的选择。截尾和剪短鬃毛都是一种传统。据说，截尾会让柯柏马看起来活泼、健康，而剪短鬃毛可以突出其短而肌肉发达的颈部。1949年，英国出台《毁损动物肢体法》，使得截尾成为非法行为，并被认为是残忍的和不必要的。如今，人们只是将柯柏马的尾巴简单修剪一下。在表演中，柯柏马的等级按重量被分为轻量级、重量级和超大型。用于劳作的柯柏马要能跳跃，体高不能超过155厘米（15.1掌）。

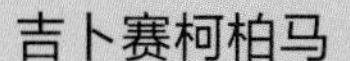

吉卜赛柯柏马

这种马也被称为吉卜赛马、吉卜赛轻挽马、廷克马或爱尔兰廷克马，最初是由旅行者在英国和爱尔兰饲养的。在商队靠马车的时代，旅行者需要一种可靠的、一年四季都能在室外存活的挽马，并且这种马沉着、有耐心、容易驾驭。吉卜赛柯柏马可以是各种毛色的，但是黑白斑的非常受欢迎。它们通常有浓密的鬃毛和尾毛，工作努力而勤奋。现在大多数的柯柏马不是用于旅行，而是成了爱马家庭的首选。官方吉卜赛柯柏马的血统登记簿建立于1996年。

一些最好的柯柏马是爱尔兰挽马和纯血马杂交的结果。

马和大篷车

传统的吉卜赛柯柏马是一种健壮、随和的动物，它们可以拖动大篷车，还可以载着孩子们在营地周围走走，即使被拴在路边吃草也没关系。

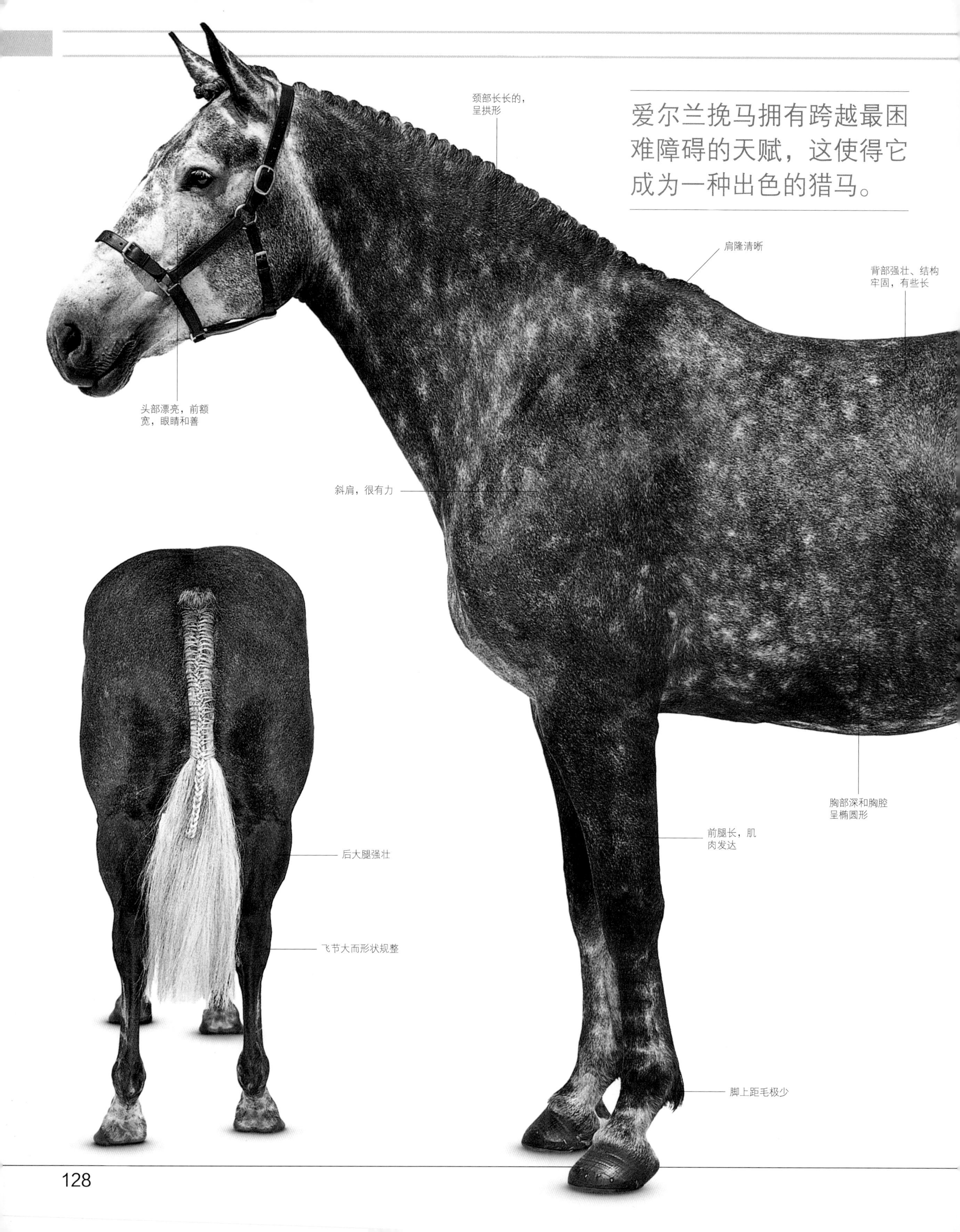

爱尔兰挽马拥有跨越最困难障碍的天赋，这使得它成为一种出色的猎马。

爱尔兰挽马

体高
158～174 厘米
（15.2～17 掌）

原产地
爱尔兰

毛色
任何纯色

按照品种标准，爱尔兰挽马应该“用途广泛、强壮有力、体格强健”。

臀部长而平缓

爱尔兰挽马的祖先中有来自法国的战马和今天的比利时的战马，这些战马在 12 世纪随诺曼系英国人来到爱尔兰，并与当地品种杂交。后来，人们用进口马来改良繁育出来的挽马。早期的爱尔兰挽马很强壮，工作意愿强，常常用于家庭运输或在小农场工作，还经常用于骑乘。

在 1847 年的饥荒之后，爱尔兰挽马的数量减少了。用克莱兹代尔马（见第 44～45 页）和夏尔马（见第 46～47 页）对剩余原种进行改良的努力并不完全成功，随后引进的纯血马（见第 114～115 页）血统被用来消除一些由此产生的问题。在 1904 年对种马进行补贴后，这个品种的处境有所改善，1917 年《一本关于爱尔兰挽马的书》出版。不幸的是，原始版在 1922 年的一场火灾中丢失了。爱尔兰挽马协会成立于 1976 年，爱尔兰役用马协会于 1979 年成立。

如今，由于缺乏纯种个体和遗传多样性较低，爱尔兰挽马成了一个濒临灭绝的品种。基因研究已经发现，它们与西班牙马有关系，包括安达卢西亚马（见第 134～135 页）和奥尔洛夫快步马（见第 104～105 页），这种关系可能是通过纯血马产生的。爱尔兰挽马没有法国马的血统。

与纯血马杂交也被用来繁育爱尔兰猎马。这既提高了爱尔兰挽马的质量和速度，又没有降低它们固有的狩猎技能。这样的杂交品种现在被称为爱尔兰运动马（见下框）。爱尔兰挽马性情温顺，易于管理。它们作为骑乘马很受欢迎，还擅长越野赛。

爱尔兰运动马

爱尔兰运动马是由爱尔兰挽马和其他品种杂交繁育的，原来通常是与纯血马杂交，但现在通常是与欧洲温血马。马术三项赛骑手大卫·奥康纳分别与名为科斯特梅和吉尔蒂奇的马合作取得了巨大成功，这两匹马都是爱尔兰运动马。1997 年，大卫和科斯特梅赢得了伯明顿马术大赛的冠军，成为第二位夺冠的美国选手。在这对组合取得的众多成绩中，其中有一项是在 2000 年奥运会上夺得了金牌，这是美国 25 年来首次获得该项目的金牌。

威尔士柯柏马被称为“世界上最好的骑乘马和轻挽马”。

威尔士柯柏马

体高
137 厘米
（13.2 掌）

原产地
英国威尔士

毛色
所有的纯色

威尔士柯柏马用途广、敏捷、耐寒、易于饲养，是理想的家用马。

后躯强壮

在威尔士小型马和柯柏马协会的血统登记簿上的两种柯柏马中，威尔士柯柏马（或称 D 型马）比 C 型马（见第 286 页）要高。柯柏马的早期发展历史与其他威尔士品种马的交织在一起：直到 1901 年，四种类型才被正式承认，并且基于体高在血统登记簿上给每种类型分了一个单独的区。在此之前，人们用进口的种马来提高威尔士柯柏马的质量；有些马体形很大，足以承载一个成年人，这就是 D 型威尔士柯柏马的前身。

现代威尔士柯柏马由 18 世纪和 19 世纪的波伊斯原种与诺福克公路马（见第 151 页）、约克夏挽马杂交而来。这种血统在威尔士柯柏马的四种类型中都非常明显，阿拉伯血统也同样如此。在威尔士小型马和柯柏马协会的血统登记簿中四大奠基种公马是快步彗星（1840 年生）、真正英国人（1830 年生）、克莫罗・利维德（1850 年生）、勇敢者阿隆佐（1866 年生）。

几个世纪以来，威尔士柯柏马一直是威尔士人生活中不可或缺的一分子，它们的力量和耐力使它们成为在山区农场工作和在矿山拉矿石的理想用马。它们也可以作为炮兵马和骑兵坐骑，还可以在城市中为工厂运货。现代威尔士柯柏马强有力的动作使它们成为马车驾驭赛的理想用马，同时它们也是稳健的猎马和天生的跳跃者。柯柏马虽然精力很充沛，但很容易管理，饲养非常经济合算。

威尔士混血纯种马

四种不同的威尔士小型马和柯柏马广泛分布在澳大利亚、新西兰和美国等国家。它们经常被用来与其他品种杂交，它们的优点很明显——虽然并不能在遗传中占主导地位。威尔士半纯种马（见下图）是一种很有前途的赛马。它们通常是威尔士柯柏马的 D 型马与纯血马杂交而得，阿拉伯马也是一个很好的选择，能与前者繁育出很好的骑乘小型马或骑乘马。

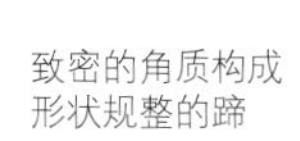

致密的角质构成形状规整的蹄

威尔士的骄傲

威尔士柯柏马以它们步幅较大的快步而闻名，它们外表漂亮，性情温和。虽然它们矮而结实，但它们非常敏捷，精力充沛。

安达卢西亚马

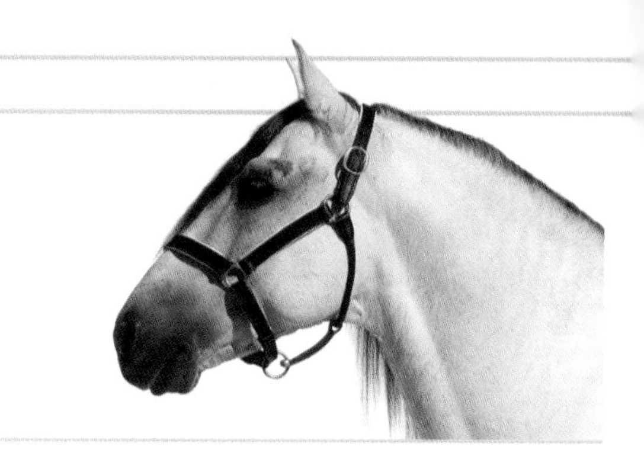

体高
152～172 厘米
（15～17 掌）

原产地
西班牙安达卢西亚

毛色
通常是青色和骝色

安达卢西亚马优雅的头部清楚地展示了其北非血统。

除了阿拉伯马和柏布马，西班牙马对现代马品种的发展影响也很大。它们是 19 世纪欧洲最优秀的赛马，因此维也纳的西班牙皇家马术学校也以它们来命名。由于存在地区差异和类型上的细微差别，出于不同意图和目的，同一品种的马可能被称为：西班牙马、卡尔修西安马（见下框）、卢西塔诺马、阿特莱尔马（见第 136 页）、半岛马、札帕特罗马和安达卢西亚马。1912 年，西班牙马育种者协会将西班牙马更名为安达卢西亚马。

安达卢西亚马可能是由当地的索雷亚马（见第 288 页）原种和柏布马（见第 88～89 页）杂交而来。1476 年，赫雷斯·德拉·弗朗特拉建立了一个以卡尔萨斯修道院为中心的繁育中心。僧侣们保存了安达卢西亚马最纯正的血统品系。他们拒绝使用重型那不勒斯马进行杂交，对安达卢西亚马进行了选择性育种，最好的品系可以追溯到那些最初的马。

虽然安达卢西亚马不算高大，但它们也有强大的气场。它们的步态高而吸引人。它们平衡力非常好，又灵活又敏捷。安达卢西亚马热情勇敢，还非常温顺聪明。它们是一种高品质的骑乘马，天生具有做马场马术动作的能力。在西班牙，安达卢西亚马也被用作斗牛士的坐骑、牧牛马和四轮马车马。

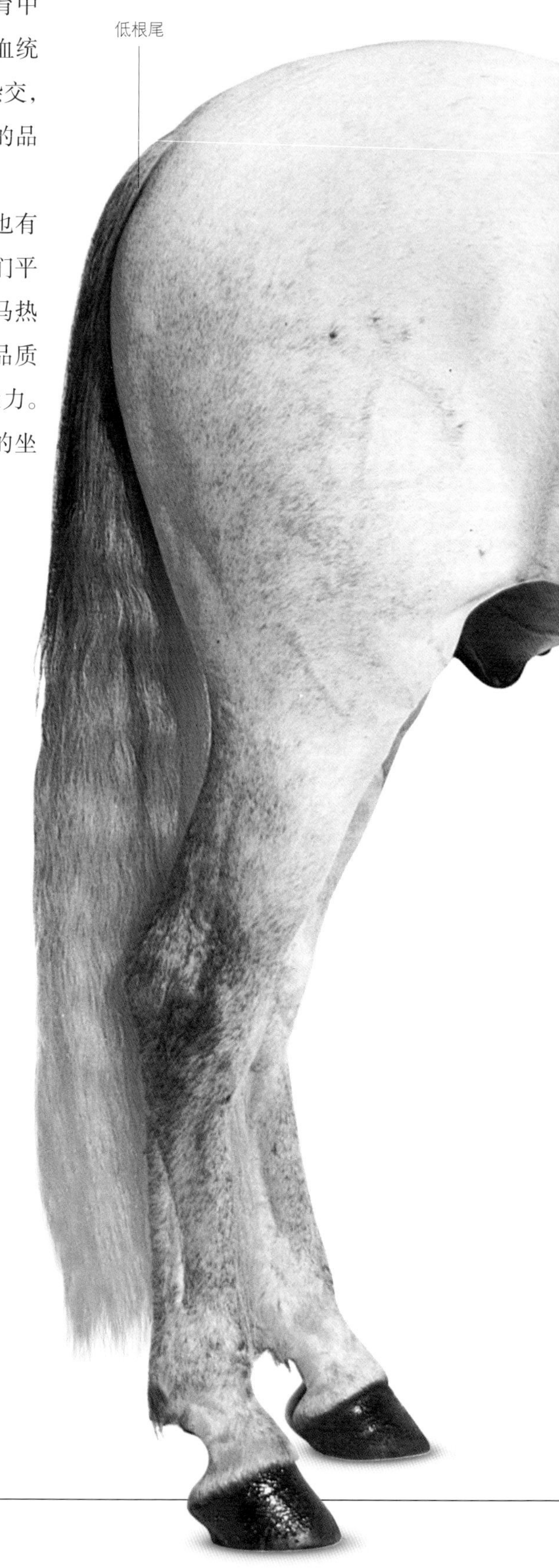

同血缘的卡尔修西安马

卡尔修西安马（或称卡图哈诺马）据说是安达卢西亚马最纯正的品系，它们非常稀有，因此价格昂贵。它们与其他安达卢西亚马的区别在于外观上的细微差别，如前者是凹脸。这个品系可以追溯到 18 世纪一匹名为索尔达多的种马，它的主人是安德烈斯和迭戈·萨莫拉兄弟。2005 年的一项研究指出，安达卢西亚马和卡萨西安—安达卢西亚马之间的遗传差异并不大。

西班牙的民族英雄熙德骑着西班牙马巴比埃卡的形象被建为雕塑，永垂史册。

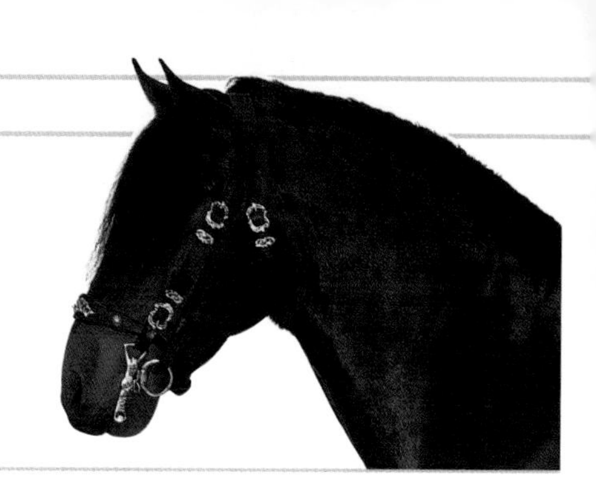

阿特莱尔马

体高	原产地	毛色
152～172 厘米（15～17 掌）	葡萄牙	骝色或褐色

阿尔特杜尚种马场

自 2013 年以来，阿尔特杜尚种马场就一直由负责葡萄牙国家种马场的机构控制。种马场大约有 400 匹马，另外还有 100 匹马被租借给马术学院。葡萄牙马术学校目前有 49 匹阿特莱尔马。

阿特莱尔马的名字来自葡萄牙一个叫阿尔特杜尚的小城，这种马是专为葡萄牙皇家马房而繁育的。

葡萄牙阿连特茹的皇家种马场为古典马术学院和皇室提供马匹。1756 年，育种工作转移到阿尔特杜尚，育种者从西班牙的赫雷斯·德拉·弗朗特拉带了大约 300 匹母安达卢西亚马来到这里。这座种马场在 19 世纪早期被拿破仑的军队洗劫，于 1834 年关闭。后来人们试图通过与汉诺威马（见第 166～167 页）、西班牙—诺曼马和纯血马（见第 114～115 页）的杂交来复兴该品种，但这种尝试失败了，后来引进阿拉伯马（见第 86～87 页）血统的尝试也失败了。但随着重新引入纯种安达卢西亚马，阿特莱尔马的命运开始好转。1910 年葡萄牙君主制的解体和皇家种马场的关闭几乎使这个品种走至末路。幸运的是，鲁伊·德·安德雷德博士（见索雷亚马，第 288 页）保存了一个小的种群并选育了两匹优良的种马。1942 年，马群被移交给农业部。今天，阿特莱尔马被认为是卢西塔诺马（见第 138～139 页）的一个品系。

现代阿特莱尔马保留了适合古典马术的高抬腿、华丽的动作和明显的膝屈曲。作为一种强壮而勇敢的品种，阿特莱尔马是斗牛士的传统坐骑。今天，这种马多用于参加盛装舞步和马车驾驭比赛。

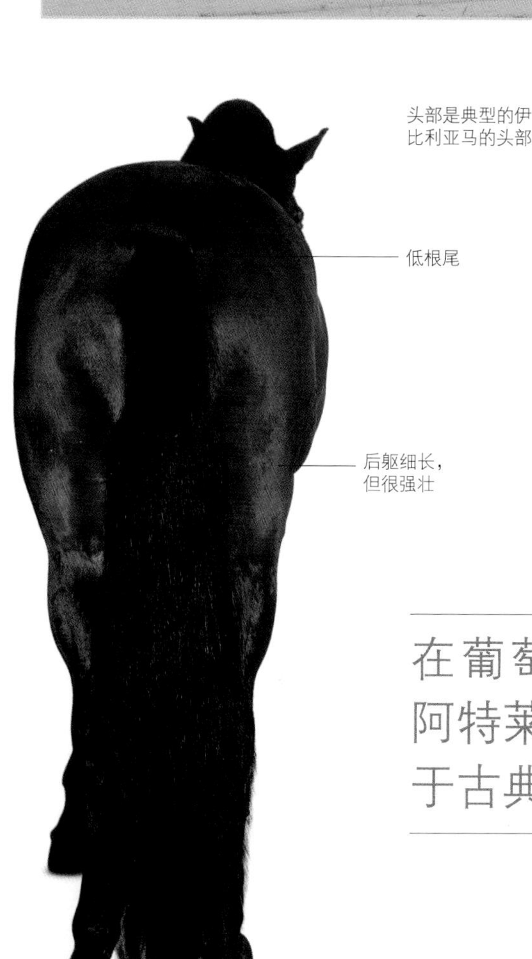

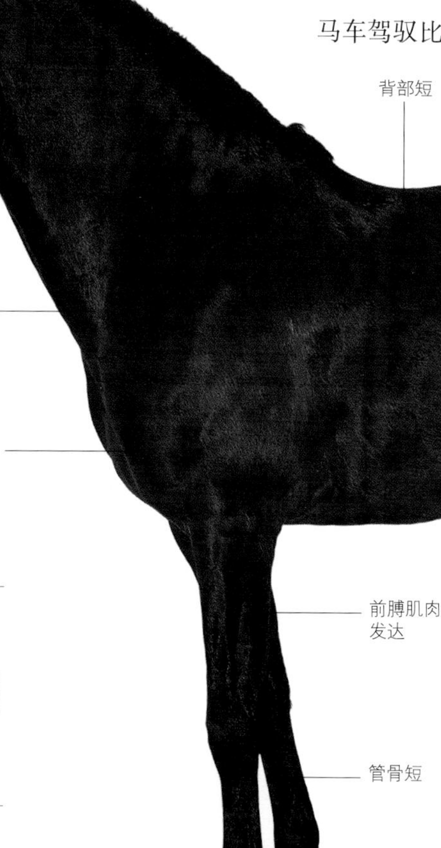

在葡萄牙马术学校，阿特莱尔马仍然只用于古典马术。

西班牙—阿拉伯马

体高
158 厘米
（15.2 掌）

原产地
西班牙安达卢西亚

毛色
各种纯色

传统服饰

在西班牙，牛仔元素经常出现在骑马比赛和游行中。这匹马戴的是额革上有流苏的瓦格拉式水勒。女骑手身穿一件层层叠叠的弗拉明戈风连衣裙，头戴一顶黑色宽边帽。

西班牙—阿拉伯马把阿拉伯马的外在优雅和安达卢西亚马的内在精神结合在一起。

西班牙—阿拉伯马是由安达卢西亚马与阿拉伯马或盎格鲁—阿拉伯马杂交而繁育出的一种非常优雅、活泼的马。它们保留了大部分阿拉伯马的特点，尤其是头部，但又有西班牙马强有力的背部和后躯。

西班牙—阿拉伯马的繁育记录可以追溯到1778 年，但这个品种流行的最高峰是在 19 世纪 80 年代，因其全能性——作为骑乘马和西班牙牧场上的牧牛马——得到了认可。然而，由于优质的原种严重缺乏，该品种数量下降了，到 20 世纪中期濒临灭绝。

1986 年，西班牙政府在其军用种马场发起了一个重新繁育和保护计划，西班牙—阿拉伯马的血统登记簿也建立了。由于西班牙—阿拉伯血统的母马数量太少，纯血统的母阿拉伯马也被引入到基础马种中。西班牙的育种者制订了控制育种策略，正在努力为西班牙—阿拉伯马建立一个品种标准。它们现在仍然是牧牛马，但人们也在致力于发展其作为运动马的品质，使其可以参与场地障碍赛、盛装舞步和越野赛。它们还擅长类似定向马术三项赛这样的运动。

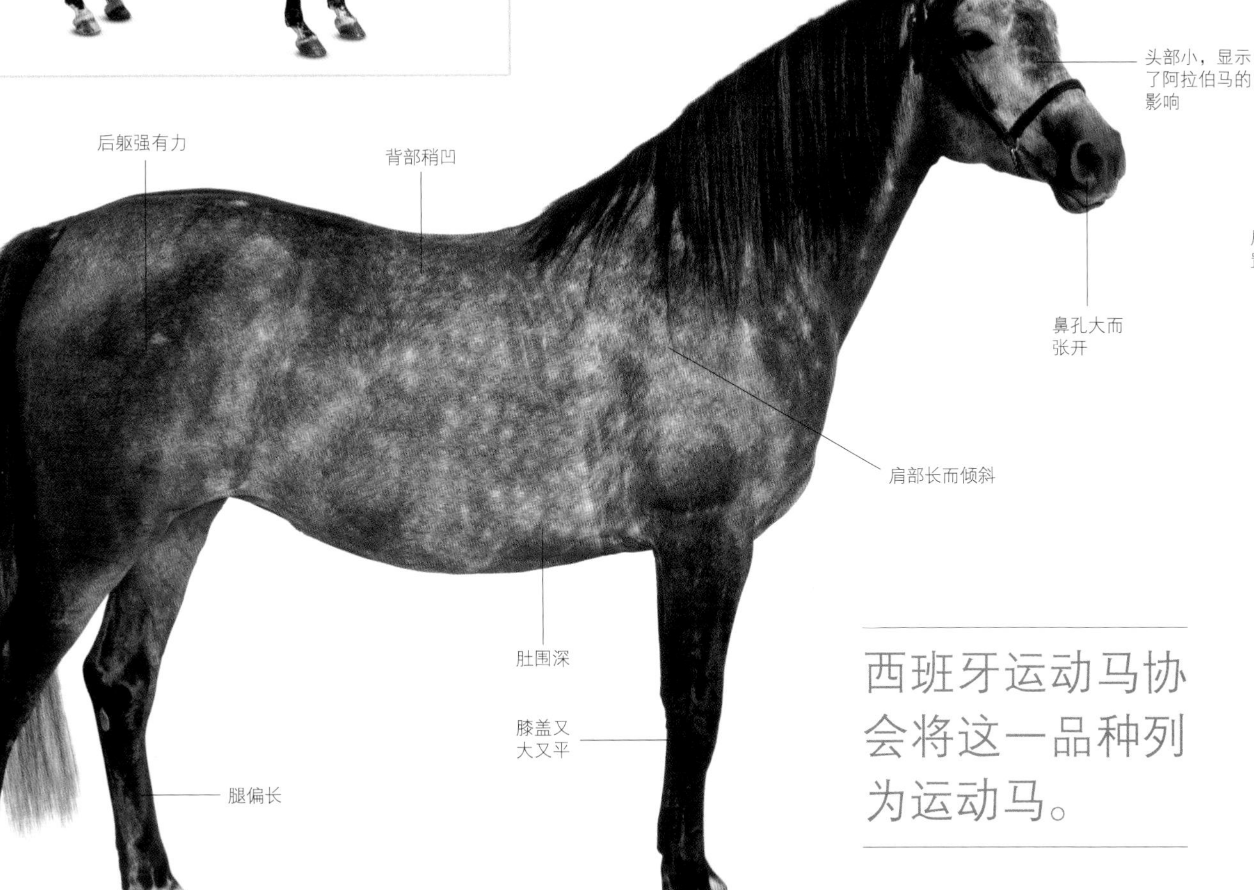

西班牙运动马协会将这一品种列为运动马。

20 世纪 80 年代英国场地障碍赛选手约翰·惠特克骑的诺维海罗是一匹纯种公卢西塔诺马。

卢西塔诺马

体高
155～165 厘米
（15.1～16.1 掌）

原产地
葡萄牙

毛色
各种纯色；通常是青色

骑兵团

在葡萄牙首都里斯本，每个月都会在总统官邸贝伦宫外举行一次卫兵换岗仪式。总统府卫队的骑兵骑在青色的卢西塔诺马上和步兵一起，举行一场精心的表演。卫兵的换岗仪式，包括乐手在疾驰的马上进行表演，可以追溯到 1910 年葡萄牙共和国建立。

外形精致、强壮敏捷而极易训练的卢西塔诺马是葡萄牙的骄傲。

从本质上说，卢西塔诺马是葡萄牙版的安达卢西亚马（见第 134～135 页），是一种高品质的骑乘马和四轮马车马。但是，二者之间有细微的区别——比如，卢西塔诺马的臀部更倾斜，尾根更低。毫无疑问，从外表和特征来看，卢西塔诺马是一种伊比利亚马。虽然卢西塔诺马确切的原产地和发展尚不确定，但它们肯定是葡萄牙马，200 多年来葡萄牙一直在进行选择性育种。然而，卢西塔诺马的名字在 1966 年才被正式承认。

卢西塔诺马可能原产于伊比利亚半岛西南部的平原，被用于做较轻的农活和骑乘，也是葡萄牙骑兵的坐骑。在 19 世纪和 20 世纪，人们给这个品种引入了外来血统，使这个品种变得更重，更适合耕种，但这导致了其品质的下降。幸运的是，一群狂热的爱好者通过选择性育种计划制订了严格的品种标准，恢复了该品种的原有品质，包括它们的良好平衡力和华丽的高抬腿动作。

卢西塔诺马是葡萄牙传统的斗牛场用马。它们敏捷、聪明、勇敢，是斗牛士的理想坐骑。它们也被卡帕那罗人作为骑乘马，帮助他们放牧为战斗而饲养的公牛。该品种具有非常优秀的马场马术技巧，在奥运会的比赛中，葡萄牙和西班牙的盛装舞步队伍中都有卢西塔诺马。这种多才多艺的马还能参加场地障碍赛和马车驾驭赛。

放牧牛群

葡萄牙的牧牛人经常骑着卢西塔诺马用长杆放牧牛群。这些长杆成了精彩的马上表演的道具，也是工作马术运动的特色。

盎格鲁—阿拉伯马

体高	原产地	毛色
163 ~ 170 厘米（16 ~ 16.3 掌）	英国和法国西南部	通常为青色和骝色

纯血马和它们的祖先阿拉伯马的融合，造就了这种多才多艺、体魄强健的马。

盎格鲁—阿拉伯马原产于英国，纯血马（见第 114 ~ 115 页）最初也是在英国繁育出来的。盎格鲁—阿拉伯马在法国得到了改良，在那里系统的育种计划使得它们在一系列科目上都出类拔萃。英国的盎格鲁—阿拉伯马是纯血马种马和母阿拉伯马杂交繁育的，或反之，由阿拉伯种马和母纯血马杂交繁育的。要进入血统登记簿，申报的马匹必须至少有 12.5% 的阿拉伯马血统。

1836 年，育种者以两匹主要的阿拉伯种马马苏德和阿斯兰（被描述为土耳其马）以及三匹母纯血马：达尔、康芒・梅尔和塞利姆・梅尔为基础，在法国的蓬帕杜尔开始了系统性育种。在早期的育种计划中，基于马的表现、耐力和身体结构，育种者建立了一套严格的筛选体系，并一直沿用到今天。此外，为法国盎格鲁—阿拉伯马量身打造的一项特别的比赛方案为选择性育种提供了进一步的标准。

从理论上讲，阿拉伯马与有亲属关系的纯血马的杂交应该都能繁育出理想的骑乘马，这种马能将阿拉伯马的健壮、耐力好和易于驾驭的特点与纯血马的速度和视野相结合。现代的盎格鲁—阿拉伯马在外表上更倾向于纯血马，但骨架更结实。这是一种强壮、多才多艺、体魄强健的马，具有很强的跳跃能力。法国繁育的盎格鲁—阿拉伯马可能比英国的略逊一筹，但在国际水平的盛装舞步、越野赛和三项赛中也都取得过优秀成绩。

蓬帕杜尔

在法国，盎格鲁—阿拉伯马的育种中心一直是利穆赞大区蓬帕杜尔国家种马场。最初，阿尔纳克的蓬帕杜尔女侯爵于 1751 年在城堡里建了一座种马场，后来在路易十五的命令下，这座种马场于 1761 年成为皇家种马场。法国大革命后，它在 1872 年成为国家种马场。众所周知，拿破仑喜欢阿拉伯马（见第 86 ~ 87 页），据说他从埃及战役中带回了几匹阿拉伯马，并把它们送到了蓬帕杜尔种马场。

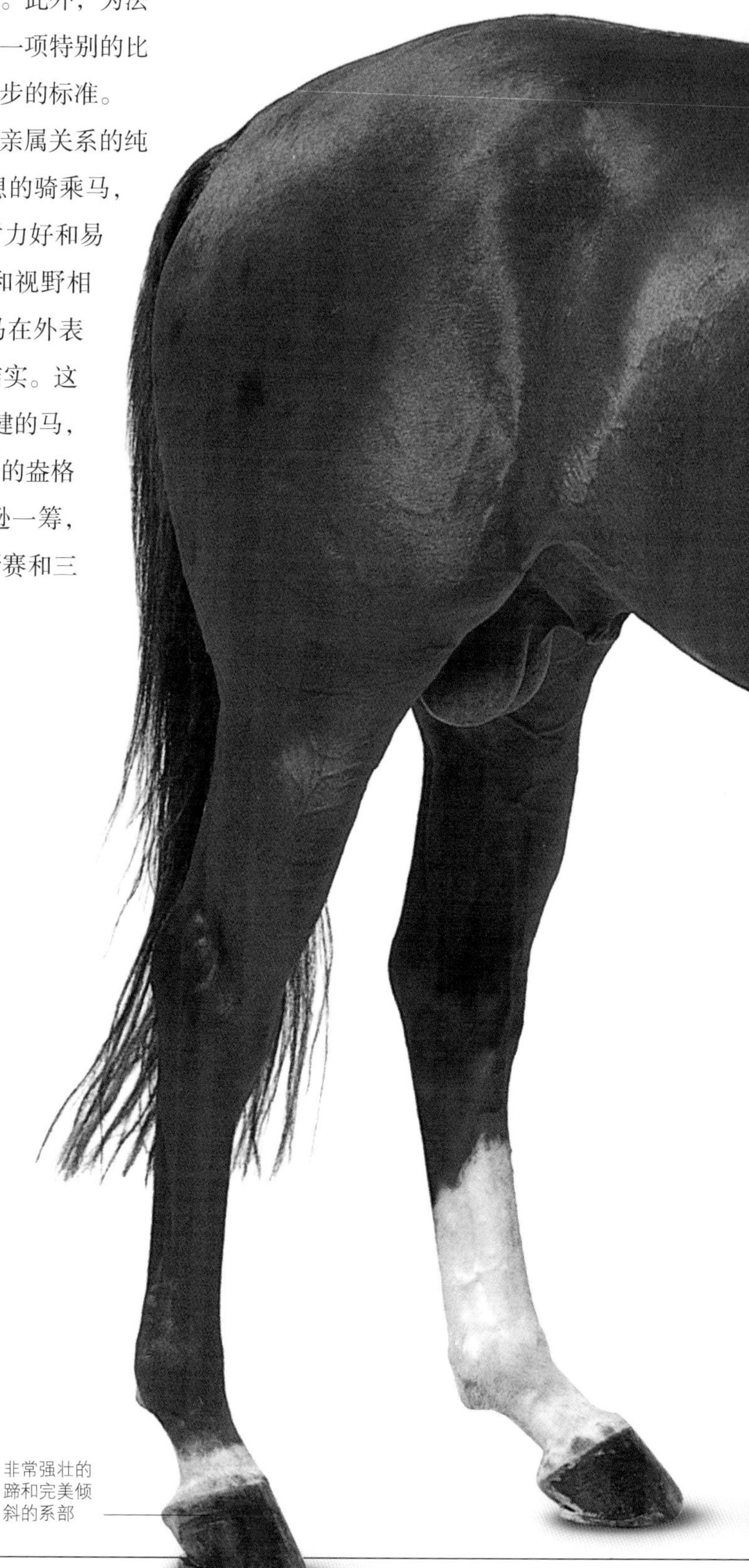

非常强壮的蹄和完美倾斜的系部

法国的许多国际大赛和奥运奖牌都是由拥有 25%~45% 阿拉伯血统的盎格鲁—阿拉伯马赢得的。

据说，这种勇敢的马天生就会牧牛，就像边境牧羊犬天生会牧羊一样。

卡马尔格马

体高	原产地	毛色
132 ~ 147 厘米（13 ~ 14.2 掌）	法国卡马尔格	青色

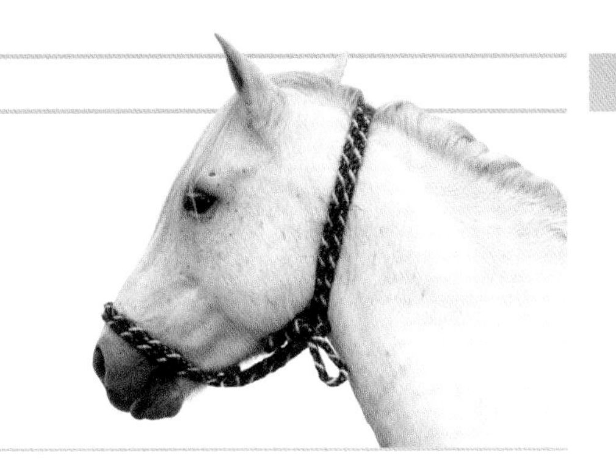

这种马有青色的被毛和矮壮的身体，是法国马中最具特色的品种之一。

卡马尔格马是法国卡马尔格的土著马，这个地区位于罗讷河三角洲——有自然形成但易受破坏的景观，覆盖着灌木丛生的牧场、盐沼和潟湖。之前这些马被引入了北非马的血统，以及入侵的军队带来的其他马的血统。这一点在这个地区的传统马鞍上也很容易看出来。马鞍很像摩尔人用的马鞍，有一个很深的鞍座和笼形的马镫。现在，法国东南部普罗旺斯的牧人仍在用这种马鞍，他们使得这种传统得以延续。在夏季节日期间，他们骑着卡马尔格马，将当地牧场上饲养的黑牛聚拢在一起，赶着它们走过街道。这些牧人还在阿尔勒附近的竞技场中进行马术表演。

这一地区与世隔绝，这确保了青色卡马尔格马的血统不受外界的影响。今天，这个品种受到了法国政府的保护，还有半野生的马群。湿地恶劣的环境造就了这一品种难以置信的坚韧和耐力。它们以坚硬的植物为食，也可以靠芦苇属植物存活。

卡马尔格马的小马驹是黑色或褐色的，其被毛大约在 4 年后变为青色。它们性成熟得非常慢——5 ~ 7 岁时，但它们非常长寿，许多马都能活到 25 岁。它们的步法很有趣，慢步长而高，快步短而夸张，跑步和袭步则非常自如。

多样化的湿地

卡马尔格北部的湿地已被抽干水用于农业生产。但是，这里还有一个超过 820 平方千米的自然保护区，卡马尔格马可以在其中自由驰骋。了解这个地区和这种马的一个好方法就是骑上它，在这儿待上一天。卡马尔格马强壮、稳健而温顺。这些“海之马”经常被拍到在海岸边奔驰或涉水而过。

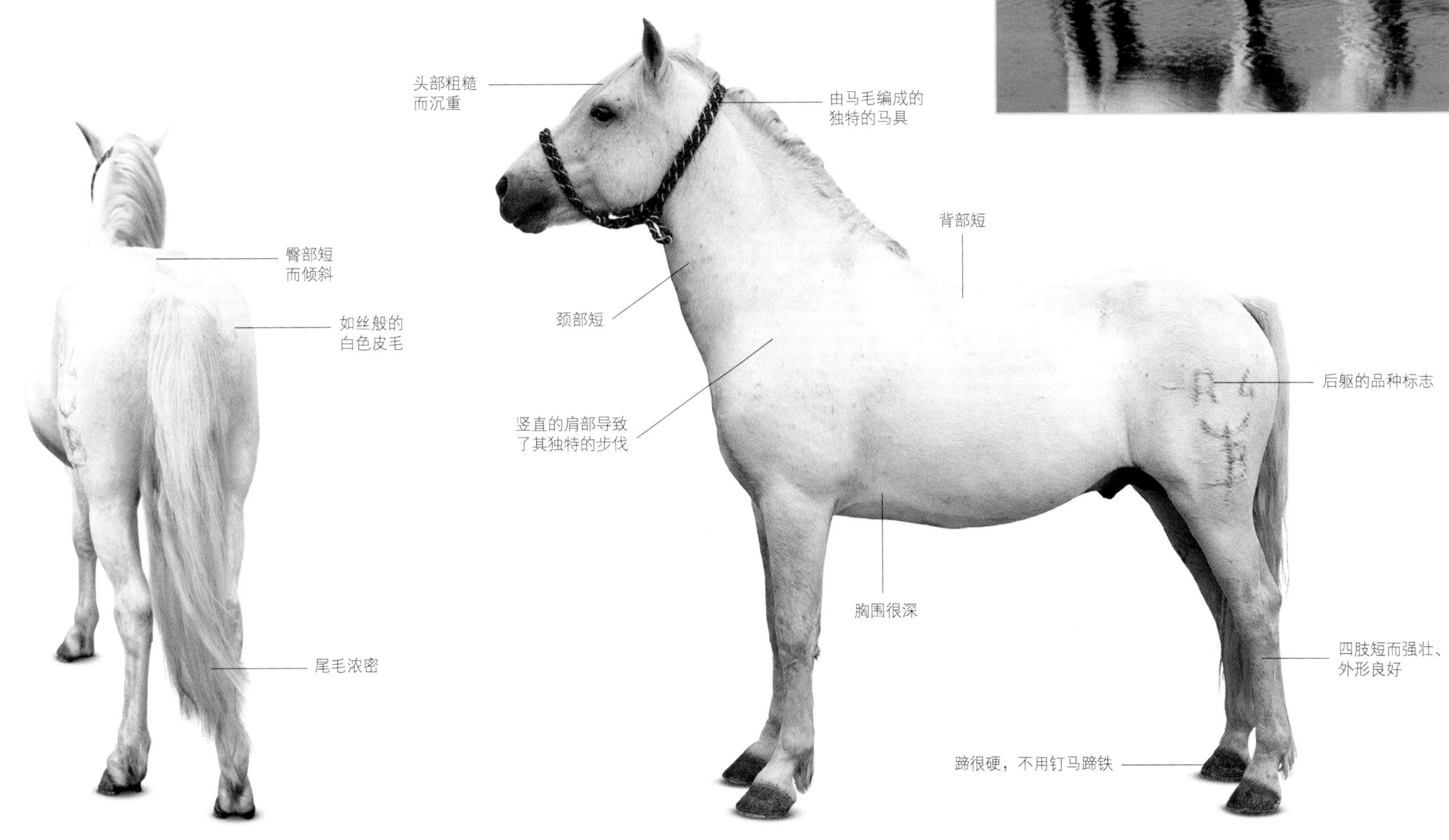

以海为家

在法国的罗讷河三角洲，坚韧的卡马尔格马很好地适应了这个充满挑战的环境，它们在水里几乎和在陆地上一样自如。

赛拉·法兰西马

体高	原产地	毛色
163 厘米 （16 掌）以上	法国诺曼底	通常为栗色

赛拉·法兰西马是世界上最著名的障碍马之一，经常出现在奥运会法国代表队中。

像所有的温血马一样，赛拉·法兰西马是多品种杂交的产物。Cheval de Selle Francais（法国骑乘马）一词在 1958 年 12 月首次被用来描述这种法国“混种”比赛马。在此之前，除了纯血马、阿拉伯马和盎格鲁—阿拉伯马以外，所有的法国马都被称为“混种”。

赛拉·法兰西马的历史可以追溯到 19 世纪早期，当时诺曼底富有经验的育种者们将从英国引进的纯血马种马和混种马种马与当地吃苦耐劳的通用型母诺曼马杂交。许多混种马都有明显的诺福克公路马（见第 151 页）的血统背景，这种健壮的马的血统是许多奔跑速度较快的快步马的核心血统，但它们现在已经灭绝了。杂交产生了两个品种：从主流中分离出来的速度较快的法国快步马（见第 150 ~ 151 页）和盎格鲁—诺曼马。盎格鲁—诺曼马又有两种截然不同的类型：柯柏挽马和骑乘马。骑乘马是一种活泼的马，是赛拉·法兰西马的原型。事实上，这种马的血统登记簿就是古老的盎格鲁—诺曼马血统的延续。

尽管两次世界大战大大减少了当地母诺曼马的数量，育种者们还是设法保存了一些最好的品种。育种者们给赛拉·法兰西马引入法国国家种马场的纯血马血统是为了满足人们对高品质骑乘马的速度、耐力和跳跃能力方面的需求。快步马和阿拉伯马也促进了赛拉·法兰西马的发展。这些马中就有公马弗雷索，看名字就知道它属于欧洲中部最伟大的混种马品系。这匹纯血马有着辉煌的职业生涯，连续十年位于法国勒潘国家种马场榜首，它也繁育出了世界级的场地障碍赛选手。场地障碍赛是这个敏捷的品种的专长领域，这种马移动时步幅较大，跳跃能力突出，而且比其他许多热血马更有精神。

法国追击者

一种较轻的赛拉·法兰西马是专门为非纯血马（AQPS）赛马而繁育的。这通常意味着这些马的父母中有一方不是纯种血统，并且通常会有赛拉·法兰西马血统。AQPS 血统登记簿建立于 2005 年。实际上，大多数这种马的纯血马血统比例高达 80%。根据 AQPS 的育种者亨利·奥贝尔的说法，这些马与纯血马的区别在于“它们有更长的比赛生涯，更强壮，耐力更好，但它们跑直线时速度没有那么快。”

2012 年，瑞士选手斯泰韦・戈达骑着赛拉・法兰西马尼诺・德比索内斯获得奥运会场地障碍赛金牌。

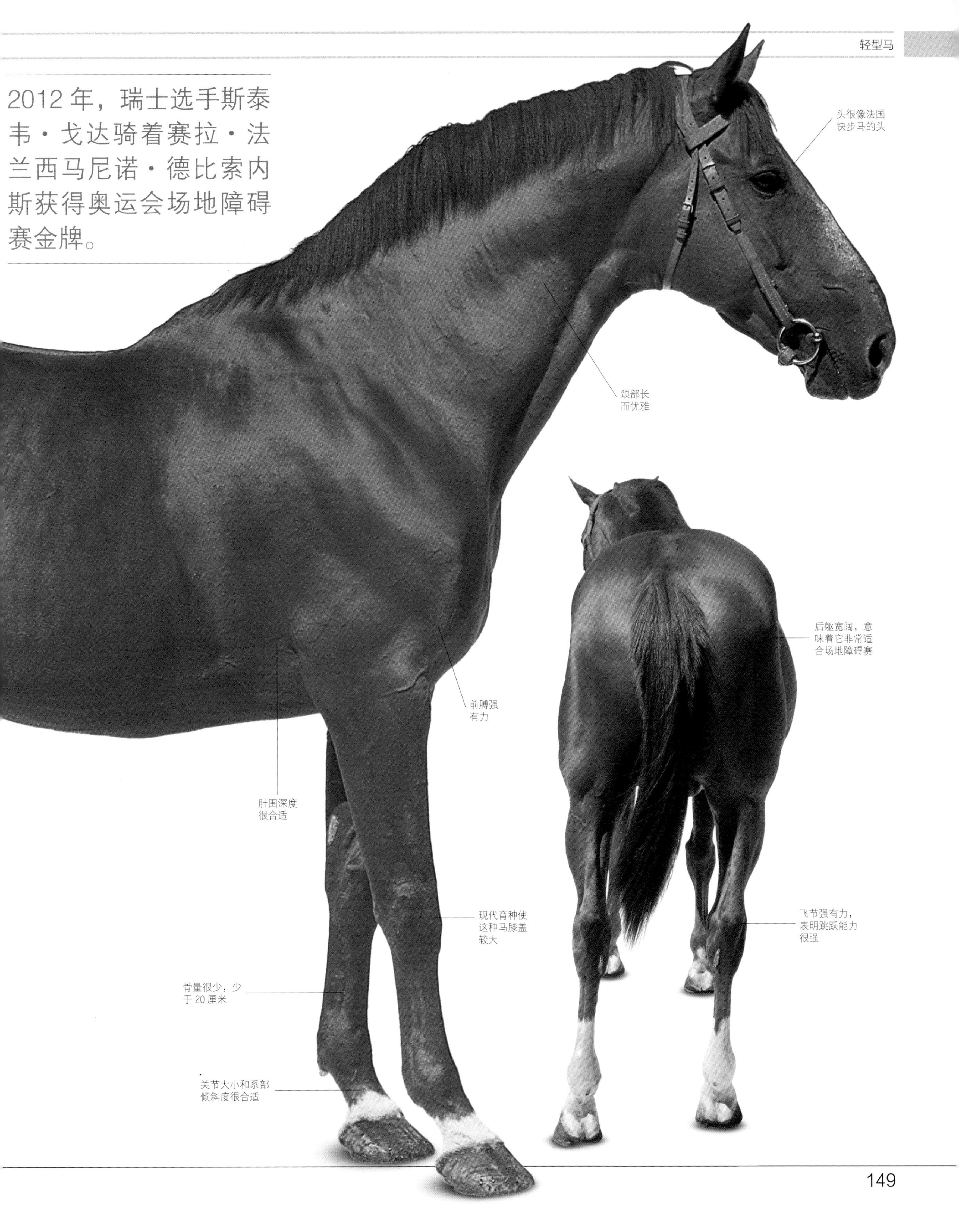

在法国，每年有超过 11000 场快步马比赛，占全世界此类比赛总数的61%。

法国快步马

体高	原产地	毛色
168 厘米（16.2 掌）	法国北部诺曼底	栗色、骝色和褐色

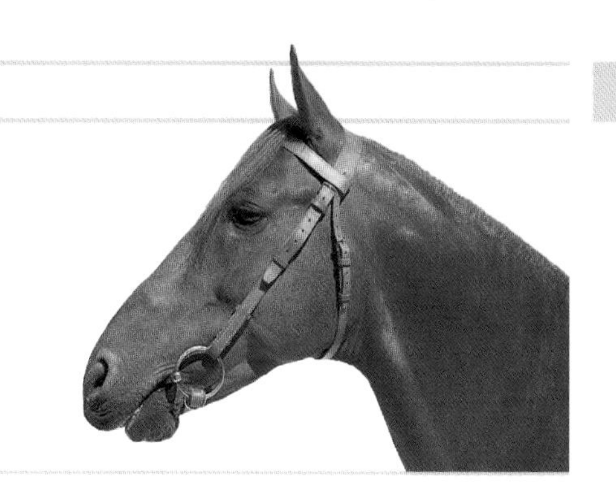

在世界上最好的赛手的驾驭下，法国快步马在快步马比赛中战无不胜。

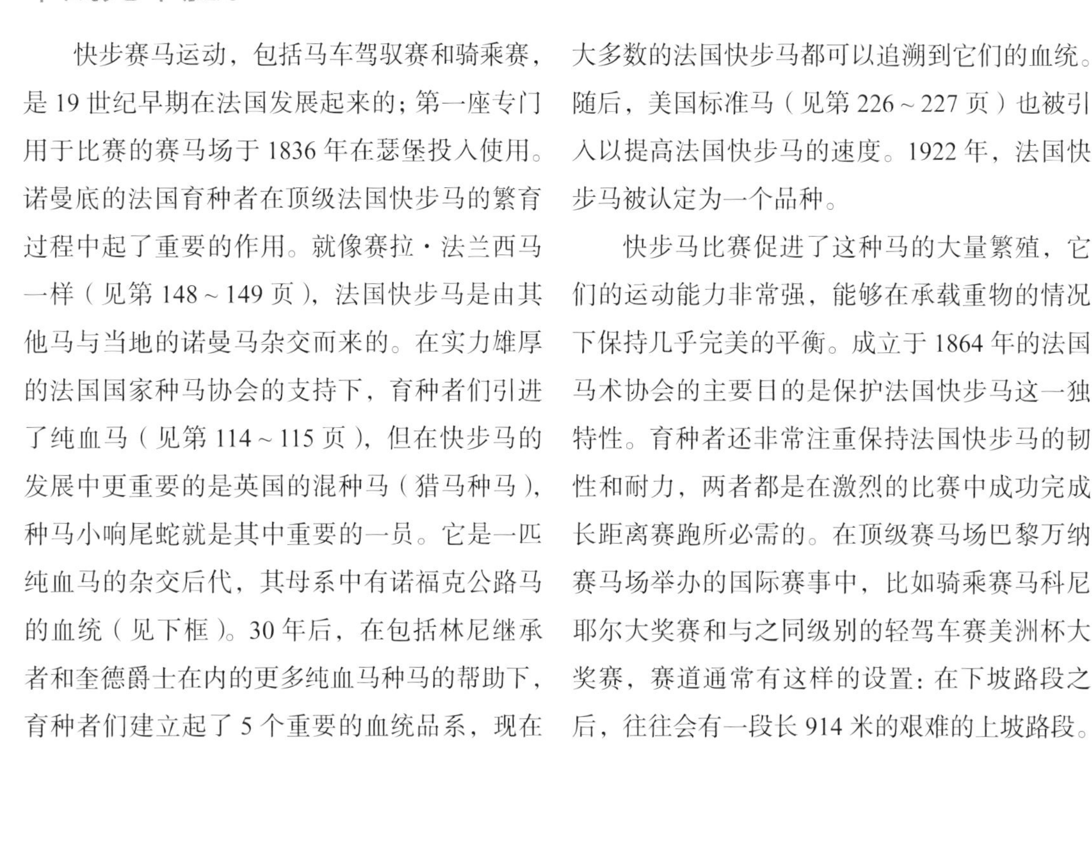

快步赛马运动，包括马车驾驭赛和骑乘赛，是 19 世纪早期在法国发展起来的；第一座专门用于比赛的赛马场于 1836 年在瑟堡投入使用。诺曼底的法国育种者在顶级法国快步马的繁育过程中起了重要的作用。就像赛拉·法兰西马一样（见第 148 ~ 149 页），法国快步马是由其他马与当地的诺曼马杂交而来的。在实力雄厚的法国国家种马协会的支持下，育种者们引进了纯血马（见第 114 ~ 115 页），但在快步马的发展中更重要的是英国的混种马（猎马种马），种马小响尾蛇就是其中重要的一员。它是一匹纯血马的杂交后代，其母系中有诺福克公路马的血统（见下框）。30 年后，在包括林尼继承者和奎德爵士在内的更多纯血马种马的帮助下，育种者们建立起了 5 个重要的血统品系，现在大多数的法国快步马都可以追溯到它们的血统。随后，美国标准马（见第 226 ~ 227 页）也被引入以提高法国快步马的速度。1922 年，法国快步马被认定为一个品种。

快步马比赛促进了这种马的大量繁殖，它们的运动能力非常强，能够在承载重物的情况下保持几乎完美的平衡。成立于 1864 年的法国马术协会的主要目的是保护法国快步马这一独特性。育种者还非常注重保持法国快步马的韧性和耐力，两者都是在激烈的比赛中成功完成长距离赛跑所必需的。在顶级赛马场巴黎万纳赛马场举办的国际赛事中，比如骑乘赛马科尼耶尔大奖赛和与之同级别的轻驾车赛美洲杯大奖赛，赛道通常有这样的设置：在下坡路段之后，往往会有一段长 914 米的艰难的上坡路段。

诺福克公路马

现在已经灭绝的诺福克公路马是一种有着纯血马血统的大马，它们对法国快步马有很大的影响。诺福克公路马在轻挽马和骑乘马中以快步能力而闻名。在路况良好的公路出现之前，骑手们骑着最好的诺福克公路马一天可以跑 100 千米。它们也被称为诺福克快步马。据说，它们通过名为老希尔斯的种马与希尔斯马（见第 120 页）有着密切的联系，老希尔斯是同一品种的约克郡快步马。

比利时温血马

体高	原产地	毛色
168 厘米（16.2 掌）	比利时，多在布拉班特	各种纯色

大本钟

这匹体高 180 厘米（17.3 掌）的比利时温血马名叫大本钟，它非常优秀。它与骑手——加拿大人伊恩·米勒于 1984 ~ 1999 年在 40 多项大奖赛中获胜。大本钟于 1999 年底退休，在那年年底死于疝气。它总共赢得了 150 多万美元（约 1050 万元）的奖金，加拿大邮局将它印在邮票上向它致敬。

近年来，在国际场地障碍赛中，比利时温血马的表现最为抢眼。

比利时温血马的发展始于 20 世纪 50 年代，当时是用体重较轻的比利时农场马与海尔德兰马杂交（见右页）而来的。由它们繁育出的重量级骑乘马结实可靠，但没有任何其他的才能或体育运动能力。后来，育种者用荷尔斯泰因种马（见第 164 ~ 165 页）和更健壮的赛拉·法兰西马（见第 148 ~ 149 页）取代了海尔德兰马。两个品种都有很强的纯血马血统和良好的步伐。纯血马血统的加入是为了得到最佳的赛马品种。后来，盎格鲁—阿拉伯马和荷兰温血马也被用于杂交以得到人们想要的特点。

比利时温血马也被称为比利时运动马，是一种强健的、擅长直线动作的马。它们很敏捷，也很冷静，这对缓解严格训练和随后的最高水平竞技带来的双重压力是非常必要的。这个品种有两本血统登记簿，比利时温血马血统登记簿（比利时温血马协会）和比利时运动马血统登记簿，这使得这个本质上相同的品种有了两个名称。比利时温血马协会是一个有前瞻性的组织，正在开展一项工作以从育种品系中消除退行性疾病，而比利时运动马协会则在网上免费提供了其育种数据库。

比利时温血马血统登记簿的题词是“天生的表演者”。

格罗宁根马

体高 163 厘米（16 掌）
原产地 荷兰北部格罗宁根
毛色 栗色、骝色、褐色

在第一次世界大战结束时，格罗宁根马与海尔德兰马非常相似。格罗宁根马是由荷兰和德国北部海岸的马发展而来的。农业生产的变化和两次世界大战，使得育种者通过将其与荷尔斯泰因马（见第 164 ~ 165 页）、特雷克纳马（见第 180 ~ 181 页）和纯血马（见第 114 ~ 115 页）杂交，从而把重型冷血的格罗宁根马改造成了重型温血马。这一结果是，原先的格罗宁根马几乎灭绝了。海尔德兰马登记簿和格罗宁根马登记簿于 1969 年合并，成了荷兰皇家温血马血统登记簿。

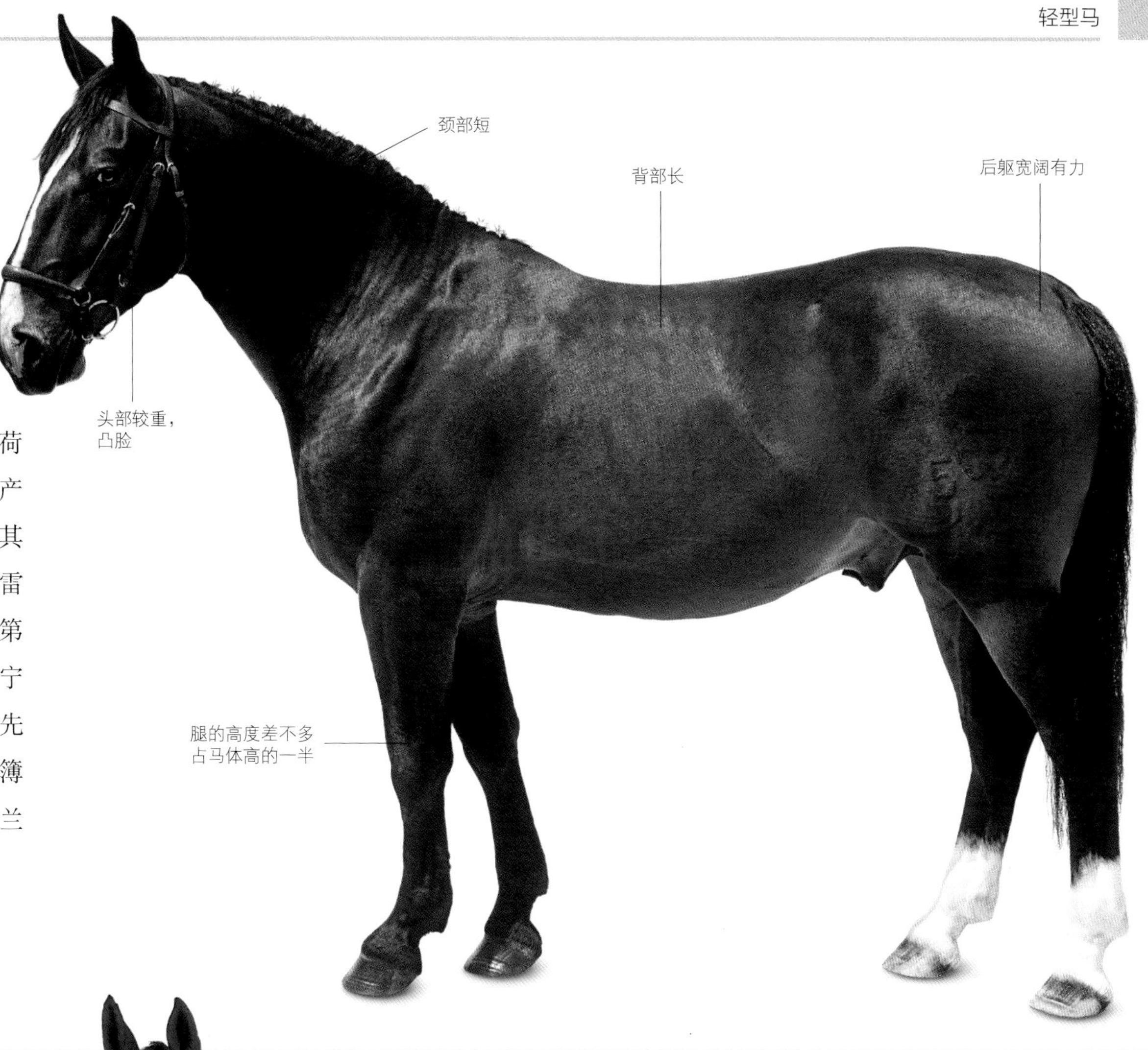

海尔德兰马

体高 168 厘米（16.2 掌）
原产地 荷兰海尔德兰
毛色 通常为栗色，有白章

19 世纪后期，荷兰育种者们开始繁育一种四轮马车马，这种马可用于轻型农业劳作，也可作为重量级的骑乘马。他们利用当地的母马，引进了一系列种马，包括四轮马车马（如克利夫兰骝马和阿拉伯马）以及较轻的挽马（如奥尔洛夫快步马和哈克尼马）。育种者们将繁育出的最好的后代用于异种杂交，以获得稳定的类型。由此繁育的海尔德兰马是一种出色的四轮马车马，具有高步态、有节奏的动作。海尔德兰马在马车驾驭赛中很有竞争力，并且也是非常可靠的场地障碍赛选手，尽管它们的速度不是很快。

四驾马车

在欧洲和美国，竞技马术和休闲驾驭都有数量众多的爱好者。这支由骝色的海尔德兰马组成的队伍在传统的四轮马车表演中表现得非常出色。

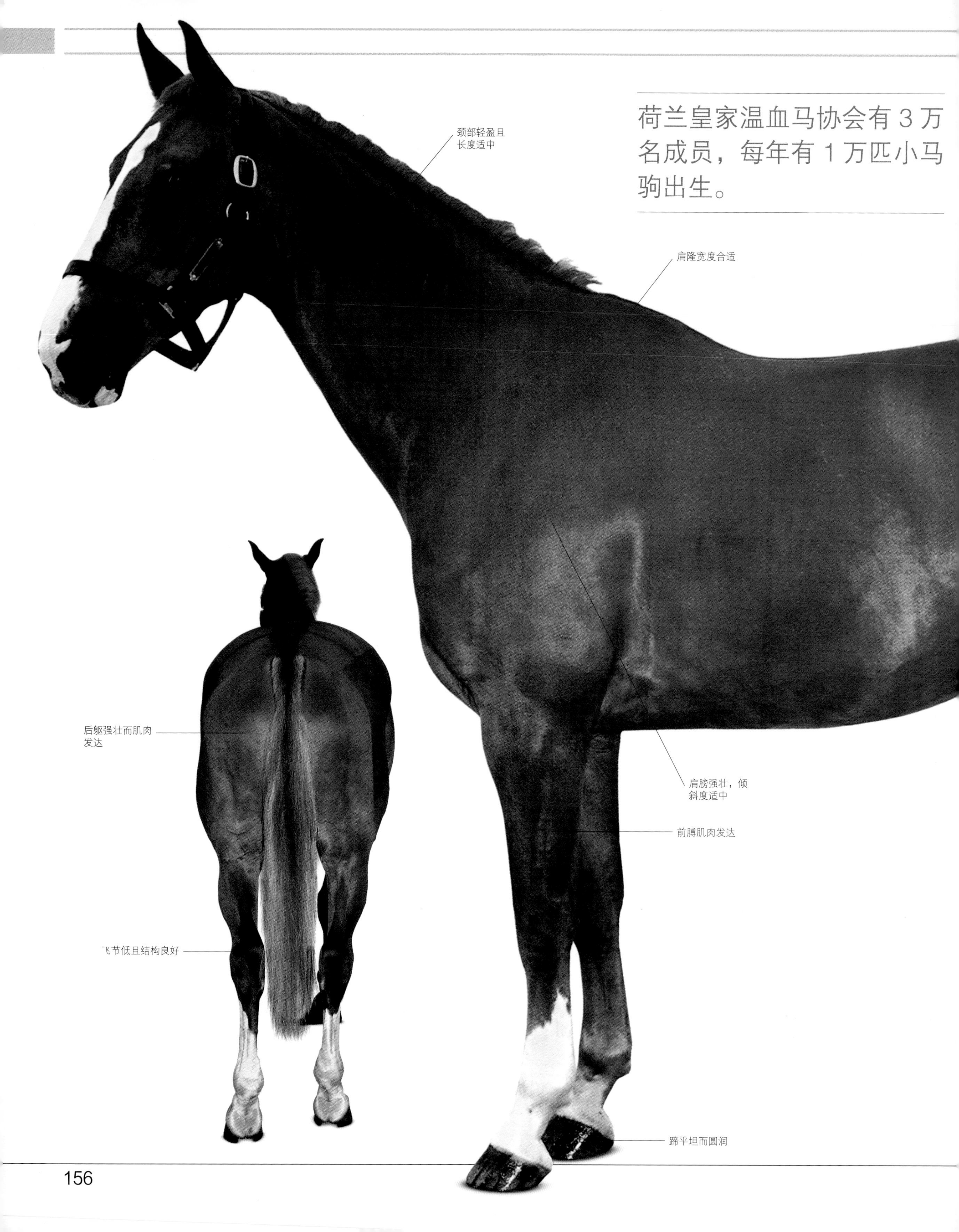

荷兰皇家温血马协会有 3 万名成员，每年有 1 万匹小马驹出生。

荷兰温血马

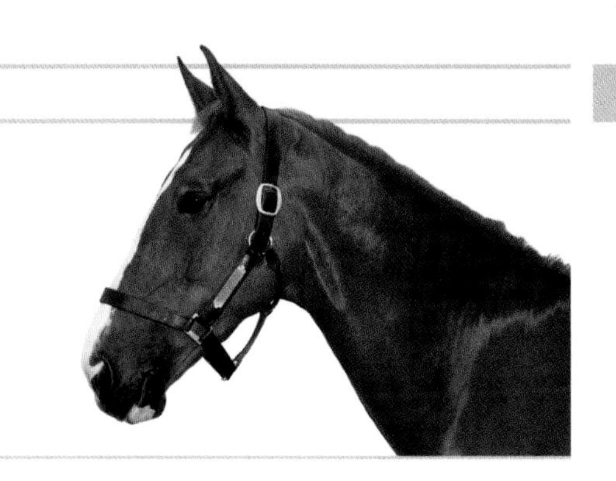

体高	原产地	毛色
163 厘米（16 掌）	荷兰	骝色或褐色

在才华横溢、竞争激烈的温血马世界中，这个非常出色的品种脱颖而出。

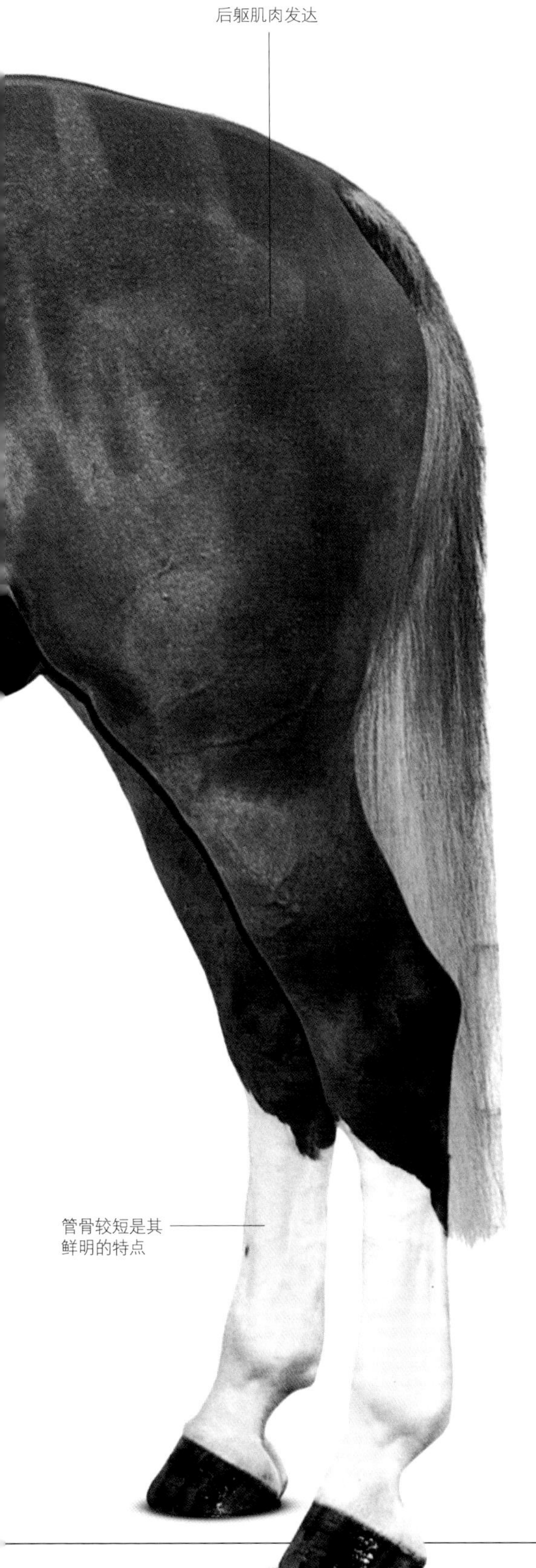

荷兰温血马的繁育成功归功于一项严格控制的选择性育种计划，该计划一直根据不断变化的市场而调整。这个品种也得到了荷兰政府的大力支持和推广。荷兰温血马的管理机构是荷兰皇家温血马协会（KWPN），该协会的血统登记簿是世界上最大、最成功的体育用马血统登记簿之一。荷兰温血马现在常被称为KWPNs。

荷兰温血马是荷兰两种本土品种杂交的产物——海尔德兰马和格罗宁根马（见第 153 页）。较重的格罗宁根马有强壮有力的后躯，但其前躯不及海尔德兰马的好。由这两种马繁育的混血马再通过异种杂交而被调整成为一种赛马的基础。随后引入的纯血马血统不仅消除了马车马的动作和长长的、适于放挽具的背部，还提升了身体的精致性和速度。之后，育种者又重新把目光放在与其有关系的法国和德国的温血马原种上，将这些品种纳入育种计划，以保留其平和的性情。

这种温血马在竞技项目中表现突出，曾出现过很多优秀的马，如参加了 2012 年伦敦奥运会的瓦列格罗。在伦敦奥运会上，骑手夏洛特·迪雅尔丹骑着瓦列格罗获得了单人盛装舞步项目的金牌，并以 93.975% 的成绩创造了世界纪录。这种多才多艺的马在国际赛马比赛中也表现出色。荷兰温血马经过严格的筛选过程，以身体评估和能力测试为基础，以确保只有具备良好的身体结构、动作和气质的个体被用于育种。

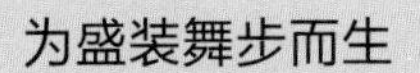

为盛装舞步而生

荷兰温血马以擅长盛装舞步而闻名。温顺的性格使得它们成为非常理想的训练对象，它们优雅迷人的步伐令人惊叹。珍妮·洛里斯顿·克拉克（见右图）与荷兰温血马建立了长久的合作关系。荷兰勇气是她著名的马之一，有海尔德兰马和纯血马的背景。这匹马生于 1969 年，风度翩翩，并以其脸部特征而闻名。据说，正是它的表演使得盛装舞步在英国成为一项正式运动。

古罗马历史学家塔西佗（55—120 年）评论说，来自弗里斯兰的马非常丑陋。

弗里斯马

体高	原产地	毛色
160 厘米（15.3 掌）	荷兰弗里斯兰省	黑色

品种标准规定弗里斯马必须是“纯黑色，没有白章（只允许有小的星状斑）”。

作为欧洲的老品种之一，弗里斯马影响了其他几个欧洲小型马和普通马的繁育，包括奥尔登堡马（见第 160～161 页）和多勒·康伯兰德马（见第 74～75 页）。这种马在弗里斯兰地区已经生活了几百年了——在 14 世纪，它们因为优雅和膝盖抬得很高的动作而受到乡绅们的追捧，它们受到了与西班牙马和其他西欧马杂交所带来的影响。

在弗里斯马的原产地，它们被用来做农活，也被用于骑乘和参加比赛。然而，尽管该品种在 1879 年出版了血统登记簿，但由于来自一些较重型品种的竞争，它们的数量有所下降。在世界大战期间，弗里斯马濒临灭绝，幸运的是，一些马存活了下来。在 20 世纪 60 年代中期，该品种登记的母马只有 500 匹。

这种马有迷人的外表和华丽的动作，天性友善，这使得它们在影视中很常见。荷兰演员鲁特格尔·豪尔在 1985 年的电影《鹰狼传奇》中骑乘的弗里斯马给人们留下了深刻的印象。这部电影提升了美国人对这个品种的兴趣，并推动了北美弗里斯马协会的成立。如今，强壮的弗里斯马作为一种运动马而广受欢迎，它们擅长轻驾车赛马和盛装舞步。

全能的马

弗里斯马有沉静的性情、迷人的举止和暗淡的毛色，长期以来一直被用来在传统的葬礼上拉灵柩。一支著名的弗里斯马队曾经出现在伦敦哈罗德百货公司的推广活动中。在英国、美国和其他一些地方，仍有一些为特殊场合提供弗里斯马队的马房。

奥尔登堡马

体高	原产地	毛色
168 ~ 178 厘米（16.2 ~ 17.2 掌）	德国奥尔登堡	通常是褐色、黑色或浅褐色

高大的、令人印象深刻的奥尔登堡马一直在持续地并成功地适应人们不断变化的需求。

奥尔登堡马是德国体格最强壮的温血马，它们是17世纪在奥尔登堡伯爵的努力下作为一种四轮马车马被繁育出来的。伯爵以本国的弗里斯马（见第158 ~ 159页）为基础，引入了西班牙马和那不勒斯马的血统——这两种马都有柏布马（见第88 ~ 89页）的背景。1897年左右，伯爵还使用了纯血马（见第114 ~ 115页）、克利夫兰骝马（见第116 ~ 117页）和汉诺威马（见第166 ~ 167页）来进行育种。然而，这一时期最重要的影响来自一匹法国诺曼马种马——诺曼700，它是诺福克公路马的后代。很快，有着鹰钩鼻的奥尔登堡四轮马车马就被一种更精致的四轮马车马所取代，这种马保持了早期奥尔登堡马的体形、肚围和早熟特征。

在20世纪，育种目标从繁育一种强壮的农用马转变为繁育一种具有良好步伐和行动更自如的全能马。秃鹫是一匹具有70%的纯血马血统的诺曼马种马，它是一匹非常成功的公马。随后育种者进行了很多异型杂交，汉诺威马也偶尔参与其中。

现代的奥尔登堡马保留了早期马强健的体格和温和的性情。虽然它们的速度不快，但它们有合适而有节奏的步伐。从20世纪90年代开始，它们在盛装舞步和场地障碍赛中的表现非常出色。

格斯琴·篝火

图中是荷兰盛装舞步选手安基·范·格伦斯温骑着一匹叫格斯琴·篝火的奥尔登堡马参加比赛。这对组合参加了三届奥运会和两届世界马术运动会，曾获得2000年悉尼奥运会和1994年海牙世界马术运动会个人项目金牌，还获得了7枚银牌。篝火以其富有表现力的皮亚夫和帕萨基而闻名。2013年它去世时，安基的家乡埃尔普为它建了一座雕像来纪念它。

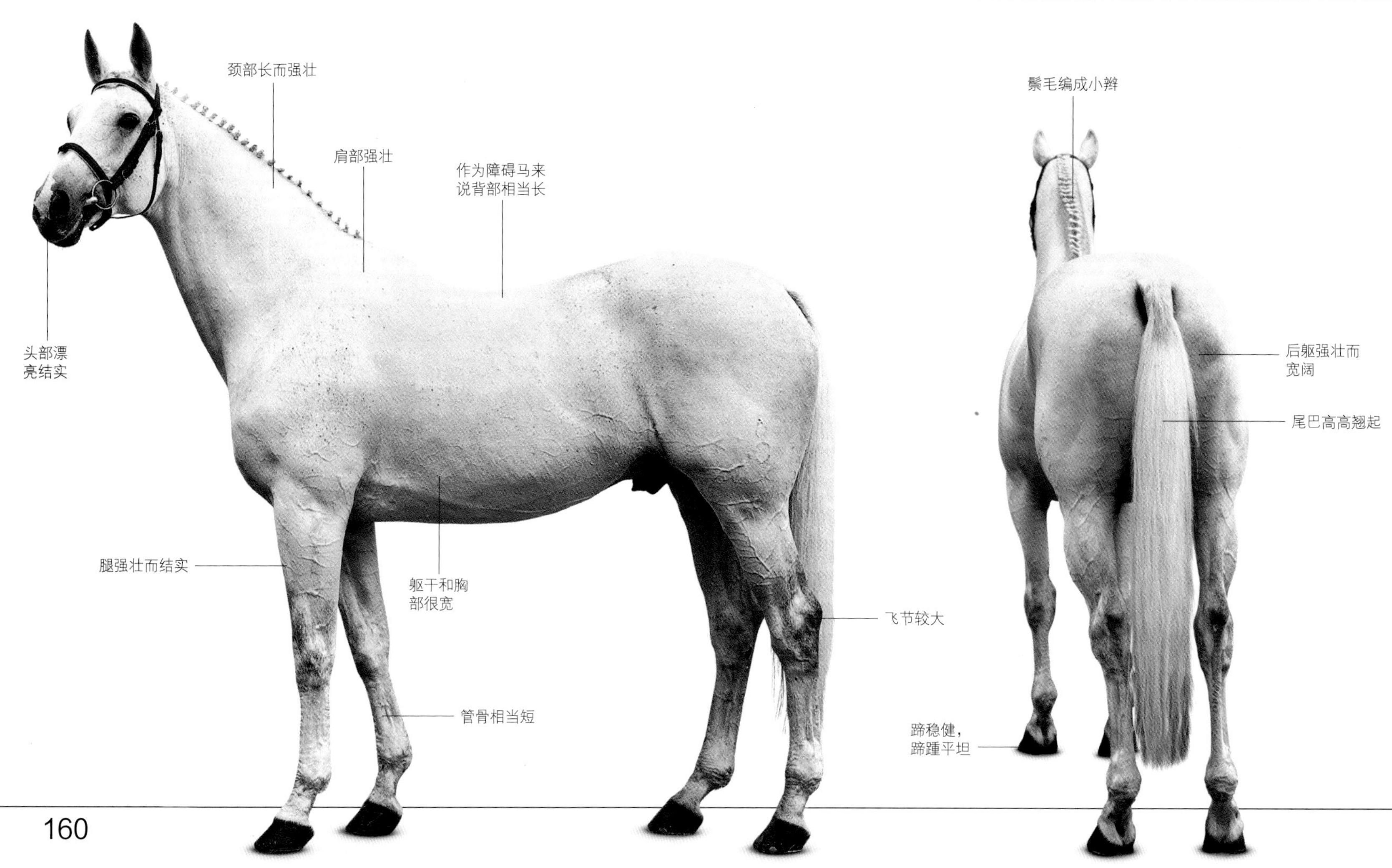

奥尔登堡马协会的口号是“质量是唯一重要的标准”。

莱茵兰德马

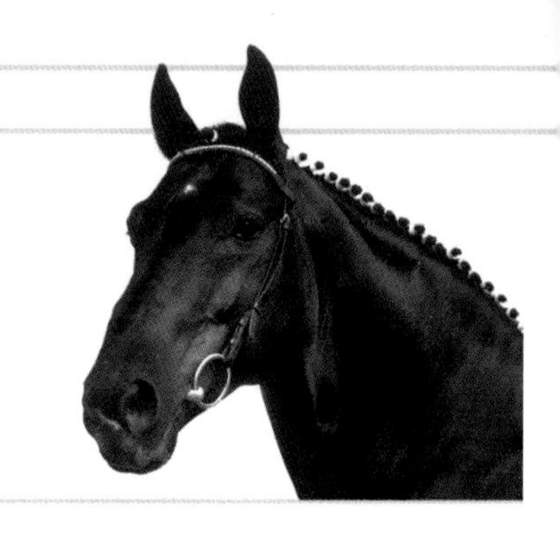

体高
168 厘米
（16.2 掌）

原产地
德国

毛色
通常为栗色

关于血统

莱茵兰德马的名字源于它们出生和登记的地方，这种德国温血马可能与汉诺威马或威斯特伐利亚马都是兄弟。德国共有 11 座州立种马场，这些种马场育种时都采用原种，对种马有严格的控制。现在大多数的这种温血马都是通过这些种马场繁育的。

这是一种相对较新的品种，朴实无华的莱茵兰德马非常适合休闲骑乘或竞技骑乘。

德国的冷血马中最好的是老的莱茵—德国马（莱茵兰德重挽马），它们主要是在比利时布拉班特马（见第 69 页）的基础上繁育出来的。这种马曾经是莱茵兰德、威斯特伐利亚和萨克森等地的农用马，但随着农业逐渐实现机械化，它们渐渐失去了用武之地。它们的数量也因此大幅度减少，1945 年登记在册的有 25000 匹母马，之后几年几乎没有马登记，当时在德国重型马不再被认可。然而，建立于 1892 年的莱茵兰德血统登记簿仍然是开放的，随着 20 世纪 70 年代休闲骑乘马市场的扩大，饲养者开始使用较轻的老品种来繁育出一种温血马——这就是现在的莱茵兰德马（莱茵兰德温血马）。

该品种的育种工作包括用母温血马与德国西北部汉诺威和威斯特伐利亚的种马杂交，这些母马是纯血马（见第 114 ~ 115 页）、特雷克纳马（见第 180 ~ 181 页）和汉诺威马（见第 166 ~ 167 页）的后代。在这种混合血统的马中，混种马被用来繁育盛装舞步马和障碍马，育种的目的是让马的轮廓变为长长的，而不是方形的，显得高贵而优雅。

莱茵兰德马是最新的品种之一，是在 20 世纪 70 年代发展起来的。

威斯特法伦马

体高
157～178 厘米
（15.2～17.2 掌）

原产地
德国

毛色
通常为黑色、骝色、
栗色或青色

非常有用的骑乘马

威斯特法伦马育种的重点是繁育通用的骑乘马。马必须愿意学习，但要训练出表现优良的马仍然需要大量的时间和耐心。威斯特法伦马在比赛中历来表现出色，其中最著名的是由赖纳・克利姆克博士骑的阿勒里奇（1971—1992 年）和妮科尔・乌普霍夫（见下图）骑的伦勃朗（1977—2001 年）。

威斯特法伦马是温血马，与汉诺威马关系密切，并与莱茵兰德马的种马出自同一种马场。

欧洲的温血马一直以来都是沿着相似的路线发展的，所以它们有共同的祖先和特征几乎是不可避免的。威斯特法伦马实际上就是一种汉诺威马（见第 166～167 页），尽管有时在类型上有所不同，有些马有更多的四轮马车马的背景。

1826 年，国家种马场在威斯特法伦马的繁育地瓦伦多夫建立，为当时普鲁士的莱茵兰省和威斯特伐利亚省提供马匹。马场最初的目标是繁育纯血马，但由于当时对农用马的需求增加，因此育种者从奥尔登堡和东弗里西亚引进了较重的温血马来育种。但这些马很快就被来自莱茵兰的冷血马所取代，后者被认为更强壮，更适合从事农业工作。

第二次世界大战后，由于农业的机械化，重型马的需求减少，育种者又一次把重点转向轻型马的繁育。如今，威斯特法伦马是一种非常成功的比赛用马，在盛装舞步和场地障碍赛中表现不俗，它们也是一种不错的通用骑乘马。威斯特法伦马登记协会在评估和繁育政策上非常认真谨慎。

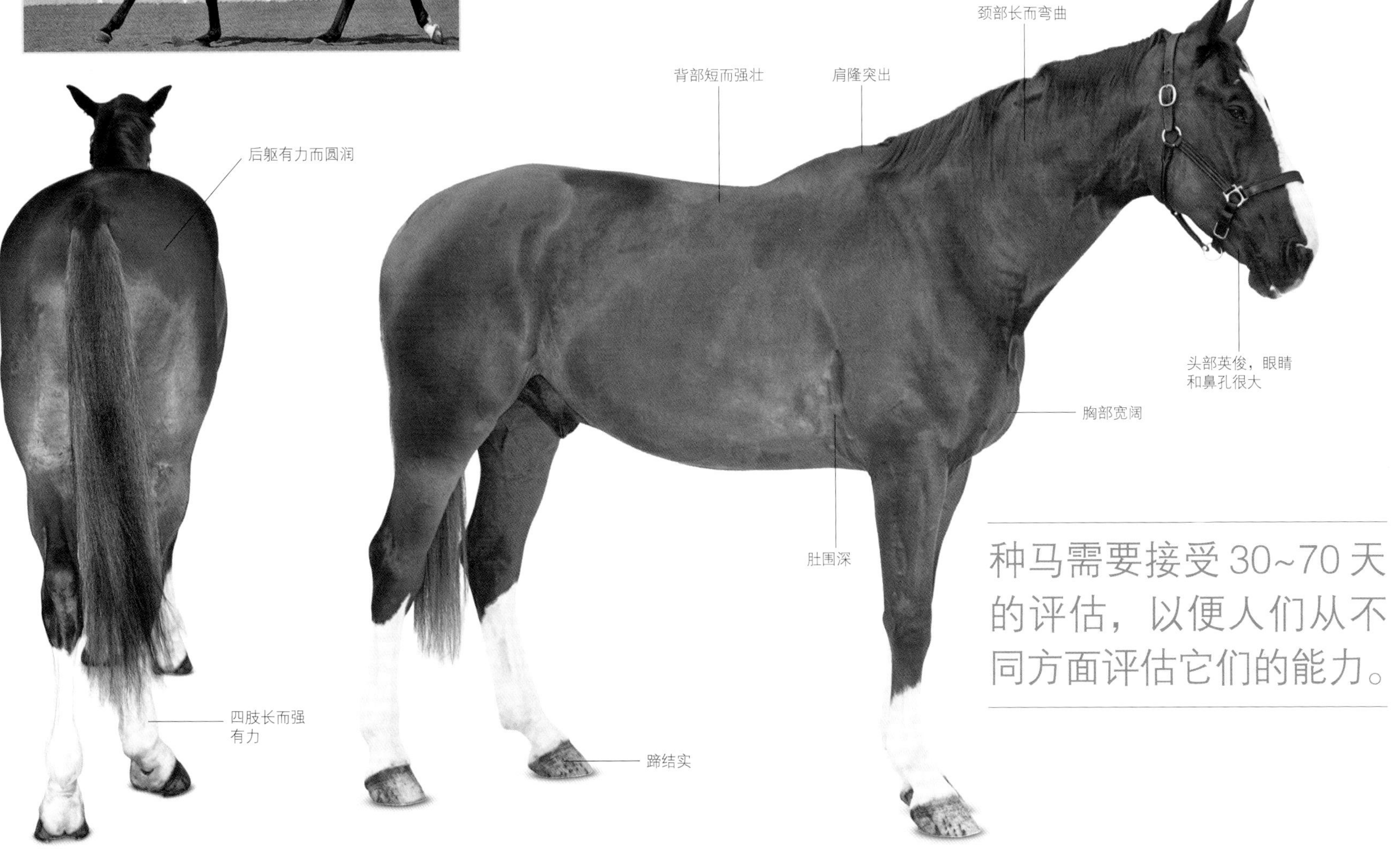

种马需要接受 30~70 天的评估，以便人们从不同方面评估它们的能力。

荷尔斯泰因马

体高	原产地	毛色
163～173 厘米（16～17 掌）	德国	各种纯色

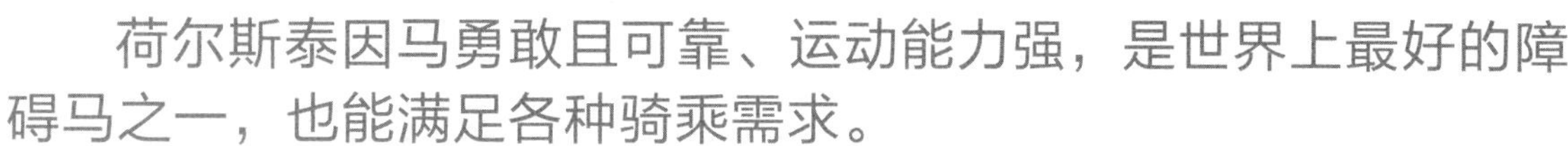

荷尔斯泰因马勇敢且可靠、运动能力强，是世界上最好的障碍马之一，也能满足各种骑乘需求。

在 19 世纪，石勒苏益格—荷尔斯泰因州的大部分马都是由佃农饲养，他们几乎买不起好马。当时对马的需求很大，这导致了马的品质进一步下降。然而，在公爵领地的北部沼泽地区，由自由的农民繁育的马的品质则较优。1883 年，在克雷姆斯沼泽地区成立了一个新的育种协会，它被称为荷尔斯泰因马育种协会，在第一年挑选了 100 匹母马。1891 年，荷尔斯泰因沼泽地区的所有协会联合起来成立了马育种协会，目的是保护荷尔斯泰因马品种并繁育一种骨骼强壮和动作较高的四轮马车马，它们也可以充当重型骑乘马。在 19 世纪，育种者从英国引进了纯血马（见第 114～115 页）和约克夏挽马的种马，使荷尔斯泰因马车马动作更灵活，性情更平和，它们那粗糙的鹰钩鼻也开始不明显。

第二次世界大战后，德国育种者们想要专门繁育一种比赛用马，为此他们又引入纯血马的血统对荷尔斯泰因马车马进行了改良。在很短的时间内，他们繁育出了现在的荷尔斯泰因马——一种轻型、通用的马，它们奔跑和跳跃能力都很好。今天，荷尔斯泰因马是一个非常有吸引力的品种，可以说是所有德国温血马中最具发展前景的。

育种者用著名的种公马科·拉·布赖尔繁育出了一个新的荷尔斯泰因马品系，该品系在场地障碍赛中表现出色。

场地障碍赛机器

荷尔斯泰因马以跳跃能力而闻名，美国场地障碍赛明星劳拉·克劳特所骑的马塞德里克尤为出色。作为美国场地障碍赛队的一员，这匹美丽的青色阉马和劳拉一起在 2008 年北京奥运会上获得了金牌，并且在许多其他比赛中都名列前茅。塞德里克个子相对较小，只有 157 厘米（15.2 掌），劳拉称其为“世界上最好的运动员之一”。泽尔莫尼是劳拉的新坐骑，也是一匹青色的荷尔斯泰因马。

颈部高且
呈拱形
头部较小，面部特征
精致
肩隆清晰
斜肩
后躯强劲有力
肚围足够深
前膊肌肉发达
尾巴整齐，位置
不算太高
管骨短而强壮

汉诺威马

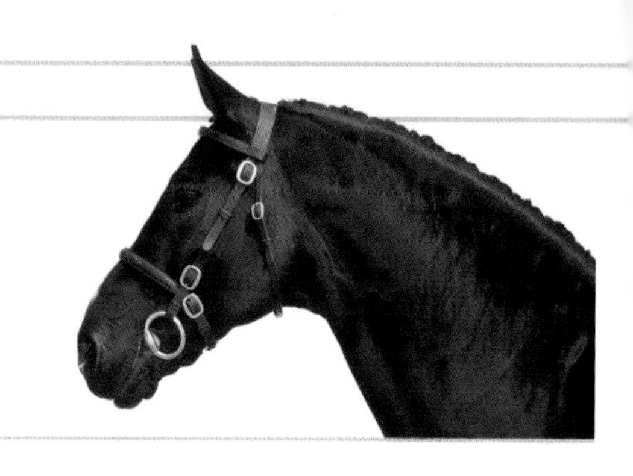

体高
160～168 厘米
（15.3～16.2 掌）

原产地
德国

毛色
各种纯色

温血马的品种标志

背景和出身相似的温血马可能登记在不同的血统登记簿中，因此它们会有不同的品种标志和名称。例如，汉诺威马以其品种标志“H”而著称。进入血统登记簿并不容易，所有的温血马都必须经过严格的评估和能力测试。这就保证了只有高品质的马才会被用于繁殖，而这反过来又会保证后代的品质最好。

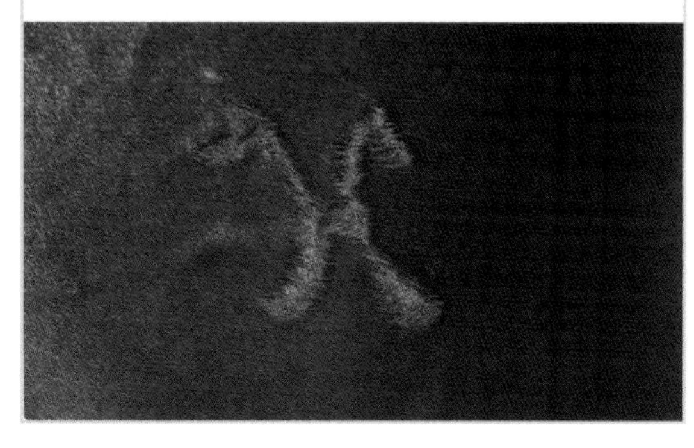

汉诺威马体格健壮、举止优雅、性情平和，擅长场地障碍赛和盛装舞步。

这个品种是于 1735 年在下萨克森州的策勒，由汉诺威选帝侯、英国国王——乔治二世建立的。建立该品种的目的是为当地农民提供可与他们的母马配种的种马。在策勒，奠基种公马是 14 匹强壮的马车马——荷尔斯泰因马（见第 164～165 页），该品种是以本地母马为基础，与东方马、西班牙马和那不勒斯马杂交。后来，纯血马（见第 114～115 页）的血统也被引入以繁育一种更轻盈、行动更自由的马，使其用于拉车、做农场工作以及充当骑兵坐骑。

到 1924 年，策勒已经有了 500 匹种马，于是人们在奥斯纳布吕克—埃沃斯贝格建立了第二座种马场。第二次世界大战后，一些特雷克纳马（见第 180～181 页）从东普鲁士长途跋涉来到策勒。它们被添加到现有的种畜中，对汉诺威马产生了明显的影响。

从 1945 年开始，为了满足人们对高品质运动马的新需求，育种者调整了育种政策。他们进一步引入特雷克纳马和更多的纯血马，对汉诺威马进行改良，这减轻了较为笨重的汉诺威马的体重，赋予其更大的活动范围和行动自由。今天汉诺威马的育种中心仍然在策勒。北美、南美、澳大利亚和新西兰也养殖有汉诺威马。

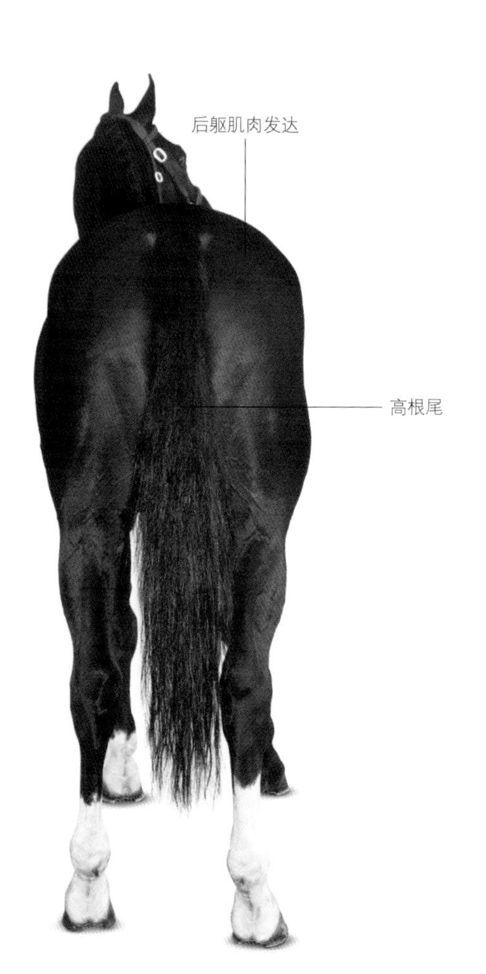

汉诺威马价格昂贵：一匹名叫莱蒙斯·尼克特的马，2008年以创纪录的70万英镑（约614万元）转手。

符腾堡马

体高
163 厘米
（16 掌）

原产地
德国

毛色
褐色、骝色、栗色，有时为黑色或青色

巴登—符腾堡州

成立于 1895 年的符腾堡马品种登记处，鼓励巴登—符腾堡州的育种者们登记小马驹、母马和种马。它记录了符腾堡州的温血马、小型马和黑森林马（见第 52 页）的谱系。据说，登记的目的是“把这些马当作国宝来保护”。除了对种畜进行仔细评估外，品种登记处还组织马驹表演和体育活动来推广这个品种。

在德国最古老的、用于比赛的温血马中，符腾堡马是参加场地障碍赛和盛装舞步的理想马匹。

符腾堡马是原符腾堡（德国西南部）的马尔巴赫种马场繁育的。作为欧洲最伟大的育种中心之一，马尔巴赫种马场创立于 1477 年，于 1573 年成为国家种马场。早期该种马场通过繁育骑乘马、轻型挽车马和工作马等实用型品种而声誉良好。这些马是由种马场中的各品种杂交而繁育的，其中包括西班牙马、东方马和重型马。

这个品种是在 17 世纪逐步形成的，是由当地的母马与阿拉伯马种马（见第 86 ~ 87 页）杂交而来的。母西班牙马、母柏布马（见第 88 ~ 89 页）和弗里斯马种马（见第 158 ~ 159 页）也参与其中。早期对该品种影响最大的是一匹柯柏马类型的盎格鲁—诺曼马（见第 64 ~ 65 页），它名叫浮士德（1886 年出生），在很大程度上它促成了 1895 年符腾堡马被正式认定为一个独立的品种。

早期的符腾堡马是一种非常有用的通用型农场马，但到了 20 世纪 50 年代，育种者决定把它们繁育成一种更轻、运动能力更强的马。为此，特雷克纳马种马（见第 180 ~ 181 页）十二月于 1960 年被带到马尔巴赫，它对这个品种的发展有很大的影响，被认为是这个品种的奠基种公马。

现代的符腾堡马失去了一些早期马健壮结实的特质，但比后者更加优雅精致，又保持了其可靠性和温和的性情。它们耐寒、寿命长、饲养更经济。它们的动作充满活力、敏捷、准确，这表明其受到了阿拉伯马的影响。今天，符腾堡马仍然是马尔巴赫种马场特有的品种，在其他地方都没有养殖。

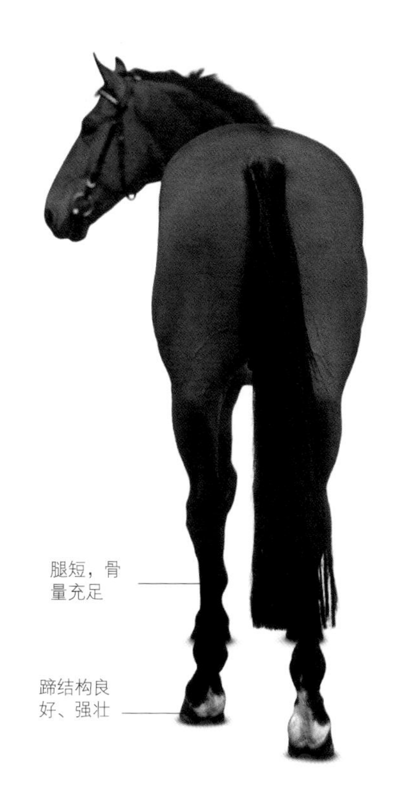

1948 年，1200 匹特雷克纳马从东普鲁士跋涉了 1450 千米到达瓦伦多夫，其中之一就有符腾堡马的奠基种公马十二月。

纳普斯特鲁马

体高	原产地	毛色
157 厘米（15.2 掌）	丹麦西兰岛	斑点

纳普斯特鲁马的历史可以追溯到拿破仑战争时期，当时西班牙士兵驻扎在丹麦。

这个引人注目的品种是一匹叫弗拉贝赫本的斑点栗色母马的后代。它被认为是西班牙马的后裔，以其速度、耐力和不同寻常的毛色而闻名。这匹马被描述为“深红色的被毛、白色的鬃毛和尾巴，身上覆盖着白色的雪花”。丹麦法官梅杰·维拉斯·伦恩少校把它与一匹忽洛丹斯堡种马（见第 172 页）进行了杂交。这匹母马是斑点马一个品系的奠基马。米克尔是它的孙子，是一匹著名的马车驾驭赛用马，生于 1818 年，被认为是一匹奠基种公马。纳普斯特鲁马主要是白色的，头部、躯干和腿部有褐色或黑色的斑点。

原先的纳普斯特鲁马是一种理想的挽马，它们强壮、头部粗糙、肩部强壮有力以及颈部壮而短。由于它们背部宽阔，马戏团的演员也很喜欢它们，因为演员可以在其背上跳跃。不幸的是，不明智的杂交方式，包括近亲繁殖，都只是将焦点集中在马身上的斑点上，而不考虑马的身体结构和体质，导致了这个品种的品质下降；再加上饲养它们的马房发生的一场灾难性的大火，造成了 22 匹马死亡。结果是，这种身体较重的纳普斯特鲁马衰落了。20 世纪 70 年代初，育种者在纳普斯特鲁马种引入了阿帕卢萨马血统，接着是将它们与荷尔斯泰因马（见第 164 ~ 165 页）和特雷克纳马（见第 180 ~ 181 页）杂交，这才繁育出现在的纳普斯特鲁马。这是一种多才多艺、乐于合作的骑乘马，可用于盛装舞步、三项赛和场地障碍赛。它们有阿帕卢萨马漂亮的外观，但在丹麦以外的地方很少养殖。纳普斯特鲁马天生较小，在育种中很流行，能繁育出骑乘用的小型马。斑点色使得它们天生受孩子们的欢迎。

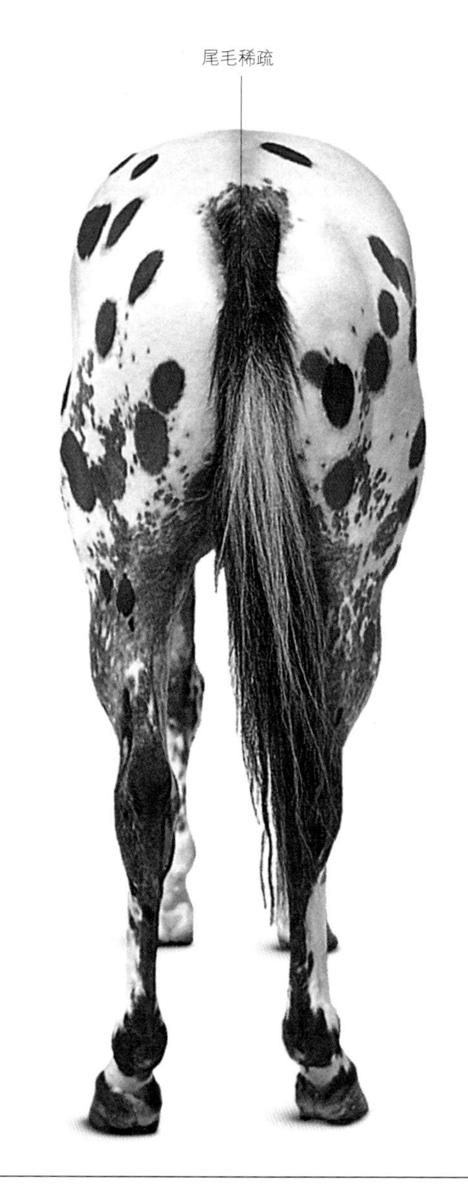

马戏团演员

在 19 世纪末到 20 世纪初的英国，伯特伦·米尔斯马戏团的古滕贝格家族（见右图）在无鞍马背上表演杂技。他们使用过很多类型的马，包括斑点马。因为斑点马非常引人注目，它们也经常被用于滑稽表演中，但它们并不比其他马更适合这项工作。就像教马做地面腾跃动作一样，这种训练需要时间和耐心。

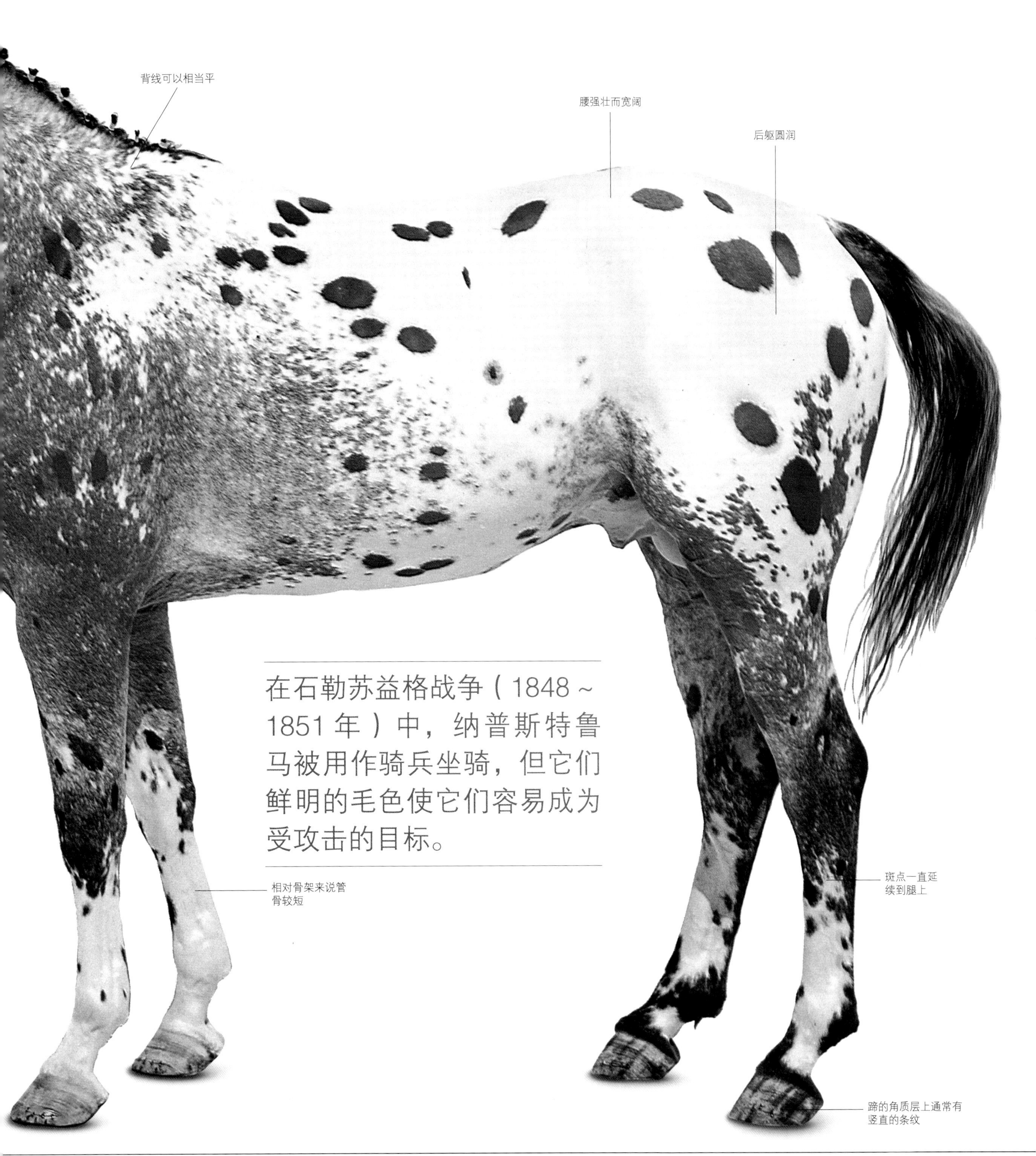

在石勒苏益格战争（1848～1851 年）中，纳普斯特鲁马被用作骑兵坐骑，但它们鲜明的毛色使它们容易成为受攻击的目标。

忽洛丹斯堡马

体高	原产地	毛色
155～170 厘米（15.1～16.3 掌）	丹麦	栗色

腓特烈五世

图中是在丹麦哥本哈根的阿玛利安堡皇宫外骑在马背上的腓特烈五世的雕像。1752 年，荷兰东印度公司委托法国雕塑家雅克・萨利（1717—1776 年）制作了这座雕像，据说他的灵感来自巴黎的路易十五雕像。萨利在皇家种马中选出 12 匹不同的种马作为模特，以创作该座雕塑。

忽洛丹斯堡马虽然在今天很少见，但在近 100 年的时间里，它们在整个欧洲都享有盛誉。

在 16 世纪，丹麦是优雅的骑乘马和马车马的主要发源地，同时也是军用马的重要来源地。忽洛丹斯堡马是在丹麦国王腓特烈二世（1534—1588 年）统治时期在皇家忽洛丹斯堡种马场下发展起来的，基础种群包括西班牙马和后来引入的、与西班牙马有关系的那不勒斯马。在 19 世纪，育种者用混种英国公马和东方种马，通常是阿拉伯马（见第 86～87 页），进行了异型杂交，结果繁育出了一种引人注目的骑乘马，它们动作高并且强劲有力。它们被用来改良其他品种，如日德兰马（见第 68 页）。

忽洛丹斯堡马大受欢迎导致了它们的毁灭。大量的出口，包括基础种群的一些马，严重损坏了其血统品系。皇家种马场在 1871 年左右被迫关闭。育种者专注于繁育一种聪明的马车马和较轻的挽马，由此这种与众不同的马开始走下坡路。最近，人们将母腓特烈斯堡马与纯血马（见第 114～115 页）和特雷克纳马（见第 180～181 页）杂交，繁育出了丹麦温血马（见右页）。今天，忽洛丹斯堡马数量很少，它们多被用于轻驾马车赛和马车驾驭赛。

冥王星是一匹白色的忽洛丹斯堡马，生于 1765 年，是利皮扎马品系的奠基马之一。

丹麦温血马

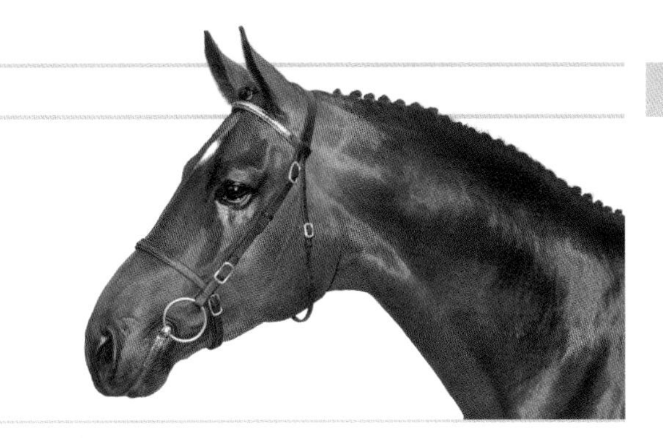

体高
168 厘米
（16.2 掌）

原产地
丹麦

毛色
任何纯色

品种推广

丹麦温血马协会孜孜不倦地推广丹麦温血马。威廉斯佰格会举办一年一度的马展，海宁也有年度展会，会上会展示最好的种马。这些推广工作获得了回报：荷兰骑手艾伯特·沃恩和荷兰温血马种马兰多在2000 年悉尼奥运会上获得了银牌。

由于天生的平衡力、力量和耐力，丹麦温血马是盛装舞步和越野赛用马的理想选择。

在 14 世纪，大部分的丹麦马都是在荷尔斯泰因（1864 年以前的丹麦公国）繁育的。多年来，丹麦马的育种一直是将德国北部的母马和西班牙种马杂交，以繁育出忽洛丹斯堡马（见左页）和荷尔斯泰因马（见第 164～165 页）等马。

虽然丹麦马术联盟早在 1918 年就出现了，但直到 20 世纪 60 年代，它才为丹麦的运动马建立了血统登记簿，这之后这种马才以丹麦温血马的名字而为人所知。

这个品种的基础是纯血马（见第 114～115 页）与原先的腓特烈斯堡马原种杂交繁育出的一种活泼的骑乘马，它们虽然保留了忽洛丹斯堡马厚实的身体和马车马的一些特征，但性情温顺且相当优雅。这些混种母马被用来与盎格鲁—诺曼种马（主要是赛拉·法兰西马，见第 148～149 页）、纯血马、特雷克纳马（见第 180～181 页）和大波兰马（见第 182～183 页）进行杂交育种。

赛拉·法兰西马使丹麦温血马结实、健壮，身体结构得到改良。特雷克纳马和大波兰马则对丹麦温血马的耐力、综合能力和温和的性情都有贡献。而纯血马则有进一步的影响，使丹麦温血马有了更好的运动能力，提升了它们的体质、速度和勇气。

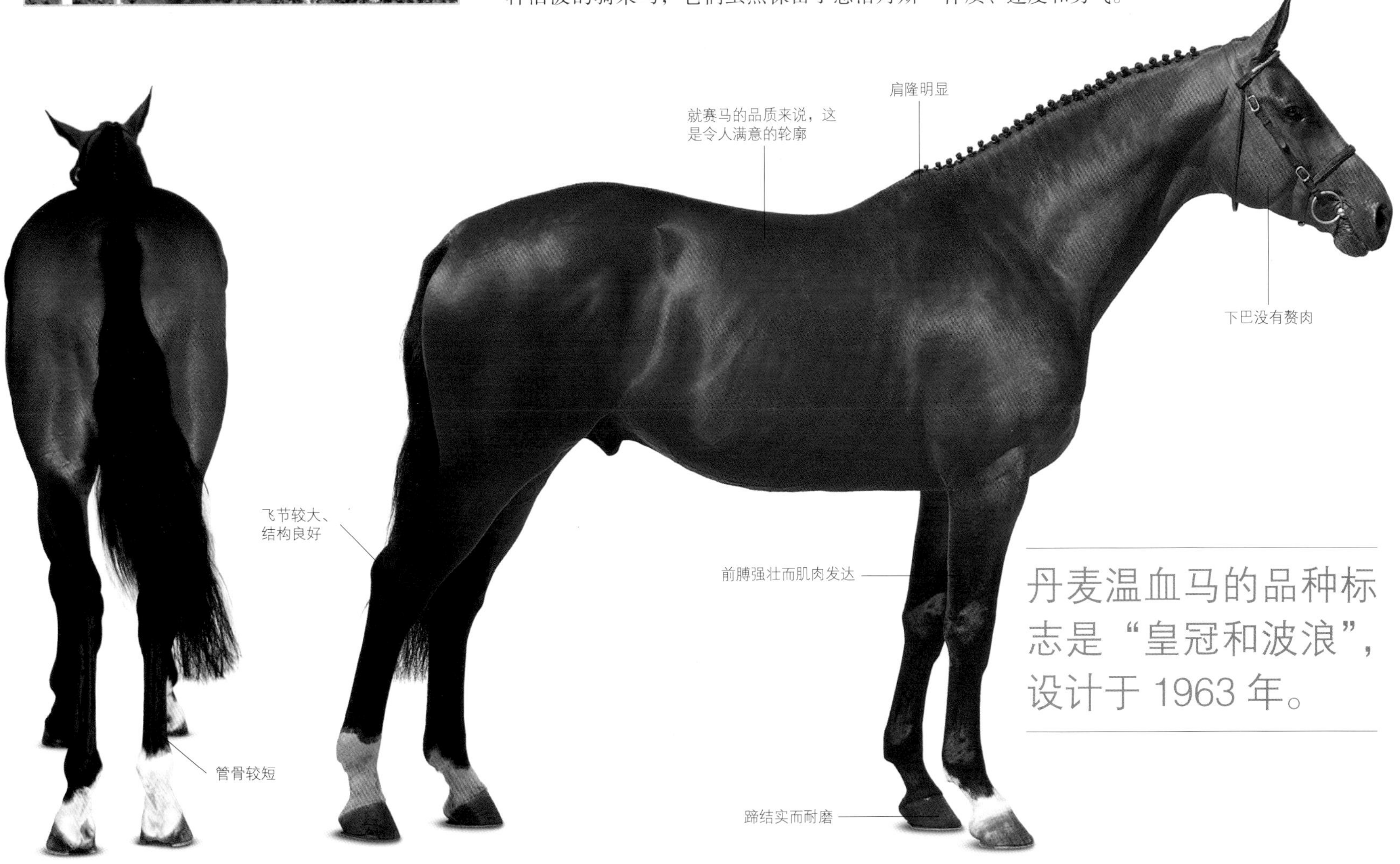

丹麦温血马的品种标志是“皇冠和波浪”，设计于 1963 年。

瑞典温血马

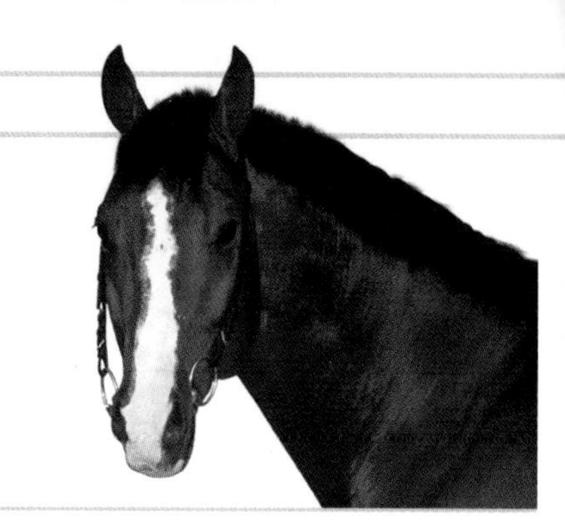

体高	原产地	毛色
168 厘米（16.2 掌）	瑞典	各种纯色

这种品质很高的骑乘马英俊、健壮、温顺、多才多艺，在许多比赛项目中表现都很出色。

瑞典有着悠久的马术传统，瑞典温血马——现在是一种与众不同的、非常成功的比赛用马——最开始是一种较好的骑兵用马。它们的繁育严重依赖纯血马（见第 114 ~ 115 页），因此瑞典温血马与英国和爱尔兰最好的中量级猎马（见 118 ~ 119 页）非常类似。

瑞典温血马的血统源自 17 世纪进口的马匹，最初是在 1621 年于弗莱茵的斯特罗斯荷摩种马场繁育的。1658 年，皇家种马场在瑞典南部的斯科纳（原丹麦的一部分）建立。这两座种马场现在都不是种马库，但仍然是受人推崇的马术中心。

17 世纪，瑞典的第一批进口马来自丹麦、英国、法国、德国、匈牙利、俄罗斯、西班牙和土耳其，品种繁多，没有固定的类型。这些进口马——尤其是西班牙马、弗里斯马（见第 158 ~ 159 页）以及东方血统的马——与当地母马杂交繁育出了这种活泼的、强壮的马。

在 19 世纪和 20 世纪，纯血马、汉诺威马（见第166 ~ 167 页）、阿拉伯马（见第 86 ~ 87 页）和特雷克纳马（见第 180 ~ 181 页）被引入到基础种群中，以繁育出类型越来越固定的身形大、力量足的马。

这种现代类型的马是骑乘马身体构造的一个典范，它们有轻松、笔直的步伐。瑞典温血马中的佼佼者是著名的盛装舞步、障碍赛和三项赛用马。它们也是很好的骑乘马，被大量出口欧洲其他国家和美国。这个品种已经经过了能力测试，它们作为种马之前还要经过更严格的检测。

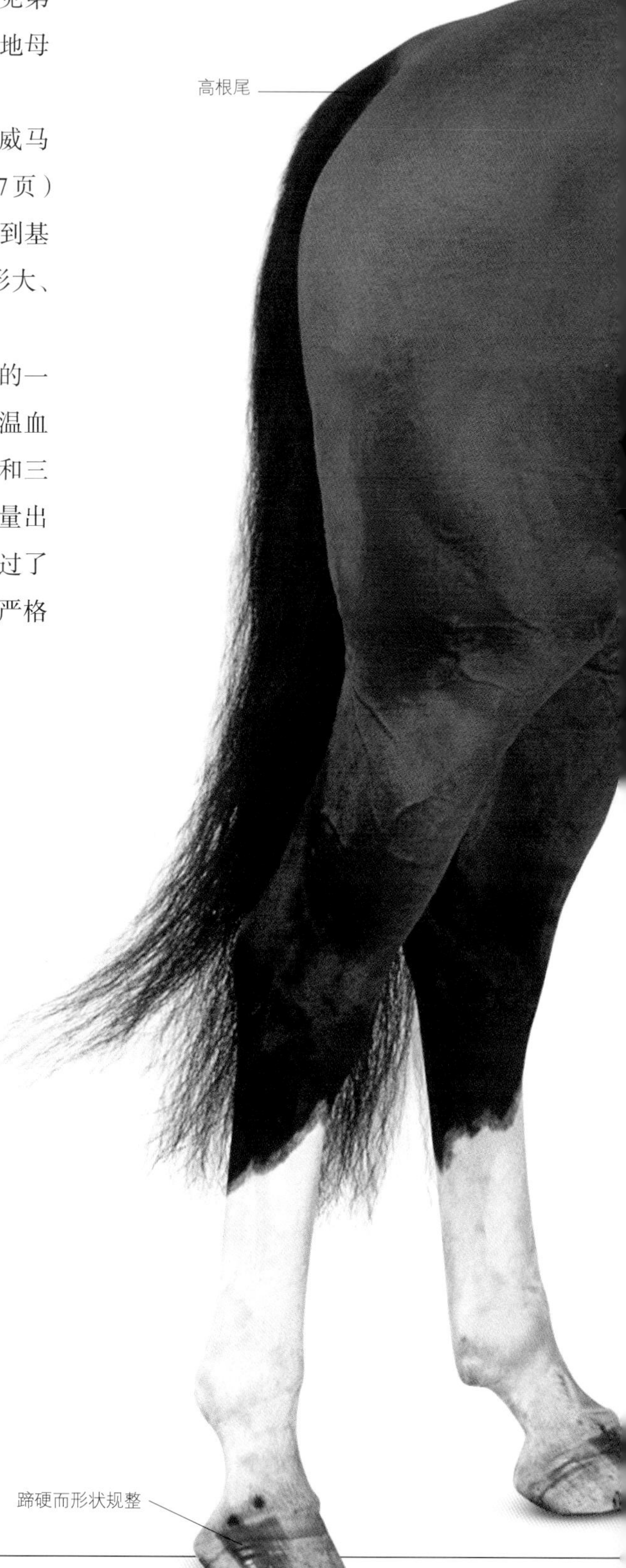

育种母马

瑞典育种母马（见下图）在繁育世界上最好的赛马中扮演着重要的角色。每年当地大约有 3000 匹瑞典温血马小马驹出生。瑞典温血马协会认为，大型牧场和高质量放牧能培育出最好的马，其中的许多小马驹将拥有出色的职业生涯。瑞典温血马也在世界其他国家繁育，比如美国和新西兰。美国有北美瑞典温血马协会。

瑞典在把马术项目引入奥运会方面发挥了重要作用。

多勒快步马

体高	原产地	毛色
高达 160 厘米（15.3 掌）	挪威	骝色或褐色，有少量黑色和栗色；偶尔有青色或兔褐色

小马驹

近年来，由于近亲繁殖，多勒・康伯兰德马和多勒快步马之间的差异进一步减少，它们都以出色的快步能力而著称。它们体形都相对较小，却都强壮有力，这也可能是它们受欢迎的原因。全世界大约有 4000 匹这种马——每年大约有 175 匹马注册。

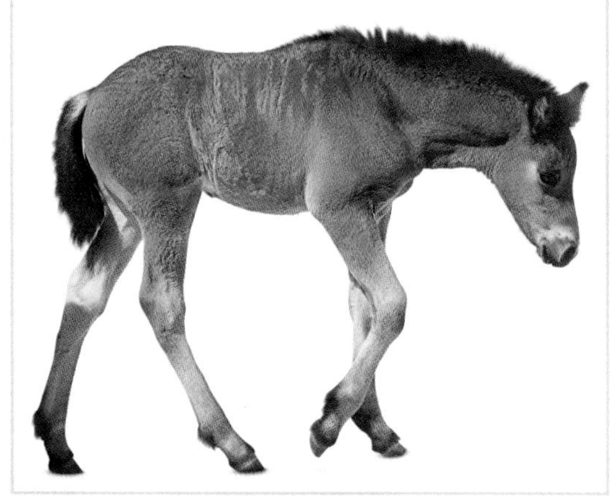

这种轻而结实的运动马是 19 世纪在挪威繁育的。

今天有两种类型的多勒马：多勒・康伯兰德马（见第 74～75 页，旧的“实用型”挪威马）和多勒快步马。最初，重挽马和快步马似乎没有什么区别，但在 19 世纪，随着轻驾车赛马在挪威兴起，饲养者开始为这项运动繁育赛马。1872 年，多勒・康伯兰德马分成两类：较重的农用挽马和较轻的比赛骑乘马。

多勒快步马是一种强壮的马，有较好的快步能力和容量很大的肺，源自轻型多勒・康伯兰德马与进口的快步种马——通常是瑞典马——的杂交。纯血马（见第 114～115 页）的血统也被引入多勒快步马，这可以从多勒快步马头部的长度看出。两匹种马——多伏尔和托夫特布伦——对这个品种的影响非常明显。多伏尔据说是一匹阿拉伯马，它是多勒快步马的奠基种公马。

1875 年，挪威快步马协会成立，以代表轻型类型的多勒马。1902 年，第一本多勒・康伯兰德马血统登记簿创建，包含了 1846～1892 年出生的两种类型的种马。从 1941 年开始，多勒快步马有了自己的血统登记簿，1965 年，挪威快步马协会接管了它。多勒快步马种马如果要进入血统登记簿，需要通过 1000 米的能力测试。

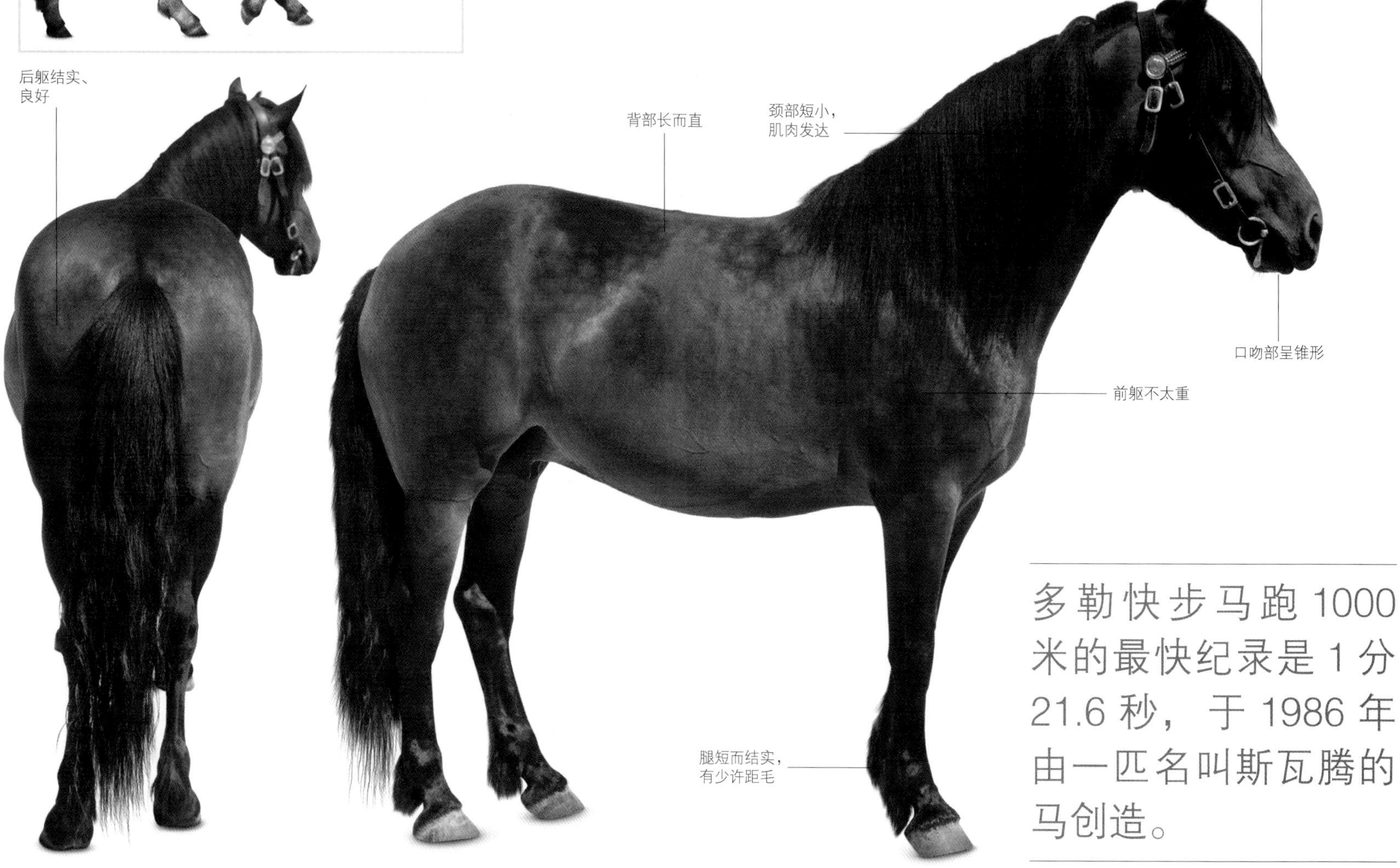

多勒快步马跑 1000 米的最快纪录是 1 分 21.6 秒，于 1986 年由一匹名叫斯瓦腾的马创造。

芬兰马

体高
155 厘米
（15.1 掌）

原产地
芬兰

毛色
各种纯色；主要是栗色

雪橇之旅

芬兰马的挽马背景使得它们成为拉雪橇的最佳选择。它们的腿很长，动作比较快，蹄踵的少量距毛可以帮助它们在雪地里行走。这种挽马在进入血统登记簿之前，需要进行拉力测试，还需进行拉车能力评估，以了解它们的协作能力和冷静度。

这种强壮、耐寒的马最初是为了承担繁重的农业和林业工作而繁育的。

芬兰马和瑞典北部马（见第 76～77 页）一样，被认为是一种冷血马，但并不是重型马。由于斯堪的纳维亚人对快步赛马越来越感兴趣，育种者们集中繁育耐寒、健壮、快步速度很快的轻型马。

最初芬兰的马有两种：一种是挽马，另一种是比较轻的通用型马。两种马的身体构造都不够优美，但都是可靠的工作马。挽马体格健壮，步伐快而充满活力，在机械化之前是林业生产和一般农业生产的理想选择。目前在一些地区，它们仍然被用于轻型林业工作和园林工作。1907 年，人们为这两种马创建了一本血统登记簿，并对马开始进行能力测试。1971 年，血统登记簿中又增加了一种骑乘马类型。

现在育种的重点是较轻的通用型马，如今的芬兰马是相当好的全能型马，在芬兰的马术学校很受欢迎，适合进行马场马术和跳越障碍训练。它们也参加轻驾车赛马和芬兰快步锦标赛。虽然芬兰马的骨架相对较小，但它们肩部有力，拉力十足。另外，它们速度快，动作敏捷，性情温和。

芬兰马占芬兰马匹总数的 25%。

爱沙尼亚马

体高	原产地	毛色
145 厘米（14.1 掌）	爱沙尼亚	骝色、栗色、黑色、青色；有一些为兔褐色

保护性放牧

除了绵羊、山羊和牛，小型马也被用于保护性放牧，以清理荒地，推动植物物种多样性的恢复。当地的动物更适合在当地的条件下生存。小型马在一些封闭的区域内放牧，使得其他区域不被破坏，这进一步促进了植物物种的多样性。

小型的爱沙尼亚马是一种濒临灭绝的品种，尽管人们正在努力提高它们的生存机会。

爱沙尼亚马曾被称为克来伯马，是一种来自波罗的海沿岸国家爱沙尼亚的小型骑乘马。关于这个地区的马的记载可以追溯到很多年以前。11 世纪，德国编年史家亚当·冯·布雷门在旅行中经过了很多地方，他提到了这个地区和这里的马。在 19 世纪，人们试图把这个地区的马培育成一种轻挽马。人们还举行了品种展示，同时还对其拉车能力进行了测试。后来，几家种马场相继建立：1856 年在本土建立了托里种马场、1870 年建立了新勒夫种马场，1902 年建立了新莫伊瑟种马场，后面两家种马场都是建在萨列马岛上。这些种马场的工作重点主要集中在繁育较重的工作马上。1921 年，爱沙尼亚本土马育种者协会成立。有 13 匹种马被用来提高这一品种的体高，同时这一品种引入了栗毛有白章的马。

爱沙尼亚马是非常棒的骑乘马。它们越来越多地被用于环境保护计划中（见左框）。土地所有者也可以通过饲养这些马而获得补贴。

作为骑乘马，爱沙尼亚马精力充沛，却又冷静、活泼而敏感。

拉脱维亚骑乘马

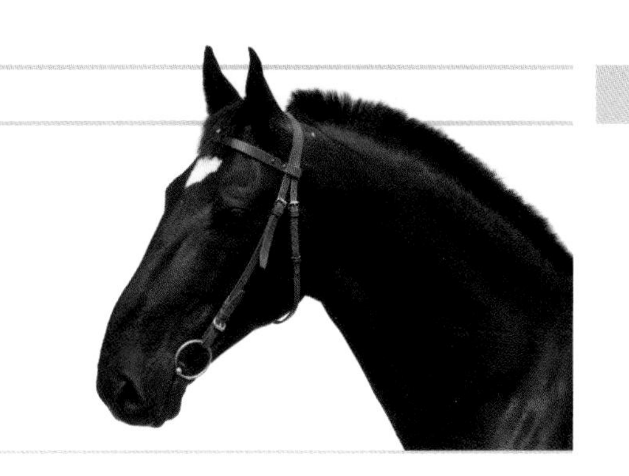

体高
160～165厘米
（15.3～16.1掌）

原产地
拉脱维亚

毛色
骝色、褐色、黑色，
很少有栗色

年轻的骑手

里加的骑手学校成立于2007年，旨在吸引拉脱维亚的年轻骑手——以及其他波罗的海国家的骑手——参加各种形式的马术比赛。这所学校是由一群热心人创办的，他们唯一的目的就是鼓励年轻人骑马。他们定期举行比赛，包括国际赛事。

拉脱维亚骑乘马是由本地品种与许多进口的欧洲品种杂交而繁育的。

育种者在19世纪90年代制订了一项以拉脱维亚轻挽马为基础的育种计划，他们将其与许多品种杂交，包括奥尔登堡马（见第160～161页）、汉诺威马（见第166～167页）和一些荷尔斯泰因马（见第164～165页）。1920～1940年，人们从荷兰和德国引进了更多的奥尔登堡马。它们成为这个品种的基础种群。

1952年，拉脱维亚骑乘马协会成立，并在拉脱维亚塔尔西市的欧克特种马场开展育种工作。在20世纪60～70年代，育种者引入纯血马（见第114～115页）的血统，目的是繁育一种更好更轻的运动马。

如今，拉脱维亚骑乘马在盛装舞步和场地障碍赛上取得了优秀的成绩，在骑乘旅行中也很受欢迎。蓬勃发展的拉脱维亚马术联盟经常组织国家、地区和国际性的赛事，并推动了整个拉脱维亚的马术运动发展。此外，拉脱维亚还有一个活跃的纯种马育种协会和一个拥有种马农场的拉脱维亚马育种协会。

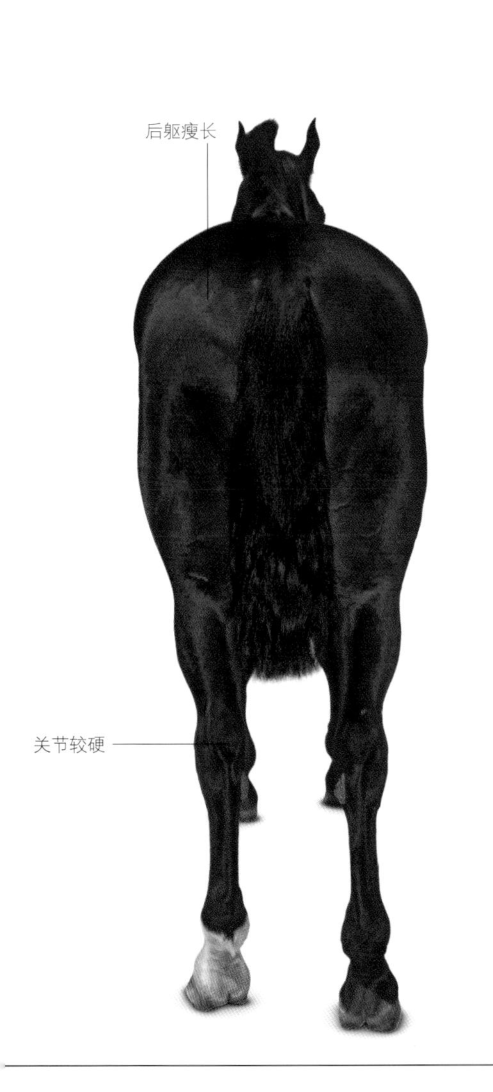

轻挽马的特点在现代拉脱维亚骑乘马身上仍然可见。

特雷克纳马

体高
157 ~ 173 厘米
（15.2 ~ 17 掌）

原产地
普鲁士（现立陶宛）

毛色
各种纯色

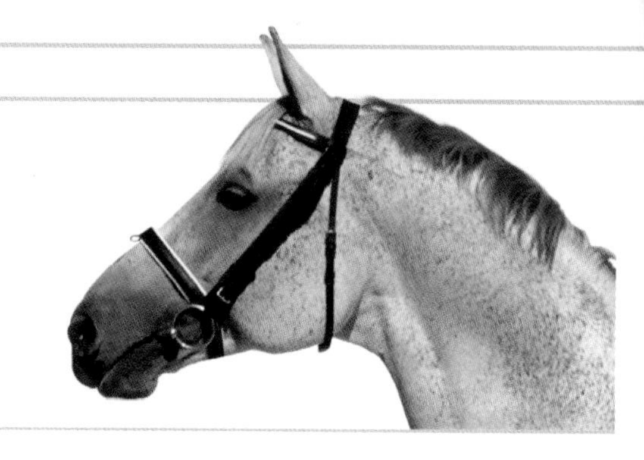

特雷克纳马敏捷而健壮，天生具有平衡感，主动性强，是一流的赛马和休闲骑乘马。

13 世纪，东普鲁士（现波兰）被条顿骑士团占领。他们以当地的斯韦肯小型马为基础，创立了马匹繁育产业。斯韦肯小型马可能源于柯尼克马（见第 303 页），前者是一种粗壮结实的小型马，被广泛用于农业生产。斯韦肯地区是特雷克纳马的发源地。

1732 年，普鲁士国王弗里德里希・威廉一世建立了皇家特雷克纳种马场。它成为普鲁士种马的主要来源地，很快就繁育出一种兼具速度和耐力的、优雅的马车马，特雷克纳种马场也因此而闻名。然而，在不到 50 年的时间里，育种的重点转向了繁育战马和在欧洲无与伦比的骑乘马。

在 19 世纪，人们引进纯血马（见第 114 ~ 115 页）和阿拉伯马（见第 86 ~ 87 页）以进一步改良品种。随着时间的推移，纯血马逐渐占据了主导地位。然而，阿拉伯马始终是一个强大的平衡因素，用以抵消纯血马带来的缺陷。

特雷克纳马被认为是最好的骑兵用马，在第一次世界大战中被广泛使用，虽然在战争期间它们的数量减少了一半，但很快就又恢复了。然而，在第二次世界大战结束时，俄国人向波兰挺进并把许多马送回俄国，这个品种再次受到了严重的威胁。向反方向逃难的难民夺了数千匹马，有许多马在这次危险的冬季旅行中受伤或死亡，其中包括几百匹特雷克纳马。

特雷克纳马在国际体育比赛中创造过不俗的纪录。在 1936 年的柏林奥运会上，德国马术队由特雷克纳马组成，它们赢得了所有马术项目的奖牌。近年来，它们在盛装舞步、场地障碍赛和越野赛中都获得了成功。如今，它们被饲养在世界各地，但主要还是在德国。

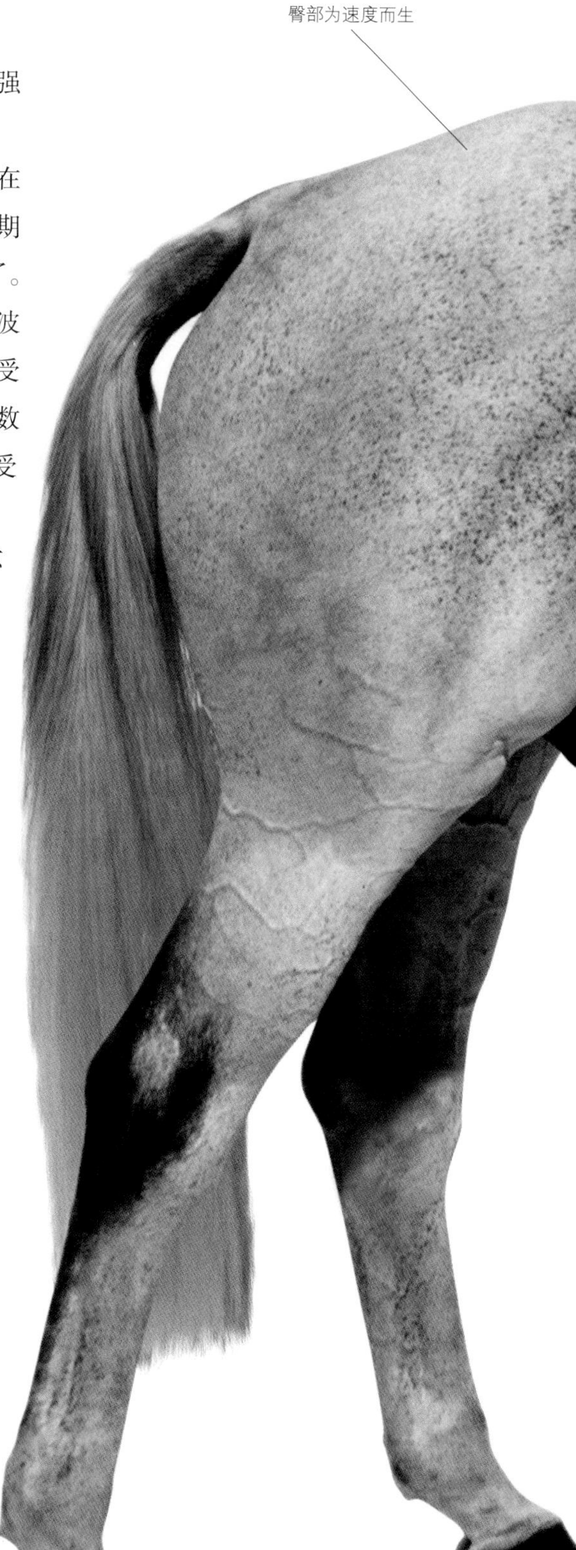

一种品质很好的马

特雷克纳马几乎是一种理想的、现代的、全能的赛马或骑乘马，也许是由于它们的基础原种比较耐寒，也许是由于育种者每隔一定的时间在繁育这种马时会谨慎地使用阿拉伯马。与大多数温血马相比，它们似乎更能吸收其他优良品种的优良品质，同时又能保持其鲜明的特性。它们的改良性影响在欧洲许多用于体育运动的品种中都非常明显。

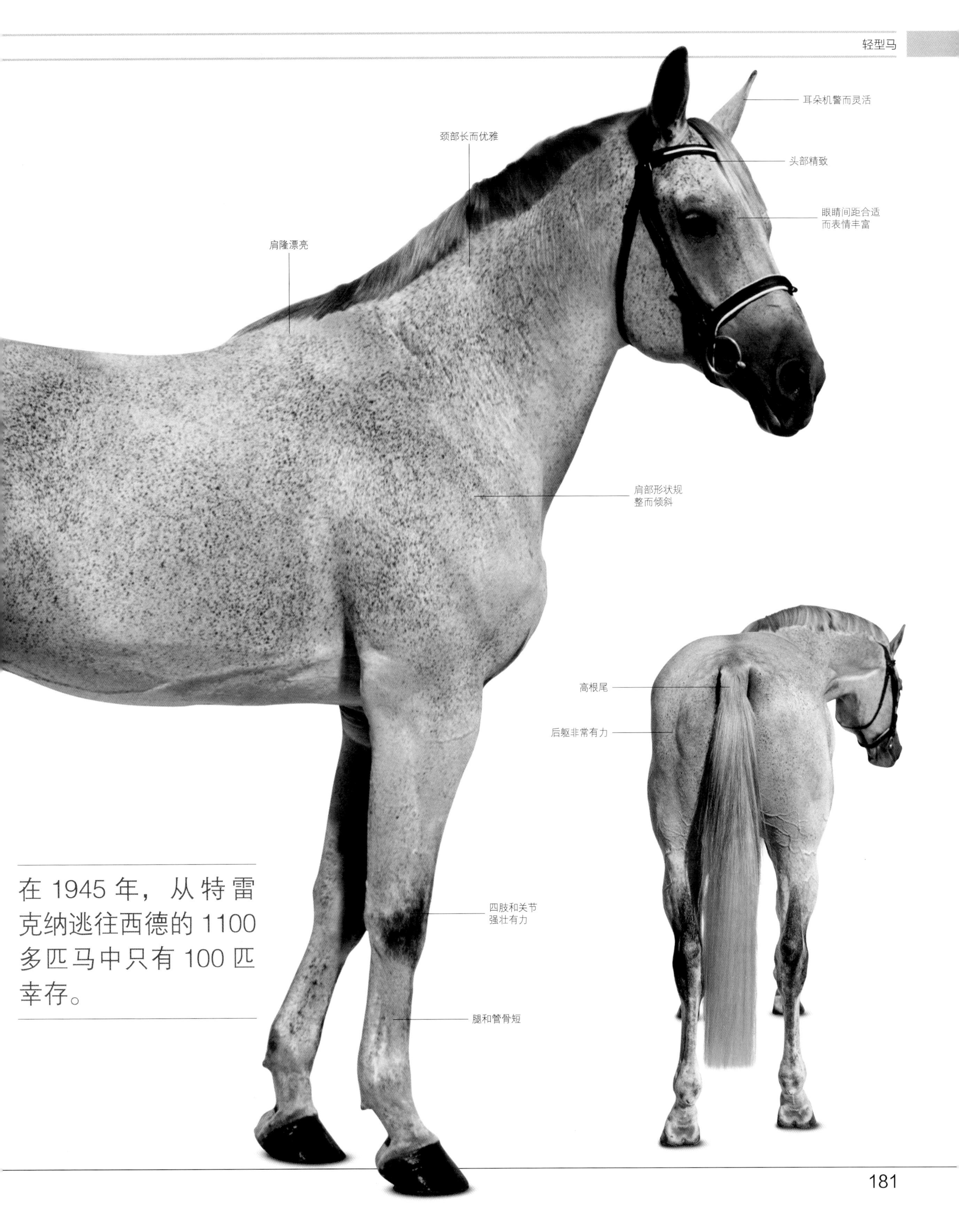

在 1945 年，从特雷克纳逃往西德的 1100 多匹马中只有 100 匹幸存。

大波兰马是最有潜力成为三项赛用马的温血马。

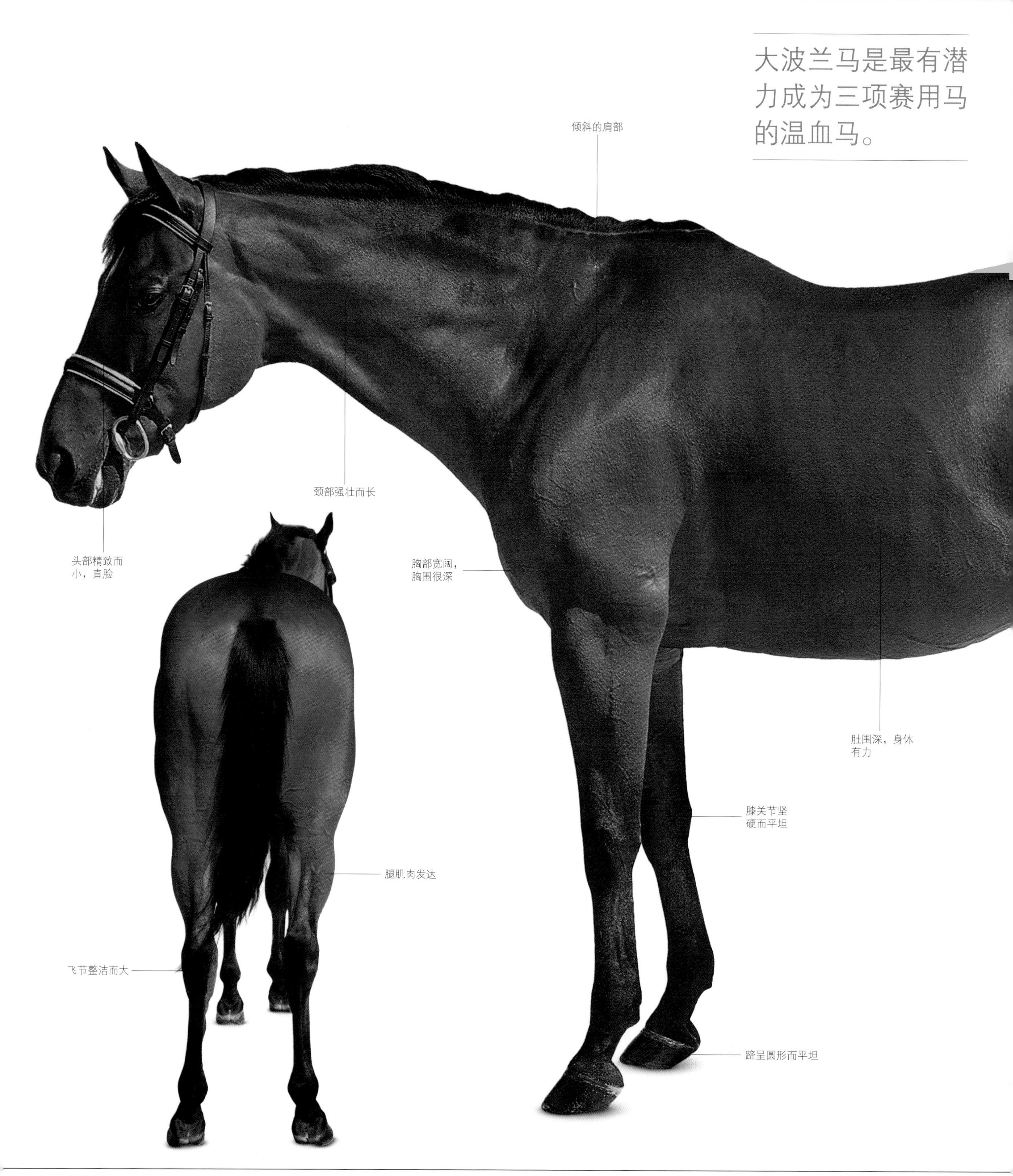

大波兰马

体高 168厘米（16.2掌）

原产地 波兰

毛色 各种纯色

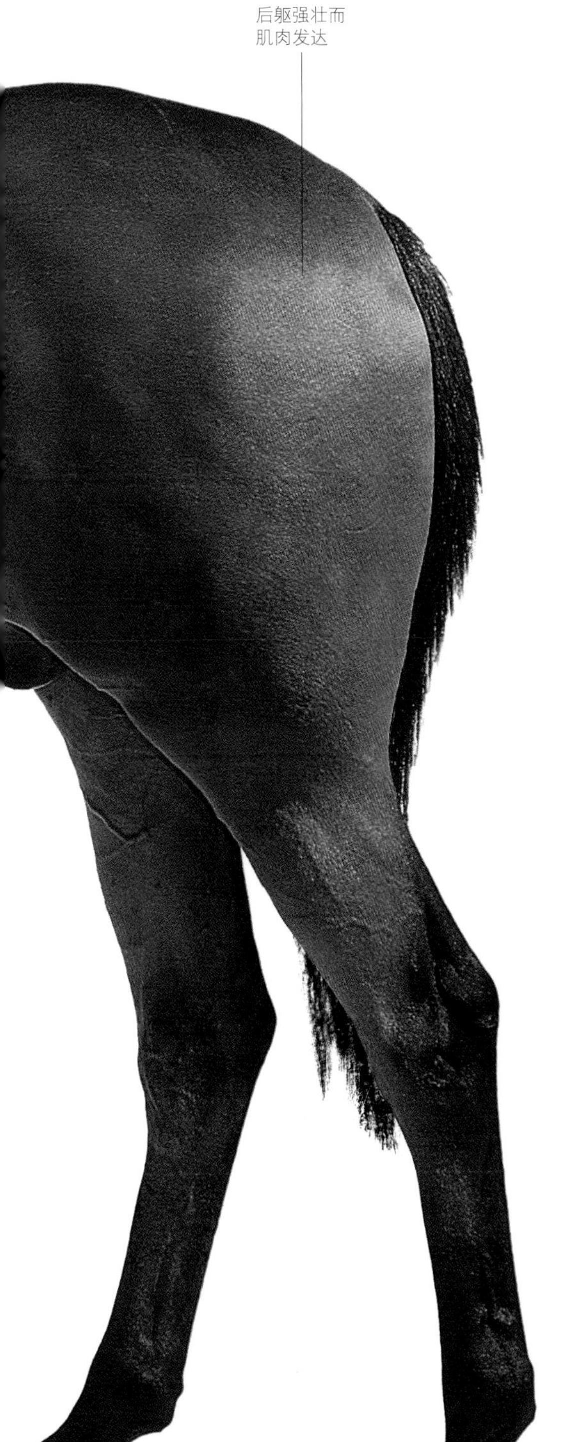

作为一种赛马，大波兰马非常强壮，以良好的步伐自然地保持着平衡。

在19世纪，波兰人和匈牙利人有在欧洲无人能及的马术传统，他们偏爱阿拉伯马（见第86～87页）或阿拉伯马类型的马，并将其作为骑兵的坐骑。波兰的大多数马种都有阿拉伯马血统，其最重要的温血品种之一——大波兰马也不例外。

波兰的阿拉伯马种马场是由波兰贵族创建的，繁育一些稀有而独特的品种，在整个欧洲都很有名。1803年，桑格斯科王子是第一个引进阿拉伯马的人，他派遣了一名特使去斯拉武塔为他的种马场购买马匹。他的后辈波托基伯爵在20世纪晚些时候建立了著名的安东尼种马场。波托基是很好的骑手，也是很有能力的育种者，他繁育出了许多阿拉伯马的品系，以及一些有斑点和彩色的马，这些马外貌上是阿拉伯马，也有同样有特点的动作。

大波兰马主要是在波兰中部和西部地区饲养，它们是由两种波兰温血马——波兹南马和马祖里马杂交而产生——后来又与纯血马（见第114～115页）、阿拉伯马和盎格鲁——阿拉伯马（见第142～143页）进行过杂交。它们身形庞大，比例匀称，是一种非常实用的通用型马，既能拉车，又能骑乘，还非常容易饲养，相当经济。大波兰马中较重的类型活泼而又强壮，脾气也非常好，是很好的工作马。然而，今天大波兰马的育种重点变成了繁育一种更轻、运动能力更强的马，使马在符合现代竞技训练要求的同时，还能保持主动性强的特点。

大波兰马是特雷克纳马（见第180～181页）的近亲。由于大波兰马中纯血马的血统占比很高，大波兰马还是优秀的跳跃者，既有速度，又有耐力和勇气去参加越野赛。

波兹南马和马祖里马

大波兰马有两个波兰祖先，分别是波兹南马和马祖里马。波兹南马是19世纪一个成熟的品种，最初是在波兹南附近的波萨多沃、拉科特和戈莱沃繁育的一种农用马。马祖里马则来自马祖里地区，主要在利斯基，由斯塔罗加、克维曾和格涅兹诺的种马场繁育出来。这两个品种都已被官方宣布灭绝了，但它们最好的特征都体现在了优秀的大波兰马身上。像大多数品种一样，这种马表现出了作为全能的竞技表演者的巨大潜力。

捷克温血马

体高	原产地	毛色
163 ~ 168 厘米（16 ~ 16.2 掌）	欧洲中部	任何纯色

金斯基马

金斯基马被称为波希米亚金马，因为它们大多数是淡黄色、鹿皮色、焦茶色、淡栗色和米黄色的。这个品种与捷克贵族金斯基家族有关。金斯基马是著名的骑兵坐骑，顶级纯血马血统的引入使它们在障碍赛马中表现突出。现在，它们常被用于比赛或休闲骑乘。

作为马术界的新手，这个可靠、温顺的品种很容易驾驭。

捷克温血马也被称为捷克混血马，本质上是中欧各品种马的混合。这些马的共同特征——也是最重要的育种目标——是"可骑乘性"。

捷克温血马的血统构成是在斯洛伐克和捷克共和国种马场饲养的马。农聂斯马（见第204页）、弗雷索马（见第205页）、基特兰·阿拉伯马（见第202 ~ 203页）和以它们为基础的英国混种马，与沙加·阿拉伯马（见第199页）一起，成为捷克温血马血统的构成部分。

由于捷克温血马的祖先是混血血统，它们没有占统治地位的血统。然而，在大多数情况下，背景中的血统越占优势，与该品种相关的身体构造特征就越明显。例如，阿拉伯马对捷克温血马有相当明显的影响，从稍直的臀部、低而宽的肩隆和肩部的位置就可以看出，而捷克温血马的动作更像是轻型四轮马车马的动作。

该品种的马通常体格强壮，有令人满意的、中型骑乘马的身体构造。捷克温血马被认为是理想的骑兵坐骑，最初的繁育目标也是骑兵用马。从军用马转移到民用马后，捷克温血马基本上是一种"骑乘俱乐部"的马。它们也是一种相当温顺的盛装舞步马，其步伐品质相当高。

捷克温血马的背景非常复杂，它们是作为一种可爱而可靠的坐骑而繁育的。

艾因西德勒马

体高	原产地	毛色
168 厘米（16.2 掌）	瑞士	各种纯色

瑞士马展

每年，瑞士阿尔卑斯山区的赛涅莱日耶都会举办马尔什国家赛马大会。这一盛会开始于 1897 年，目的是推广当地的马种，但现在已经变成了一个综合性的赛马和售马活动。大会同时还举行骑马比赛和驾车比赛，无马鞍赛马和穿着奇装异服的骑手也很吸引人。大会能吸引 5 万多名观众。

艾因西德勒马又名“瑞士温血马”，它们体形庞大、性情温和、体格健壮，是一种全能型马。

艾因西德勒马的祖先是在瑞士卢塞恩以东的艾因西德勒本笃会修道院中繁育出来的。从 10 世纪开始，这座修道院就以用当地原种繁育骑乘马而闻名。这个品种在 19 世纪末开始出现，目前在伯尔尼附近阿旺什（见右页方框）的瑞士国家种马场中育种。

在 19 世纪，由于引进了母盎格鲁—诺曼马和名为布拉肯的约克夏挽马种马，这一品种得到了改良。后来，育种的重点转移到将荷尔斯泰因马（见第 164 ~ 165 页）和诺曼马杂交。随后，在 20 世纪 60 年代末，瑞典和爱尔兰的母马被引进到阿旺什，在那里繁育这个品种。育种所用的种马多种多样，包括盎格鲁—诺曼马、荷尔斯泰因马和瑞典马，还有一些本地马。

艾因西德勒马的筛选过程和能力测试都很严格。种马在 3 岁半时接受第一次测试，5 岁时要再次接受测试，这些测试包括场地障碍赛、盛装舞步、越野赛和马车驾驭赛。母马则在 3 岁时接受测试，除非它们的父母是登记过的半纯种，否则不能进入血统登记簿。

这个品种的出现源于对骑兵用马的需求。

弗赖贝格马

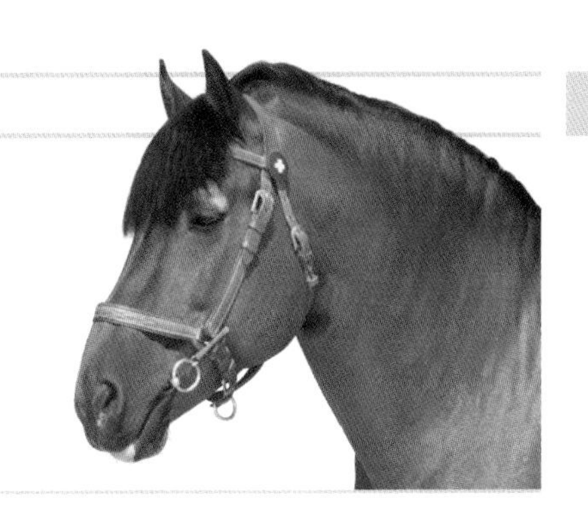

体高
152厘米
(15掌)

原产地
瑞士

毛色
通常为骝色、深骝色或栗色有白章

阿旺什种马场

阿旺什种马场成立于1874年，目的是繁育用于育种的种马。1927年，它由国家来接管。20世纪末，随着人们对马术的兴趣日益增加，种马场宣布将以繁育运动马作为目标。1998年，它更名为瑞士国家种马场。它现在是马类研究发展中心。

弗赖贝格马最初是一种山地马，动作活泼，步伐稳健，冷静温和。

弗赖贝格马原产于瑞士西部山区的侏罗，这个地区位于法国边境，因此弗赖贝格马还有一个别名叫弗朗西斯—蒙太涅马。它们体格健壮，四肢和蹄都结实，保留了小型高地农场所需要的驮马的特征。几代人以来，它们一直受到瑞士军队的欢迎。现在瑞士军队中仍有少量这种马，被用作驮畜。

和艾因西德勒马一样，弗赖贝格马也是在位于阿旺什的瑞士国家种马场繁育出来的（见左框）。许多弗赖贝格马的血统可以追溯到一匹叫瓦利恩特的种马，它是利奥一世的曾孙，利奥一世是一匹与诺福克公路马（见第151页）有关系的混种英国猎马。瓦利恩特的父系和母系的祖母都是波莱特，一匹由盎格鲁—诺曼马和纯血马（见第114～115页）繁育的母马。对弗赖贝格马还产生影响的是一匹叫伊姆普鲁的盎格鲁—诺曼马，人们用其曾孙沙瑟尔繁育了弗赖贝格马的第二个重要品系。

直到第二次世界大战后，弗赖贝格马一个新的血统品系由一匹诺曼血统的种马——乌鲁斯繁育。从那时起，异型杂交就被严格控制了。育种者通常选用的是盎格鲁—诺曼马，但也使用阿拉伯马。如今，育种者专注于繁育更小、更轻的弗赖贝格马。

弗赖贝格马有时被称为轻型冷血马。

哈福林格马

体高	原产地	毛色
140 ~ 150 厘米（13.3 ~ 14.3 掌）	奥地利	栗色、帕洛米诺色

由于哈福林格马原产地为山区，它们步履稳健而强壮，这种漂亮的小马被用于各种活动。

哈福林格马原产于奥地利南部的蒂罗尔州，它们的名字来自哈福林格山区，这里现在是意大利的一部分。这种马有非常引人注目的栗色或淡黄褐色被毛和对比鲜明的、淡黄色的鬃毛和尾巴，是世界上最迷人的马之一。尽管哈福林格马和意大利的阿福林格马（见第 53 页）都被认为是冷血马，但它们有着强大的东方血统背景：这两个品种有一个共同的祖先——奠基种公马阿拉伯马埃尔·巴达维。这匹种马是在 19 世纪由奥地利的一个委员会引进的，之后它与一匹叫提洛尔的山地母马杂交。

哈福林格马在山地小农场里被当作较轻的挽马和驮马来使用，也被用来做林业工作。然而，在第二次世界大战期间，育种工作主要集中在繁育更小、更结实的马上，以作为骑兵用马和重挽马。1946 年，在提洛尔育种协会重新建立之后，育种者开始实施一项育种计划以用于恢复骨架较轻的马。从那以后，育种者对育种计划严格控制以确保将马良好的外表保持下来。

如今，哈福林格马仍然被用于不适合使用机械设备的林业工作。该品种是一种优良的、适合骑乘和拉车的通用型休闲马，其冷静的气质非常适合年轻骑手。这种山地马非常健康、主动性很强，而且非常长寿。哈福林格马的主要种马场是位于奥地利蒂罗尔州的埃布斯种马场，这一品种目前遍布 60 多个国家，包括美国、新西兰和澳大利亚。

山地品种

传统上哈福林格马是在空气稀薄的高山牧场中饲养的。因此，哈福林格马发育出了强壮的心脏和肺。它们天生步履稳健——无论是用于骑乘还是拉车——以适应陡峭的坡地。哈福林格地区的村民有理由为这个品种感到自豪。所有奥地利的哈福林格马都带有雪绒花形的品种标志，标志中心是字母“H”。

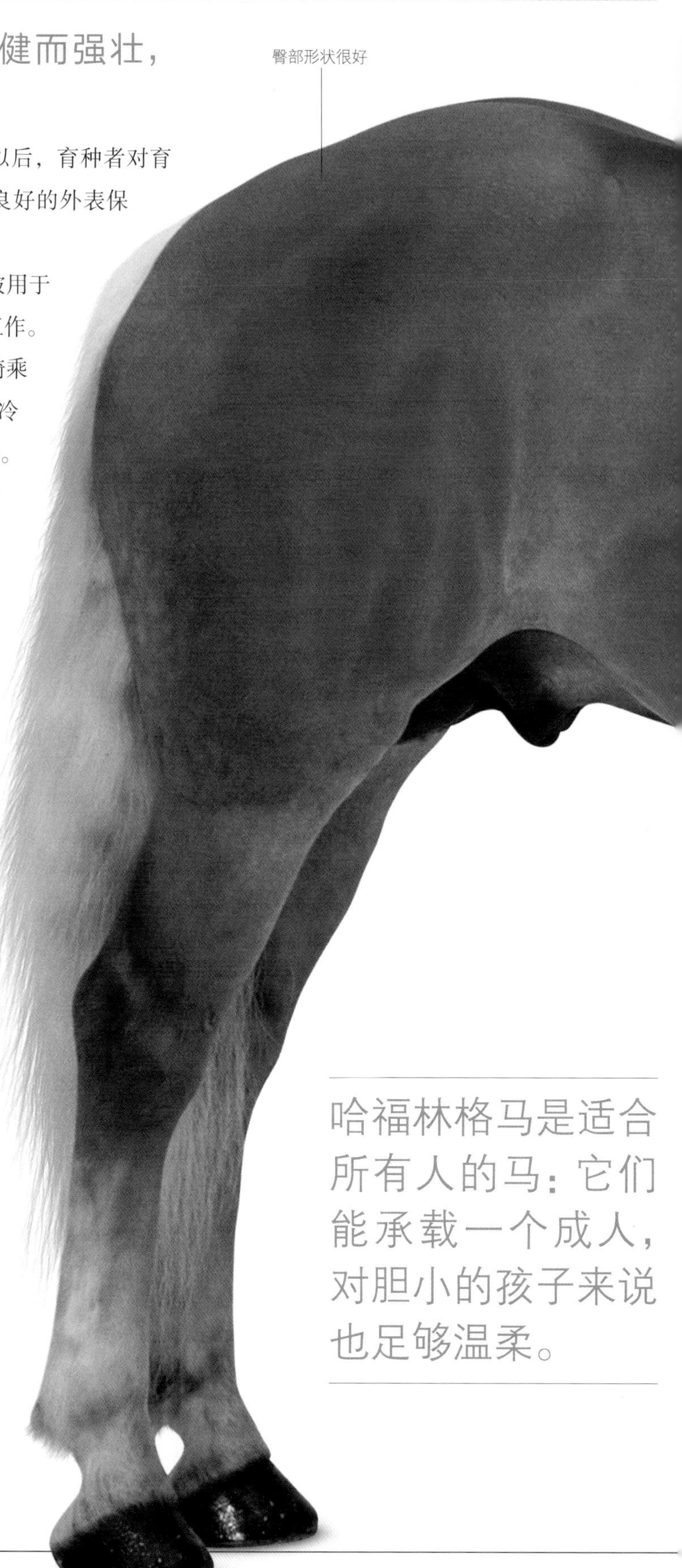

臀部形状很好

哈福林格马是适合所有人的马：它们能承载一个成人，对胆小的孩子来说也足够温柔。

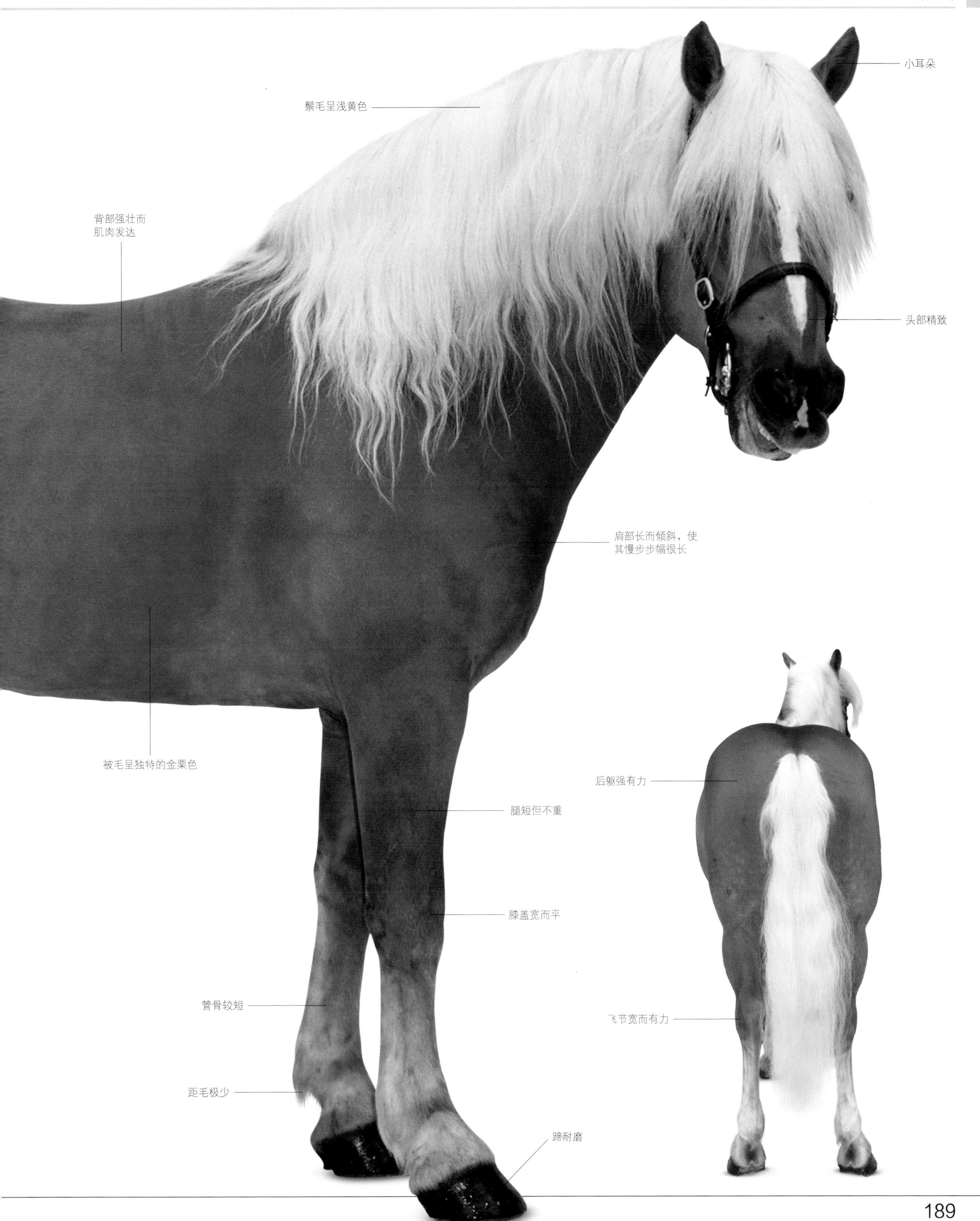
小耳朵
鬃毛呈浅黄色
背部强壮而
肌肉发达
头部精致
肩部长而倾斜，使
其慢步步幅很长
被毛呈独特的金栗色
后躯强有力
腿短但不重
膝盖宽而平
管骨较短
飞节宽而有力
距毛极少
蹄耐磨

撒丁岛盎格鲁—阿拉伯马被卡宾枪骑兵（意大利警察）用作坐骑，也在岛上的传统民间节日中使用。

撒丁岛盎格鲁—阿拉伯马

体高	原产地	毛色
157 厘米（15.2 掌）	意大利撒丁岛	骝色、褐色、栗色、青色和黑色

这种大胆、聪明的马速度快，耐力好，适合在许多不同的比赛中使用。

几个世纪以来，撒丁岛人从附近的北非进口马匹，通过将阿拉伯马（见第 86～87 页）和柏布马（见第 88～89 页）杂交建立了岛上的品种。15 世纪，在西班牙国王斐迪南二世（1452—1516 年）在阿巴桑塔附近建立了一座西班牙马（现在叫安达卢西亚马，见第 134～135 页）种马场，繁育出了一种独特的马。后来，蒙特米涅瓦、帕德罗马努和莫尔斯又相继建立了其他的种马场。在这里繁育出来的骑乘马以坚韧、耐力好而闻名。

当撒丁岛在 1720 年由西班牙划归给萨伏伊王室时，马的品质开始下降，直到 1908 年阿拉伯马被引入以改善马的血统。后来，从 20 世纪 20 年代开始，育种者引入了纯血马种马（见第 114～115 页）。1967 年，这一品种得到了官方的认可，育种者希望其血统中至少有 25% 的阿拉伯马血统。因此，现在最好的撒丁岛马具有明显的阿拉伯马或东方马特征。

锡耶纳赛马节

意大利锡耶纳的大广场每年有两次被用作赛马场，代表着这座城市 17 个居民区的 10 位骑师会骑在无马鞍马背上进行比赛。这种激烈的搏斗赛马规则严格，允许使用各种手段战胜对手。这个比赛也允许赌马，赛前还会有盛装游行。动物福利组织不停呼吁停止举办这种活动，但它目前仍是一项很受欢迎的活动。

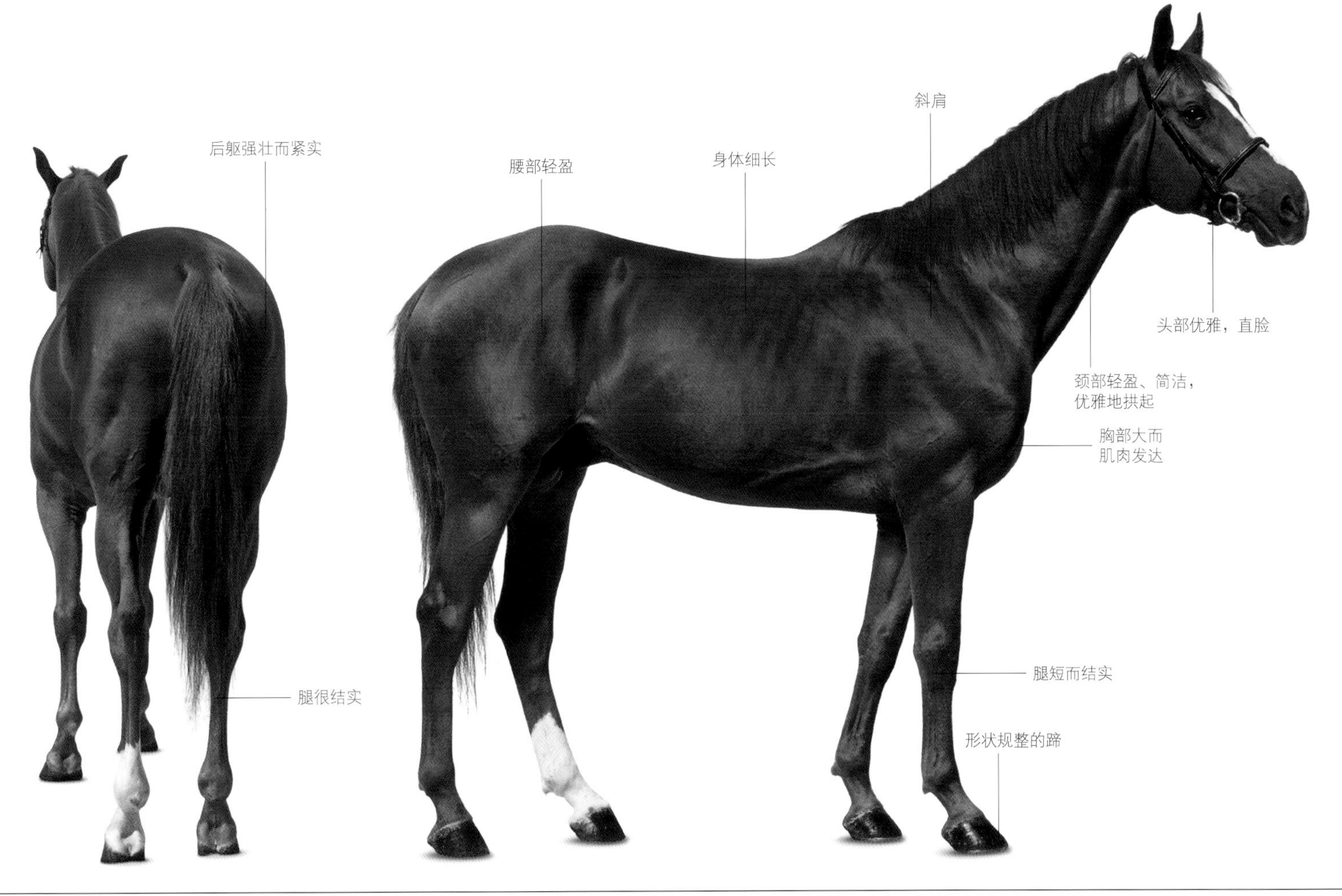

萨莱诺马

体高	原产地	毛色
超过 163 厘米（16 掌）	意大利	各种纯色

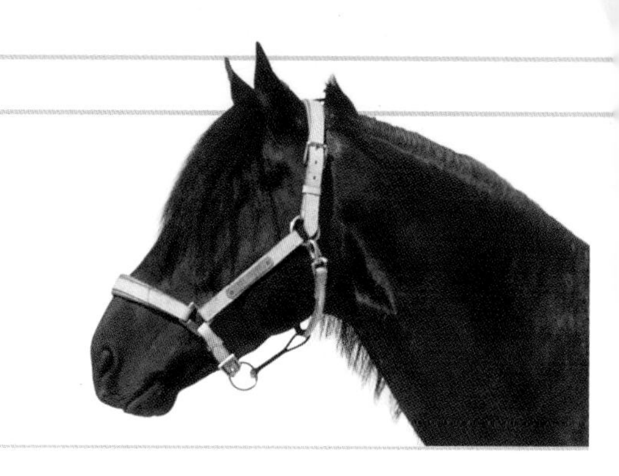

萨莱诺马可能是意大利最好的骑乘马，它们体格健壮，性情温和，擅长跳跃。

萨莱诺马原产于 18 世纪意大利西南部的坎帕尼亚地区，是意大利最漂亮的温血马之一。它们是由那不勒斯国王、后来的西班牙国王查尔斯三世于 1763 年建立的佩萨诺种马场繁育的。在佩萨诺繁殖的马，当时被称为佩萨诺马，是以索伦托和那不勒斯附近繁育的那不勒斯马为基础，引入西班牙马、阿拉伯马和柏布马繁育而来的。虽然和伊比利亚品种的马相比那不勒斯马比较粗糙，但那不勒斯马当时在意大利被认为是最好的古典马术用马之一，它们漂亮的动作和健壮的四肢令人赞叹。那不勒斯马与萨莱诺和奥凡托山谷的当地马杂交，又与进口的阿拉伯马和西班牙马杂交，从而繁育出一种独特的、优质的骑乘马。

1860 年意大利共和国成立后，种马场就被关闭了。当 1900 年育种工作恢复时，佩萨诺马这个古老的名字就消失了，这个品种渐渐被人称为萨莱诺马。人们引进纯血马（见第 114 ~ 115 页）对马的血统进行了改良，繁育出了一种更高大的骑兵用马，现在仍用在军队中。

距离原来佩萨诺种马场不远的莫尔斯种马场繁育出了一些有名的马。这其中包括两匹最伟大的意大利障碍马——梅拉诺和波西利波，它们的骑手都是意大利王牌骑手雷蒙多·因泽奥。1956 年，梅拉诺和因泽奥获得了世界杯冠军；1955 年，梅拉诺和德国骑手汉斯·温克勒获得世界杯冠军；在 1960 年罗马奥运会上，因泽奥赢得了个人金牌，骑的马是波西利波。现在的萨莱诺马有更多纯血马血统，而且更精致。萨莱诺马有许多优点和用途，但现在它们已经变得越来越稀有了。

独属于他的时代

雷蒙多·因泽奥将军是意大利骑兵部队的一名军官，他以在比赛时穿着制服而闻名。在他的运动生涯中，他获得了 6 枚奖牌——1 枚金牌、2 枚银牌和 3 枚铜牌。正是他的骑马风格使他脱颖而出。在"自然驯马法"出现前的很长一段时间里，他就相信自己能与马绝对和谐地工作，拒绝任何控制马的想法。他的哥哥皮耶罗也是位成功的骑手。雷蒙多于 2013 年去世，享年 88 岁。

著名的萨莱诺马骑手雷蒙多·因泽奥是第一位连续参加八届奥运会的运动员。

玛雷曼纳马

体高	原产地	毛色
160 厘米（15.3 掌）	意大利	各种纯色

巴特罗和他的马

曾经，人们放牧都需要骑着马。在托斯卡纳，巴特罗们放牧时骑着玛雷曼纳马。巴特罗马鞍深而舒适，适合长时间骑乘。如今，玛雷曼自然公园是最后一批巴特罗的家园，他们用带长柄的钩子，放牧长着长角的玛雷曼纳牛。

这个“纯朴”的托斯卡纳品种力量大、耐力好、主动性强、用途广泛，大大弥补了它们外表的不足。

玛雷曼纳马的起源尚不清楚，它们很可能来自西班牙马、那不勒斯马、阿拉伯马（见第86～87页）和柏布马（见第88～89页）。在19世纪，育种者将当地的马与进口的英国马杂交，特别是诺福克公路马（见第151页）和纯血马（见第114～115页），把这作为改良粗糙的本地种群的一种手段。

尽管玛雷曼纳马外表上还有些粗糙，但从20世纪40年代开始，育种者使用质量更好的种马，使得玛雷曼纳马的后代拥有比原来的种马更好的四肢和身体构造。玛雷曼纳马的品种协会在1979年成立。在2015年，血统登记簿上登记有2652匹母马和122匹公马，现在该血统登记簿已经关闭，只接受四种有历史渊源品系的马（奥泰洛、伊亚斯、安格尔和乌塞罗）。

玛雷曼纳马很适合做较轻的农业工作，在过去，它们也是一种可靠的骑兵用马，被骑兵部队大量使用，也很受警察和巴特罗（意大利对牛仔的称呼，见左框）的欢迎。巴特罗用于牧牛的马以飞节强壮而闻名。玛雷曼纳马速度并不是特别快，但力大无穷和温顺的性情使它们应用范围广泛。

玛雷曼纳马以能协助牧牛而闻名。

穆尔格斯马

体高
152 ~ 163 厘米
（15 ~ 16 掌）

原产地
意大利

毛色
黑色或蓝沙色，偶尔为金属青色

优秀的全能型选手

穆尔格斯马与弗里斯马（见第 158 ~ 159 页）外表相似，体格魁伟，体形庞大。这个古老的品种在世界范围内有一小部分热情的追随者，并且在它们的家乡普利亚地区很受欢迎，在血统登记簿上登记有 1500 多匹马。据说该品种的种马性情安静，所以不需要用阉割来控制它们。这种马的被毛有与众不同的金属光泽。

这个山地品种非常耐寒，适合在干燥的丘陵地带饲养。

15 世纪和 16 世纪，这种来自意大利东南部普利亚的摩日地区的马的需求量很大，尤其是意大利骑兵部队，因为它们体格强健，蹄也很结实。但大约 200 年前，人们对穆尔格斯马失去了兴趣，它们几乎消失了。20 世纪 20 年代，人们又重新燃起了对它们的兴趣，但现在的穆尔格斯马可能与过去这种同名的马没有任何直接关系。这种新型的马基本上是一种较轻的挽马，与爱尔兰挽马（见第 128 ~ 129 页）很相似，但品质较差。这是因为最初育种时没有很好地进行控制或缺乏育种规范的约束，使得该品种缺乏一致性。这就导致了其身体结构上出现缺陷——扁平、肌肉发达的肩隆和直立的肩部——并抑制了其行动的自由性。

该品种的血统登记簿创建于 1926 年，此后繁殖变得更有选择性。格兰杜卡、尼禄和穆尔格先驱是三匹最成功的种马，它们构成了穆尔格斯马的主要血统。该品种最好的马被用作轻型农用马，也可用于骑乘。母马经常被用于与阿拉伯马、纯血马（见第 114 ~ 115 页）或混种马杂交，以繁育出更好的骑乘原种，它们也被用于繁育在该地区仍然有需要的强壮的骡子。

后躯较窄

低根尾

穆尔格斯马活泼、精力充沛、性情平和、容易相处，饲养成本也很低。

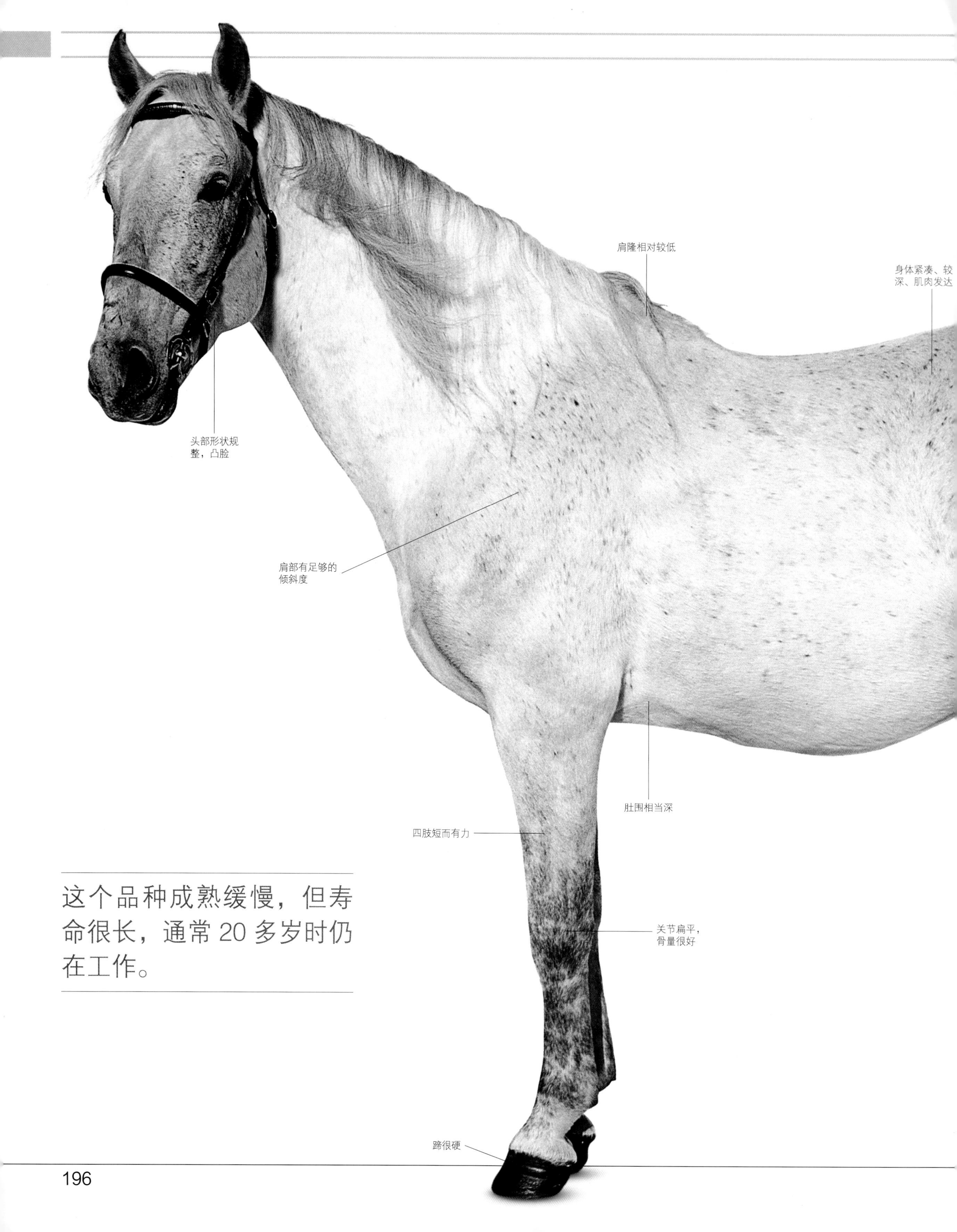

这个品种成熟缓慢，但寿命很长，通常 20 多岁时仍在工作。

利皮扎马

体高
147 ~ 157 厘米
（14.2 ~ 15.2 掌）

原产地
斯洛文尼亚利皮卡

毛色
白色，偶尔有骝色

这种漂亮的马是维也纳的西班牙皇家马术学校使用的坐骑，该学校自 15 世纪开始就一直是古典马术中心。

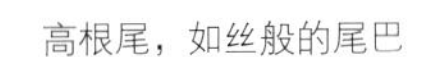

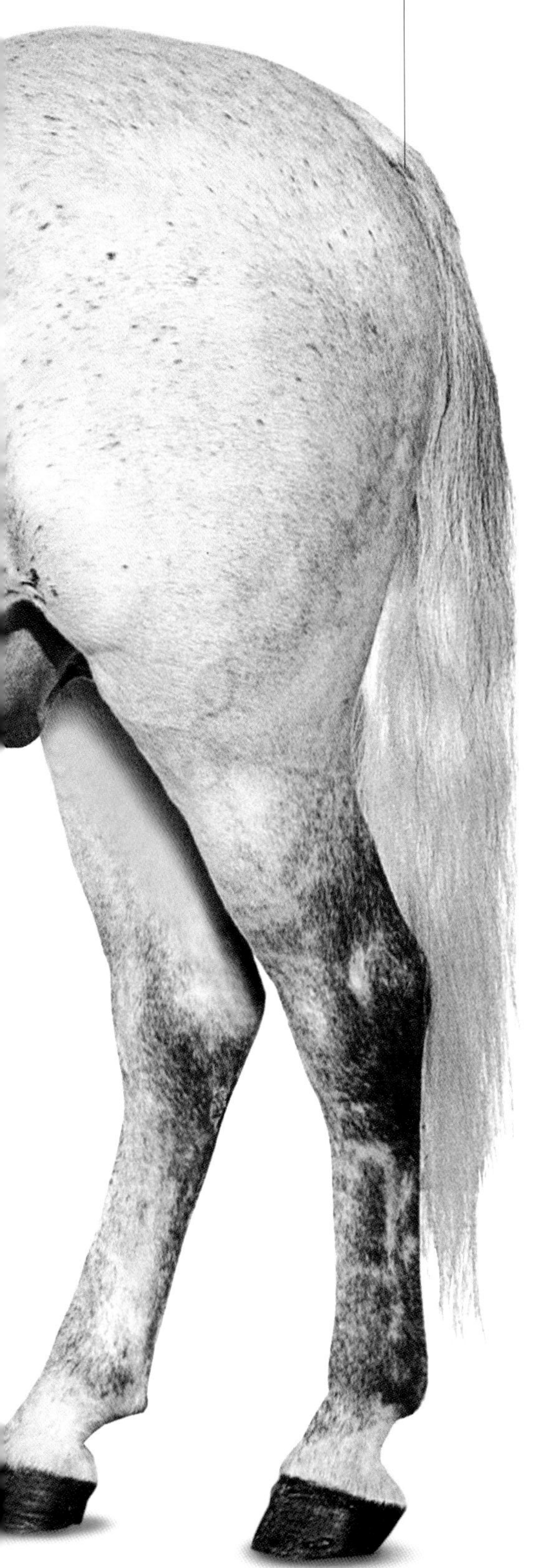

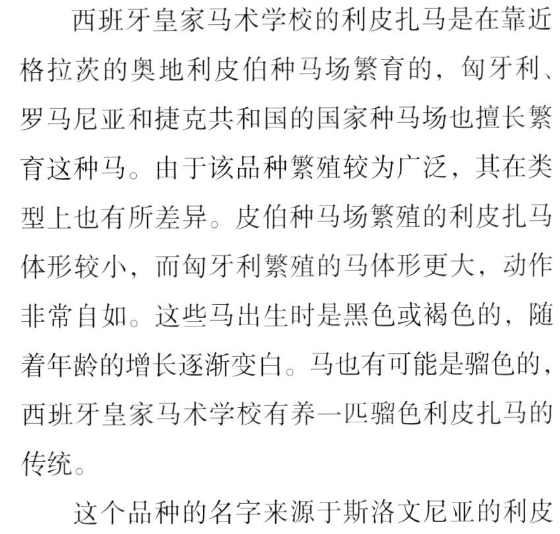

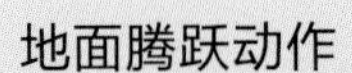

西班牙皇家马术学校的利皮扎马是在靠近格拉茨的奥地利皮伯种马场繁育的，匈牙利、罗马尼亚和捷克共和国的国家种马场也擅长繁育这种马。由于该品种繁殖较为广泛，其在类型上也有所差异。皮伯种马场繁殖的利皮扎马体形较小，而匈牙利繁殖的马体形更大，动作非常自如。这些马出生时是黑色或褐色的，随着年龄的增长逐渐变白。马也有可能是骝色的，西班牙皇家马术学校有养一匹骝色利皮扎马的传统。

这个品种的名字来源于斯洛文尼亚的利皮卡。1580 年，奥地利大公查尔斯二世（1540—1590 年）下令从伊比利亚半岛进口 9 匹西班牙种马和 24 匹母马。他的目的是为格拉茨的公爵马房和维也纳的宫廷马房提供合适的马匹。西班牙皇家马术学校——从一开始就使用西班牙马——建立于 1572 年，用来指导贵族学习古典马术。这所学校著名的马术表演大厅，是在查理六世（1685—1740 年）的命令下建造的，于 1735 年竣工。

利皮扎马主要源于 6 匹种马的血统：来自丹麦腓特烈堡的白色西班牙马普卢托（生于 1765 年）；黑色的那不勒斯马孔韦尔萨诺（生于 1767 年）；来自克拉德鲁马场的暗褐色的法沃里（生于 1779 年）；来自波列西纳的骝色的那不勒斯马那不勒斯塔诺（生于 1790 年）；白色的阿拉伯马西格拉夫（生于 1810 年）；那不勒斯马和西班牙马的杂交马马埃斯托佐（生于 1819 年）。这些种马和最初的 24 匹母马的后代目前仍有 14 匹在皮贝尔。利皮扎马的身体构造，特别是皮贝尔的利皮扎马的身体构造，是一种全能的柯柏马的身体构造，其动作较高而不是长而低。匈牙利的利皮扎马则更多受到纯血马的影响，视野更宽广，运动幅度更大。

地面腾跃动作

利皮扎马以善于做地面腾跃动作而闻名。这种高级动作需要巨大的肌肉力量和控制力。最初，它们要在没有骑手的情况下学习——因为这对马来说不太费力。但最终这个动作需要在载着骑手的情况下完成。有七种地面腾跃动作：皮赛德和莱瓦德都是用后腿来控制；后腿小跳、四肢收缩腾跃、腾跃亮两掌、直立腾跃和原地腾跃（见右图）需要四肢离地。原地腾跃也称山羊跳，是最难的地面腾跃动作。这种动作要求马举起前腿，跳起来同时后腿向外踢出，然后四肢着地。

克拉德鲁比马

体高
160 ~ 170 厘米
（15.3 ~ 16.3 掌）

原产地
捷克共和国

毛色
青色和黑色

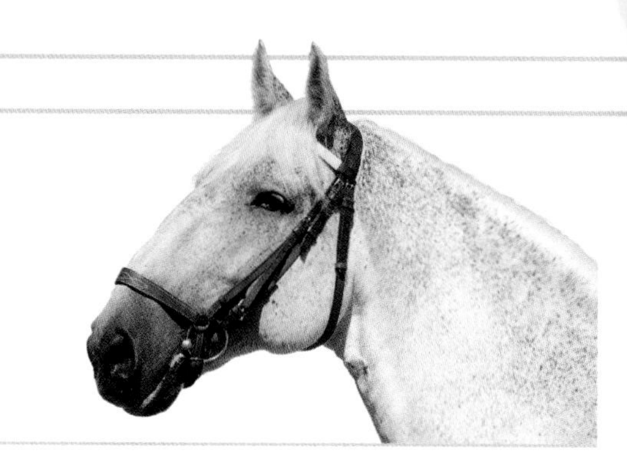

这是世界上唯一一种专门用于在皇家宫廷仪式中拉四轮马车的马。

克拉德鲁比马是一种稀有的品种，原产于捷克共和国拉贝河畔的克拉德鲁比种马场。该种马场是世界上连续运营时间最长的种马场之一。尽管官方的皇家种马场于1579年才成立，但之前建的一座种马场早在1560年就送给了哈普斯堡皇室，比斯特日采公爵更是早在1500年之前就在克拉德鲁比种马场养殖马匹。

这个品种是用引进的西班牙马建立的，完全为皇家宫廷服务。尽管克拉德鲁比马最初有各种毛色，但后来只有两种毛色最受欢迎：青色马用来拉皇家马车，黑色马用来拉载有帝国高级神职人员和葬礼上的马车。

在奥匈帝国崩溃后，这个品种几乎灭绝了，但现在它们是捷克国家文化遗产的一部分，是文化遗产中唯一的活物。克拉德鲁比马以其典型的鹰钩鼻、膝盖抬得很高的动作、卓越的工作能力、良好的品质而闻名。

今天，在丹麦皇家宫廷里，克拉德鲁比马被用作四轮马车马。此外，它们还用于瑞典皇家卫队、捷克骑警队、布拉格城堡的换岗仪式，也被用于联合驾驶比赛和休闲骑乘。

斯拉季尼亚尼种马场

克拉德鲁比马只有两种颜色：青色和黑色。在20世纪30年代，黑色克拉德鲁比马面临灭绝，但是马匹专家弗兰蒂泽克·比莱克教授用仅存的一些原种和引进的一些国外血统的马拯救了这个品种。从1945年开始，黑色克拉德鲁比马开始在斯拉季尼亚尼种马场养殖，现在仍然可以在这里找到它们。尽管这座种马场距离拉贝河畔的克拉德鲁比种马场有40多千米，但它现在是后者的一部分。

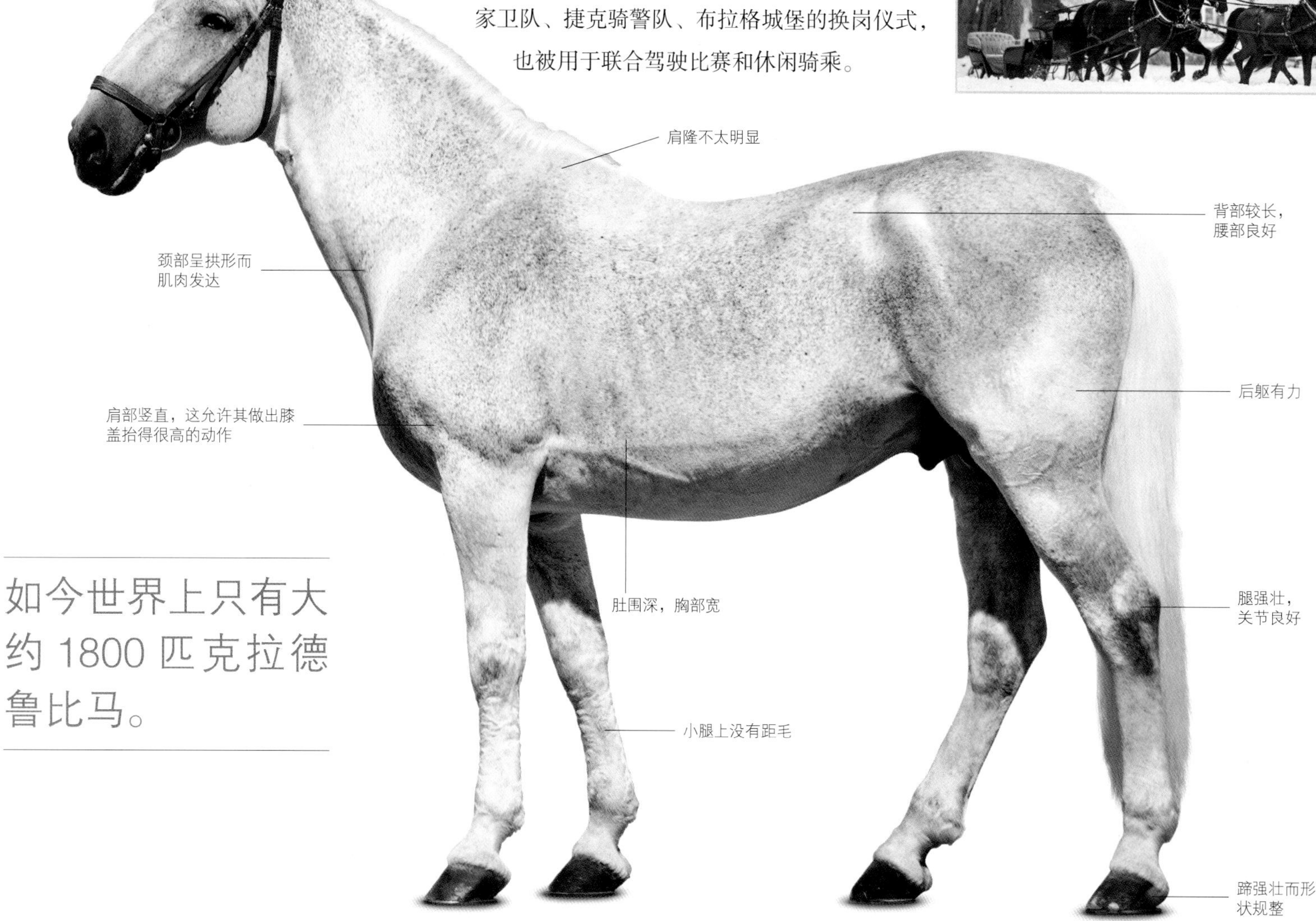

如今世界上只有大约1800匹克拉德鲁比马。

沙加·阿拉伯马

体高	原产地	毛色
152 厘米 （15 掌）	匈牙利	主要是青色，但所有的阿拉伯马的毛色都会出现

风靡世界

在巴博尔瑙天主教堂附近有一座马的雕像，底座的碑文中称沙加·阿拉伯马是“最忠诚的朋友”。这个稀有品种在世界各地都有仰慕者。该品种在美国的繁育是从 1986 年开始的，奠基种公马是布拉沃，它的父母是于 1947 年在巴顿将军命令下来到美国的。

优雅而结实的沙加·阿拉伯马有着超好的耐力，比纯种阿拉伯马更高、更结实。

在 20 世纪早期庞大的奥匈帝国消亡之前，奥匈帝国繁殖的马匹的质量仅次于波兰繁殖的。匈牙利最古老的种马场——迈泽海杰什种马场成立于 1784 年，1789 年巴博尔瑙种马场建立。匈牙利以繁育优良的阿拉伯马而闻名于世，而巴博尔瑙则成为它们的育种中心。

1816 年以后，巴博尔瑙种马场集中精力繁育纯种的“沙漠”阿拉伯马和混血马，它们被称为阿拉伯赛马。阿拉伯赛马是纯血种马与有东部血统的母马杂交的后代，这些母马都有西班牙马、匈牙利马或纯血马（见第 114～115 页）血统。这一举措繁育出了沙加·阿拉伯马。沙加·阿拉伯马的奠基种公马沙加于 1830 年出生在叙利亚，1836 年被引入巴博尔瑙种马场。作为一匹凯希尔/西格拉夫血统的阿拉伯马，沙加毛色为象牙白色，个头很大，是许多成功的种马的父亲，它的后代仍在巴博尔瑙种马场和欧洲的其他种马场。

沙加·阿拉伯马体现了纯种阿拉伯马的所有特征。它们是一种实用的马，无论是骑乘，还是拉车，都可以满足人们的需求。过去它们已经证明自己是一种敏捷、耐力好、强壮的骑兵用马，今天它们在体育运动中如盛装舞步、三项赛和耐力赛中也很受欢迎。

沙加·阿拉伯马曾经是匈牙利轻骑兵的理想坐骑。

娱乐时间
马喜欢同伴的陪伴，喜欢一起玩耍或检查同伴的社会等级。这两匹年轻的沙加·阿拉伯马正在享受社交的快乐。

老基特兰“非常暴躁”。它的后代常常被——委婉地——描述为“精神饱满”和“精力旺盛”。

基特兰·阿拉伯马

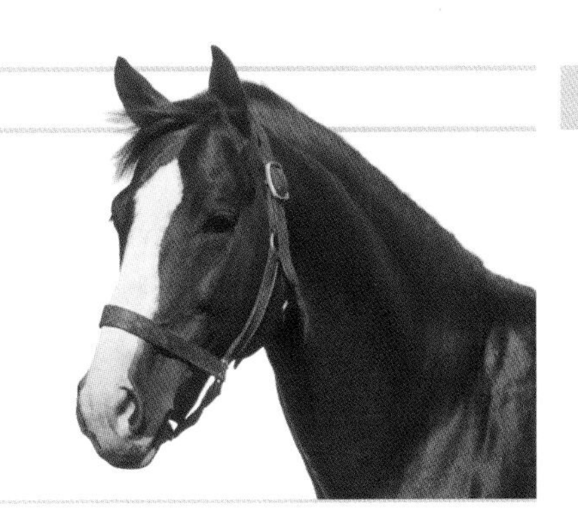

体高
163 ~ 173 厘米
（16 ~ 17 掌）

原产地
匈牙利

毛色
主要是栗色

这种稀有的盎格鲁—阿拉伯马强壮而肌肉发达，以速度快、耐力好、敏捷和勇敢而著称。

匈牙利迈泽海杰什种马场位于匈牙利平原的东南端，是匈牙利最古老的种马场。它成立于 1785 年，负责繁育基特兰·阿拉伯马。

基特兰·阿拉伯马被认为是盎格鲁·阿拉伯马（见第 142 ~ 143 页）的匈牙利版本。它们可以追溯到一匹名叫老基特兰的栗色阿拉伯马，它属于著名的西格拉夫品系（见沙加·阿拉伯马，见第 199 页），于 1814 年从阿拉伯进口。老基特兰与一匹西班牙血统的母马阿罗甘特杂交，于 1820 年生下基特兰二世。基特兰二世被带到迈泽海杰什种马场，成为基特兰·阿拉伯马的奠基种公马。起初它被用来和不同品种的母马交配。随后，纯血马（见第 114 ~ 115 页）被引入以改良出现的品种缺陷。然而，这种杂交导致了基特兰·阿拉伯马喜怒无常的性情，所以育种者们引入更多的阿拉伯马种马和匈牙利卡斯贝尔马种马以进行调整。

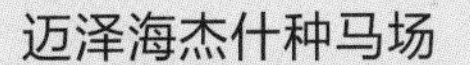

现代的基特兰·阿拉伯马比阿拉伯马的身体构造更大，但有阿拉伯马精致优雅的头部和高根尾。育种系统中的每匹公马都有自己的一小群母马，并在牧场上有自己的领地。基特兰·阿拉伯马有良好的身体构造和四肢。这种马强壮的体格和奔跑的能力使其具有传统英国猎马的品质。基特兰·阿拉伯马被广泛应用于竞技运动中。由于它们比较重而且非常结实，也是很好的四轮马车马。如今，尽管非常罕见，但基特兰·阿拉伯马仍然养殖在匈牙利、罗马尼亚和保加利亚。

迈泽海杰什种马场

在迈泽海杰什的种马场成立于 1784 年，由皇帝约瑟夫二世建立，用于为军队繁殖马匹。来自各个国家包括现在的波兰、土耳其、德国和西班牙的马填满了这座种马场，数量曾多达 5000 匹。它们主要是西班牙马、那不勒斯马——当时很流行——和一些阿拉伯马，还有当地的好马。种马场负责繁育农聂斯马（见第 204 页）、弗雷索马（见第 205 页）和基特兰·阿拉伯马。如今，这座种马场属私人所有。

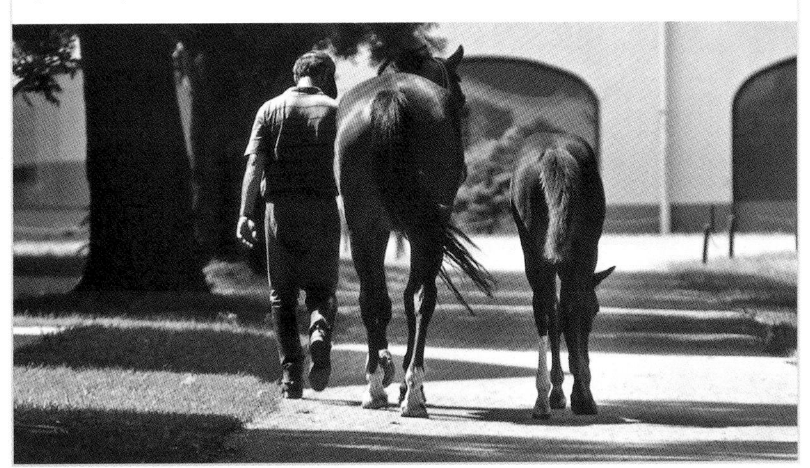

农聂斯马

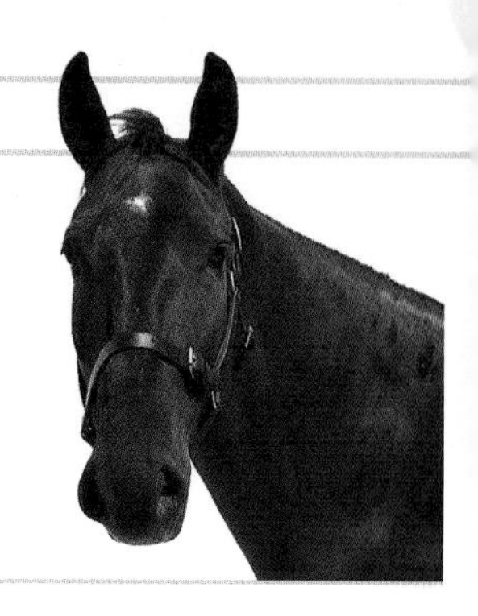

体高	原产地	毛色
155 ~ 165 厘米 （15.1 ~ 16.1 掌）	匈牙利东南部	黑色、暗骝色或褐色

用途的变化

在 1900 年的巴黎世界博览会上，农聂斯马赢得了"完美的马"的称号，这在很大程度上是因为它们是一种军用轻挽马。第一次世界大战后，机械化意味着军队不再需要马匹，农聂斯马则更多用于农业。今天，农聂斯马被用于拉车，也用于骑乘。

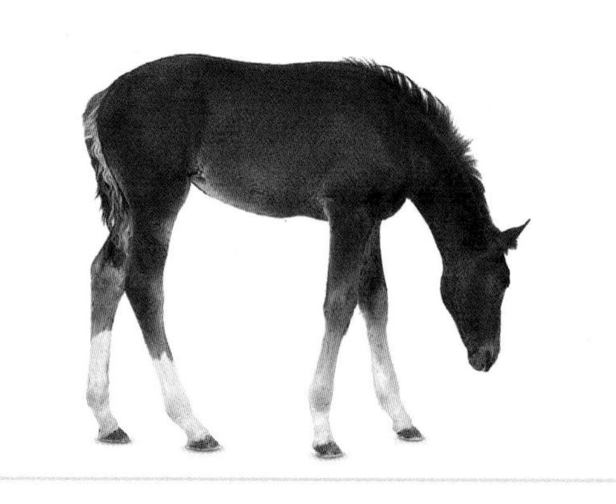

匈牙利在 19 世纪繁育出农聂斯马后，主导了整个欧洲的马匹育种行业。

老农聂斯是这个品种的奠基种公马，于 1810 年在诺曼底的卡尔瓦多斯出生。它的父亲是一匹名叫奥里翁的英国混种马，母亲是一匹母诺曼马。拿破仑战争期间，老农聂斯被占领法国的奥地利骑兵从罗西耶尔—萨林斯角种马场带走，送到迈泽海杰什种马场，随后又送到奥匈帝国的皇家种马场。老农聂斯有重重的脑袋，长长的"骡子"耳朵，短短的颈部，长长的背部，狭窄的骨盆和低根尾。它不太像一匹种马，直到育种者意识到它的后代没有继承它的缺陷，身体结构都比它好。

最初，老农聂斯被用于和各种各样的母马杂交，包括阿拉伯马（见第 86 ~ 87 页）、利皮扎马（见第 196 ~ 197 页）、西班牙马和诺曼马。在 19 世纪 60 年代，这个品种又引入了更多的纯血马血统，被分为两种类型：较大的一种变成了骑兵坐骑，现在仍是较轻的挽马；小而重的品种是在霍尔托巴吉种马场繁育出来的。这两种类型于 1961 年合并。农聂斯马育种者协会成立于 1989 年。这种马很受欢迎，常用来拉车，也参与国际水平的联合驾驶比赛。

如今农聂斯马数量堪忧，目前约有 450 匹母马和80匹公马。

弗雷索马

体高　163 厘米（16 掌）
原产地　匈牙利东南部
毛色　骝色，黑色很少见

弗雷索马是在迈泽海杰什种马场繁育出来的，是农聂斯母马（见左页）与两匹英国纯血种马——弗雷索和北极星——杂交繁育而来的。弗雷索和北极星分别于 1841 年和 1852 年被引入到匈牙利，后者也有诺福克公路马（见第 151 页）的血统。它们都是非常成功和强壮的公马，其血统品系一直保持着独立，1885 年它们被用来杂交。弗雷索马也被称为弗雷索—北极星马。弗雷索马是一种优质的、吃苦耐劳的马，现在已经很罕见了，只有大约 500 匹母马和 80 匹公马。

匈牙利温血马

体高　165~170 厘米（16.1~16.3 掌）
原产地　匈牙利东南部
毛色　各种纯色

这个品种也被称为匈牙利运动马，是由迈泽海杰什种马场和霍尔托巴吉种马场繁育出来的。农聂斯马和弗雷索马的母马是其基础血统。最初，它们被用来与荷尔斯泰因马（见第 164 ~ 165 页）和纯血马（见第 114 ~ 115 页）杂交，后来又与其他欧洲运动马杂交。这是一种适合比赛的马，马需通过测试以参加赛马、快步赛、场地障碍赛和 / 或盛装舞步；每个项目的测试都是不同的。匈牙利温血马目前的育种目标是提高其在盛装舞步和三项赛中的成绩。

1971 年，美国野马成为受美国法律保护的物种。

美国野马

体高
137 ~ 152 厘米
（13.2 ~ 15 掌）

原产地
北美

毛色
各种毛色

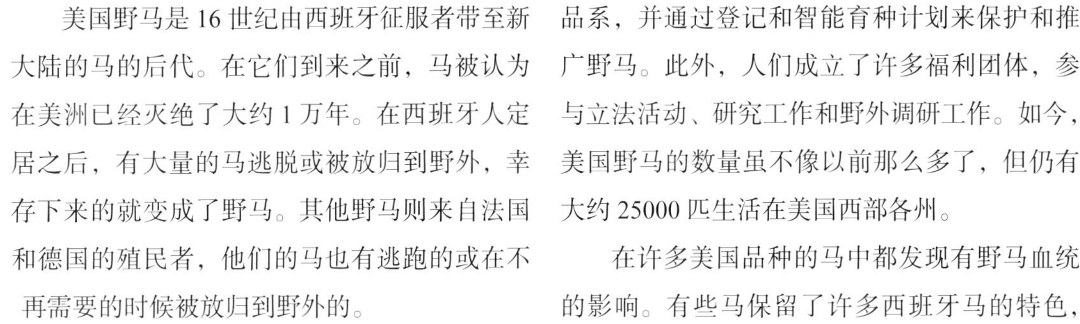

美国野马是一种游荡在北美西部空旷原野的野生马种。

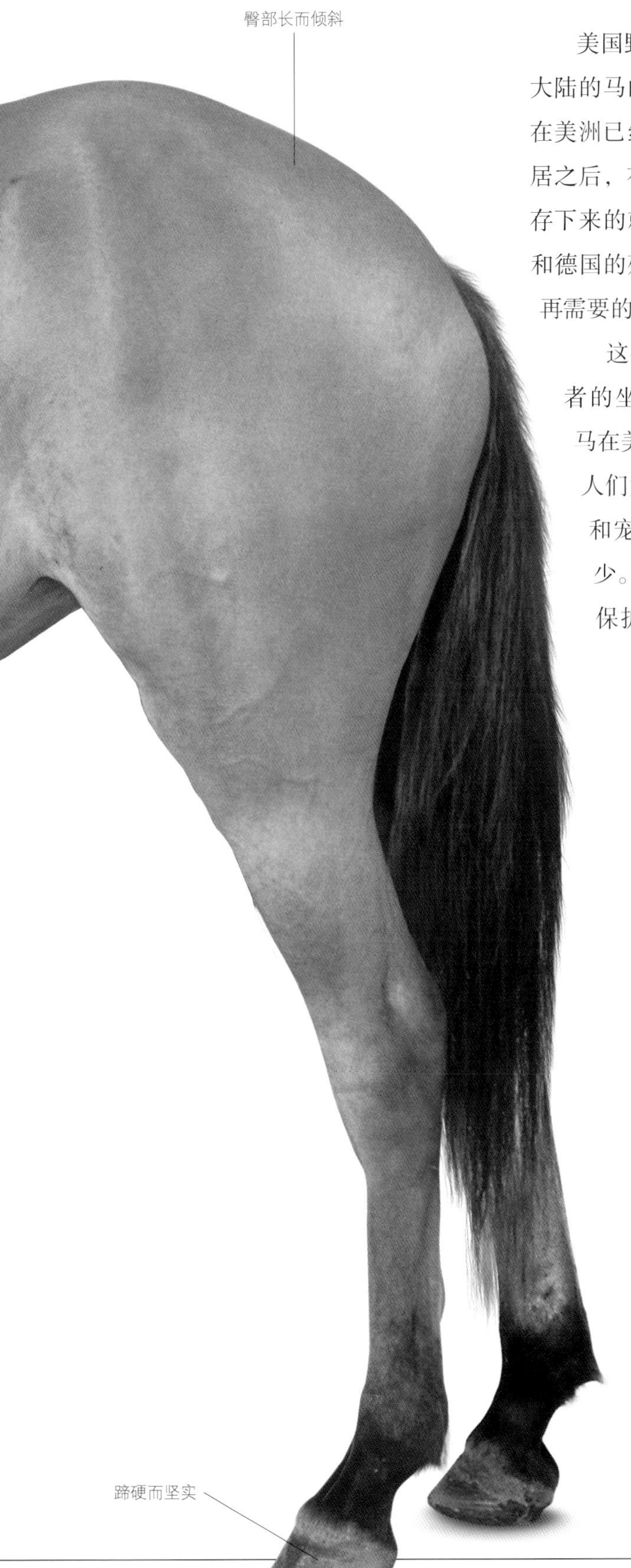

美国野马是16世纪由西班牙征服者带至新大陆的马的后代。在它们到来之前，马被认为在美洲已经灭绝了大约1万年。在西班牙人定居之后，有大量的马逃脱或被放归到野外，幸存下来的就变成了野马。其他野马则来自法国和德国的殖民者，他们的马也有逃跑的或在不再需要的时候被放归到野外的。

这些野马后来成为印第安人和白人殖民者的坐骑。20世纪初，大约有200万匹野马在美国西部各州游荡。然而，到1970年，人们大规模地屠杀野马，将马肉作为自己和宠物的食物，所以野马的数量急剧减少。由于野马的减少，人们成立了一些保护组织以恢复早期西班牙马最纯正的品系，并通过登记和智能育种计划来保护和推广野马。此外，人们成立了许多福利团体，参与立法活动、研究工作和野外调研工作。如今，美国野马的数量虽不像以前那么多了，但仍有大约25000匹生活在美国西部各州。

在许多美国品种的马中都发现有野马血统的影响。有些马保留了许多西班牙马的特色，特别是毛色。血统测试也显示，在偏远地区的一些种群，如亚利桑那州的塞巴特野马和俄勒冈州的基格野马，保留了大量的西班牙马血统。由于美国野马分布范围广泛，缺乏选择性育种，这意味着大多数品系在不同程度上都掺杂了其他血统，因此无法对该品种进行全面描述。

一次不同寻常的旅程

由于野生种群数量过多，许多美国野马被暂时圈养起来，等待着被收养。《不羁之旅》（2015年）是一部非凡的纪录片，由4个年轻的美国小伙子拍摄，他们在2011年骑着美国野马从墨西哥到加拿大完成了一次4800千米的旅行。他们这样做的部分原因是为了揭示美国野马所处的困境，同时也是为了表明它们非常有用——它们完全适应了北美艰苦的野外条件。

帕洛米诺马

体高	原产地	毛色
145 ~ 163 厘米（14.1 ~ 16 掌）	墨西哥和美国	帕洛米诺色

帕洛米诺马的育种

这匹母马和小马驹的毛色是帕洛米诺色系中最淡的，有时被称为伊莎贝拉色。根据马的颜色遗传机制，两匹帕洛米诺马交配有可能得到栗色马、帕洛米诺色马或象牙白色马。确保得到帕洛米诺马的唯一方法就是用象牙白色马和栗色马交配。帕洛米诺马的育种者们也试图得到纯色马——它们身体上没有黑斑，鬃毛和尾巴上也没有黑毛。

古代欧洲和亚洲的艺术品和工艺品中都有金色被毛的马的图像。

帕洛米诺马——有金色的被毛、淡黄色的鬃毛和尾巴——存在于各品种的马中。16 世纪，西班牙征服者第一次将帕洛米诺马引入墨西哥，并带到北美，在那里帕洛米诺马的养殖最为广泛。就像品托马（见右页）一样，帕洛米诺马不是一个品种，因为这不是按血统来分类的，而是按毛色分类的。

在美国，大多数帕洛米诺马都在帕洛米诺马协会注册，通过该协会的努力，这种马已经获得了实质上的品种地位。注册的马匹必须符合协会的标准，虽然马匹的高度和品种不受限制，但毛色最重要。毛色应该是“金币的颜色，从浅金色、金色到暗金色深浅不一”。鬃毛和尾巴应该是“白色、淡黄色或银色”的，深色长毛的比例不超过 15%。帕洛米诺马在西方马术比赛中非常抢手，牛仔竞技中通常会有 1/4 的马是帕洛米诺马。它们也被用于一系列的活动，包括野外骑乘、场地障碍赛和游行活动。

帕洛米诺色的马和栗色的马杂交繁育的马的毛色最多，不能保证得到帕洛米诺色。

品托马

体高	原产地	毛色
152 ~ 163 厘米（15 ~ 16 掌）	美国	局部为彩色

毛色

越背花斑是指马有大块规则白色斑块，被毛颜色为其他纯色，马腿通常是白色的。分背花斑是指马的被毛颜色为彩色，有不规则的白色斑块，但白色斑块通常不会越过背中线。还有一种毛色叫托维罗，通常是由越背花斑的马和分背花斑的马杂交而成。托维罗毛色的马至少有一只眼睛为蓝色，它们的嘴巴和耳朵周围是深色的。

19 世纪的苏族和克罗族的印第安人非常重视品托马的保护色，这使得马匹的辨认更加容易。

品托马这个名字来自西班牙语 pintado（绘画），是指这种马有部分彩毛或斑块。在美国，它们也被称为美国花马。和帕洛米诺马一样，品托马可能是 16 世纪西班牙人带到新大陆的马的后代，毛色可能是遗传上偶然产生的。

在美国，品托马在美国品托马协会和美国花马协会均可登记。简单地说，品托马协会优先考虑马的颜色，按一系列的血统品系对马进行登记，将马分为四种类型：放牧用马、猎马、休闲马和骑乘马。美国花马协会按纯血马、夸特马和花马血统品系登记马。

品托马的毛色有两种主要的形式：越背花斑和分背花斑（见左框）。品托马引人注目的图案使其在游行和表演中很受欢迎，这些优雅的马多才多艺。它们以长距离骑乘时令人舒适的步伐而著称，是野外骑乘的最佳选择。

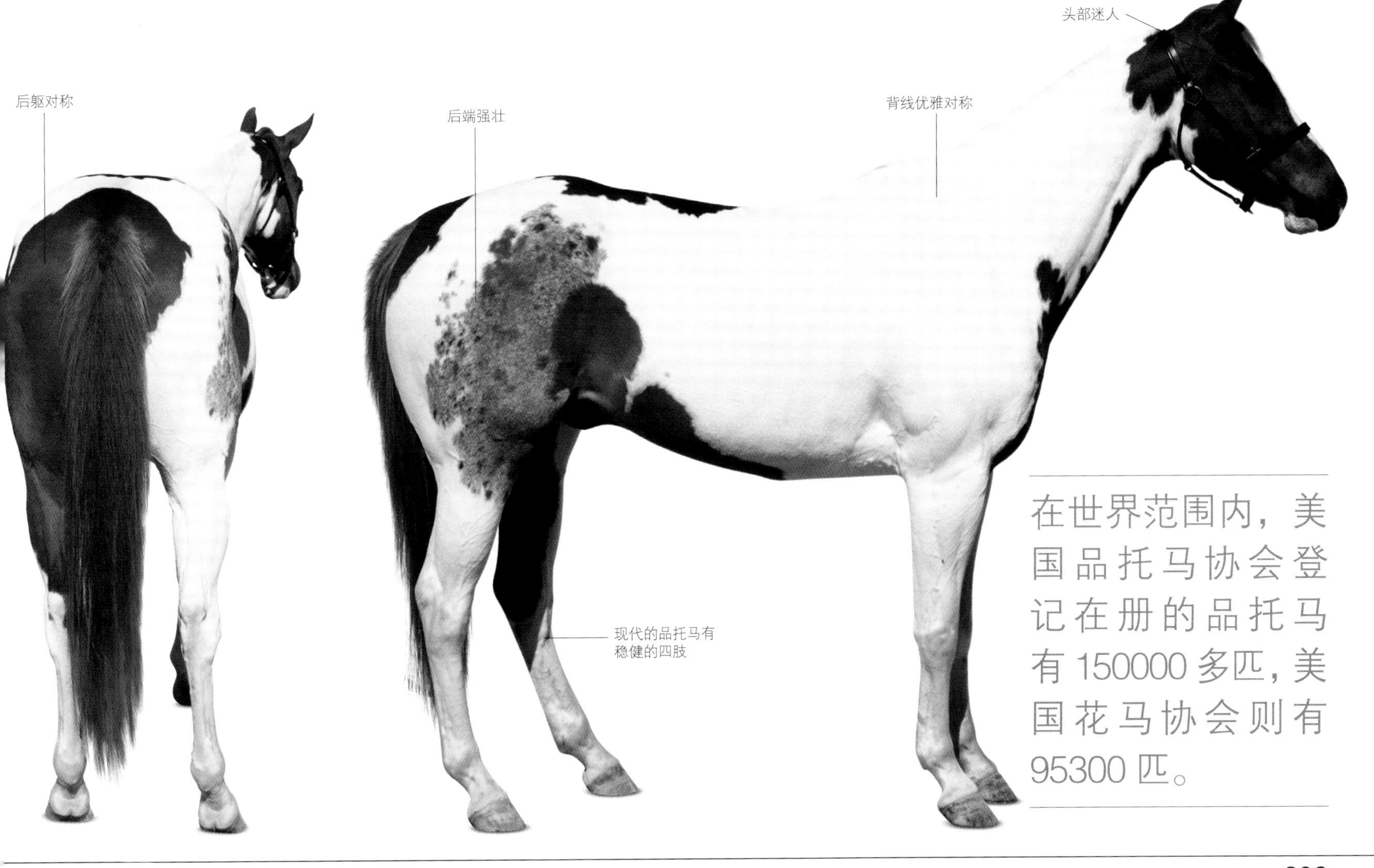

在世界范围内，美国品托马协会登记在册的品托马有 150000 多匹，美国花马协会则有 95300 匹。

美丽的标记

一些马，比如品托马，因为它们身上的花斑而大受欢迎。育种者会寻找身体两侧分布漂亮的斑块或有匀称斑块的马。

阿帕卢萨马

体高	原产地	毛色
147 ~ 157 厘米（14.2 ~ 15.2 掌）	北美洲	各种图案的斑点

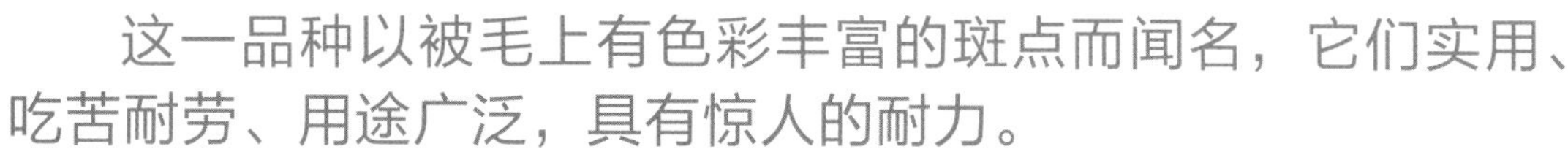

这一品种以被毛上有色彩丰富的斑点而闻名，它们实用、吃苦耐劳、用途广泛，具有惊人的耐力。

直到最近，人们还认为北美所有的马都是在 15 世纪末 16 世纪初随西班牙征服者到达那里的。然而，一名新西兰阿帕卢萨马育种者推测，有斑点的阿帕卢萨马在那之前就可能已经生活在北美了。这种带斑点的马与俄勒冈州、华盛顿州东部和艾奥瓦州西部的内兹珀斯部落都有关系。他们的领地中有许多肥沃的河谷，其中之一就是帕卢斯河，阿帕卢萨马得名于此。

内兹珀斯人是很聪明的马匹育种者，他们实行严格的育种政策，将未达到标准的公马阉割，将不好的母马卖掉。对阿帕卢萨马来说，毛色很重要，但最重要的是，内兹珀斯人需要吃苦耐劳、实用的马，既能用于战争，也能用于打猎。

1876 ~ 1877 年，当美军占领内兹珀斯部落所在地区时，阿帕卢萨马几乎被消灭。1938 年，当内兹珀斯人的马还有少数后代活着的时候，这个品种经历了一次复兴，艾奥瓦州成立了阿帕卢萨马俱乐部，随后英国阿帕卢萨马协会也成立。

今天，阿帕卢萨马被广泛用作种马和休闲马，同时也应用于赛马、场地障碍赛、西部马术比赛和长距离骑乘比赛。阿帕卢萨马在类型上有一些分化，特别是在美国，育种者将其与夸特马（见第 214 ~ 215 页）进行了大量异种杂交。该品种最好的马看起来像经过良好繁育的小型马——身体紧凑、四肢强壮。这个品种据说天生就非常强壮，主动性强，性情温顺。

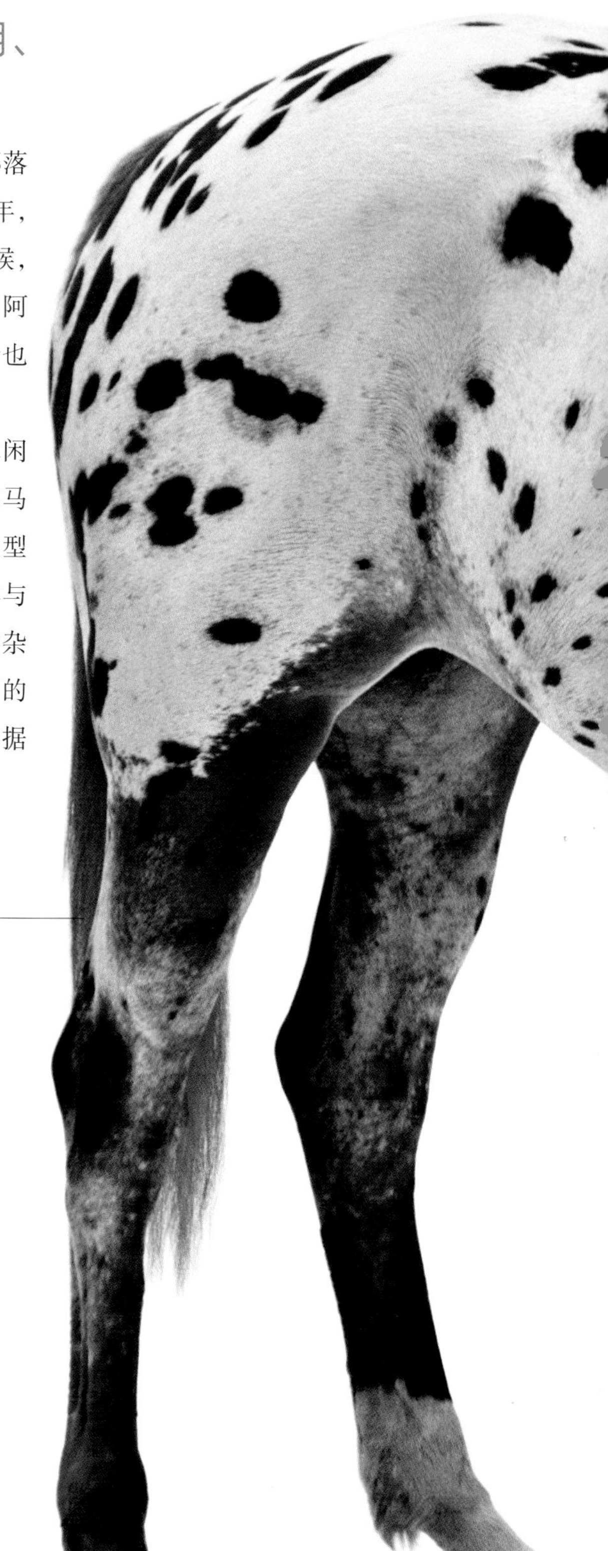

毛色模式

阿帕卢萨马有五种图案：豹斑，全身或身体的一部分是白色，白色区域内有深色的鸡蛋形状的斑点；雪花斑，全身有白色斑点，但通常集中在臀部；毯状斑，臀部的被毛是白色或有斑点；大理石斑，全身有斑驳的花纹；还有霜斑，黑色的基础毛色上有白色斑点。

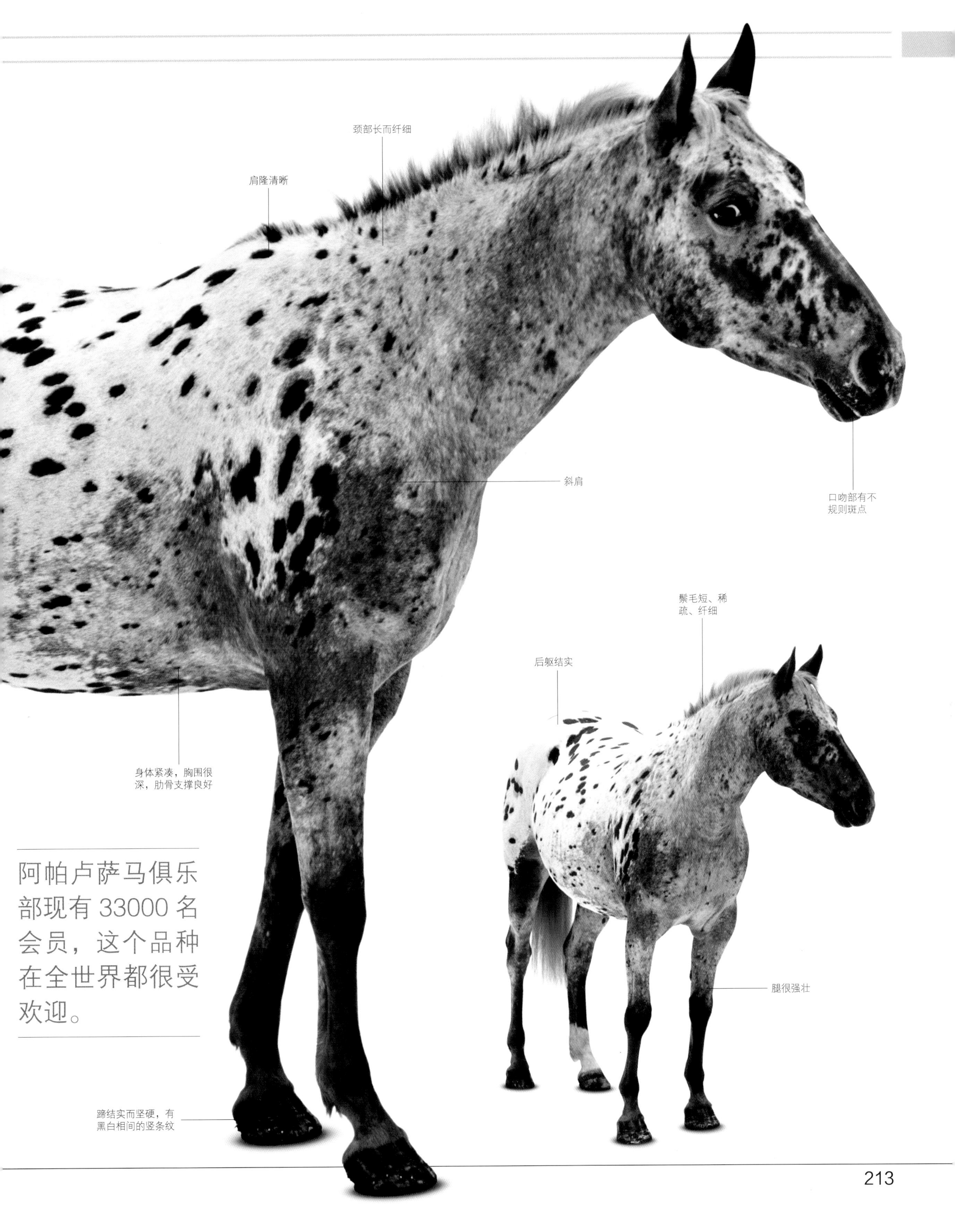

阿帕卢萨马俱乐部现有 33000 名会员，这个品种在全世界都很受欢迎。

夸特马能以非常快的速度奔驰，它们在全速袭步时“拐弯所需的空间比一角硬币还小很多”。

夸特马

体高	原产地	毛色
152～160 厘米（15～15.3 掌）	美国东部弗吉尼亚	通常栗色；也可能是各种纯色

美国夸特马以擅长短距离冲刺和与生俱来的牧牛能力闻名。

经过一代代人的养殖，美洲东部的定居者饲养的马混合了西班牙马、柏布马和阿拉伯马的血统。1611 年，这种马与进口的英国原种马进行杂交，为美国特有的夸特马奠定了基础。这种马体形紧凑，肌肉发达，被广泛应用于农业工作、放牧和运输木材，也用于拉车和骑乘。1646 年，弗吉尼亚殖民者开始用他们的马参加长度为 1/4 英里的赛马，在英文中 1/4 写作 quarter（夸特），这也是这种马名字的由来。

随着英国纯血马（见第 114～115 页）的引进，长距离赛马开始流行，短距离赛马逐渐没落。然而，在西部各州，牧场主们非常喜欢夸特马的速度、敏捷性、平衡力，以及它们牧牛的本能。人们为特定需求而进行的育种最终繁育出了几个截然不同的夸特马种群组，这些在今天的夸特马中都有所体现。夸特马有多种用途，包括野外骑乘、牛仔竞技和赛马。最近的研究发现，夸特马种马的六个亚型可以分为三个遗传相关的组：赛马；西部骑乘和套马用马；牧牛、截牛和雷宁马术用马。这些组中最常见的 15 个父系都是纯血马 3 个直系雄性后代。

夸特马是天生的场地障碍赛和盛装舞步选手。夸特马赛马拥有广泛的群众基础。赛马比赛，尤其是在新墨西哥州举行的全美未来赛马比赛，为获胜者提供了一笔数目可观的奖金——通常超过其他纯血马比赛的奖金。现在夸特马非常受欢迎，美国夸特马协会登记在册的夸特马有数百万匹。

令人羡慕的合作伙伴

牛仔和夸特马是美国老式西部片里无可争议的象征。多年来，人们一直以能牧牛作为夸特马的培育目标，这让它们在放牧牛群时有了极大的信心。它们似乎能猜度骑手的需求，这使得放牧工作变得更容易，并使得马和骑手形成了令人羡慕的伙伴关系。

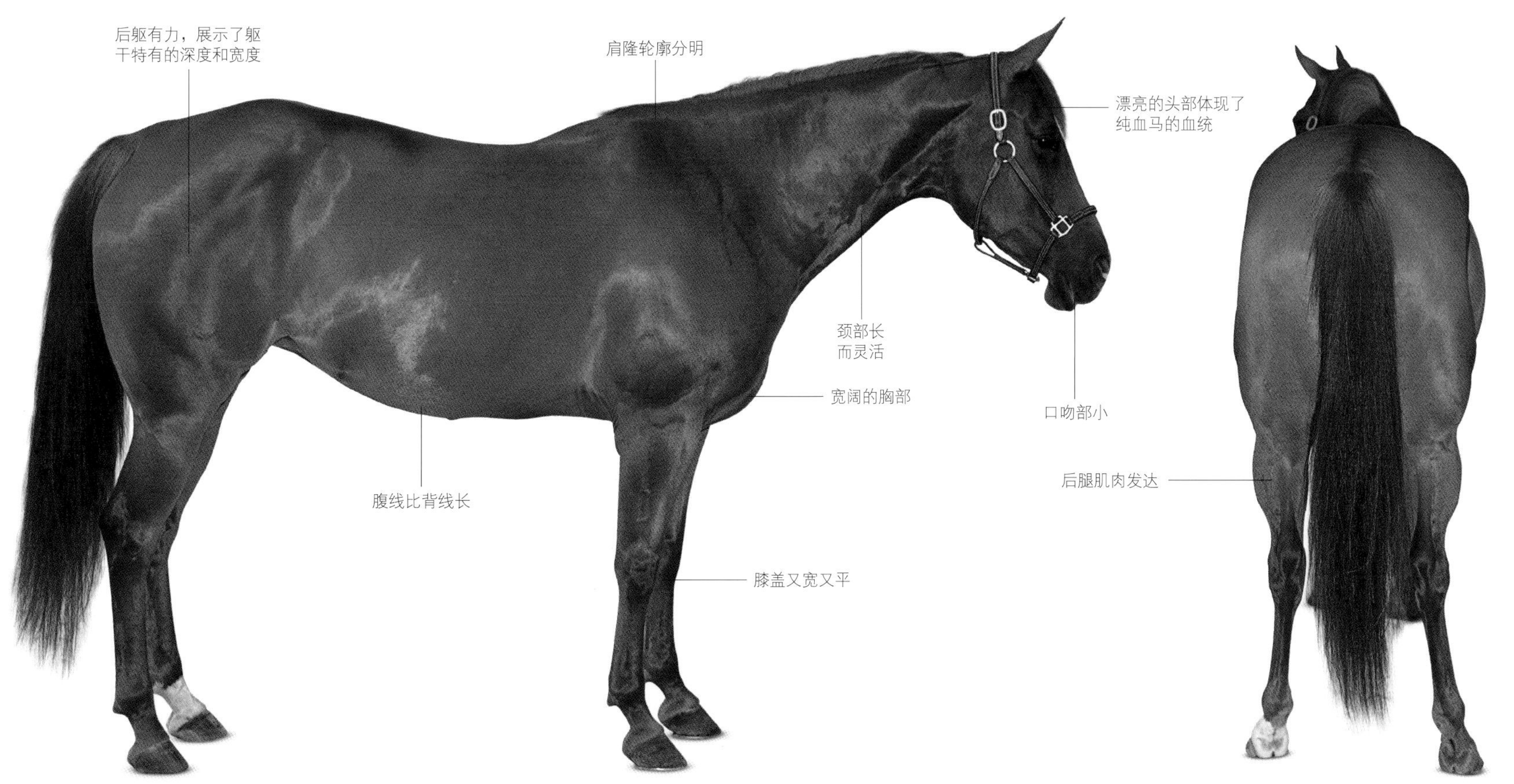

摩根马

体高	原产地	毛色
145～157 厘米（14.1～15.2 掌）	美国佛蒙特州	栗色、骝色、黑色和褐色

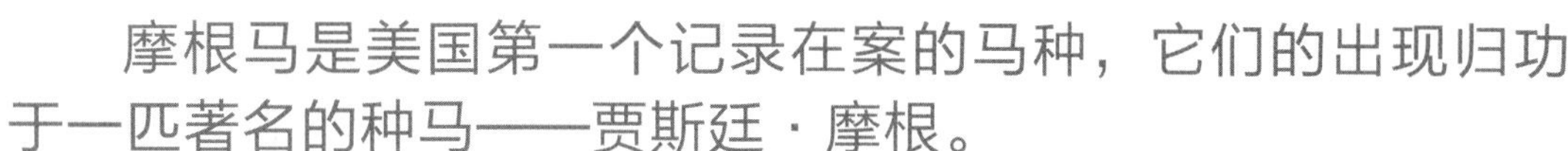

摩根马是美国第一个记录在案的马种，它们的出现归功于一匹著名的种马——贾斯廷·摩根。

摩根马的奠基种公马贾斯廷·摩根原名为菲戈，其背景目前仍然不清楚。关于它的祖先有各种各样的说法，有人说它是一匹纯血马赛马（见第 114～115 页），也有人认为它是一种威尔士小型马（见第 284～285 页），具有一些纯血马和阿拉伯马（见第 86～87 页）血统。根据美国摩根马协会的说法，作为老师、作曲家、商人和骑手的贾斯廷·摩根在得到菲戈时，它还是一匹体高不到 142 厘米（14 掌）的公马驹，它可能于 1789 年出生在马萨诸塞州的西斯普林菲尔德。据说，菲戈是当地最强壮、跑得最快的马，它被用于一般的农业工作，也做重挽马的工作。它还参加过拉重物比赛、赛马比赛和轻驾车赛马，从未输过。这匹矮小的马在康涅狄格河谷和佛蒙特州的配种需求非常大。现在所有的摩根马都可以追溯到菲戈和它最著名的三个儿子：谢尔曼、伍德伯里和布拉什。

现在的摩根马比它们的祖先体形更大，外表更精致，保持着独特的身体构造和自信的态度。摩根马还是运动健将，拥有极强的耐力，很聪明，性情温和，是优秀的全能选手。在美国，摩根马仍然用于做牧场工作，但它们也是很受欢迎的挽马、野外骑乘马和休闲骑乘马。活力和耐力使得它们还常被用于三项赛和耐力赛。除了美国之外，它们还分布在全球 20 个国家。

摩根马表演

今天的摩根马被广泛用于表演赛。它们举止优雅、步法优美，很容易训练，服从性好。在几乎所有的训练性项目中都能找到它们，包括三项赛、盛装舞步、截牛赛和耐力赛。它们是非常好用的轻挽马，在联合驾驶赛和四轮驾车赛中表现都很突出。它们是第一个代表美国参加世界双驾车赛的美国品种。

摩根马对美国骑乘种马和美国标准马的发展都做出了重大的贡献。

美国骑乘种马

体高	原产地	毛色
142～174 厘米（14～17 掌）	美国肯塔基州南部	栗色和骝色；也有黑色、青色和帕洛米诺色

细长而强壮的双腿是这种时髦、聪明的马的特征。

和许多美国品种一样，美国骑乘种马最初是一种全能的品种——能在崎岖不平的山路上行走，也能犁地和干农活，还能套上马具拉四轮马车。它们在美国南部逐渐发展起来，特别是在肯塔基州附近，最初被称为肯塔基骑乘马。

该品种的祖先是纳拉甘西特马，这种马是美国东海岸罗得岛州纳拉干西特湾附近新英格兰种植园园主的传统坐骑。纳拉甘西特马有其祖先——进口到美国的英国溜蹄马——平稳、舒适的步法。在 19 世纪，肯塔基州的育种者选择了在佛蒙特州繁育的摩根马（见第 216～217 页）进行选择性杂交，特别是用纯血马（见第 114～115 页）进行杂交来繁育骑乘马。这其中一匹重要的种公马是灰鹰，它是一匹纯血马赛马，今天的美国骑乘种马大部分都可以追溯到它身上。其他两匹重要的种公马是瓦格纳和列克星敦。

现代美国骑乘种马有拱形的颈部和优雅的高步步法，通常出现在赛马和驾车赛中。从该品种的步法动作可以非常明显地看出来它们的祖先，而它们的速度、勇气和美丽的外表则来自纯血马。在美国的赛马场，参与竞技的美国骑乘种马都钉着厚厚的马蹄铁，按步法可分为两类：三步马和五步马。三步马表演慢步、快步和跑步，而五步马：最好的骑乘马擅长五种步法，它们还额外表演两种步法——一种是慢的，另一种是全速的（见第 12～13 页）。美国骑乘种马也是一种优秀的轻挽马，它们在三日三项赛中表现也非常优秀，还广泛用于休闲骑乘和野外骑乘。

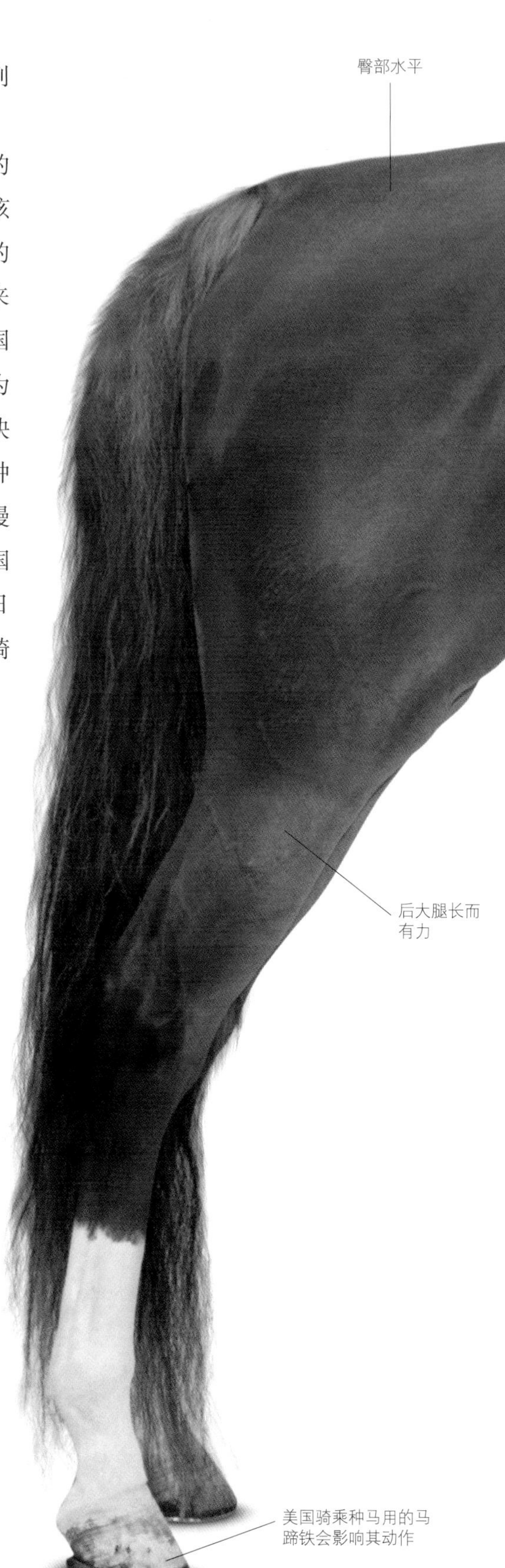

超级苏丹

肯塔基马术公园中有一座美国骑乘种马的青铜雕像，它以一匹名叫超级苏丹（生于 1966 年）的马为原型。作为近年来最重要、最具影响力的种公马，它的后代在美国骑乘种马的各种比赛中表现都很突出。在《星际迷航》系列中饰演柯克船长的加拿大演员威廉·沙特纳拥有一匹名为叫我林戈（生于 1996 年）的美国骑乘种马，其祖父就是超级苏丹。

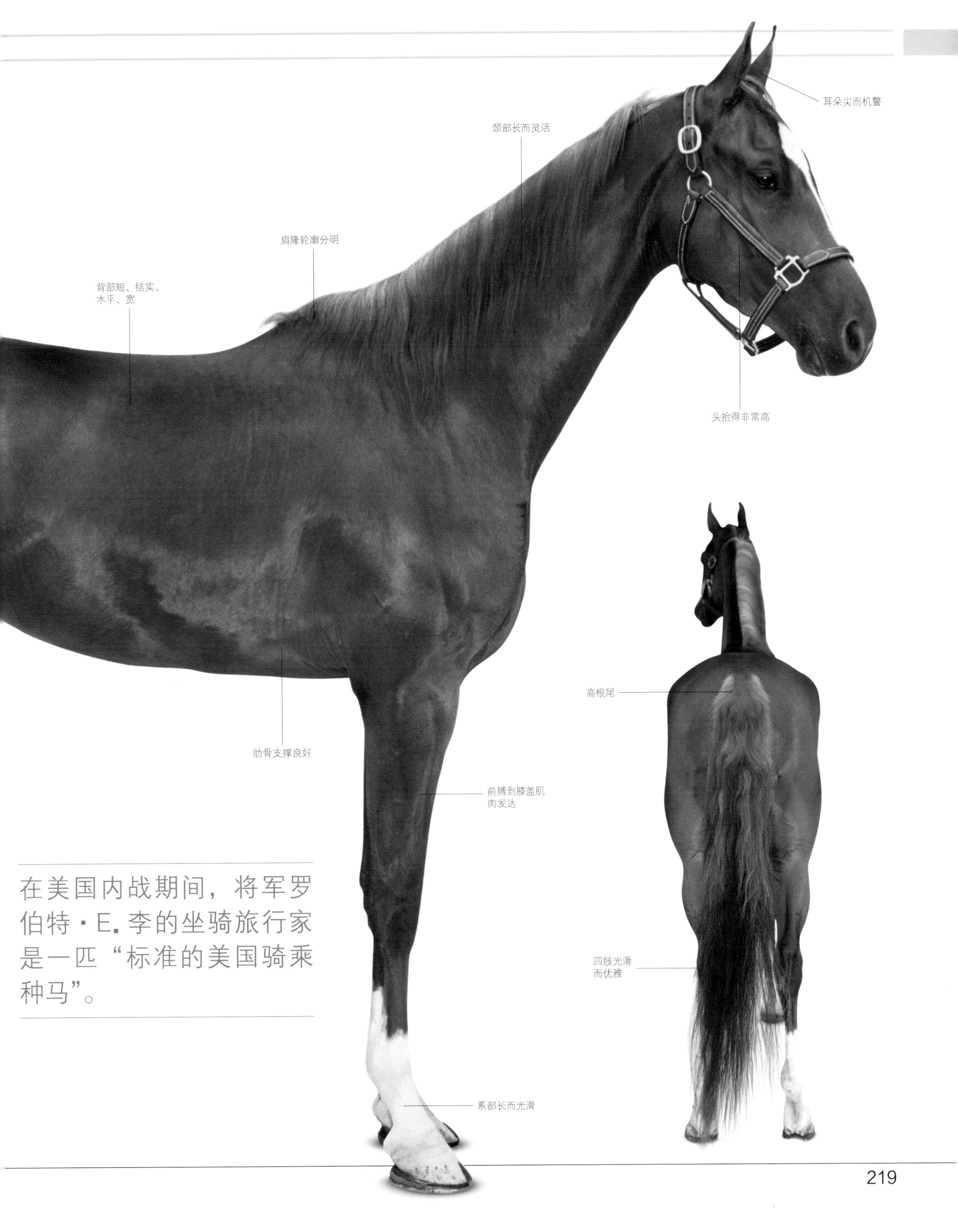

在美国内战期间，将军罗伯特·E.李的坐骑旅行家是一匹“标准的美国骑乘种马”。

全世界大约有 52000 匹密苏里狐步马。

密苏里狐步马

体高
142 ~ 163 厘米
（14 ~ 16 掌）

原产地
美国密苏里州和
阿肯色州

毛色
各种毛色，主要是
栗色

如何走狐步?

狐步是一种非常平稳的步法，马走这种步法时骑手不需要随着马的动作起坐。只要马的背部保持水平，只要前进的路线是笔直的，马的后蹄就可以越过前蹄蹄印。表演时骑手通常穿着西式服装，展示三种狐步步法。禁止使用人为的辅助手段——比如特殊的马蹄铁——来突出马的狐步动作。

这个品种是北美三种步法马之一，另外两种是美国骑乘种马和田纳西走马。

密苏里狐步马原产于密苏里州南部和阿肯色州北部山区的欧扎克斯。殖民者从肯塔基州、田纳西州和弗吉尼亚州来到这里，带来了纯血马（见第 114 ~ 115 页）、摩根马（见第 216 ~ 217 页）和阿拉伯马（见第 86 ~ 87 页）。为了繁育出一种既实用又能参加比赛的马，他们将母马与最快的公马进行交配。但当时掌握话语权的清教徒不赞成赛马，因此人们转而开始繁育一种能干农活，且在崎岖不平的路上能平稳行进的马。

美国骑乘种马（见第 218 ~ 219 页）、田纳西走马（见第 222 ~ 223 页）和美国标准马（见第 226 ~ 227 页）都被用来改善这个品种，结果是出现了一种拥有独特步法的马：狐步是一种不连续的步法，马的前腿慢步行进，后腿快步行进。这是一种稳健、流畅的步法，马几乎不会向后移动。密苏里狐步马可以以这种步法行进很长的距离，所以它们是人们穿越山区时理想的野外骑乘马。这个品种大约形成于 1820 年。密苏里狐步马血统登记簿于 1948 年开启，于 1982 年关闭（这意味着它不再允许任何外部血统的加入，以此来产生一个纯血统的品系）。2002 年，这一品种正式成为密苏里州的州马。

密苏里狐步马的步法是自然进化的。除了狐步，密苏里狐步马和骑手还能表演平走慢步和跑步。平走慢步是一种严格的四拍步法，但后蹄明显步幅较大；而跑步则是一种不连续的三拍步法。

田纳西走马

体高	原产地	毛色
146～173 厘米 （14.2～17 掌）	美国南部 田纳西州	各种毛色

这个品种的马以“能在地头拐弯”而闻名，因为它们可以在不损害幼苗的情况下通过庄稼的地垄。

19 世纪中期，在拓荒者越过阿巴拉契亚山脉，在肯塔基州、田纳西州和密苏里州建立前哨基地后，这种具有独特步法的美国马在田纳西州渐渐出现了。这些殖民者打算繁育出一种兼具耐力和活力的实用型马，以便他们在视察种植园的工作时，这种马可以长时间地驮着他们。虽然马的速度并不需要极快，但这种马确实需要能够相当快地跑完很长的距离。

和其他有独特步法的美国马一样，田纳西走马是纳拉甘西特马的后代，另外还引入了纯血马（见第 114～115 页）、美国标准马（见第 226～227 页）、摩根马（见第 216～217 页）和美国骑乘种马（见第 218～219 页）的血统。该品种的奠基种公马，是一匹叫黑艾伦的美国标准马种马，它是快步马（不是溜蹄马）的后裔，虽然它作为马车比赛用马不算成功，但它把自己独特的慢步步法传给了后代。1947 年，美国农业部正式承认了田纳西走马。

今天，田纳西走马主要是一种表演和休闲用马。它们有三种不同的步法：平走慢步、快慢步和跑步。平走慢步非常轻快，四蹄分别着地。快慢步也差不多，但快得多，这个品种的马正是以快慢步而著称。快慢步被描述为“一种超级流畅的、滑翔般的步法”和“没有弹力”。跑步比普通的摇椅式步伐更流畅。在表演两种慢步时，田纳西走马明显地一直在点头，这两种步法通常需要特殊的训练。该品种的马性格温顺，非常适合容易紧张的骑手。田纳西走马育种者和展示者协会宣传这个品种为“不一样的骑行乐趣”。

猫王和他的马

猫王埃尔维斯·普雷斯利非常喜欢马，他拥有很多匹马，其中一些养在他位于密西西比州的一个占地 130 英亩（1 英亩≈ 4047 平方米）的农场里，离他在雅园的住所不远。他有两匹黑色田纳西走马，分别叫熊和午夜上校。猫王买的最后一匹马叫双倍埃博妮，也是田纳西走马。双倍埃博妮一直活到 32 岁，2005 年 1 月去世，这时候距其主人去世已经过去了 27 年。直到今天，雅园还养着马。

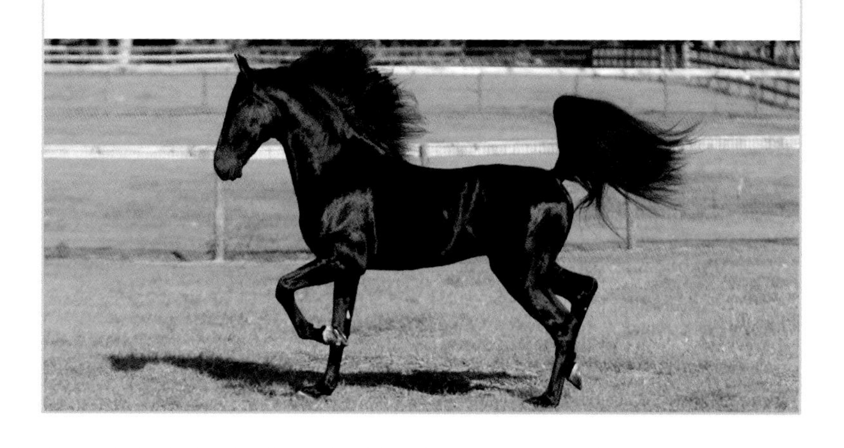

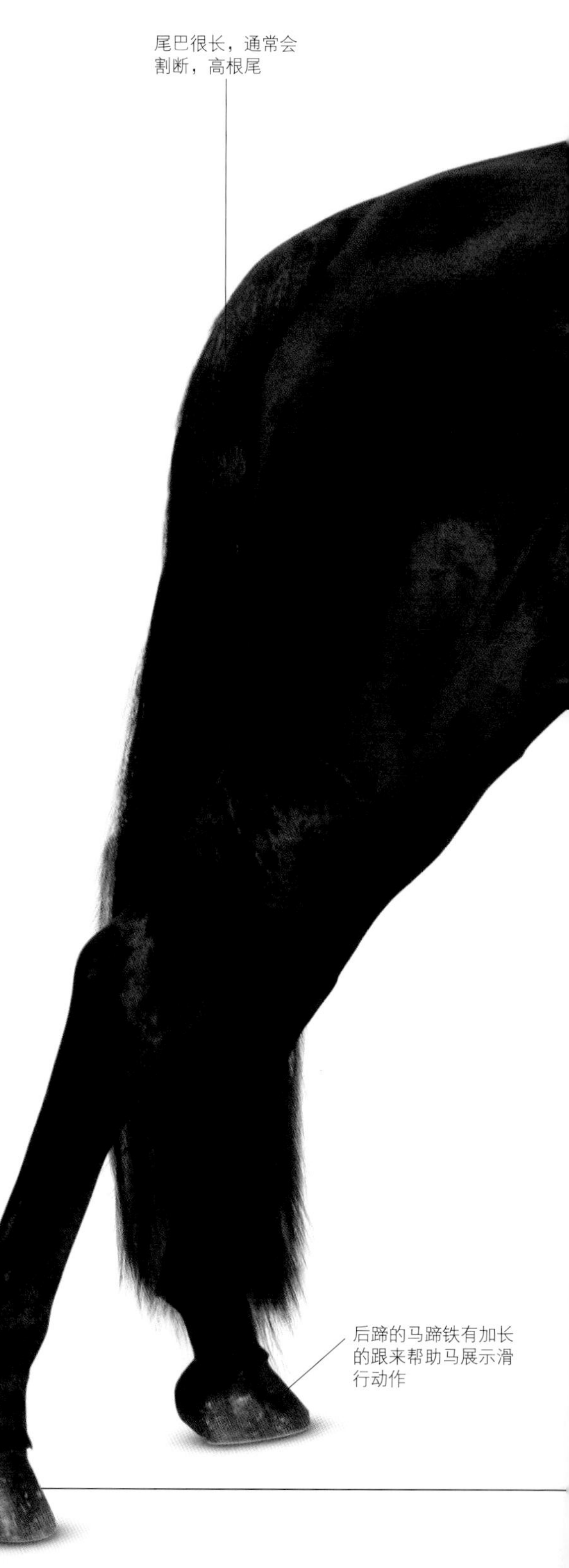

尾巴很长，通常会割断，高根尾

后蹄的马蹄铁有加长的跟来帮助马展示滑行动作

在快慢步时，这匹马可以达到32 千米 / 时的速度。

科罗拉多巡逻马

体高	原产地	毛色
157 厘米（15.2 掌）	美国	各种纯色或有豹斑

科罗拉多巡逻马是一种出色的工作用马，力量大、耐力好、运动能力强。

科罗拉多巡逻马的历史始于 1878 年，当时土耳其的苏丹阿卜杜勒·哈米德二世向美国将军尤利赛斯·S. 格兰特（见右图）赠送了两匹种马，一匹是叫美洲豹的青色纯种西格拉夫—基特兰品系的阿拉伯马，另一匹是叫菩提树的蓝青色纯种柏布马。

最初，这两匹种马在弗吉尼亚被用作奠基种公马来繁育一种轻挽马。后来，它们在内布拉斯加州的一个牧场上与当地选出来的母马原种交配，这些母马有些是有斑点或彩色的。科罗拉多巡逻马直到 1934 年才被繁育出来，是当时科罗拉多巴尔牧场的麦克·鲁比使用了这两匹种公马的后代作为基础种马来繁育。其中最有代表性的是美洲豹的曾孙帕茨和美洲豹品系有斑点的后代马克斯。

科罗拉多巡逻马外表精致紧凑，有强壮的四肢和后躯，身上大多都有斑点。因为有斑点，科罗拉多巡逻马可以被注册为阿帕卢萨马。然而，阿帕卢萨马不能注册为科罗拉多巡逻马。科罗拉多巡逻马允许与阿帕卢萨马、阿拉阿帕卢萨马（阿拉伯马与阿帕卢萨马的杂交种）、夸特马、纯血马和卢西塔诺马（出现在 1980～1987 年）杂交。

尤利赛斯·S. 格兰特

虽然奠定了科罗拉多巡逻马基础的两匹公马都为格兰特将军所有，但是由他繁育了这个品种的说法却非常值得怀疑，因为该品种直到他去世后 49 年才出现。当然，他对马的热爱是出了名的，从小就对马有着特殊的感情。据他的儿子弗雷德里克说，格兰特将军“骑马骑得非常好，而且总爱骑外表华丽、脾气暴躁的马”。

肩隆不太明显

强壮，轮廓呈运动型

短短的腿是一个显著的特征

骨架紧凑

四肢强有力

双蹄健壮、坚硬、平坦

科罗拉多仍然是科罗拉多巡逻马的繁育中心，但这种马也养殖在美国其他地方。

摩拉伯马

体高　150~160 厘米（14.3~15.3 掌）
原产地　美国
毛色　各种纯色

在 19 世纪早期出现的摩拉伯马是阿拉伯马（见第 86～87 页）和摩根马（见第 216～217 页）的杂交品种，它们保留了这两个品种最好的特征。在 1973 年成立的摩拉伯马协会的努力下，该品种的品种标准得以建立：摩根马 / 阿拉伯马血统比例为 25% / 75%。它们兼具力量与优雅，是一种聪明、温柔的工作马和家庭用马，也是很好的竞赛表演马。这种马最初是由美国报业巨头威廉 · 伦道夫 · 赫斯特繁育的，他用他的摩根母马和两匹阿拉伯种马杂交，为他的农场繁育工作用马。他在 20 世纪 20 年代为这种马取名为摩拉伯马。

美国奶油马

体高　157~168 厘米（15.2~16.2 掌）
原产地　美国
毛色　粉色皮肤和奶油色的毛

和帕洛米诺马（见第 208 页）一样，美国奶油马并不是一个真正的品种，因为这一分类关注的是马的皮毛颜色，而不是其他任何共同的身体特征。阿拉伯马（见第 86～87 页）、摩根马（见第 216～217 页）、纯血马（见第 114～115 页）、夸特马（见第 214～215 页）以及它们杂交的品种，都可能是奶油色。美国白化马俱乐部成立于 1936 年，是一个为奶油马注册的组织。经过几次更名后，自 20 世纪 70 年代起，它被称为世界马匹登记处。一匹名为老国王的白色公马是人们成立白化马俱乐部的灵感来源。

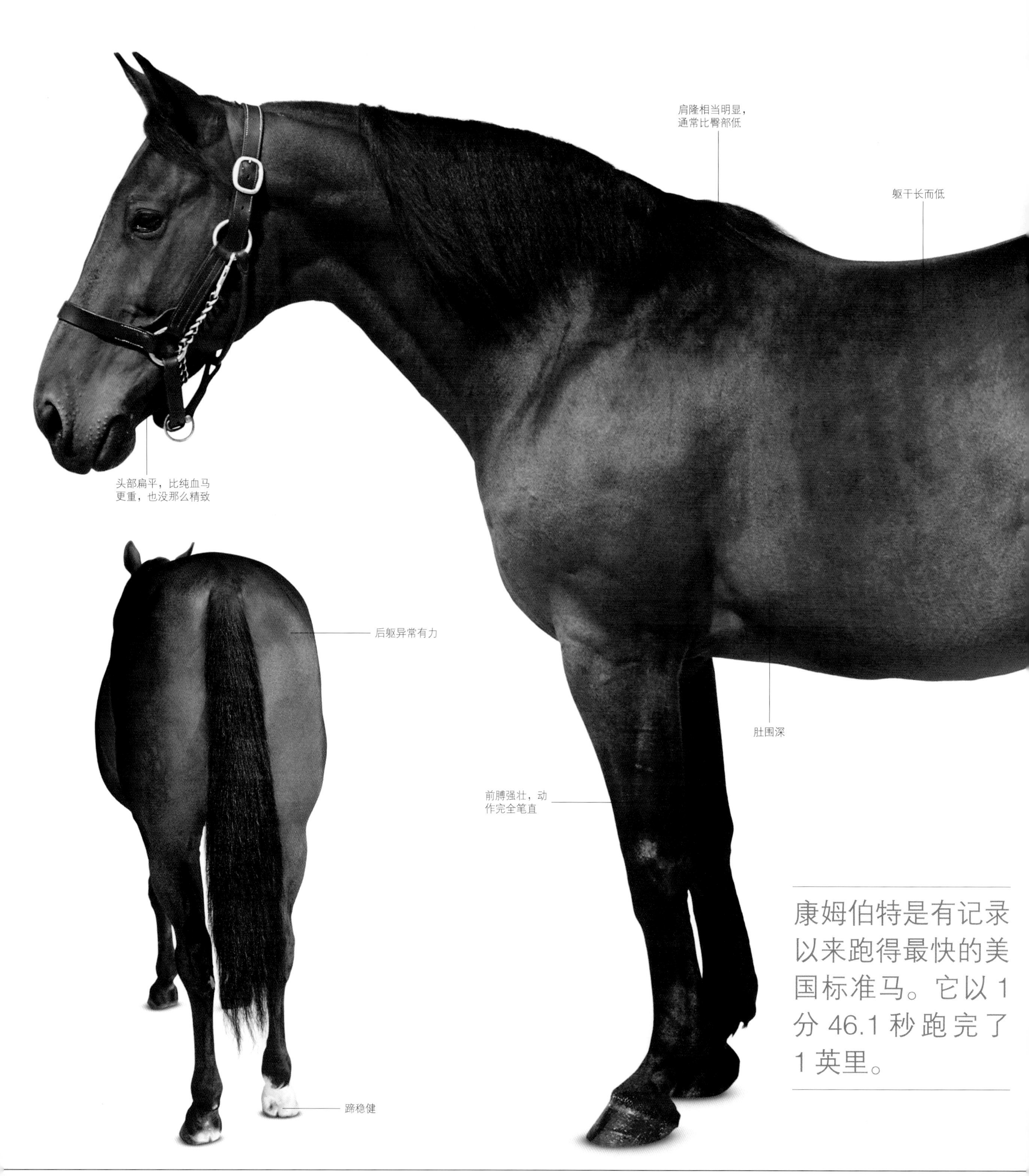

康姆伯特是有记录以来跑得最快的美国标准马。它以1分46.1秒跑完了1英里。

美国标准马

体高	原产地	毛色
152～163厘米（15～16掌）	美国东海岸	骝色、浅褐色和栗色

臀部高

美国标准马是世界上最快的轻驾车赛马用马，它们经常被用来提升其他快步马的品质。

“标准马”一词于1879年首次使用。“标准”指的是一匹马在规定的时间内跑完1英里，只有速度标准的马才能登记在血统登记簿。最初的标准是3分钟，传统快步马将这一时间减少到2分钟30秒，接着溜蹄马将这一时间减少到2分钟25秒。今天，这一标准为1分55秒。

这个品种的奠基种公马是一匹于1788年被引入美国的纯血马（见第114～115页），名叫信使，它之前在英格兰的平地赛马中已经取得了成功。信使虽然没参加过轻驾车赛马，但它与诺福克公路马在快步步法上有联系——通过它的父亲曼布里诺。信使被用来和各种各样的母马交配，包括摩根马（见第216～217页）、加拿大马和纳拉甘西特马。后面这两种马现在已经没有了，但是它们的血统品系中包括会对侧步的马，从而将该步法引入美国标准马。对侧步当前在美国轻驾车赛马中很受欢迎。

现代的美国标准马可以追溯到信使的后代汉贝尔顿，它在1851～1875年繁育了1300匹马。汉贝尔顿从来没有参加过比赛，它的臀部很高，比肩隆高5厘米，这使它成为一位非常成功的父亲，繁育出了很多快步马种马。几乎所有的美国标准马都是汉贝尔顿的儿子乔治·威尔克斯、独裁者、温和派和竞选者的后代。美国标准马协会成立于1939年。

后大腿肌肉发达

腿像铁一样硬

红色英里赛道

美国轻驾车赛马的发源地是肯塔基州著名的红色英里黏土赛道。它是世界上第二古老的轻驾车赛马赛道，修建于1875年9月。最古老的赛道是纽约的戈申赛道，建于1838年。轻驾车赛马是全球最受欢迎的赛马运动之一，仅在美国就拥有3000万粉丝。在俄罗斯和斯堪的纳维亚，它比纯血马比赛更受欢迎。

这个品种的对侧步使骑手不会感到劳累，长距离旅行变得非常轻松。

落基山马

体高
142 ~ 163 厘米
(14 ~ 16 掌)

原产地
美国

毛色
任何纯色，但主要是巧克力色，
有淡黄色的鬃毛和尾巴

落基山马协会

1986 年落基山马协会成立时，登记在册的马只有 26 匹。截至 2015 年，注册马匹已达 2.5 万匹。但据估计，全世界这种马的数量不到 1.5 万匹，美国每年登记的马的数量不到 800 匹。落基山马可以在美国和其他 11 个国家找到。如今，小马驹必须经过 DNA 检测，符合品种标准（包括要会对侧步）才能登记。

它们在崎岖不平的地面上能够保持平稳的步伐，这种非常耐寒的马特别适合在山区养殖。

洛基山马（以前被称为“洛基山小型马”）和大多数美国马一样，据说源于 16 世纪西班牙征服者引入新大陆的早期西班牙马。除此之外，这个品种的历史就比较模糊了，在某种程度上是基于道听途说和猜想。

据说洛基山的马大约在 1890 年出现于肯塔基东部的阿巴拉契亚山麓的丘陵，但几乎没有证据支持这一说法。尽管如此，在这个地方曾存在着一个马群是无可争议的。它们有自然的对侧步，步伐稳健，能很好地适应这一地区崎岖不平的地形，还能够忍受阿巴拉契亚的冬天。在 20 世纪 60 年代，肯塔基州有一匹名为老托比的种马，它被用来繁育现代类型的马。如今，大多数落基山脉的马都可以追溯到这匹种马。

落基山马的突出特点是自然的对侧步，这是一种轻松、舒适的步法，有四个不同的节拍，而不是更快的两拍。这种步法在早期的西班牙马中很常见，自中世纪以来一直很受欢迎。该品种能够在崎岖的地形上稳定地保持 11 千米 / 时的速度，在更好的条件下速度可达 25 千米 / 时。

该品种适合在农场工作，还可用于拉车和骑乘。据说它们性情温顺友善，但这并不代表它们不活泼。

克里奥尔马

体高	原产地	毛色
142 ~ 152 厘米（14 ~ 15 掌）	阿根廷	所有的毛色，除了越背花斑（美国花马）

西弗利的坐骑

作为一种可靠的驮马，克里奥尔马有难以想象的耐力和在极端条件下生存的能力。1925 年，阿根廷教授艾梅・奇费利（1895—1954 年）从布宜诺斯艾利斯骑行了 16090 千米，到达纽约。他用的就是两匹克里奥尔马：加托和曼查。这趟旅行花了近三年的时间。这两匹马活了下来，并且寿命很长。

克里奥尔马是世界上最强壮的马之一，可以在崎岖不平的路上驮重物走很长距离。

克里奥尔马是一个通用的名称，包括了许多与之有关的南美马，其中有巴西的克里奥尔马和来自委内瑞拉的强悍的拉内罗马。它们和阿根廷的克里奥尔马没有什么不同，都有着共同的背景。

阿根廷克里奥尔马是早期探险者运到南美洲的各种西班牙马的后代。它们是传说中的高乔人的坐骑，它们能够忍受最恶劣的气候条件以及缺乏食物和水的情况。高乔人是世界上最后的马背民族。简而言之，克里奥尔马有能力在其他马几乎不可能生存的条件下生存，并且作为坐骑至少参与了两次非常有名的长途跋涉。

如今，克里奥尔马既被用于牧牛，也被用于休闲骑乘和野外骑乘，阿根廷军队也使用克里奥尔马，它们与纯血马（见第 114 ~ 115 页）杂交的后代是阿根廷马球马（见第 232 ~ 233 页）的基础，阿根廷马球马是世界上最好的马球马。阿根廷克里奥尔马协会于 1918 年成立。

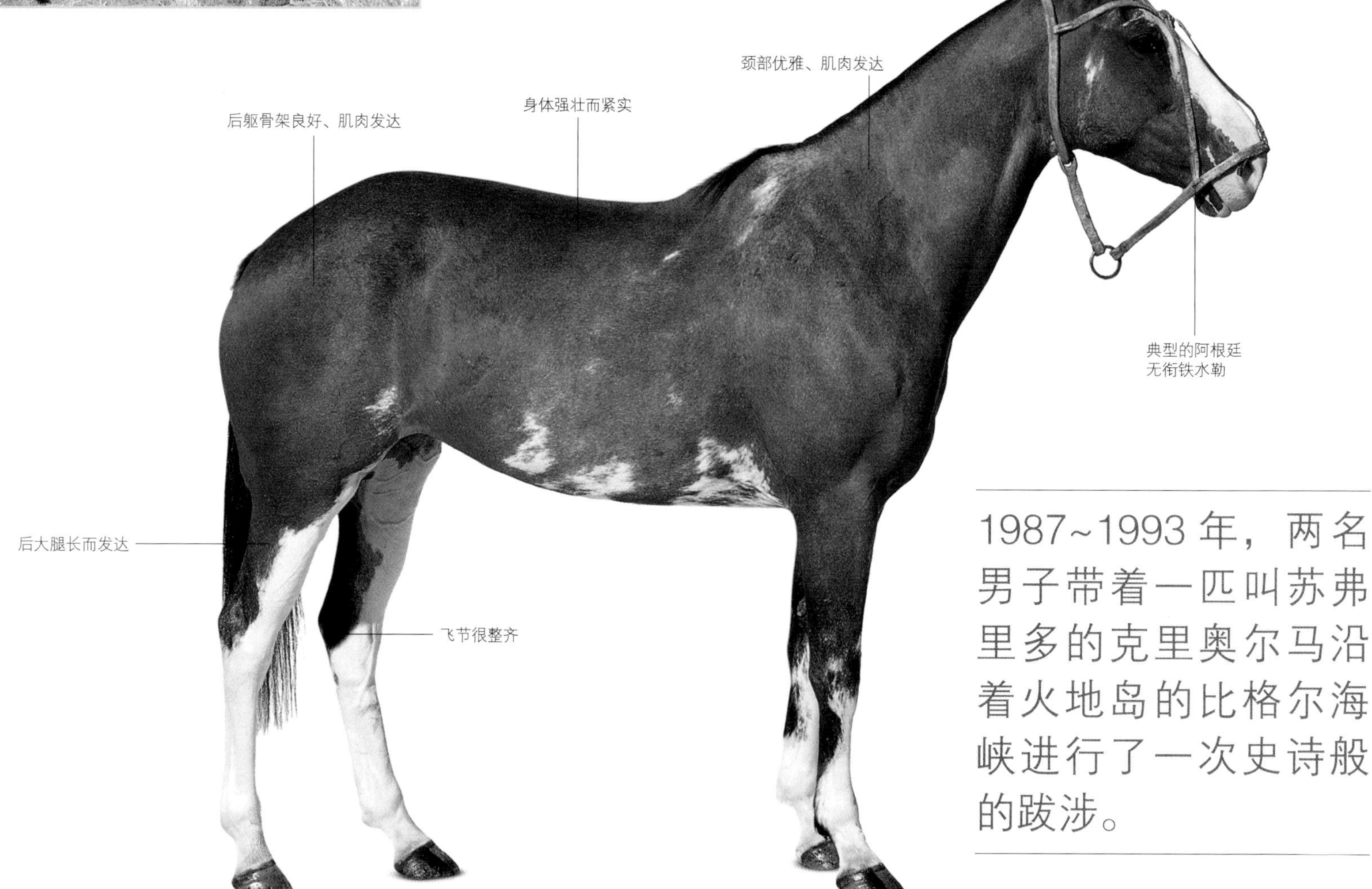

1987~1993 年，两名男子带着一匹叫苏弗里多的克里奥尔马沿着火地岛的比格尔海峡进行了一次史诗般的跋涉。

秘鲁巴苏马

体高	原产地	毛色
142～152 厘米 （14～15 掌）	秘鲁	各种毛色

秘鲁巴苏马性情温和，行走起来很平稳，所以这种优雅、强壮的马很受人们喜爱。

秘鲁巴苏马又名秘鲁步马，它们的名字来源于西班牙语的 paso（步伐），它们是秘鲁最著名的马。其原产地尚不清楚。第一批到达秘鲁的马是随西班牙征服者一起来的，后来也有来自牙买加、巴拿马和其他中美洲地区的马。当秘鲁在 1823 年从西班牙独立出去时，其他的马包括阿拉伯马（见第 86～87 页）、哈克尼马（见第 120～121 页）、纯血马（见第 114～115 页）和弗里斯马（见第 158～159 页）也被进口到秘鲁。这些马都可能在秘鲁巴苏马的繁育中起到一定作用。秘鲁巴苏马以其独特自然的步法而著称，这种独特的步法被称为“对侧步”，它们的前腿的碟形动作充满活力，就像人游泳时的手臂动作一样；后腿的移动方式强劲有力，在移动时后蹄会越过前蹄蹄印。秘鲁巴苏马的后躯较低，飞节在身体下方，背部挺直坚挺。事实上，它们的动作非常流畅，如果骑手拿着满满一杯水坐在马背上，它们行进时水不会洒出来。它们的这种步法使得人们在崎岖的山路上骑行也感觉非常舒适。

巴索芬诺马

波多黎各的巴索芬诺马是另一种天生有独特步法的品种。它们有三种步法：经典的菲诺或巴索芬诺步法，快速而收缩；短步法，略为伸展，以快步的速度行进；拉果又是伸展的，有四个节拍，是侧向步法，可以达到跑步或较慢的袭步的速度。很少有马能正确地表演经典的菲诺步法。

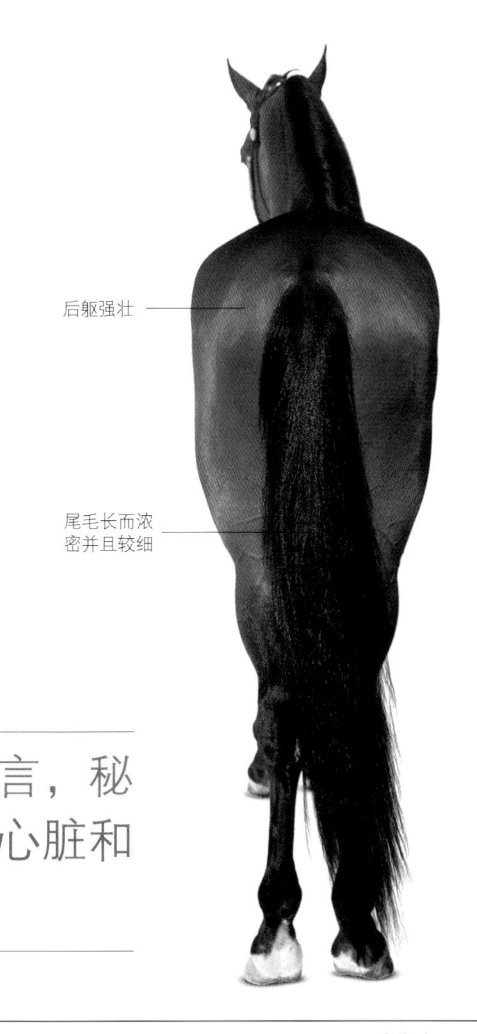

相比体形而言，秘鲁巴苏马的心脏和肺很大。

马球马

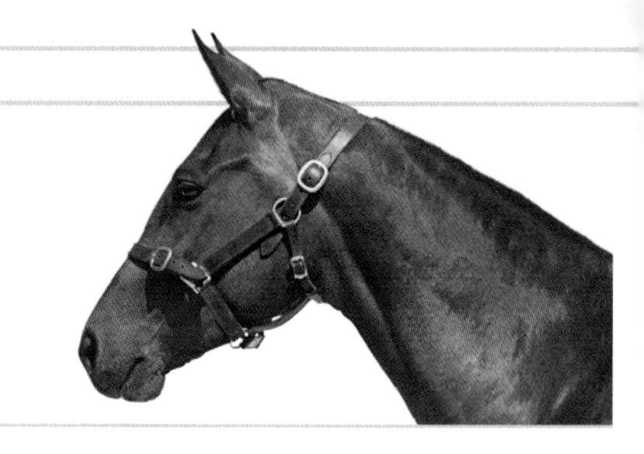

体高	原产地	毛色
152～160厘米 （15～15.3掌）	阿根廷	任何毛色

阿根廷和马球

自20世纪初以来，阿根廷一直是马球界的霸主，繁育了世界上最好的马球马。在1928年的美洲杯上，美国队和阿根廷队第一次交手，当时美国队获胜。4年后两队再次相遇，美国队再次获胜。但自那以后，美国队再也没赢过阿根廷队。

严格来说，这种较小的普通马并不算某个品种，马球马经过了长久的进化，有很多共同的特点。

第一批马球马原产于亚洲，体高不超过127厘米（12.2掌）。在印度，当马球成为英国士兵的一种消遣方式时，英国的育种者开始把原生小型马和纯血马杂交。到1870年，马球马的平均体高达到了137厘米（13.2掌）。

马球马体高不能超过147厘米（14.2掌）的限制是1895年英国的赫林厄姆俱乐部规定的。1919年，这项规定被废除了，可能与1876年这项运动传入美国有关。美国的育种者为了繁育自己的马球马，在阿根廷马中搜寻，很快他们就用当地强悍的克里奥尔马（见第230页）繁育出了一种与众不同的马球马。

阿根廷人也喜欢打马球，他们把克里奥尔马和纯血马（见第114～115页）进行杂交，最终得到了一种与众不同的、精瘦结实的马，它们具有纯血马有力的后躯和强壮的飞节。阿根廷马球马展现出了马球马在速度、耐力、勇气和平衡等方面的必备品质。这种马球马能在全速袭步时转身和扭动，它们似乎天生就具备参与这项运动的天赋，本能地跟着球跑，能快速停下和加速。

2009年，人们克隆了著名的马球马阉马哈里发。如今，马球马越来越多地以这种方式来繁育。

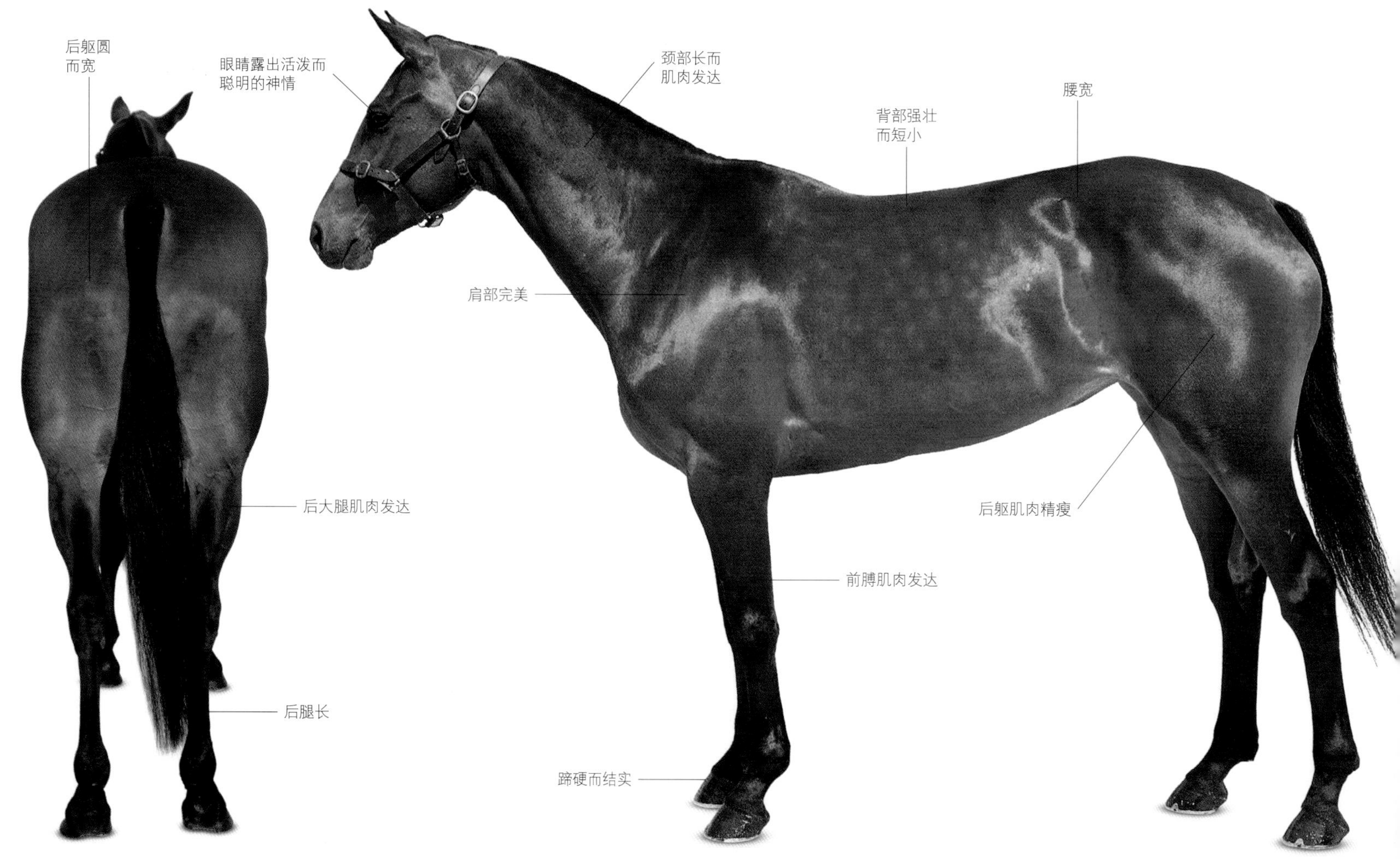

世界排名第一的马球运动员——阿根廷的阿道夫·坎比亚索已经对他的爱马夸特拉进行了克隆。

澳洲野马

体高	原产地	毛色
142～152 厘米（14～15 掌）	澳大利亚	所有毛色

在野外

和美国野马一样，澳洲野马也面临着种群过剩和破坏生态环境的问题。幸运的是，人们已经启动了澳洲野马拯救计划以帮助它们，并设立了圈养场所让公众了解这些马。针对它们的赞助和收养计划也已经出现。人们发现生活在野外的澳洲野马聪明、健康、强壮，并且它们比纯血马近亲繁殖的情况更少。

这些野生的马跑得很快，适应性强，数量庞大，遍布整个澳大利亚内陆。

在 1851 年澳大利亚“淘金热”之后，许多马——澳洲马和澳大利亚放牧骑乘马的祖先——被释放或逃离定居点，成为无人管理的野马。这些马后来被称为澳洲野马，它们相当于澳大利亚的美国野马（见第 206～207 页）。

随着时间的推移，澳洲野马变得越来越野化，分布范围越来越广，马群也越来越大，但马的类型和质量发生了退化。然而，它们不得不在一个食物非常有限的艰难环境中自谋生路，这使它们培养出了一种敏锐的求生本能，使它们能够忍受恶劣的气候，并避开追捕它们的牧场主。

它们对环境的适应性非常好，数量越来越多，以至于在 20 世纪 60 年代，人们觉得有必要对其进行大规模的扑杀行动。然而，由于所采用的方法并不人道，澳大利亚受到了全世界的谴责。与美国野马不同的是，在现代澳大利亚，野马骑乘的需求并不大，尽管据说它们既适合耐力骑乘，也适合普通骑乘。它们也是人类的好朋友。

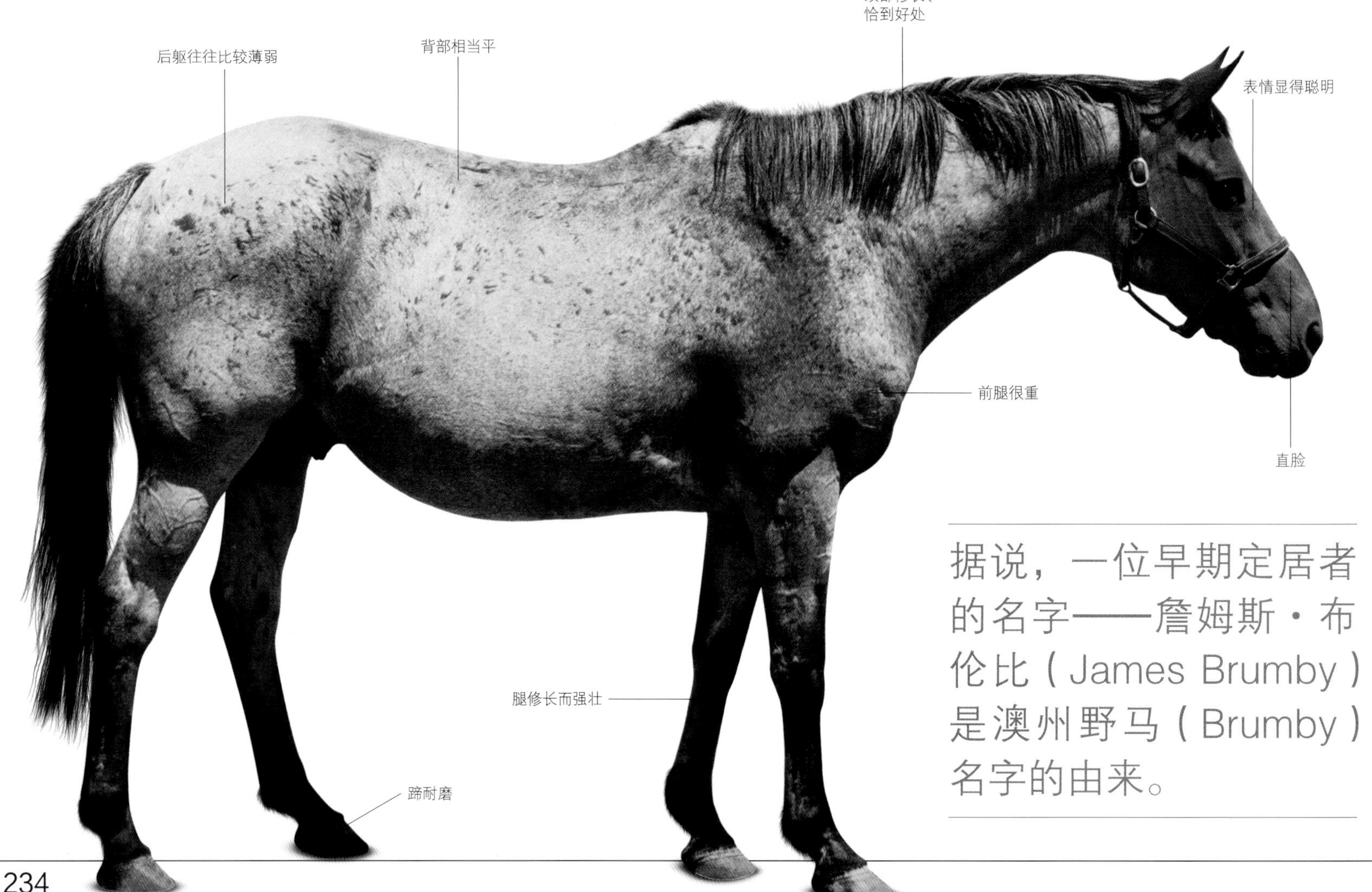

据说，一位早期定居者的名字——詹姆斯·布伦比（James Brumby）是澳洲野马（Brumby）名字的由来。

澳大利亚放牧骑乘马

体高
152 ~ 168 厘米
(15 ~ 16.2 掌)

原产地
澳大利亚

毛色
所有毛色

放牧骑乘马的工作

家畜分布在世界上的每一个角落，在很多地区马比最好的越野车都有用。澳大利亚放牧骑乘马已经进化出了能在澳大利亚内陆极端条件下工作的能力。澳大利亚特有的牛仔竞技运动包括驾驭狂牛、擒牛、骑马用绳索套小牛等惊险刺激的内容，这项运动需要骑手们具有精湛的马术技巧，同时也需要他们非常了解马和牛这两种动物。

这种马是出色的全能选手，有非凡的耐力、天生的平衡能力和顺从的性情。

澳大利亚繁育的第一种马——源于阿拉伯马（见第 86 ~ 87 页）、纯血马（见第 114 ~ 115 页）和盎格鲁—阿拉伯马（见第 142 ~ 143 页）——是澳州马，一种新南威尔士州的工作马。这种马既可拉车，也可用于骑乘。它们被认为是世界上最好的骑兵用马，因为它们体格强健、耐力好、敏捷，即使在崎岖不平的路上也能背负重物前进。在第一次世界大战期间，澳大利亚为盟军提供了大约 12 万匹澳洲马，20 世纪 30 年代，印度骑兵还带走了许多澳洲马，但在澳大利亚这种马的数量仍然很多。

澳州马的后代是澳大利亚放牧骑乘马。在 19 世纪 30 年代，纯血马种马被引进，这些马被用于与当地的母马交配。在 20 世纪 50 年代，人们又引入了夸特马（见第 214 ~ 215 页）和一些小型马。

今天，澳大利亚放牧骑乘马协会致力于推广和规范这个品种，它们的外观发生了巨大的变化，但它们仍然没有固定的类型。它们是澳大利亚最大的单一马群（该品种于 1971 年首次被确认），其轻盈的体态和活泼的天性反映了澳大利亚人对多才多艺的、有纯血马特征的马的偏爱。

成立于 1971 年的澳大利亚放牧骑乘马协会，目前登记在册的马匹已超过 180000 匹。

澳大利亚没有本地马。这证明了放牧骑乘马和澳洲野马具有良好的耐力和韧性，它们能在严苛的环境中生存。

小型马

所有的小型马体高都不超过 152 厘米（15 掌），任何高于此标准的马都不能称为小型马。但小型马远不止是体形较小的马，它们不仅身体比例大小不同——它们的腿短而结实，身体也相对强壮——而且以智慧和求生的本能而闻名。普通马中也有低于这个高度，体格更像马的马科动物，比如精心繁育的各种骑乘小型马和里海马。小型马通常非常强壮，尽管它们个头小，但是它们通常有承载成年人的能力。

◀ **完全适应** 小型马保留了它们祖先的一些特征，通常能够在没有人类帮助的情况下生存。半野生群体仍然存在于世界各地。

里海马

体高	原产地	毛色
102 ~ 122 厘米（10 ~ 12 掌）	伊朗	骝色、青色、栗色；偶尔为黑色或奶油色

许多人都认为这种可爱的小型马很有魅力，它们看起来就像普通马的缩小版。

里海马是所有马种中最迷人的一种。从基因上看，它们和阿拉伯马最相似——可能是因为它们产地的地理位置接近，或者过去可能有杂交。然而，关于谁是谁的祖先这一点存在争议。一项对 6 匹里海马的研究发现，它们拥有 65 条染色体，而不是通常在家马身上发现的 64 条染色体。当时，人们认为这条额外的染色体是通过与普氏野马杂交获得的，普氏野马有 66 条染色体，但更有可能是基因突变的结果。里海马也有几个独特的身体特征：肩胛骨的形状与普通马的不同，头部骨骼的结构也相当奇怪，使头盖骨看起来呈拱形；有些还没有附蝉。

在 1965 年，里海马的存在引起了全世界的关注，当时美国旅行者路易丝·L. 菲鲁在伊朗北部里海岸边阿穆尔狭窄的街道上发现了一种机警、行动敏捷的小型马。她买了几匹来育种。十年后，有一匹种马和七匹母马被出口到了英国。从那时起，里海马就在北美、南美、澳大利亚和新西兰等地开始养殖。选择性育种和优质的食物使得这种小型马的体高得到了提升，身体构造也比其祖先的要好。

这些优秀的小型马的动作迅速、长而低、很自如，行动时像是在“漂浮”。它们还是天生的跳跃者，也很容易训练成轻挽马。

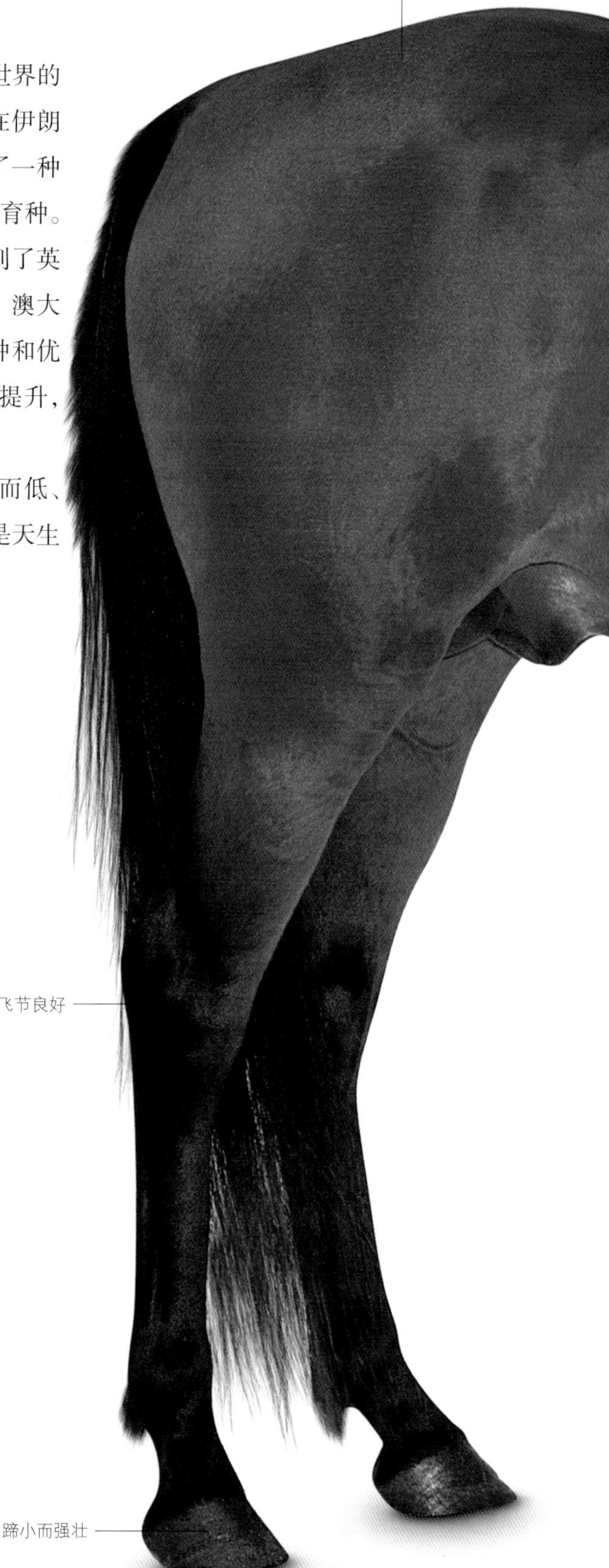

抵达里海

古希腊人记录了一场发生在里海以南麦迪亚的小型马术比赛。在位于巴格达和德黑兰之间的科尔曼沙阿附近的中石器时代的洞穴中，人们发现了马的骨骼。现在这里已经没有土生土长的马了；大约 1000 年前，定居在这里的部落被赶出这个地区，逃往里海附近的埃尔博兹山脉。他们可能带了几匹马。

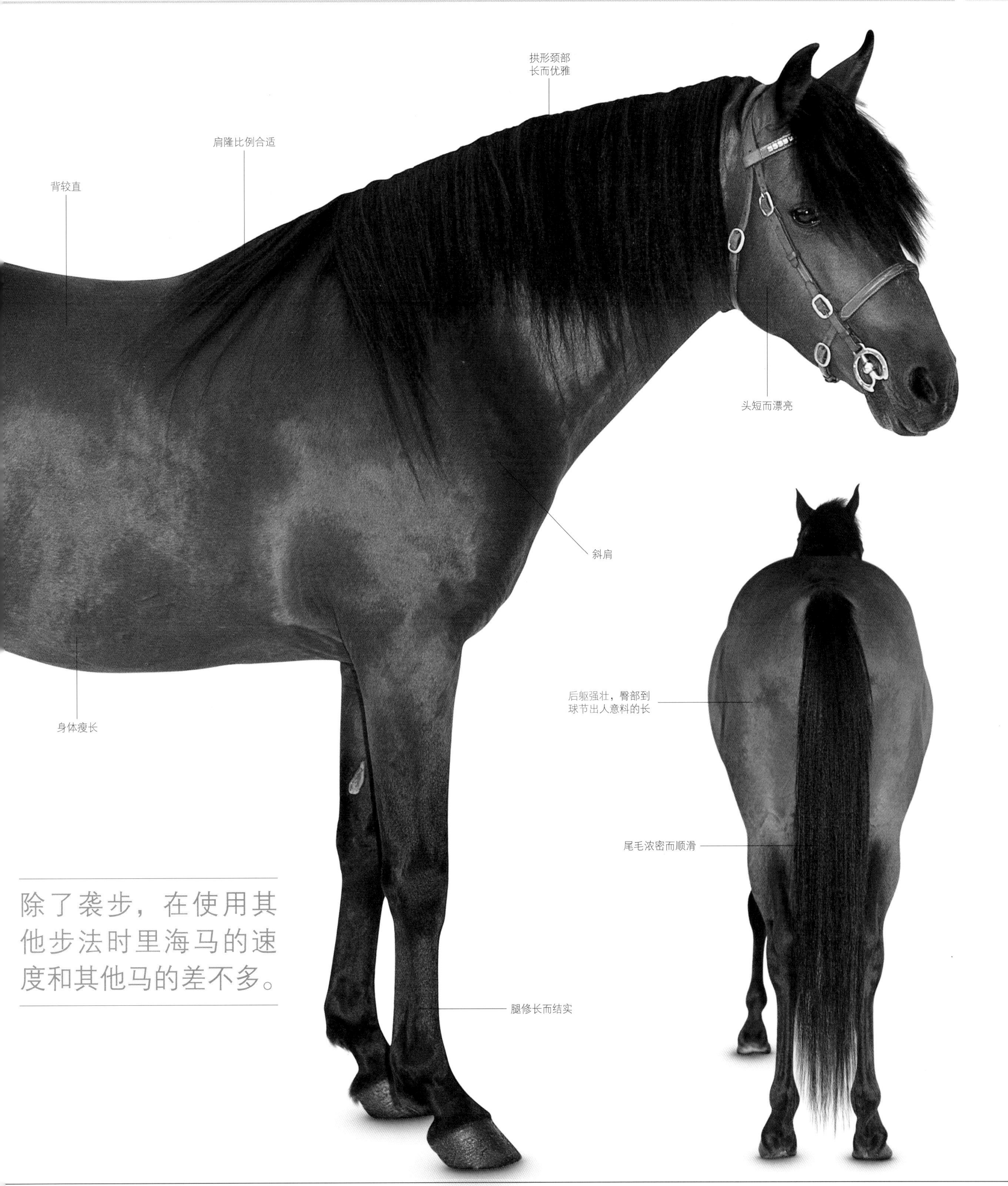

除了袭步，在使用其他步法时里海马的速度和其他马的差不多。

松巴马

体高 127 厘米（12.2 掌）
原产地 印度尼西亚松巴岛
毛色 大多数是纯色

松巴马和与它们有关系的松巴哇马很可能源自中亚出产的小型马。松巴马的名字来自爪哇岛和帝汶岛之间的岛屿，但它们在印尼群岛上随处可见，尤其是在苏门答腊岛。松巴马性情温顺、乐于合作，是很好的骑乘小型马，它们被用于本国非常流行的民族运动：投掷长矛。它们非常强壮，可以承载成年男子和沉重的背包。在岛上崎岖不平的路上，这种结实的小型马是一种重要的运输工具。松巴马还被训练用于表演印尼一些岛屿上流行的传统舞蹈。

檀香马

体高 高达 135 厘米（13.1 掌）
原产地 印度尼西亚松巴岛和松巴哇岛
毛色 各种毛色

檀香马最初在松巴岛和松巴哇岛繁育，其名字来源于印尼出口的珍贵木材——檀香木。这种马大大促进了这些岛屿的经济发展。这种小型马很大程度上来自于早期荷兰殖民者引入的阿拉伯马种马（见第 86～87 页）。人们将精心挑选的本地母马送到苏门答腊岛的种马场中与种马进行杂交，随后年轻马被分散送到其他岛屿去提升当地的品种品质。檀香马是一种外形精致的高品质马，曾被用于繁育印尼库达帕库马。库达帕库马是一种能够在热带气候下生活得很好的赛马。

印度土马

体高	原产地	毛色
142～152 厘米 （14～15 掌）	印度	任何毛色

印度的小型马货车

这种轻便双轮货车由一匹小型马拉着，主要用于运送乘客。对小型马来说，这样的待遇比看上去要好得多。它们可能在头顶上有一个遮阳篷以遮挡阳光。轻便双轮货车也用于运货，如去集市上卖的产品。它们在大城市越来越少见，但在农村地区，这种车仍然是一种实用的交通工具。

“土马”指的是各种杂交马，其中许多是很有用的工作马。

马从四面八方来到印度。几百年来，络绎不绝的商人带着他们的马通过兴都库什山的关卡或者经阿富汗来到印度。这些马有源自东方的草原马——波斯马、土库曼马和阿拉伯马，来自波斯南部的设拉子马、加法马和恰纳兰马，以及来自阿富汗的卡布里小型马和健壮的俾路支马。在 19 世纪早期，从阿拉伯湾出售到孟买和维拉瓦尔的马中最常见的是阿拉伯类型的马。

印度北部的人与中亚和中东的部落有文化上的联系，这里也有几种小型马，包括菩提马、博蒂马（来自锡金）和斯皮蒂马（来自喜马偕尔邦）。这些顽强的山地小型马曾是重要的骑乘马和驮马。但如今，随着机械化程度的提高，它们的数量正在减少。斯皮蒂与赞斯卡里小型马（克什米尔、列城和拉达克）和曼尼普尔马在基因上有相似之处，曼尼普尔马的原产地更为模糊。这些小型马的祖先就是混血马，这意味着它们彼此之间以及它们与西藏小型马之间曾有过杂交。

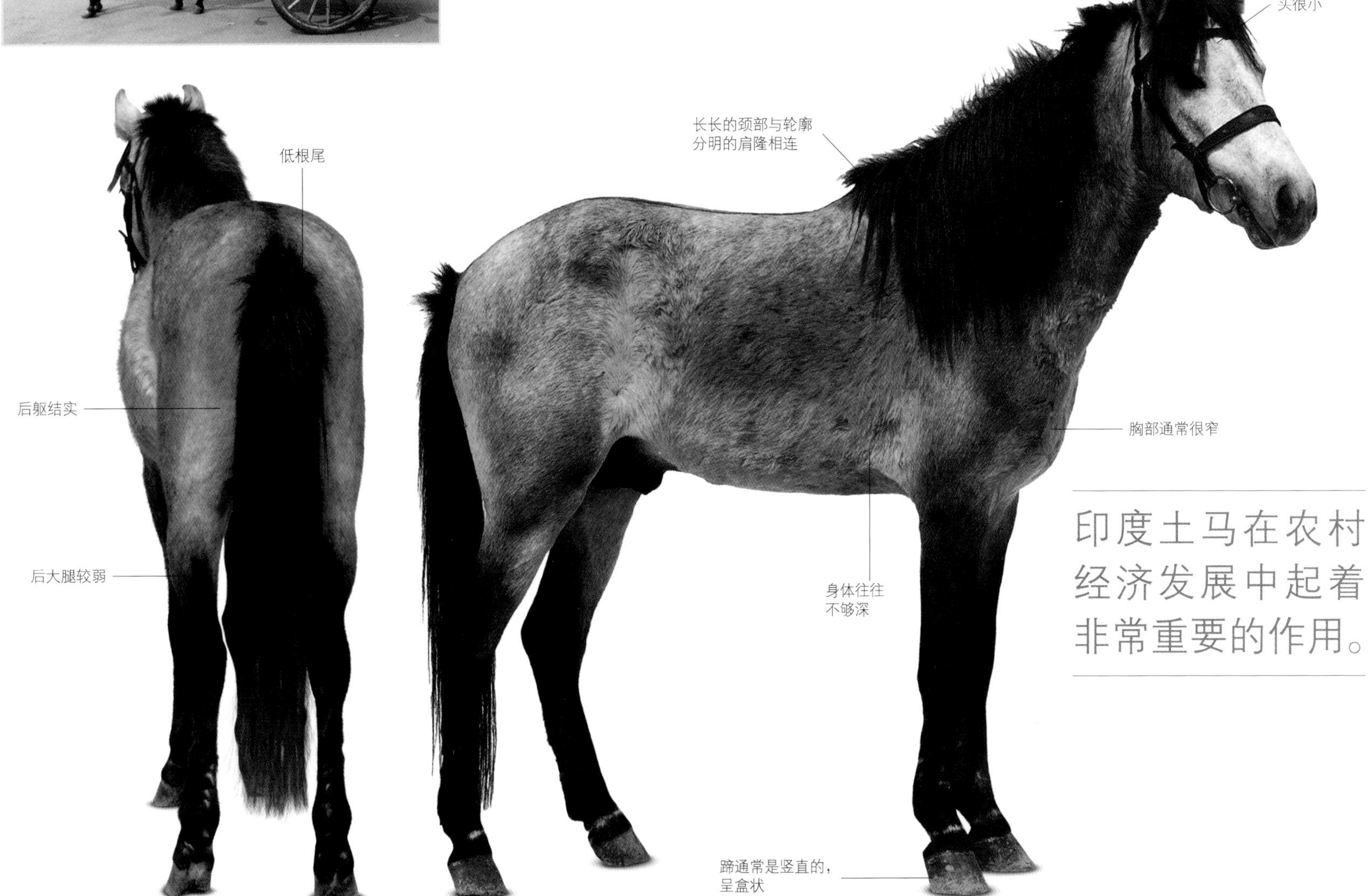

印度土马在农村经济发展中起着非常重要的作用。

鹰猎人
哈萨克人用金雕来追捕小动物。在蒙古有两个一年一度的节日，是人们炫耀其精干的西藏小型马的机会。

帝汶马

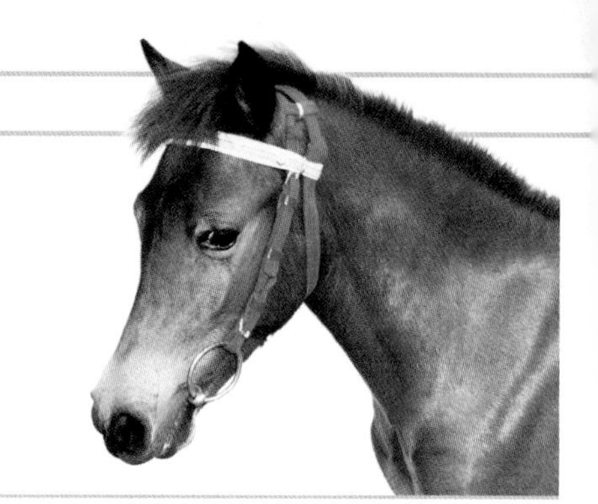

体高	原产地	毛色
102 ~ 122 厘米 （10 ~ 12 掌）	印度尼西亚 帝汶岛	褐色、黑色和骝色，偶尔青色

作为印尼最小的小型马，这种小型马身上能看到阿拉伯马的影响。

帝汶马是帝汶岛经济中的一个重要的组成部分，在过去，帝汶岛估计每六个人就拥有一匹马，现在人均拥有马匹的数量仍然很高。在16世纪和17世纪，葡萄牙和荷兰的殖民者来到了帝汶岛。他们都把阿拉伯和波斯的马引进到其在印度尼西亚的殖民地，以提升当地小型马种群的品质，这些小型马有蒙古、中国和印度的小型马的血统（见第243页）。

尽管帝汶马有来自中东沙漠马的血统，并且岛上热带草原分布广泛，能给马提供坚硬但富含营养的食物，但帝汶马仍然是印度尼西亚小型马中体形最小的。这些小型马既结实又灵活，通常能承载成年男子，人们也用它们来牧牛。当地人通常在骑马时使用没有衔铁的水勒，这是这些岛屿的传统，让人想起4000年前中亚地区使用的水勒；马鞍也很少见，甚至也很少需要——在骑马时骑手的脚经常能碰到地面。这种小型马也用于拉车、驮包裹和干农活，很有用。

1803年起，帝汶马就被出口到了澳大利亚，并在第一时间被用于提高澳大利亚放牧骑乘马的耐力和韧性。它们还被用于儿童骑乘。澳大利亚诗人班卓·帕特森在他的诗《冰雪河来客》中提到了帝汶马。

科芬湾小型马

帝汶马的坚韧足以使其忍受澳大利亚许多地区的恶劣环境。1839年，60匹小型马被进口到澳大利亚南部科芬湾的种马场。最初的种马场已经几易其主，小型马在这里和其他品种杂交，直到2004年，它们被转移到附近的野马保护区。目前大约有35匹小型马在保护区内游荡，除了每年一次的健康检查和以维持种群数量的拍卖外，它们几乎不与人接触。

小小的帝汶马具有很好的忍耐力，行动敏捷，力量很大，是一种非凡的马科动物。

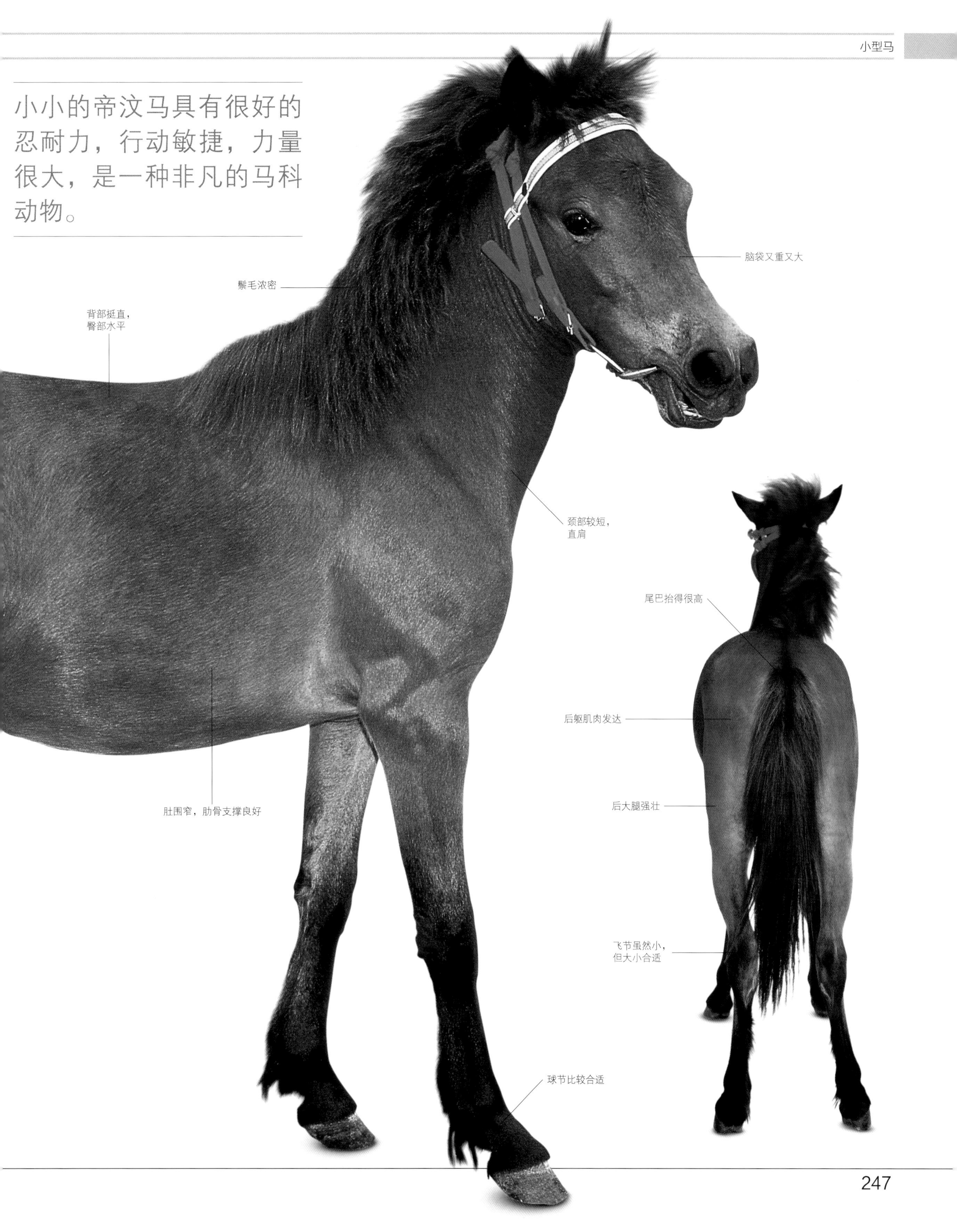

巴塔克马仍然有其阿拉伯马祖先细腻光滑的皮毛。

巴塔克马

体高	原产地	毛色
平均 132 厘米（13 掌）	印度尼西亚苏门答腊岛	各种各样

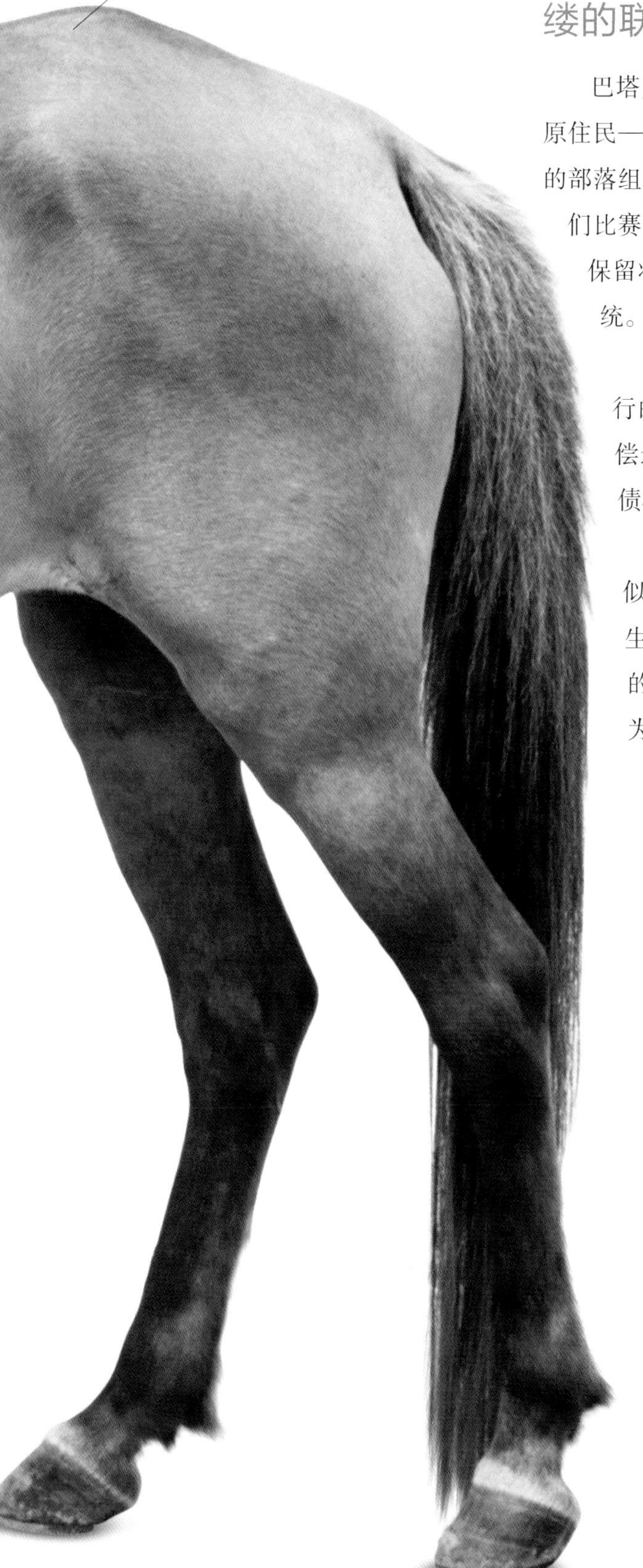

巴塔克马温顺、漂亮、结实，它们与巴塔克人有着千丝万缕的联系。

巴塔克马的名字源自苏门答腊岛中北部的原住民——巴塔克人。这些原住民由六个不同的部落组成，他们有骑巴塔克马的传统，用它们比赛、拉车，并把它们当作驮畜。他们还保留将马用于祭祀三位一体的多巴神的传统。另外，他们还吃马肉。

长期以来，赌博一直是当地一种流行的消遣方式。据说，如果一个人无法偿还赌债，他会被卖为奴隶，除非他的债权人同意他杀一匹马来宴请大家。

印度尼西亚的大多数小型马都有相似的混血祖先。它们不是这些岛屿的原生动物，而是被来自中国、印度和欧洲的人们带到这里的。岛上居民和欧洲人为了满足自己的需要，有选择地饲养了这种牲畜。巴塔克马是许多种类的马的后代，为了提高其质量，它们肯定与阿拉伯马杂交过。因此，阿拉伯马的特征在这种小型马身上表现得非常明显就不足为奇了。这种小型马以活泼、温顺而著称，饲养经济又易于管理。

有一种重型巴塔克马，叫作伽罗马。苏门答腊岛的北部有这种小型马，其外形特征不那么像阿拉伯马。它们通常用来运输货物而不是骑乘。

今天，巴塔克马仍是一种工作用的小型马，被广泛用于骑乘。作为印尼马育种的核心，它们还在育种过程中发挥着重要的作用，有助于提升其他岛屿上质量较差的种群。定期引入外来血统可以防止其原种退化，使小型马仍然保持着结实健康的体质。

小型马的力量

由于恶劣的气候和缺乏良好的放牧条件，印度尼西亚群岛上的小型马都非常矮小。然而，它们都以强壮闻名——多年来，只有足够强壮的小型马才能在艰苦的条件下完成它们的工作。巴塔克马能够负载成年人，并且它们精力充沛、动作敏捷，是非常受欢迎的赛马。

爪哇马

体高	原产地	毛色
117 ~ 127 厘米 （11.2 ~ 12.2 掌）	印度尼西亚 爪哇岛	各种毛色

入神舞蹈

马对爪哇岛的风俗影响很大。入神舞蹈是一种传统的灵魂舞蹈，由多达八个人组成的团体来表演。在当地乐器的伴奏下，表演者骑着用竹子或藤条制成的色彩鲜艳的“马”进行表演。据说，一些舞者能进入入神状态，可以做出预言。这种舞蹈在爪哇岛很流行，尽管关于它的起源地有很多争议。如今，它通常只是一种娱乐。

这种矮小的马已经被证明是可以持久工作而不知疲倦的“工人”，它们在其岛屿密布的家乡非常有用。

据说第一批小型马是从东南亚来到爪哇的。当地政府认为，蒙古血统的马是在 7 世纪作为礼物被带到该岛的，而中国的小型马则在 13 世纪到达该岛。这些马和早期商人带到岛上的沙漠马一直在杂交，后来又与 17 世纪荷兰殖民者带到岛上的马进行了杂交。虽然相比其他印尼马，爪哇马更强壮、体形更大、更轻盈，但沙漠马对现代爪哇马外形上的影响并不明显。然而，爪哇马遗传了沙漠马较好的耐力和耐热能力。爪哇马从身体构造来说比较轻，但又保留了良好的活力。

在农村地区，爪哇马被用于农业生产：由于荷兰东印度公司的大力投入，这座岛有种植咖啡、甘蔗、橡胶和茶叶的悠久传统。在城市里，爪哇马被当作轻挽马，用于运输货物或拉车，它们至今仍被用来拉可供 6 人乘坐的出租马车。爪哇马也被用于骑乘，现在仍然可以在爪哇岛看到被称为“脚趾马镫”的传统马镫。

在爪哇岛繁荣的旅游业中，使用的马通常由纯血马和当地的小型马杂交而来。

巴东马

体高	原产地	毛色
127 厘米（12.2 掌）	印度尼西亚苏门答腊岛	各种毛色

好望角马

1665 年，荷兰东印度公司首次将一批马从爪哇岛运到南非。荷兰殖民者用这些马繁育出了一种结实的小型马，叫好望角马。随后，为了防止近亲繁殖，人们将伊朗沙漠马血统引入到好望角马中。到 1800 年，好望角马大约有 20 万匹。由于引入了美国骑乘种马血统（见第 218 ~ 219 页），今天的好望角马也被称为布尔珀德马，通常是一种步法马。

巴东马是一种品质较好、活泼、体格轻的小型马，据说是一种很好的骑乘小型马。

苏门答腊岛上的巴东马本质上是由当地的巴塔克马（见第 248 ~ 249 页）品系发展而来的一种类型。它们源于荷兰东印度公司定居者的选择性繁殖。他们在该岛西海岸（现在是港口城市的巴东孟加贝斯）建立了一座种马场。

在那里饲养的小型马，其前身可能是一种鲜为人知的马的品系，名为皮恩格马，它们基本上是当地母马和外来沙漠马的杂交品种。也有人认为该地区有两个品种：巴塔克马和米南加保马（以印度尼西亚内陆的一座山谷命名）。巴东马被用于将黄金运送到海岸边，但后来随着人口增长导致的牧场数量减少，它们似乎已经灭绝了。无论历史如何，荷兰人认为它们有良好基因基础，可用来与阿拉伯马（见第 86 ~ 87 页）进行进一步杂交。

巴东马改良了包括爪哇马在内的许多印尼马。和爪哇马一样，巴东马的力量和耐力似乎与它们的个头完全不成比例。在相当热的环境下，巴东马即使尽力工作也不会出汗。这种强壮的小型马被用于农业生产和骑乘，和爪哇马一样，它们也被用来拉出租马车。

巴东马是印尼的八种小型马之一。

在古代的日本，骑马的武士属于贵族阶层。

北海道马

体高	原产地	毛色
130 ~ 135 厘米（12.3—13.1 掌）	日本	大多数纯色，但一般是沙色

流镝马

在 19 世纪末，体形更大、跑得更快的马被引入日本，欧洲马术开始流行。今天，大多数日本骑手都使用纯血马类型的马，学习西式马术。然而，古老的"流镝马"运动由于在祭祀仪式中使用而幸存下来，参与这项运动的日本武士骑在袭步的马上，射箭命中目标。

北海道马，也被称为道产子，是日本本土最好的马种。

第一批到达日本的马是公元 3 世纪时来自中亚的马。13 世纪时，忽必烈试图入侵日本，他带来的蒙古马可能完善了当地的基础原种。

随着时间的推移，日本的大部分岛屿都繁育出了不同类型的马，它们很可能是从同一马种发展而来的。九州有御崎马、吐噶喇马（见第 255 页）和对州马；宫古岛有宫古马；四国有野间马；本州有木曾马（见第 254 页）和东北马；与那国岛有与那国马（见第 255 页）。据说，15 世纪日本人从本州来到北海道定居时，将小型马带到北海道，它们源于东北马的分布区。20 世纪 30 年代以前，日本的马多用于农业生产和运输。现在，仍有一些小型马在农场工作或拉雪橇，甚至还用于煤矿生产中。

如今，北海道马大约有 3000 匹，其中大多数在大型放牧区内自由活动。人们每年将它们集中一次，以检查其健康状况，并为它们驱虫。还有一些北海道马则是在条件更可控的农场中饲养。北海道马比许多日本品种的马体形都大。它们耐寒、强壮，能在非常恶劣的条件下生存，甚至生长得还不错。它们被用于野外骑乘、驮货物和拉车。许多北海道马是天生的溜蹄马。

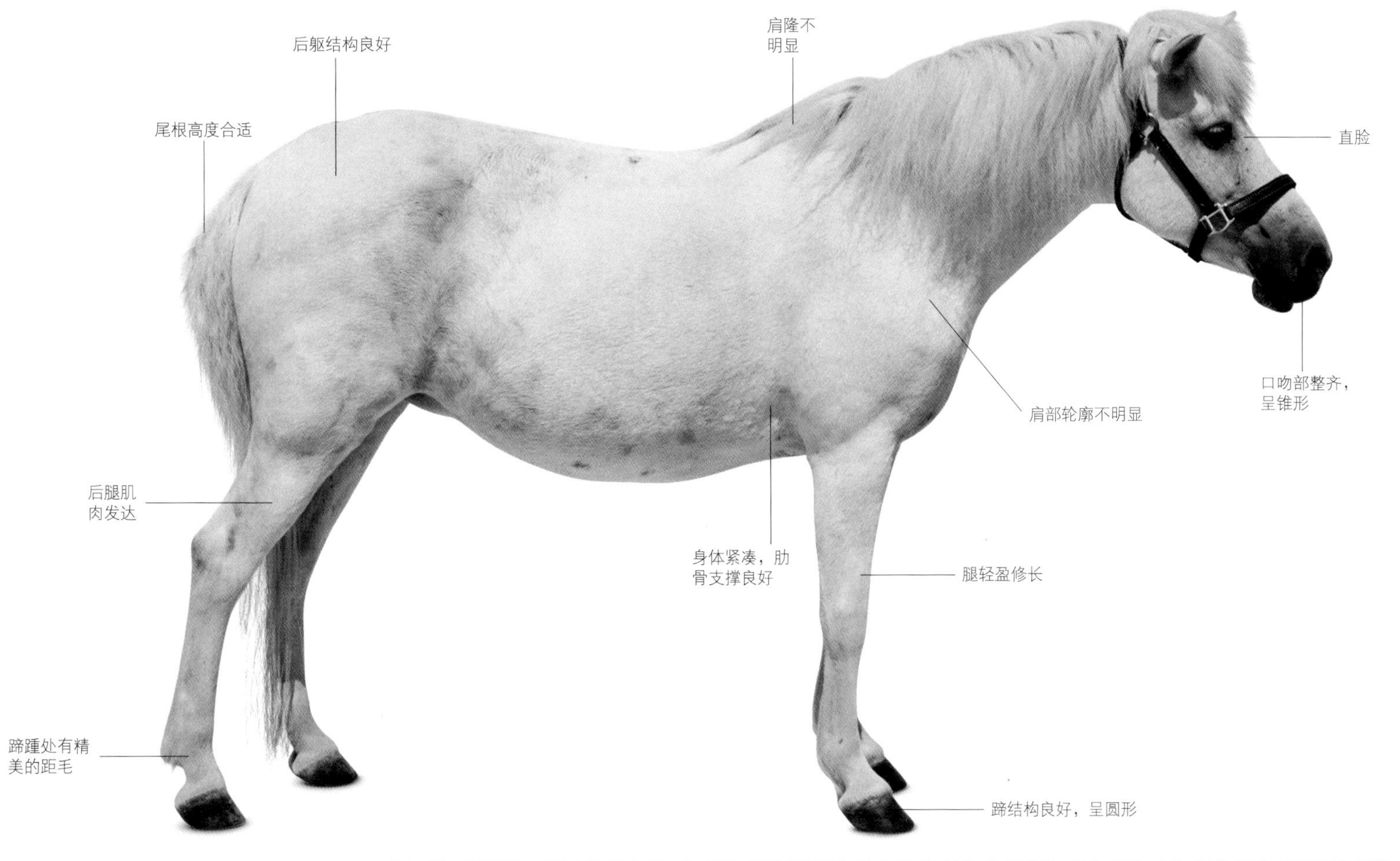

木曾马

体高	原产地	毛色
132 厘米（13 掌）	日本	青色、褐色

木曾马是唯一一种出于军事目的而进行选择性育种的日本品种。

木曾马的名字来自位于日本东京西边的木曾川和位于长野县的木曾山地区。据说它们是日本的主要岛屿本州岛上唯一的本土品种。木曾马的祖先尚不确定，但第一批引入该岛的马可能来自中国或中亚地区。

本州岛上的马之前主要用于普通的农业生产或者作为一种驮畜。然而到江户时代晚期（1600 ~ 1867 年），成千上万的木曾马为军队而繁殖。在明治天皇统治时期（1868 ~ 1912 年），日本军队制订了一项旨在提升马匹体高的育种计划。木曾马种马被阉割，育种者用进口的马与本地的母木曾马进行杂交。结果，纯种的木曾马几乎灭绝。据说只有一匹种马保留了下来，它的儿子于 1951 年出生，是现代木曾马的奠基种公马。尽管为了保护木曾马人们付出了很多努力，但这个品种的数量仍然非常少，只有几百匹。

舒适的旅行

日本文官在旅行中常坐在宽大的木质马鞍上，马鞍上垫着斗篷和被褥。骑马的人盘腿坐着，或者把腿放在马颈两边。文官很少牵缰绳——这是战斗人员的特权——所以马由仆人牵着。

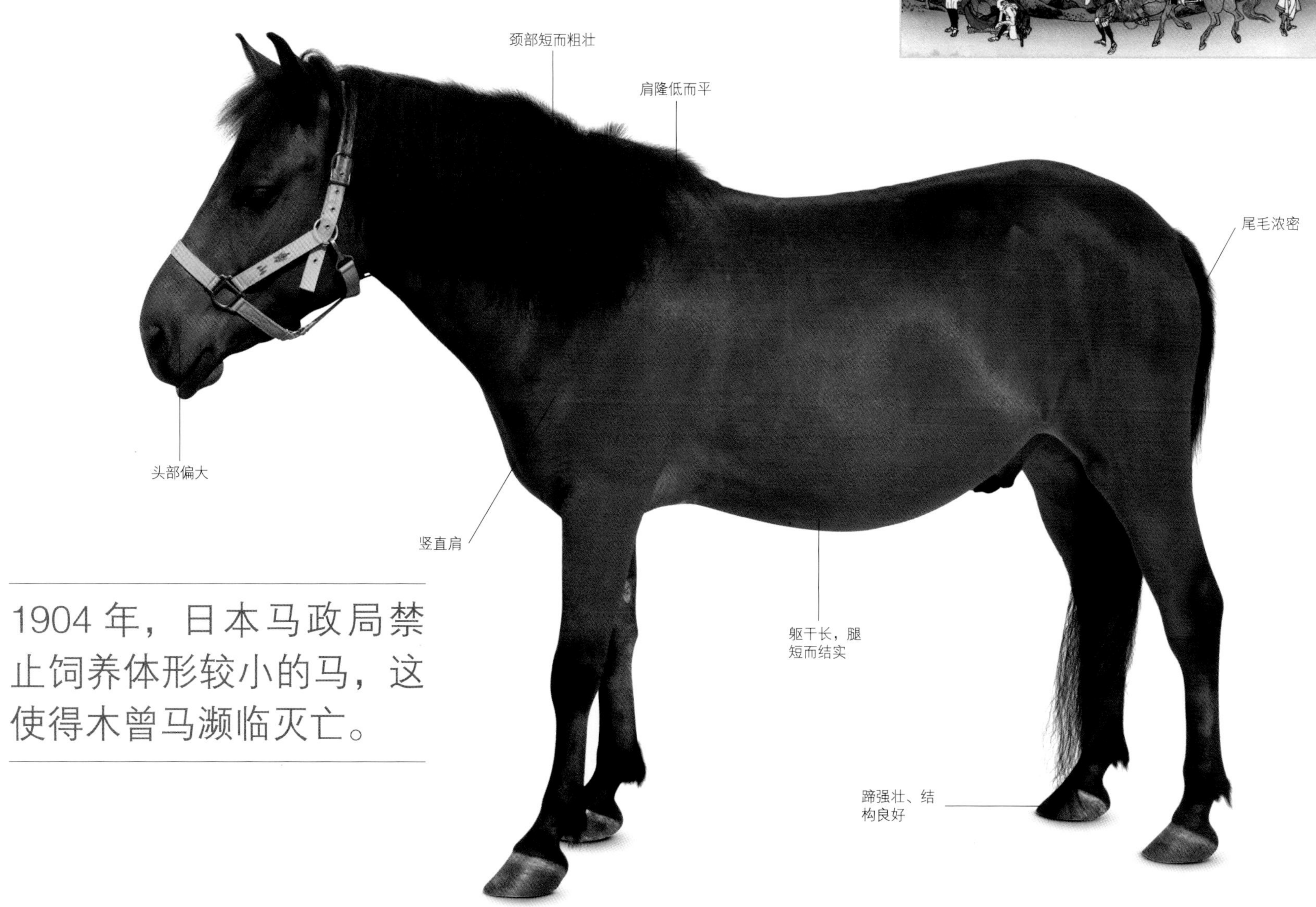

1904 年，日本马政局禁止饲养体形较小的马，这使得木曾马濒临灭亡。

吐噶喇马

体高	原产地	毛色
132 厘米（13 掌）	日本九州岛	主要有骝色、褐色、栗色、沙色

吐噶喇马很可能是公元 3 世纪人们从韩国和蒙古带到日本的马的后代。

吐噶喇马以位于鹿儿岛县九州岛西南方的岛屿命名。20 世纪 50 年代初，鹿儿岛大学的一位日本教授在一座小岛上发现了一群小型马。据他说，大约在 1897 年，基泰加岛的居民带着大约 10 匹当地的马来到这里。虽然放牧条件很差，吐噶喇马体形很小，但是它们能用于骑乘，也能用于一般的农业生产和甘蔗种植工作。

1943 年，吐噶喇岛上有 100 匹吐噶喇马。然而在 20 世纪 60 年代，由于农业机械化程度的提高，马的数量有所下降。其中一些吐噶喇马被带到了当地的国家公园，另一些则被带到大学农学院所属的农场。到 20 世纪 70 年代中期，这个品种几乎在吐噶喇岛上消失了，因此人们用 20 世纪 60 年代转移到大陆的吐噶喇马启动了一项育种计划。目前，鹿儿岛县仍有少量吐噶喇马。有一些吐噶喇马被饲养在鹿儿岛平川动物园。

与那国马

这种小型马生长在日本冲绳县的与那国岛，个头很小，体高约 115 厘米（11.1 掌），通常是栗色的。在 20 世纪末，这种马的数量下降到了 60 匹左右。人们成立了一个保护协会来保护它们，现在这种小型马有两个马群，总数约 100 匹。岛上居民发明了一种独特的单缰水勒来控制这种马。

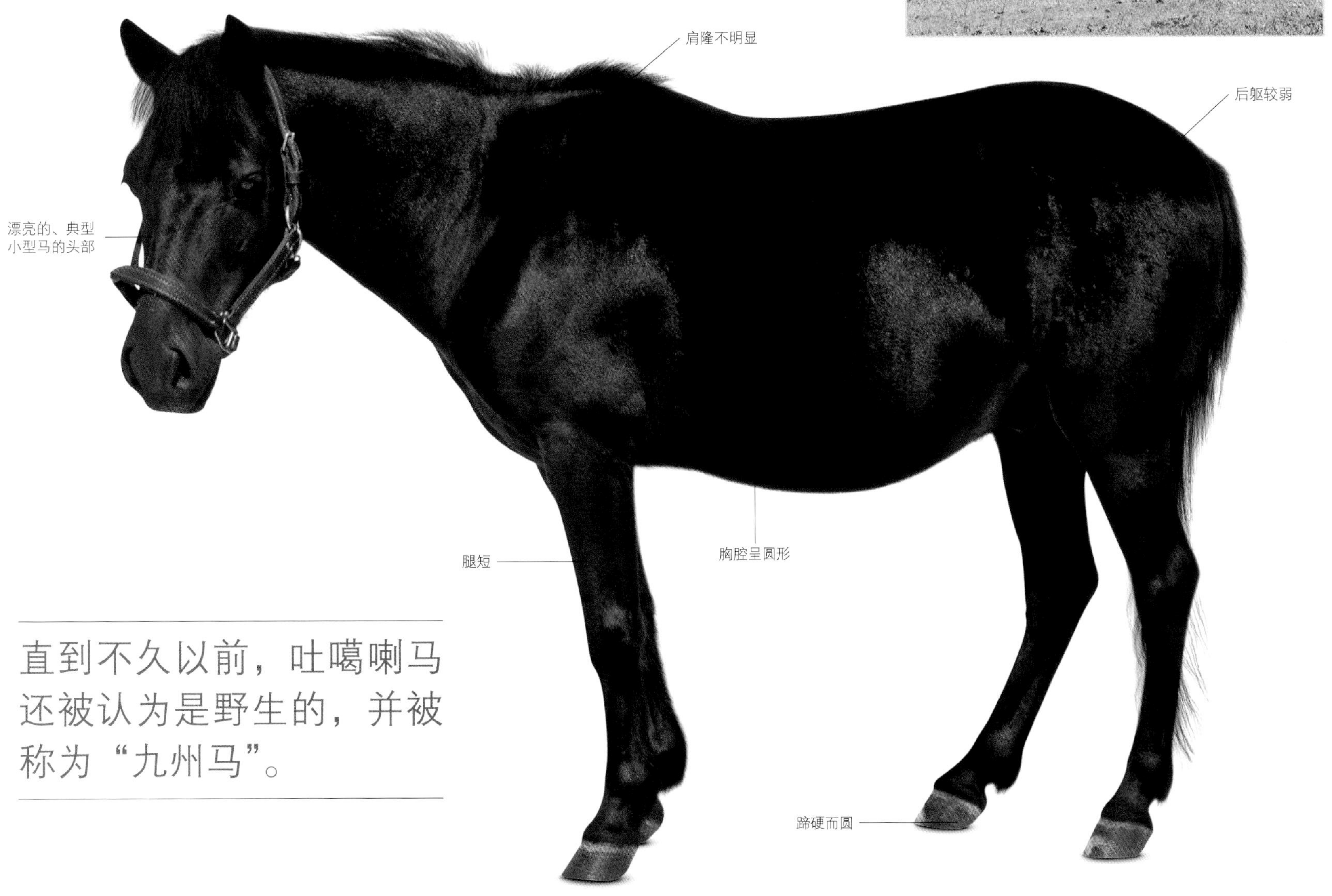

直到不久以前，吐噶喇马还被认为是野生的，并被称为“九州马”。

澳大利亚小型马

体高	原产地	毛色
122～142 厘米（12～14 掌）	澳大利亚	各种纯色，但主要是青色

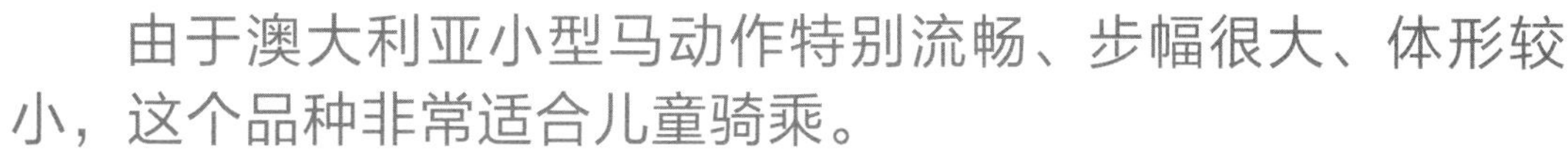

由于澳大利亚小型马动作特别流畅、步幅很大、体形较小，这个品种非常适合儿童骑乘。

澳大利亚本土没有马，所以早期的澳大利亚人不得不依靠进口普通马和小型马来帮助他们建设这个新的国家。在 18 世纪和 19 世纪，人们将马从南非、欧洲，尤其是英国等地引入澳大利亚。这些马包括埃克斯穆尔马（见第 270～271 页）和来自邻近的印度尼西亚的小而结实的帝汶马（见第 246～247 页）。据说在 19 世纪中期，一匹匈牙利小型马随着马戏团来到澳大利亚，它也对当地的品种产生了很大的影响。育种者在这三个品种的基础上，建立了几座种马场。后来，为了提高原种品质，他们又从印度进口了阿拉伯马（见第 87～88 页），这些马大多经印度东部的港口加尔各答来到澳大利亚。

到达澳大利亚海岸的其他品种包括纯血马（见第 114～115 页）、哈克尼马（见第 120～121 页）、哈克尼小型马（见第 287 页）、威尔士山地小型马（见第 282～283 页）和威尔士柯柏马（见第 130～131 页）。这些马相互杂交，繁育了许多不同类型的小型马。

1931 年，澳大利亚小型马血统登记协会成立，意图建立一个标准类型。它包括三个部分：设德兰马、哈克尼小型马和澳大利亚马。澳大利亚的部分包括所有进口的英国山区、荒野马种，以及澳大利亚繁育出的品种。1950 年，血统登记簿又增加了威尔士山地小型马的部分，后来的卷册还允许其他进口小型马加入，如威尔士小型马（见第 284～285 页）、康尼马拉马（见第 258～259 页）和新福里斯特小马（见第 276～277 页）。

在 1960 年以前，一匹马如果要进入血统登记簿的澳大利亚马的部分，需要接受类型检查。当时该部分只收录已登记的公马和母马的后代，对其他原种都不开放。

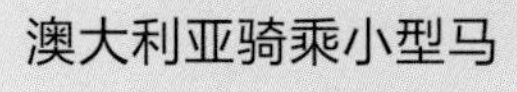

澳大利亚骑乘小型马

1973 年，在引进了三种威尔士血统的种马后，人们产生了繁育一种优雅的骑乘小型马的想法。1975 年，一群澳大利亚小型马的粉丝成立了骑乘小型马协会。他们希望用威尔士小型马、纯血马和阿拉伯马繁育出他们想要的类型。今天，小型马血统登记簿有三个部分，而澳大利亚骑乘小型马以其出色的表演能力而闻名。

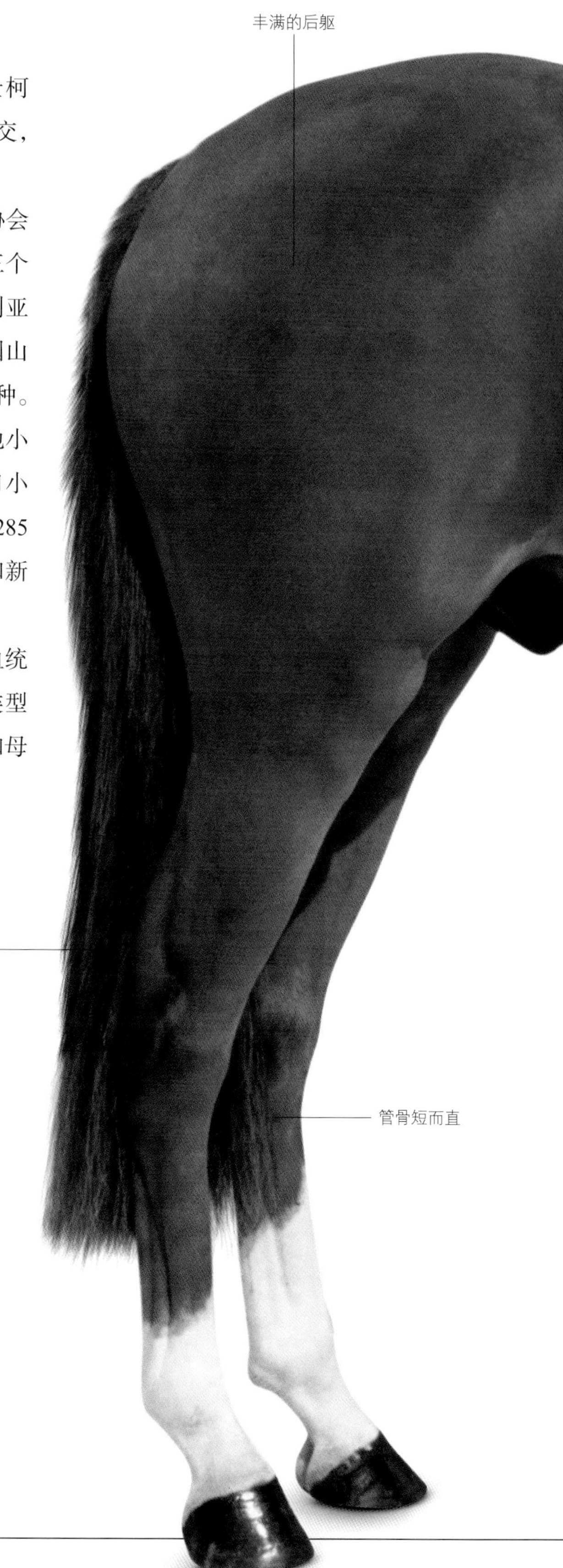

澳大利亚所有的州都有澳大利亚小型马协会的分部，当前在册的共有11个品种。

康尼马拉马

体高	原产地	毛色
127～148 厘米（12.2～14.2 掌）	爱尔兰西部康尼马拉	青色、黑色、骝色、褐色、兔褐色；偶尔也会有沙色、栗色、帕洛米诺色和奶油色

以前，强壮的康尼马拉马用于在野外农场中做各种工作。

爱尔兰唯一本地品种的小型马原产于康尼马拉——一个由山脉、湖泊和荒野组成的地区。早期的定居者凯尔特人可能带着马一起来的，这些马与原生小型马进行了杂交。后来，引进的西班牙马又和这些原种杂交，繁育了康尼马拉马的祖先爱尔兰哈比马（已灭绝）。柏布马（见第 88～89 页）和阿拉伯马（见第 86～87 页）也于 19 世纪被引入。

1845 年的爱尔兰大饥荒对康尼马拉马造成了毁灭性的打击，到 19 世纪 60 年代，几乎没有马能够活下来。然而，后来该种群得到了恢复，到 1923 年康尼马拉马繁育协会成立时，大约有 2000 匹母马和 250 匹公马。通过政府的育种计划，威尔士柯柏马（见第 130～131 页）种马、阿拉伯马、纯血马（见第 114～115 页）和爱尔兰挽马（见第 128～129 页）被先后引入。康尼马拉马主要的种马包括 1904 年出生的炮弹、1922 年出生的叛逆和 1932 年出生的金色阳光。1950 年出生的卡尔纳·敦以其优秀的女儿们而闻名，这种马还有一个品系来自著名的阿拉伯马纳西尔。

自 1964 年血统登记簿关闭以来，人们担心康尼马拉马仅与少数受欢迎的种马交配会产生负面影响。于是人们开展了一项遗传研究（2003 年），结果发现纯血马是最具影响力的外来血统。研究中的大多数康尼马拉马都有威尔士柯柏马和阿拉伯马的基因，在其祖先中大约有 50% 的马是爱尔兰挽马。研究得出的结论是，由于选择性育种，康尼马拉马正在变得越来越高，其祖先对恶劣环境的适应能力正在变弱，遗传多样性也在减少。

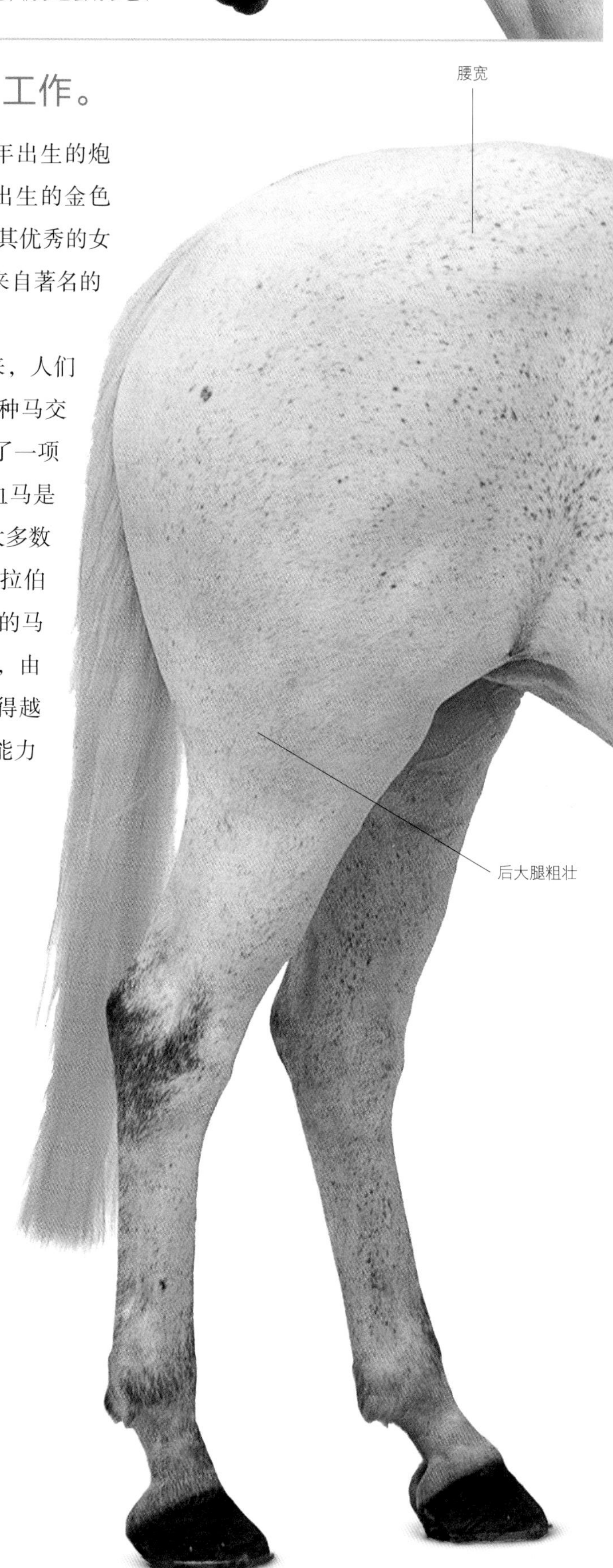

优秀的小型马

康尼马拉马是一种非常出色的表演用小型马——快速、勇敢、擅长跳越障碍。它们性情平和，很聪明，步履稳健。大多数康尼马拉马还保留着在荒野环境中野生状态下所形成的耐寒性和耐力。它们还被认为是青少年赛马比赛最理想的坐骑，并大量出口到欧洲、美国和日本。16 个国家有康尼马拉马育种者协会。

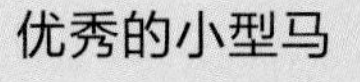

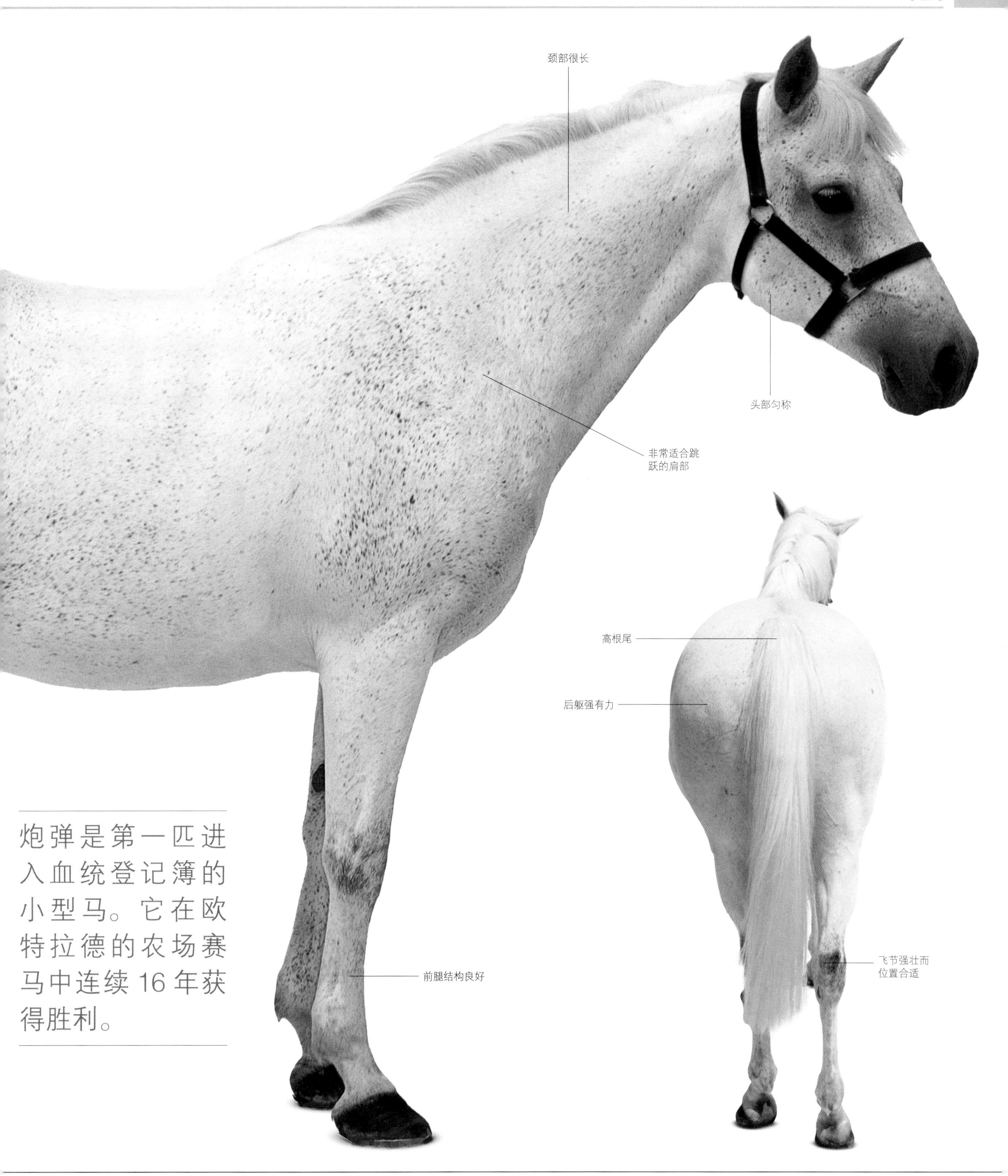

炮弹是第一匹进入血统登记簿的小型马。它在欧特拉德的农场赛马中连续 16 年获得胜利。

在原野中学习

爱尔兰潮湿的西海岸孕育出了著名的小型马——康尼马拉马，它们以跳跃能力而闻名。这也许是因为它们生活的家园陡峭而多石。

设德兰马

体高	原产地	毛色
107 厘米（10.2 掌）	设德兰群岛	各种毛色，除了斑点

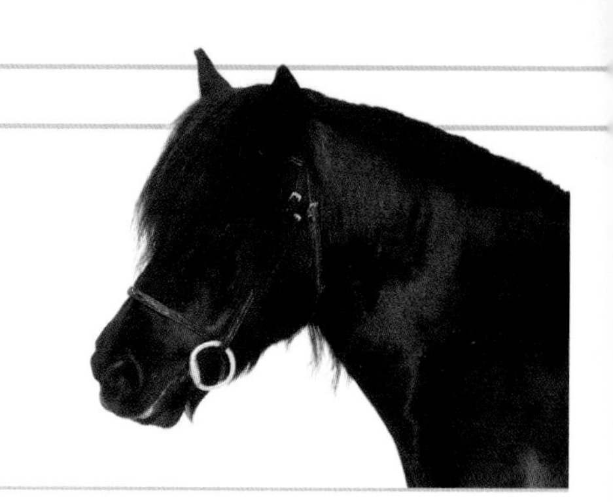

设德兰马以生命力强大、耐力好和身体强健而著称。

设德兰马个头虽小，但强壮有力，它们的名字来源于远在英国北边的终日饱受大风侵袭的设德兰群岛。在那里曾挖出过青铜时代的设德兰马的骨头，但是今天这个品种的确切原产地尚不清楚。它们似乎与冰岛马（见第 296～299 页）和其他一些斯堪的纳维亚品种有基因上的联系。

设德兰群岛的气候恶劣，岛上地形陡峭，冬天又冷又湿，设德兰马的食物较少，因此这种马身材矮小，但强壮有力。设德兰马能承载起成年男性，也被用来耕种土地、运送泥炭和海草。1847 年英国《工厂法》通过后，妇女和儿童被禁止在煤矿工作，作为在矿井中使用的小型马，设德兰马的需求剧增。这种温顺且主动性极强的品种很快就适应了矿井下繁重的运输工作。为了繁育出更重类型的设德兰马，以获得矿井工作所需要的骨架和体质，人们建立了种马场对这个品种进行繁育。较轻的类型用于拉车和儿童骑乘也非常受欢迎。

数以千计的设德兰马被出口到世界各地，有许多出口到了美国和加拿大。在北美，设德兰马与哈克尼小型马（见第 287 页）杂交，繁育出美国设德兰马（见第 312～313 页）。

设德兰马血统登记簿协会成立于 1890 年，今天登记的许多小型马都可以追溯到它们的祖先。19 世纪的两种类型的设德兰马在今天几乎完全消失了，但是一种体高在 85 厘米以下的迷你类型得到了认可。

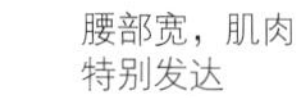

腰部宽，肌肉特别发达

系部倾斜

迷你设德兰马

迷你设德兰马在各方面都与体形较大的设德兰马相似。在远离家乡的地方，设德兰马作为骑乘马非常受儿童欢迎。它们也可以拉车或参与马戏表演。它们还出现在舞台表演中，如《灰姑娘》，在聚光灯下它们似乎完全不受灯光的影响。在世界范围内，设德兰马已经被证明是一个成功的品种，这表明通用小型马仍然很有市场。

设德兰马长着“双层”的皮毛，能够在北方严酷的冬天中存活下来。

高地马

体高	原产地	毛色
132～148 厘米（13～14.2 掌）	英国苏格兰高地和岛屿	各种毛色，除了彩色

这是苏格兰高地和岛屿，尤其是西部岛屿的通用马。

在最后一个冰河期之后，苏格兰北部就有小型马。考古证据显示，斯堪的纳维亚的马在青铜时代被带到苏格兰，随后冰岛的马也被引进。然而，现代高地马是多次杂交的结果。

大约在 1535 年，法国国王路易十二送给苏格兰的詹姆斯五世一批挽马。这些挽马都被用来提高本地的品种。16 世纪，阿索尔公爵引进了东方马。在 17 世纪和 18 世纪，西班牙马被引进。19 世纪末，约翰·芒罗-麦肯齐利用阿拉伯叙利亚马建立了卡尔加里品系。第一匹注册的高地马是 1881 年出生的兰迪，由海兰·兰迪注册。如今大多数高地马都有它的血统。

与设德兰马（见第 262～263 页）一样，高地马也进化成了一种非常坚韧、耐寒的品种。在 19 世纪，小型马，尤其是岛上的小型马，矮了大约 10 厘米。目前的高地马的体形大小可能是为了繁育用于林业生产的马，是与克莱兹代尔马（见第 44～45 页）杂交的结果。当狩猎鹿群时，高地马足够结实，足以驮起沉重的马鹿尸体。它们性情温顺，也是理想的家庭用马，作为徒步旅行用的小型马也非常受欢迎。骑乘课程中也常常用到高地马。它们的毛色很有趣，通常是鼠灰色、奶油色、黄色或青色，身上都有一条鳗条，偶尔在大腿和肩部有斑马纹。

与皇室的联系

英国女王伊丽莎白二世是一位热衷骑马的女性，温莎城堡的马房里既有高地马也有费尔马。她的曾祖母维多利亚女王喜欢苏格兰，多次在那里度假。在《离开我们在高地的生活》一书中，维多利亚女王描述了一次骑马经历，当时所骑的很可能就是高地马，“我们骑着小型马去攀登一座小山，艾伯特骑的是兔褐色小型马，而我骑着青色小型马，只有穿着高地服饰的桑迪·麦卡拉爬到了山顶”。

据说邦尼·普林斯·查利在18世纪詹姆斯党起义期间骑过一匹来自高地的小型马。

费尔马

体高	原产地	毛色
142 厘米（14 掌）	英格兰北部	黑色、褐色、骝色，青色比较罕见。没有白章。

根据品种标准，费尔马应该体格健硕。

费尔马来自英格兰奔宁山脉的北部边缘，以及威斯特摩兰郡和坎伯兰郡的荒野，与它们的邻居戴尔斯马（见第 268 ~ 269 页）有基因上的联系，后者属于奔宁山脉另一侧的北约克郡、诺森伯兰岛和达勒姆郡。这些小型马的原产地相同，但是是根据不同的用途繁育的。

弗里斯马（见第 158 ~ 159 页）很可能是最早对费尔马产生影响的马。然而，对其影响最大的是强大的苏格兰加罗韦马。这种速度很快的小型马是活跃在苏格兰边境上的突袭者的坐骑，后来被苏格兰的牧牛人用来放牧。加罗韦马是一种小型马，产自尼斯河谷和加罗韦的莫尔之间。尽管加罗韦马在 19 世纪灭绝了，但英国原种马受加罗韦马的影响仍然非常明显。费尔马体高为 132 ~ 142 厘米（13 ~ 14 掌），吃苦耐劳，步伐稳健，耐力强，不论是骑乘还是拉车都能跑得很快。它们可能也构成了本地马的一部分，这些本地马在 17 ~ 18 世纪与来自东方的公马杂交，共同构成了英国纯血马（见第 114 ~ 115 页）的基础。

和戴尔斯马一样，费尔马也常用作驮包裹的小型马。然而，费尔马比戴尔斯马更轻，是一种极好的快步马，所以它们用于骑乘和拉车都很受欢迎。今天，这两种用途的费尔马都能够看到，而且它们还是一种优秀的、可用于杂交的马，繁育出来的马很有竞争力。通过威尔逊小型马的过渡，费尔马是现代哈克尼小型马（见第 287 页）的基础原种的一部分。

布拉夫山博览会

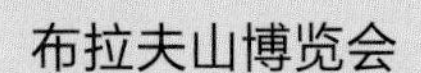

在费尔马的家乡，它们经常被称为布拉夫山小型马，这与布拉夫山博览会有关系。该博览会每年 9 月 30 日到 10 月 1 日在威斯特摩兰（坎布里亚郡）的一座空旷的山上举行。和阿普莱比博览会一样，这里也是人们聚集和出售各种牲畜的地方。但随着汽车的出现，博览会逐渐衰落了，到 20 世纪 60 年代就停办了。从那时开始，阿普莱比博览会就变得更为重要了。

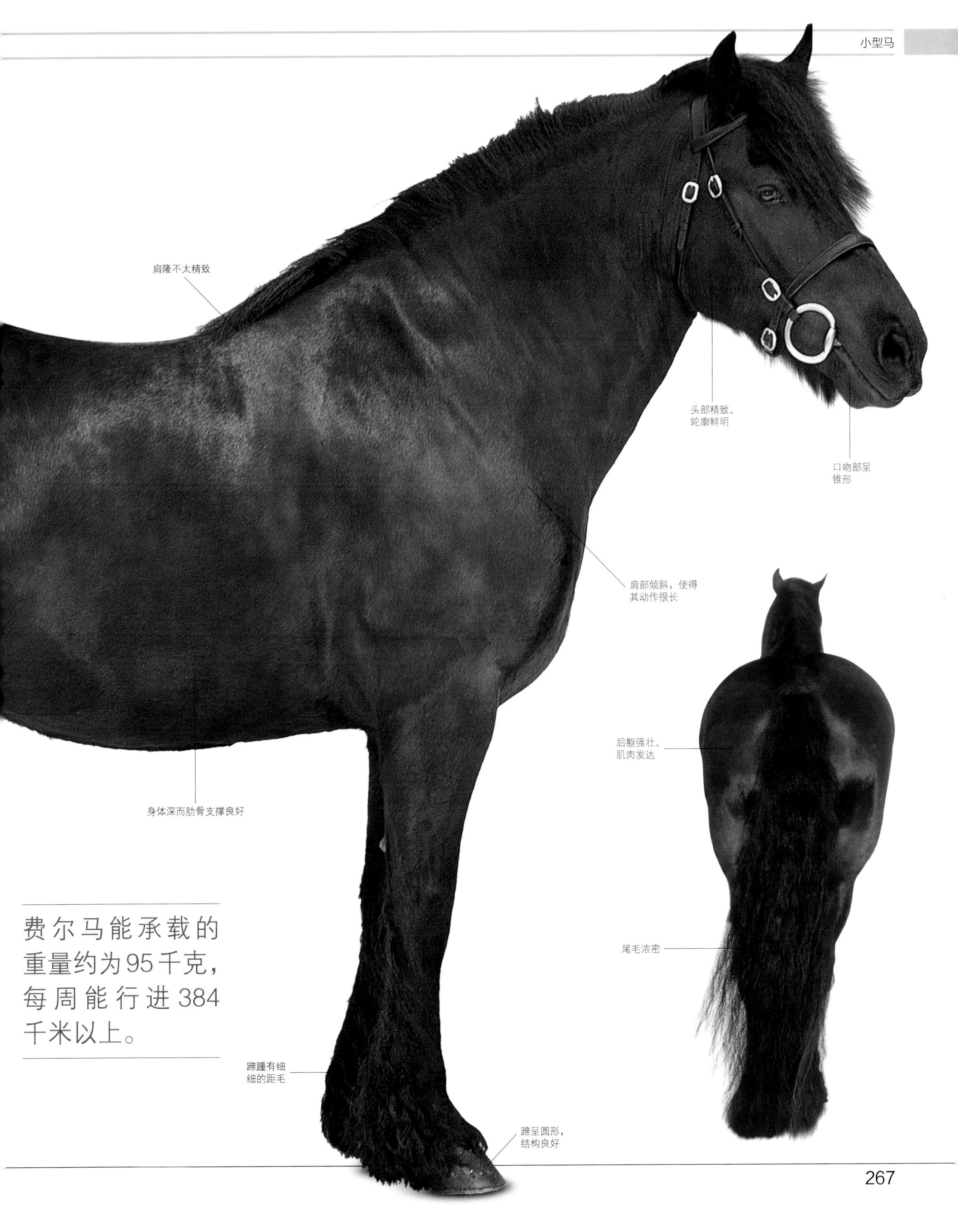

费尔马能承载的重量约为95千克，每周能行进384千米以上。

戴尔斯马

体高	原产地	毛色
147 厘米（14.2 掌）	英格兰北部	主要为黑色，也有骝色、褐色和青色

这种优秀的骑乘小型马勇敢、耐力好、性情温和，非常适合徒步旅行时骑乘。

戴尔斯马原产于英格兰北部的东奔宁。它们是费尔马（见第 266 ~ 267 页）的邻居，相比后者它们更大、更重。就像费尔马一样，它们也与弗里斯马（见第 158 ~ 159 页）和苏格兰加罗韦马杂交。

在 19 世纪，戴尔斯马被用于铅矿和煤矿的生产工作中，以及一般的农业生产和驮队中。它们能够负载与自身大小不成比例的重量；它们平均载重量为 100 千克。

以前的戴尔斯马被认为是一种能用于骑乘和拉车的优秀的快步马，它们还能驮着重物在 3 分钟内跑 1 英里。为了提高快步能力，威尔士柯柏马（见第 130 ~ 131 页）的血统在 19 世纪被引进。戴尔斯马还与克莱兹代尔马（见第 44 ~ 45 页）杂交，到 1917 年，该品种被认为有三分之二的克莱兹代尔马血统。然而，它们与克莱兹代尔马的杂交并不成功，关系也不明显。戴尔斯马改良协会于 1916 年成立，戴尔斯马协会则于 1963 年成立。

现代的戴尔斯马保留着非常棒的骨量和整洁的四肢，以及坚硬的蓝色蹄——它们正是以其闻名于世。它们步履稳健、强壮又耐寒，是一种杰出的和勇敢的挽马，也被用作骑乘小型马。

濒危物种

戴尔斯马被稀有品种生存信托基金会列为重要品种。在英国，登记的可繁育母马还不到 300 匹。美国家畜保护协会的记录显示，这种小型马全世界还不足 5000 匹。和许多本地品种一样，戴尔斯马既可拉车又可用于骑乘。尽管爱好者们不会让这些戴尔斯马灭绝，但是基因库的任何减少都会令人对这个品种的未来担忧。

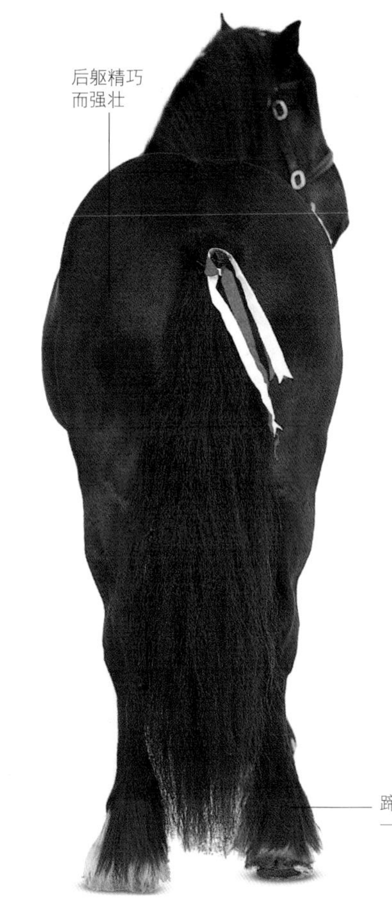

在林业没有实现机械化时，戴尔斯马非常适合在伐木时拉木头。

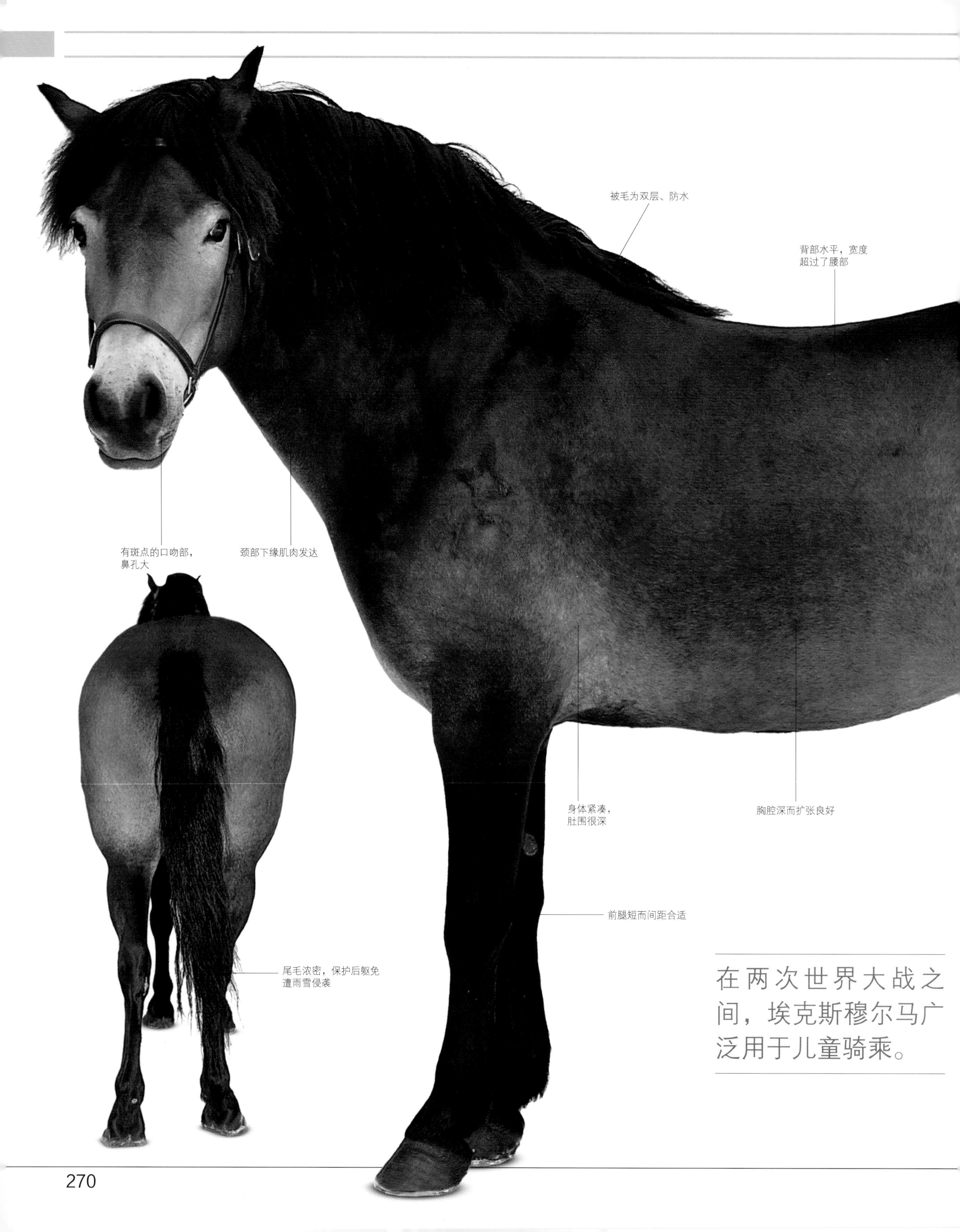

在两次世界大战之间，埃克斯穆尔马广泛用于儿童骑乘。

埃克斯穆尔马

体高	原产地	毛色
127 ~ 130 厘米（12.2 ~ 12.3 掌）	英格兰	骝色、褐色或兔褐色

埃克斯穆尔马被认为是英国原生小型马最古老、最纯正的后代。

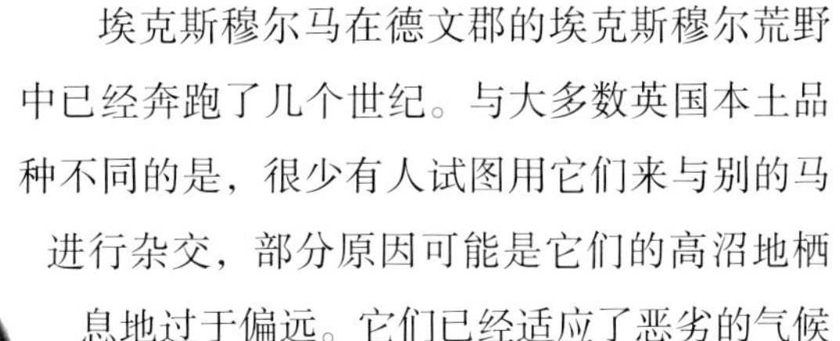

埃克斯穆尔马在德文郡的埃克斯穆尔荒野中已经奔跑了几个世纪。与大多数英国本土品种不同的是，很少有人试图用它们来与别的马进行杂交，部分原因可能是它们的高沼地栖息地过于偏远。它们已经适应了恶劣的气候条件和相对较差的放牧条件，这意味着与更优良的品种杂交并没有什么益处。埃克斯穆尔马有一些特征是其适应恶劣环境的标志，其中包括鼓鼓的“蟾蜍”眼和“冰”尾巴（末端长着浓密的、像扇子一样的短毛），以及冬天会长出的双层被毛。它们还有一个结构独特的下巴。

埃克斯穆尔马非常强壮，平衡力好，能很好地承载与身形不相称的重量，奔跑能力和跳跃能力也很好。如今，埃克斯穆尔马在儿童中不那么受欢迎，但如果经过适当的训练，它们仍是一种优秀、强壮的小型马，适用于敏捷的孩子或小个子成人。作为拉车的小型马，埃克斯穆尔马还有很好的耐力。它们也为繁育较大型的马提供了宝贵的基础原种。

埃克斯穆尔马协会小心翼翼地保护着这群仍在埃克斯穆尔地区奔跑的马，以维持其种群的纯正和品质。那些离开了高沼地环境的埃克斯穆尔马往往会失去其特性，因此若要保持其原来的特性，育种者有必要求助于原来的原种。从某种意义上说，埃克斯穆尔马群仍然是野生的。和许多顽强的本地小型马一样，埃克斯穆尔马也因保护性放牧而受到重视——它们被放到灌木丛中，以帮助栖息地恢复或改善，增加生物多样性。

博德明小型马

与邻近的德文郡不同，康沃尔郡没有真正的原生小型马。一年四季都生活在博德明沼地的小型马并不是任何得到承认的品种或类型。如果将它们带离沼地并得到适当照料，它们可以长到 147 厘米（14.2 掌）或更高，通常是很好的骑乘马。近年来，这种粗糙的沼地小型马的价格暴跌——骑它们的孩子越来越少——导致这些小型马很不受重视，有些甚至死于饥饿。

达特穆尔马被认为是世界上最优雅的小型马之一。

达特穆尔马

体高	原产地	毛色
不超过 127 厘米（12.2 掌）	英格兰	骝色、黑色、褐色和青色；偶尔也有栗色和沙色

达特穆尔山地马

长期以来，人们一直把这种山地马看作是很棒的儿童用小型马，但现在这种在达特穆尔高原上广泛放牧的小型马已经不再流行了。然而，它们对沼地的管理至关重要，有几个项目旨在为它们开拓市场。人们最近采取的方法是通过避孕措施减少这种小型马的数量，并出售小型马作为肉马。还有一些当地的骑乘爱好者对它们进行基础训练，以让它们更有可能找到将其用于骑乘的家庭。

这种马以它们的力量、韧性和漂亮而闻名。

这种漂亮的马原产于英格兰达特穆尔森林的荒野。与埃克斯穆尔小型马（见第 270～271 页）不同的是，达特穆尔小型马受到了众多不同品种的马的影响，并经历了无数次的远缘杂交，部分原因是它们所处的环境交通便利，通过陆地和海洋都能很方便地到达。

该品种早期与老德文郡驮马和康沃尔郡马都有联系，其中老德文郡驮马来自埃克斯穆尔马和达特穆尔马的杂交，现在老德文郡驮马和康沃尔郡小型马都灭绝了。直到 19 世纪末，用来与达特穆尔马杂交的品种中有许多是快步公路马、威尔士小型马、柯柏马（见第 124～125 页）、小型纯血马（见第 114～115 页）、阿拉伯马（见第 86～87 页）——尤其是一匹叫德瓦尔卡的骝色种马——和一些埃克斯穆尔马。在工业革命的鼎盛时期，人们做了一项灾难性的试验——引入设德兰马（见第 262～263 页）来繁育能在矿井中工作的小型马。结果，非常适于骑乘的、强壮的达特穆尔马几乎消失了。后来，人们引入了威尔士山地小型马、费尔马（见第 266～267 页）和马球马的种马保罗勋爵，才拯救了这个品种。第二次世界大战期间，该地区被用于军事训练，该品种的数量急剧下降。幸而一些专业培育者拯救了它们。

现在达特穆尔高原上仍有小型马，但大多数都是矮小的原种。如今，这种优质的小型马在英国和欧洲大陆大量繁殖。1988 年，康沃尔公爵领地制订了一项旨在保护“野生”达特穆尔马的计划，这一努力得到了达特穆尔国家公园和达特穆尔马繁育协会的支持。

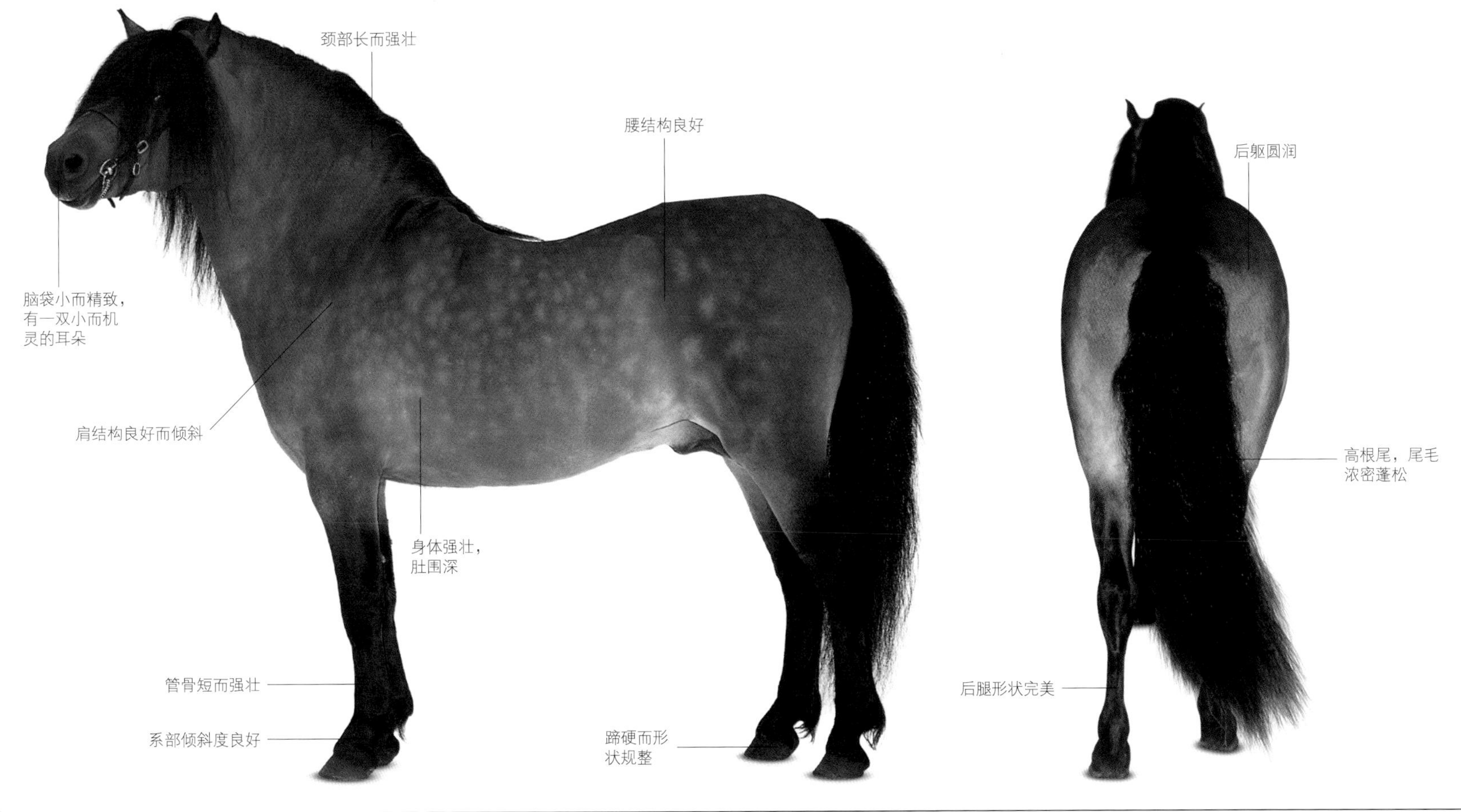

荒原食草者

体形小而强健的小型马是达特穆尔地区特有的风景。它们为该地区开阔的风貌做出了巨大的贡献，是珍贵的保护性食草动物。

新福里斯特小马

体高	原产地	毛色
高达 148 厘米（14.2 掌）	英格兰新福里斯特	各种毛色，除了黑白斑、花斑、斑点或蓝眼睛的奶油色

在森林里

大约有 3000 匹小型马在新福里斯特地区漫步，尽管它们看起来像是野生的，但它们都有主人。这些小型马由专门雇来的人悉心照看。每年夏秋两季，它们都要被聚集到一起进行身体检查。公马驹要在性成熟前就和其他计划出售的小型马一起出售。销售活动每年都会举行几次。

据说，自从上一个冰河期结束后，小型马就在新福里斯特地区游荡了。

新福里斯特地区是一条交通要道，大量的旅行者从此通过。因此，新福里斯特小马有非常复杂的原产地。尽管这个地区后来成为皇家狩猎场，作为平民的森林居民仍有权在这里放牧他们的小型马，森林里仍然有成群的野生小型马。

1765 年，一匹名为马斯克的纯血马种马（见第 114～115 页）被带到了新福里斯特地区。马斯克是史上最伟大的赛马日食的父系，它与森林母马杂交了很短的时间，然后回到了种马场。1889 年，维多利亚女王引入一匹阿拉伯马种马和一匹柯柏马种马来改良当地已经退化的原种。随后，塞西尔爵士和卢卡斯爵士又引入了高地马（见第 264～265 页）、费尔马（见第 266～267 页）、戴尔斯马（见第 268～269 页）、达特穆尔马（见第 272～273 页）、埃克斯穆尔马（见第 270～271 页）和威尔士小型马（见第 284～285 页）。另一个主要的影响是马球马种马（见第 232～233 页）菲尔德·马歇尔，它是母威尔士马所生的。到 1910 年，人们建立了这个品种的血统登记簿。

现代商业上用的新福里斯特小马大多是种马场繁殖的，但它们保留了在自然环境中养成的特征和动作。这种小型马是斜肩，很适合骑乘，并且它们的动作通常长而低，在跑步时特别明显，这是新福里斯特小马最好的步法。它们还是步履稳健的优秀表演者，非常强壮。新福里斯特地区现在有许多游客，四处游荡的小型马已经习惯了与人类接触，它们性情平和，很容易相处。

按照品种协会的说法，新福里斯特小马是“一种与众不同的、性格迷人的全能马”。

兰迪马

体高	原产地	毛色
137 厘米（13.2 掌）	英格兰	主要是奶油色、兔褐色和骝色

这种独特的马是从德文郡北部附近的兰迪岛上的一个马群进化而来的。

1928 年，兰迪岛的主人马丁·科尔斯·哈曼将一群主要是新福里斯特小马（见第 276～277 页）的小型马带到了岛上。但这次的海上之旅并不是一帆风顺的，船在快到兰迪岛时发生了事故，小马们不得不从海中游到岸上。在这群马中有两匹种马，其中一匹种马是一种较精致的类型，毫无疑问，它及其后代无法安然渡过岛上严酷的冬天。后来，威尔士小型马（见第 282～283 页）和康尼马拉马种马（见第 258～259 页）被带到兰迪岛，它们在繁育有用的、耐寒的后代方面更为成功。尽管在 20 世纪 70 年代人们使用过更多的新福里斯特马种马，但今天我们看到的这种独特的兰迪马类型是由康尼马拉马杂交而来的。其中一匹叫罗森哈利的康尼马拉马种马影响很大。

兰迪马群于 1980 年迁至康沃尔，4 年后兰迪马育种协会成立。现在这种小型马多在康沃尔和德文郡北部养殖，但人们会挑选一些母马，把它们和小马驹送至岛上，使岛上放养的种群保持在 20 匹左右。兰迪马非常强壮，脾气温顺，很适合孩子们骑乘。

兰迪岛

兰迪岛是花岗岩组成的，长 5.6 千米，宽 0.8 千米，离英国德文郡海岸 19 千米，是布里斯托尔海峡与大西洋相连的地方。它的西侧暴露在肆虐的西南风之下，但其东侧能为各种生物提供庇护。岛上有种类丰富的动物，包括海鸟、海豹和兰迪马。兰迪岛及其周围的海域在 2010 年被划为英国第一个海洋保护区。

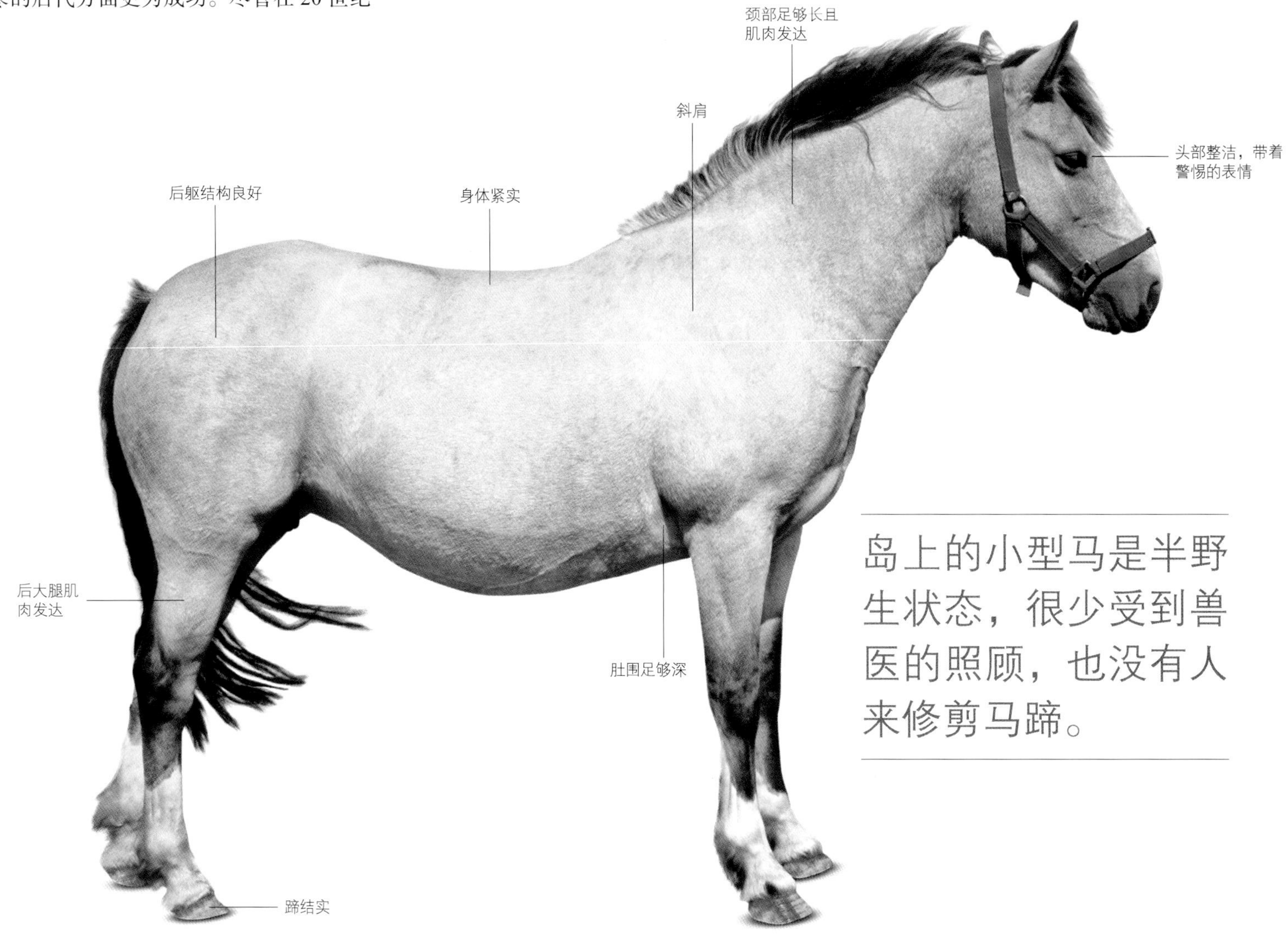

岛上的小型马是半野生状态，很少受到兽医的照顾，也没有人来修剪马蹄。

埃里斯凯马

体高	原产地	毛色
122 ~ 137 厘米（12 ~ 13.2 掌）	苏格兰	主要是青色，偶尔也有黑色或骝色

现代的埃里斯凯马步履稳健、性格活泼、性情友善，是理想的儿童坐骑。

苏格兰西部岛屿埃里斯凯岛上的小型马被认为是最初生活在这座岛上的马的幸存者。19世纪中期之前，这些小型马是岛上唯一的交通工具，还在小农场中做各种各样的工作，这些小农场是岛上居民在这种艰苦环境中勉强维持生计的方式。它们用埃里斯凯马用鱼篮——一种可放于马背两侧的编织篮——运送泥炭和海藻，还拉着大车走在崎岖的道路，把孩子们送去学校。

在其他更容易到达的岛屿上，人们引进了其他品种的马，包括挪威峡湾马（见第 300 ~ 301 页）、阿拉伯马（见第 86 ~ 87 页）和克莱兹代尔马（见第 44 ~ 45 页）。埃里斯凯岛相对偏僻，使得埃里斯凯马受其他马的影响较小。即便如此，随着机械化程度的提高，它们的数量也在减少。到了 20 世纪 70 年代，岛上只有 20 多匹埃里斯凯马。这时候，人们试图重新建立这个品种，并成立了一个埃里斯凯马协会。尽管稀有品种生存信托基金会仍将其列为濒危品种，但是这种小型马的数量已经增加了。

锻炼忍耐力

像许多英国本土品种一样，繁育埃里斯凯马的目的是繁育能抵御潮湿、大风和寒冷的恶劣环境的马。岛上生长的任何草都很坚硬，缺乏营养，因此自己觅食的埃里斯凯马的食物非常短缺。埃里斯凯马经常将海边的海藻来作为补充食物。像设德兰马（见第 262 ~ 263 页）一样，它们在冬天会长出浓密的、防水的被毛和厚厚的保护性尾巴，具有无与伦比的耐寒性和耐力。

纯种埃里斯凯马最少的时候只剩下 20 多匹，现在全世界有 420 多匹。

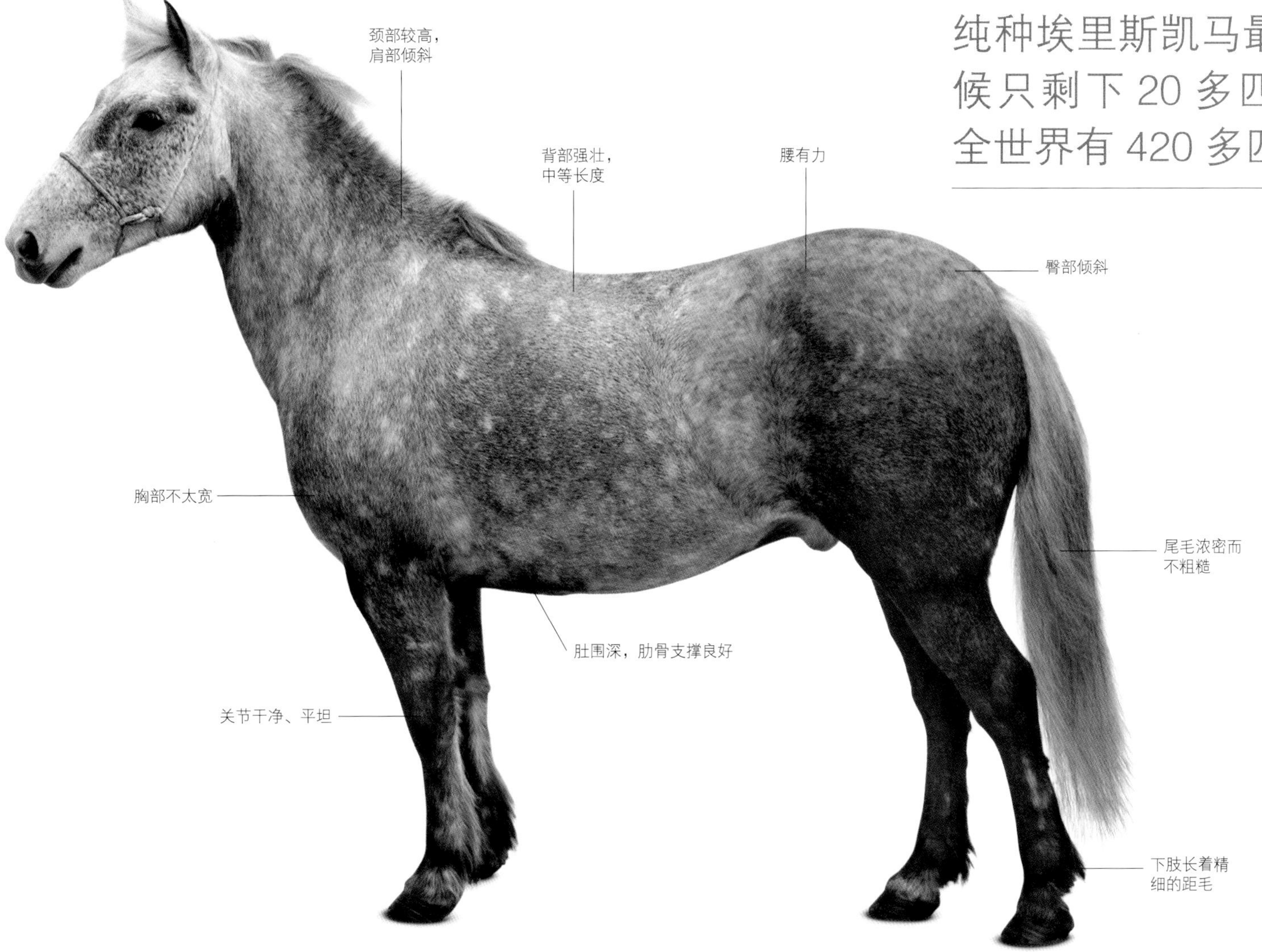

足够的食物

这些食物看起来可能不够，但对这些埃里斯凯马来说，足够它们生活了。在英国各地恶劣条件下生活的小型马都能在非常贫瘠的牧场上生存。

威尔士山地小型马

体高	原产地	毛色
122 厘米（12 掌）	英国威尔士	各种纯色，尤其是青色

青色

虽然威尔士山区有很多栗色的小型马，但青色仍然是最常见的颜色。出生于 1891 年的玻璃盐是黑色的，但它的父亲威尔士之花是青色的。在繁育出迪奥尔·月光后，玻璃盐被阉割了，大概是因为莫里斯·劳埃德认为它“头部有点儿平”。它头部白色的长流星标记可能凸显了这种平坦度。

威尔士山地小型马被许多人认为是英国原生小型马中最漂亮的马。

威尔士小型马和柯柏马血统登记簿于 1901 年前后建立，分为四个部分。威尔士山地小型马是四种威尔士品种中体形最小的一种，是 A 型马，被认为是其他三个品种的基础。

对这种迷人的小型马有显著影响的两匹种公马，其中一匹为 18 世纪的名为梅林的纯血马，是达利·阿拉比安的后代；另一匹是威尔士母马所生的叫杏子的柏布—阿拉伯马。然而，自 1901 年以来，威尔士山地小型马精致和独特的外形是经过选择性育种的结果。现代品种的“奠基者”是种公马迪奥尔·星辉，为莫里斯·劳埃德所繁育，它可能通过其母系月光带来了阿拉伯马的血统。在迪奥尔·星辉之后，是一匹叫科德·科克·格林杜尔的马，它的母系是星辉的孙女。

现代威尔士山地小型马在外形上与众不同，它们以其强有力的动作、聪明和顽强而著称——这是威尔士山区崎岖的地形和恶劣环境的遗赠。这是一种非常好的儿童骑乘小型马，用于拉车也很不错。它们被出口到世界各地，是繁育身形较大的小型马和普通马的最好的基础之一，可以提高育种目标的骨骼品质、体质以及身体构造的稳定性。与威尔士小型马一样（见第 284 ~ 285 页），它们也被广泛用于繁育骑乘小型马（见第 286 页）。

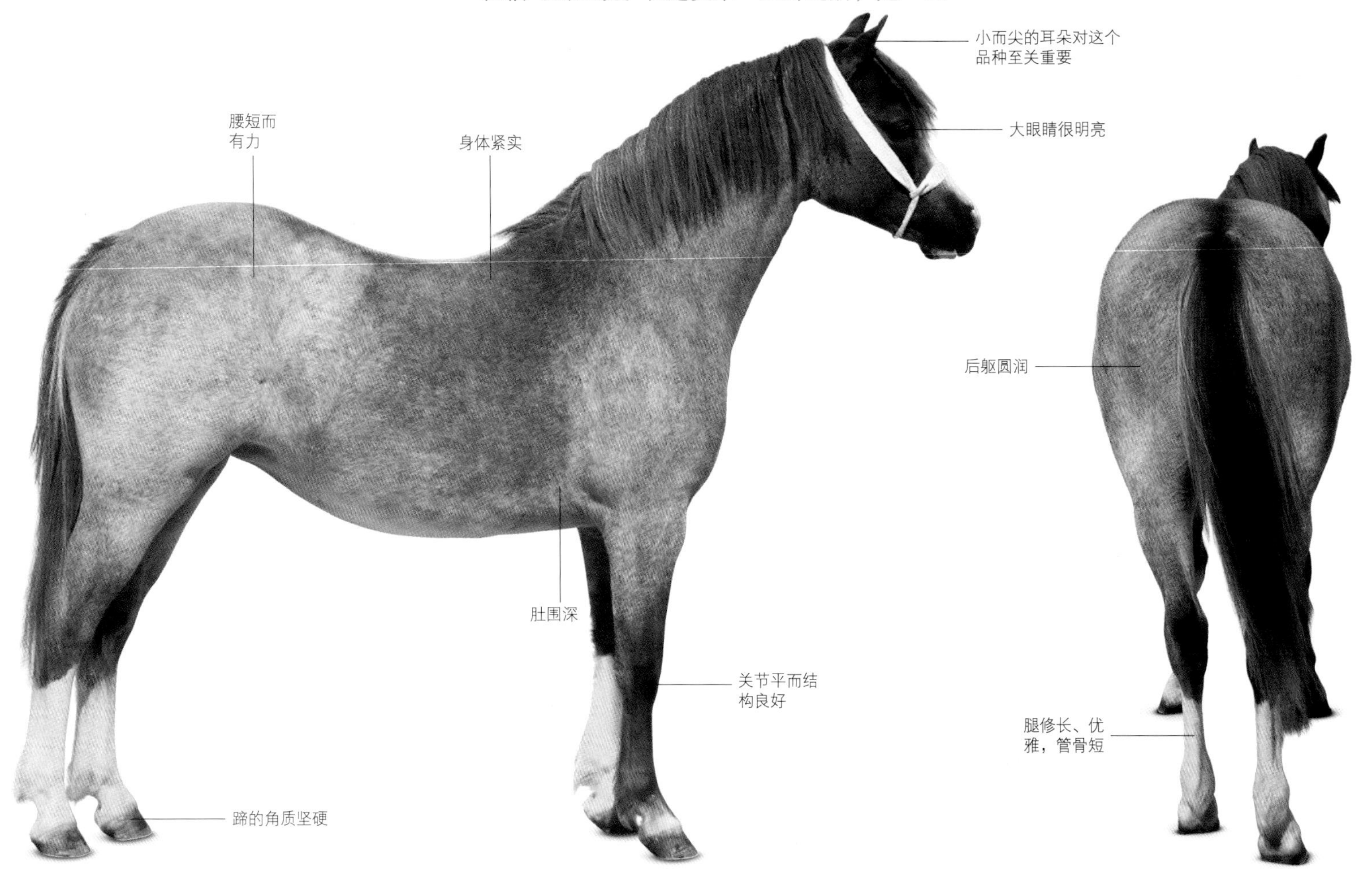

迪奥尔·星辉的骨骼于 1935 年被赠予伦敦自然历史博物馆。

威尔士小型马有“优良的品质、优雅的骑行动作和充足的骨量，并且体质好、耐寒、身体结构匀称”。

威尔士小型马

体高	原产地	毛色
高达 137 厘米（13.2 掌）	英国威尔士	所有毛色，除了黑白斑和花斑

威尔士柯柏型小型马

这种小型马被列在威尔士小型马和柯柏马血统登记簿的 C 型部分。与 D 型马一样，它们具有双重用途，既适用于骑行，也适用于拉车。C 型马要比 D 型马小，体高最高为 137 厘米（13.2 掌），但二者有相同的特征。威尔士柯柏型小型马以能快步轻松行进数英里而闻名，在跑步时让人感觉也很舒服。阿拉伯马的影响常常可以从 C 型马整洁而迷人的头部看出来。

威尔士小型马是一种质量上乘的骑乘马，具有威尔士品种典型的活泼性格。

威尔士小型马占据了威尔士小型马和柯柏马血统登记簿的 B 型部分，它不像威尔士山地小型马（见第 282～283 页）那样“忠实”于原始的威尔士马类型，而是看起来更接近纯血马类型的骑乘小型马（见第 286 页）。

早期的“老的品种”通常是由威尔士山地母马和柯柏马的种马杂交而来的，并通过与阿拉伯马（见第 86～87 页）和体形较小的纯血马（见第 114～115 页）杂交而得到提升。威尔士小型马生活在山区，是牧羊人和猎人的坐骑。现代的威尔士小型马在质量、能力和动作上都有了很大的提升，其特点可以追溯到两匹种马：坦尼布瓦赫·伯文（生于 1924 年）和克里班·维克多（生于 1944 年）。坦尼布瓦赫·伯文是最重要的奠基种公马，它的父亲是一匹叫撒哈拉的柏布马（见第 88～89 页），母系是威尔士山地小型马迪奥尔·星辉的孙女。克里班·维克多则通过它的祖父科德·科克·格林杜尔（威尔士种马场著名的奠基种公马）与山地小型马建立了联系。东方马对威尔士小型马强大影响的另一个证据，可以从著名的公阿拉伯马斯科夫罗内克和拉西姆的品系中看出来。

作为一种小型乘用马，威尔士小型马优雅的、低低的、长跨度的动作使其在表演和比赛中都非常引人注目。大多数威尔士小型马都保持着它们天生的、耐寒的体质。

骑乘小型马

体高	原产地	毛色
127 ~ 147 厘米（12.2 ~ 14.2 掌）	英国	各种纯色

比赛专用小型马

在英国和爱尔兰到处都可以见到繁育骑乘小型马的种马场。英国所有主要的马术表演赛一个突出特色就是专门为小型马设立表演等级。在英国的赛场上，骑乘小型马按体高可分三个等级：127 厘米（12.2 掌）、137 厘米（13.2 掌）和 147 厘米（14.2 掌）。

英国骑乘小型马是为了比赛而繁育的，可以说是比例最完美的马。

在不超过半个世纪的时间里，一群英国育种者熟练地将各个品种进行融合，最终得到了一种高质量的小型马，这是一项了不起的成就。这种小型马的基础品种主要是威尔士小型马，或至少是威尔士血统的其他小型马，如达特穆尔马（见第 272 ~ 273 页）。育种者谨慎地将其与马球马类型的小型公纯血马（见第 114 ~ 115 页）杂交，也引入阿拉伯马（见第 86 ~ 87 页）血统。骑乘小型马最引人注目的一个品系，是著名的青色阿拉伯马种马纳西尔的后代，纳西尔来自爱尔兰的米斯县。

虽然骑乘小型马外形轮廓是缩小版的高品质纯血马，动作也同样的低而自如，但它们要保留原生小型马的骨骼和体质。它们不是普通马，因此也不应该失去必要的小型马的外观。这种小型马还需要具有完美的举止和温顺的性情，因为它们被用于儿童骑乘。品种标准要求小型马有高质量的骨骼，动作要优雅，特别是在运动中，“动作应该看起来比较真实，笔直向前，漂浮着、毫不费力地越过地面”。工作用狩猎小型马就是这种类型的衍生品。

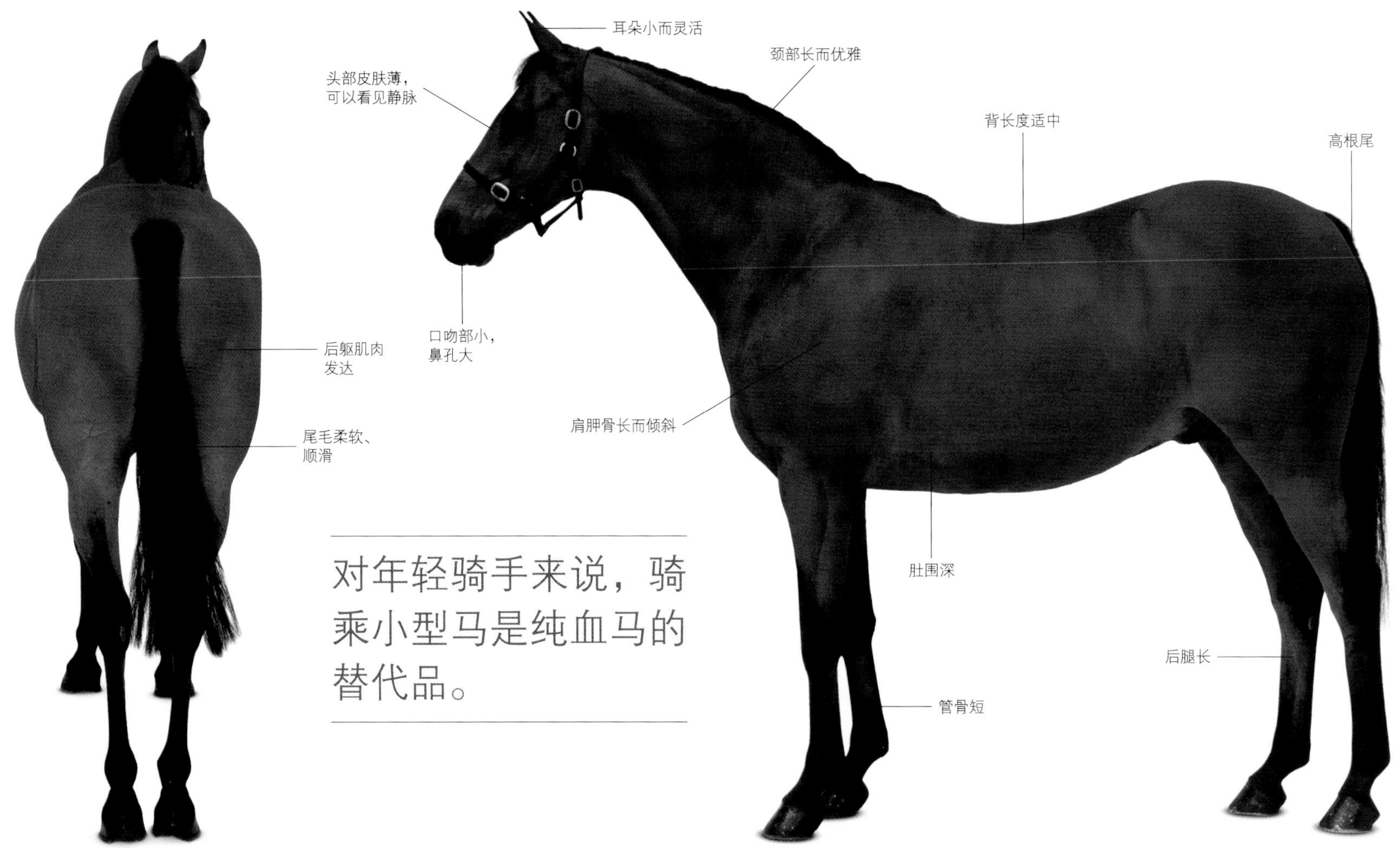

对年轻骑手来说，骑乘小型马是纯血马的替代品。

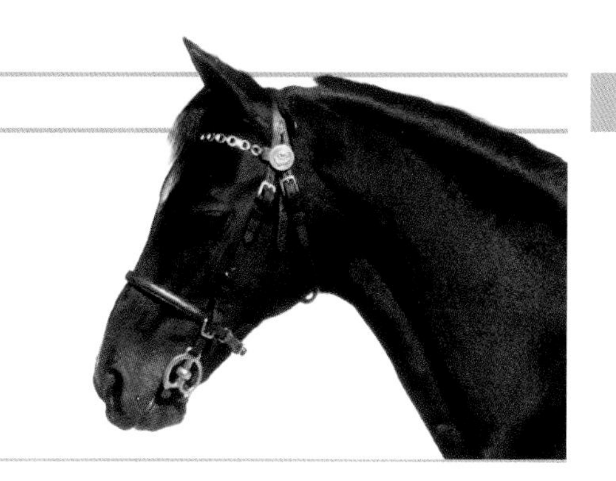

哈克尼小型马

体高	原产地	毛色
127～142 厘米（12.2～14 掌）	英国坎布里亚郡	从栗色到黑色，色调不同的各种纯色

美国哈克尼小型马

哈克尼小型马在美国拥有大批拥趸，各种不同的比赛旨在推动繁育略有不同的小型马：快速公路马（低于 132 厘米 /13 掌），有高步动作、柯柏马型尾的马，长尾、低于 127 厘米（12.2 掌）的马，休闲骑乘的小型马（能提供愉快的驾车体验）。在美国，哈克尼小型马的高度限制是不能超过 147 厘米（14.2 掌）。

这种通过特别育种繁育的小型马身材虽小，但外表却非常华丽迷人。

在英国，哈克尼小型马的血统与哈克尼马的相同（见第 120～121 页）。它们有很多共同的祖先，因为它们都是 18 世纪和 19 世纪诺福克郡和约克郡快步马的后裔。但哈克尼小型马是一种有小型马特征的真正的小型马，而不仅仅是一种身形小的普通马。

从本质上说，哈克尼小型马是坎布里亚郡柯克比朗斯代尔的克里斯托弗·威尔逊繁育出来的。他用当地的费尔马（见第 266～267 页）不定期与威尔士小型马进行远缘杂交，到 19 世纪 80 年代，得到了一种与众不同的马。威尔逊最珍爱的小型马是他的冠军种马乔治爵士，它是一匹来自约克郡的快步马。通过一匹叫诺福克现象的马，乔治爵士的血统可以追溯到第一匹著名的纯血马赛马——飞童。乔治爵士的雌性后代被用于和她们的父系回交，以产生有华丽的驾车动作的优雅小型马。它们的体高受到了在山上过冬的限制，不过这也确保了它们较强的体质。现代的哈克尼小型马多数时候仅限于用在评比性的比赛中。

哈克尼小型马在拉车时有一种天生的华丽轻快的高步动作。

索雷亚马

体高	原产地	毛色
142 ~ 147 厘米 （14 ~ 14.2 掌）	葡萄牙	灰褐色

阿斯图尔康马

阿斯图尔康马体高为 117 ~ 127 厘米（11.2 ~ 12.2 掌），通常毛色是深色的，原产于西班牙北部，被认为是索雷亚马和加拉诺马的结合体。阿斯图尔康马在移动时先移动其同一侧的两条腿，再移动另一侧的两条腿，这使人在骑乘时感觉很舒适。这也表明了阿斯图尔康马还有其他祖先，因为索雷亚马和加拉诺马的步法都不是这样的。

索雷亚马被认为是著名的安达卢西亚马和卢西塔诺马的直系祖先。

伊比利亚半岛的本地马很可能是欧洲最早被驯化的马。索雷亚马被认为是它们的后代之一，代表着与过去的伊比利亚马的重要联系。

索雷亚马曾经漫步在流经西班牙和葡萄牙的索尔河和拉亚河之间的平原上，它们由此得名。几个世纪以来，当地的牛仔骑着索雷亚马游荡，并用它们来完成各种比较轻松的农活。随着机械化程度的提高，这种小型马不再有需求，它们的数量迅速减少。幸运的是，在 20 世纪 30 年代，动物学家鲁伊·德·安德雷德博士保留了一小群索雷亚马用于研究。他的这项工作使得这个品种得以保存下来。今天，这种小型马有两个独立的种群，一个在葡萄牙，一个在德国。葡萄牙的种群最初只有 10 匹（包括一匹怀孕的母马）和一匹于 1948 年引进的克里奥罗马种马。德国马群是由 3 匹公马和 3 匹母马组成的，因此遗传多样性非常有限。索雷亚马接近濒危。

现代的索雷亚马，虽然受到近亲繁殖的影响，但仍然保持着其祖先的耐寒性，能够忍受寒冷和高温，并且能在食物匮乏的情况下上健康成长。这种马步伐比较自由，步幅很大，有一些膝盖动作，动作精细而有弹性。

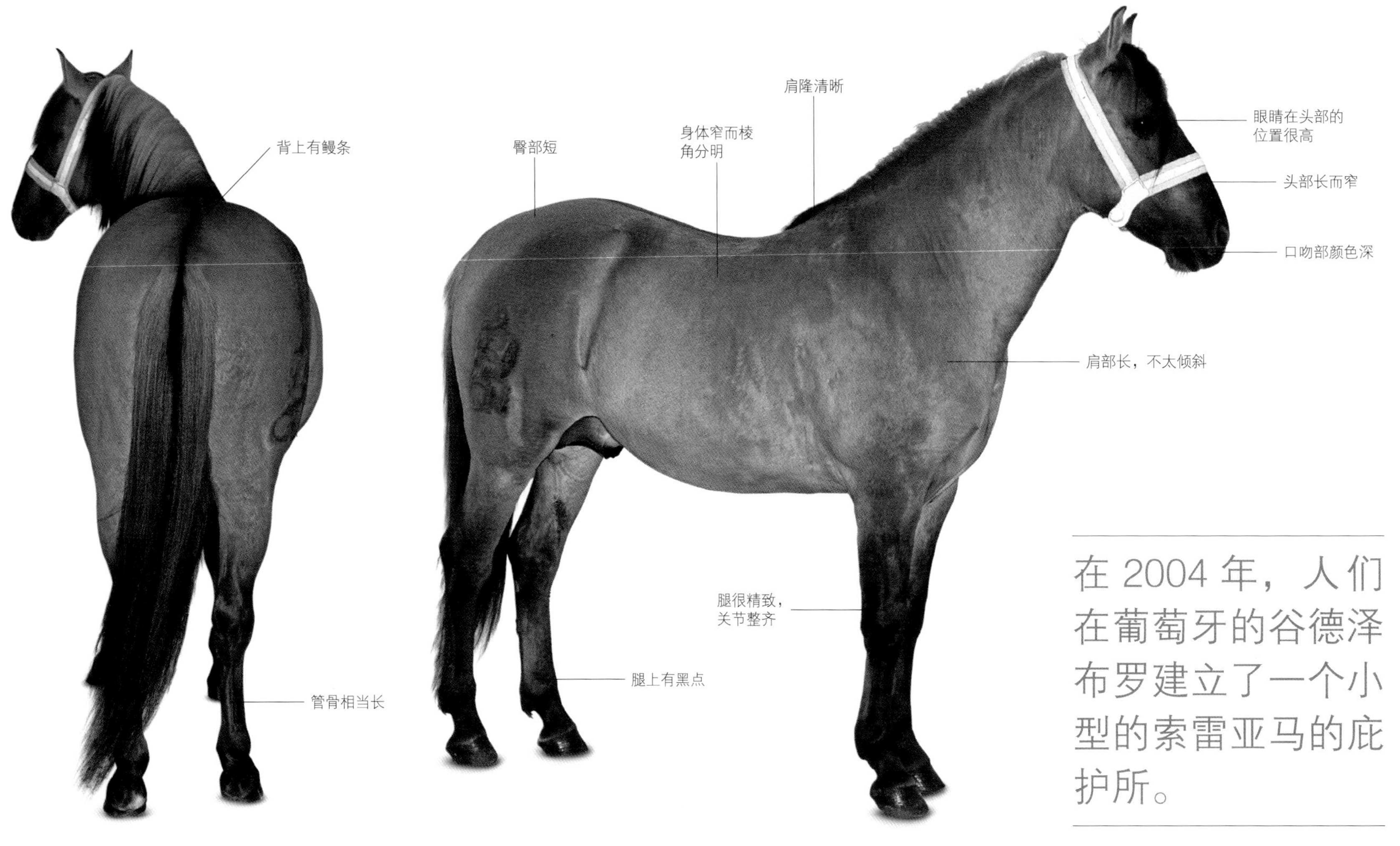

在 2004 年，人们在葡萄牙的谷德泽布罗建立了一个小型的索雷亚马的庇护所。

巴迪奇诺马

体高	原产地	毛色
134～145 厘米 （13.1～14.1 掌）	意大利亚平宁山脉北部	大多数为骝色

藏在群山之中

育种者找了一些纯血马来拯救巴迪奇诺马，这对其免于灭绝非常重要。这是一件很棘手的事情，因为这种小型马一年有九个月都待在山上的牧场里。幸运的是，当地的农民在高山上默默地养了一小群这种小型马，这些马具有这个品种的原始特征，被用来重建了这种小型马。

巴迪奇诺马的名字来源于巴尔迪，一个位于博洛尼亚西部山区的小镇。

据说罗马人把马从西班牙、伊朗和诺里库姆（罗马帝国的属地，在现在的奥地利）引入意大利。最富有魅力但鲜为人知的意大利品种——巴迪奇诺马，被认为是源自这些马。巴迪奇诺马可能还受到了一些东方马的影响，并且与另外两个品种相似：西班牙北部山区的阿斯图尔康马（见左页）和英国最古老的本土品种埃克斯穆尔马（见第 270～271 页）。

第一次世界大战后，军队用这些小型马繁育骡子，这导致了该品种的纯种种马数量减少，几乎灭绝。后来，几个不同品种的种马被带到这个地区，情况变得更为糟糕，这冲淡了巴迪奇诺马残留的自然特征。然而，在 1972 年，当地的农业协会决定尝试重建这个品种（见左框）。到 20 世纪 70 年代末，巴迪奇诺马得到了官方的认可，并建立了品种标准。

巴迪奇诺马是一种山地小型工作马，它的身体条件使其可以在高海拔的、崎岖陡峭的山上行走。它们吃苦耐劳，行动迅速，在坑坑洼洼的山路上步伐稳健，并且它们体格健壮，能够负载起满满一马鞍的货物。如今，巴迪奇诺马是一种很受欢迎的徒步旅行用小型马。

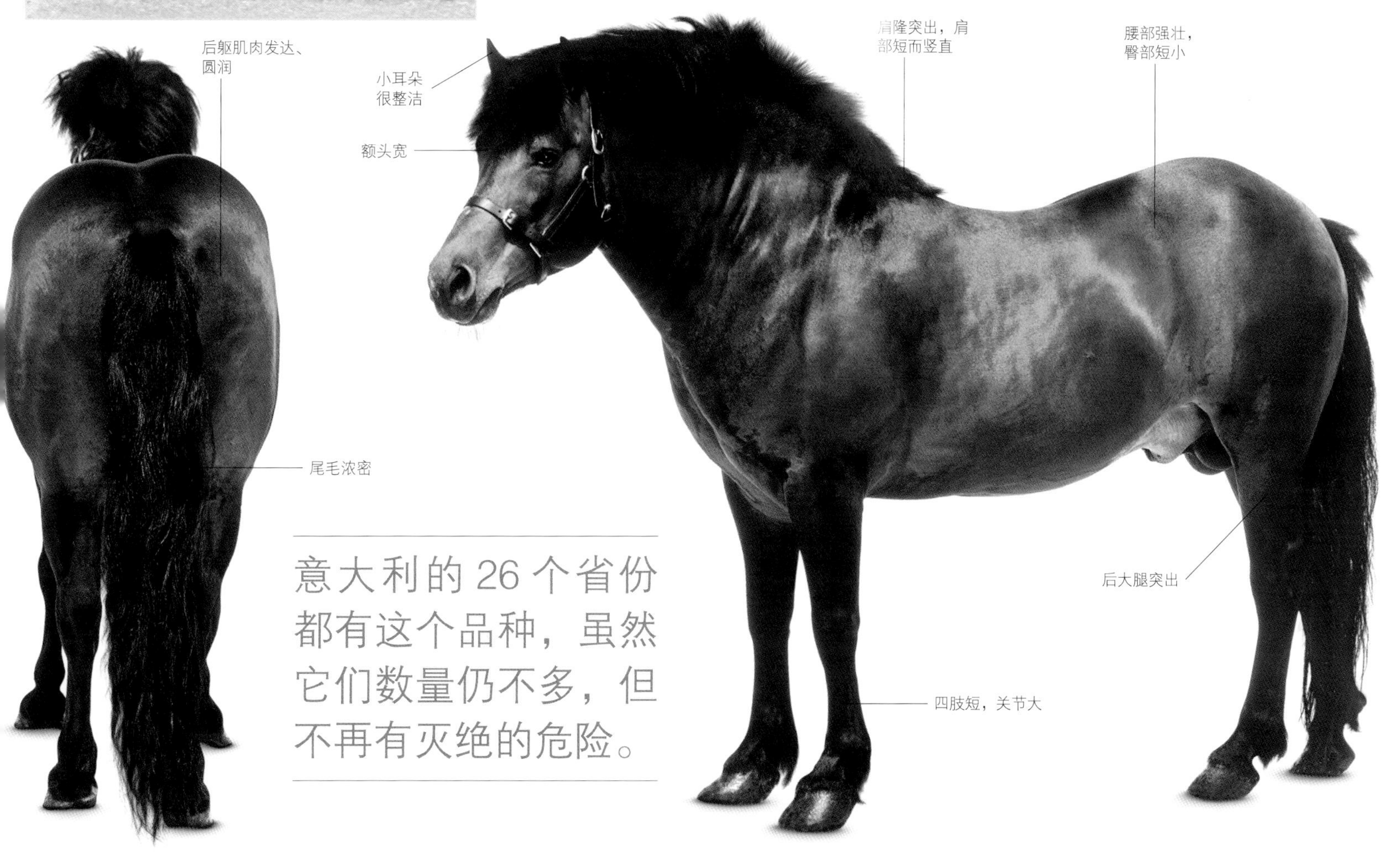

意大利的 26 个省份都有这个品种，虽然它们数量仍不多，但不再有灭绝的危险。

阿列日马

体高	原产地	毛色
145 ~ 150 厘米 （14.1 ~ 14.3 掌）	法国	纯黑色

夏季牧场

阿列日马以每年一次的迁徙而闻名，这是2000年以来恢复的一项传统实践。每年6月，牛、羊和马，包括许多阿列日马被转移到海拔1500米的夏季牧场；10月，它们返回山谷过冬。马群由一匹经验丰富、戴着铃铛的母马带领着迁徙。在高山牧场的生活能让小型马保持强健的体魄和稳健的步伐，并自食其力。

阿列日马吃苦耐劳，能经受住严冬的考验，是一种真正的山地小型马。

这种黑色的小型马或身形较小的马原产于比利牛斯山东部。比利牛斯山是一座白雪皑皑的山，将法国和伊比利亚半岛分隔开来。阿列日河发源于此，它构成了安道尔边境的一部分，这个品种的英文名字就来自于这条河。古老的“未改良的”阿列日马仍然以半野生状态生活在这个地区的高山谷地中。

这些年来，阿列日马很可能与重型驮马杂交过以增强体质，这些驮马会经过这个地区，而且这个品种还受到了东方马血统的影响。后来，这种小型马还与重型挽马杂交过，如佩尔什马（见第56 ~ 57页）和布雷顿马（见第62 ~ 63页）。对阿列日马的选择性育种始于1908年左右，为了保护这个品种，研究人员于1948年建立了血统登记簿。然而，阿拉伯马的血统随后被引入以改良这种小型马。

现代的阿列日马与英国费尔马（见第266 ~ 267页）非常相似，它们的自然栖息地也非常相似。这种自然栖息地是野生小型马的家园。在繁殖没有人为干预的情况下，类似这种地区的小型马自然而然就会是小型马的大小，体高为132 ~ 145厘米（13 ~ 14.1掌）。现在给出的品种标准可能是由于杂交提高了其体高。

以前，这种小型马被用于高地农场，那里的地面崎岖不平，坡度陡峭，各种机械并不适用。在阿列日马的原产地，它们仍然被用于林业生产中，但主要还是用于娱乐消遣和非常流行的野外骑乘中。在阿列日地区，人们对这个敏捷的品种的繁育重点已经转移到为马术运动而改良，以将它们用于轻驾车赛马、场地障碍赛、三项赛和特技马术。

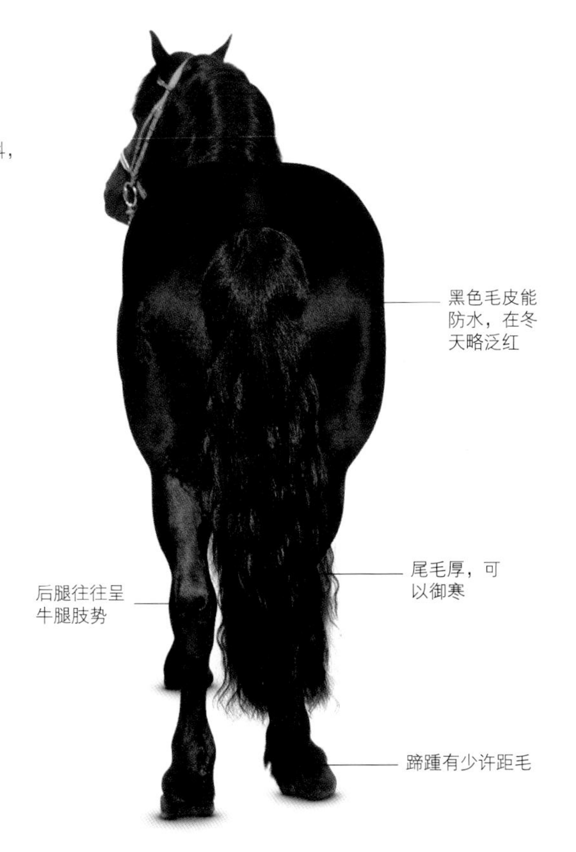

这个品种的法国名字是 Checal de merens (梅伦斯马)，得名于阿列日山谷中的一个村庄。

兰道斯马

体高
114～132 厘米
（11.1～13 掌）

原产地
法国兰道斯

毛色
骝色、褐色、栗色、黑色，
偶尔有青色

法国国家种马场

1665 年，法国政治家让－巴蒂斯特·科尔贝创建了第一座国家种马场，旨在繁育骑兵用马。该种马场目前仍由政府资助，隶属于法国马术协会，主要致力于保护法国品种，并引入马匹来繁育新一代的阿列日马（见第 290～291 页）、兰道斯马和波特克马，该种马场目前仍位于波城区热洛镇（见下图）。

这种土里土气但很有特色的法国本地马现在是一个濒临灭绝的品种。

兰道斯马也被称为巴特斯马，它们是由生活在法国西南部阿多尔河谷的半野生小型马演变而来的。那些来自达克斯附近兰道斯沼泽的马比那些来自巴尔特平原的马略小一些，正是后一种类型存活至今。

育种者在 19 世纪末在这些小型马中引入了阿拉伯马（见第 86～87 页）的血统，又于 1913 年再次引入，当时朗德地区大约有 2000 匹小型马。第二次世界大战后，兰德斯马几近灭绝，只有大约 150 匹幸存。近亲繁殖成为一个问题，但后来人们通过将其与威尔士小型马种马（见第 284～285 页）杂交而加以改善，还将其与有阿拉伯血统的马进行杂交。今天的兰道斯马就是这项育种工作和最近的一项更完善的选择性育种计划的结果。这种精心繁殖的骑乘小型马吃苦耐劳、饲养经济，适应酷暑严寒，并且非常温顺聪明。

20 世纪 70 年代初成立的法国小型马俱乐部曾一度鼓励繁育兰道斯马，这种小型马还是塞拉·法兰西小型马（见第 294～295 页）的基础原种。但塞拉·法兰西马现在风头已经盖过了兰道斯马，威胁到了后者的生存，因此育种者必须在选育更受欢迎的塞拉·法兰西马和更质朴的兰道斯马之间做出选择。如今，这种小型马的数量非常少，属于濒危物种。

1976 年，有人骑着一匹名叫龙的兰道斯马环游法国，全程 3000 千米，耗时 100 天。

波特克马

体高	原产地	毛色
115 ~ 147 厘米（11.1 ~ 14.2 掌）	法国和西班牙的巴斯克农村	黑色、骝色、黑白斑

山地型波特克马

在两种波特克马中，体形较小的波特克马在山区出生和长大，步履稳健。在 16 世纪，它们作为马戏团用的小型马而受到欢迎，还有许多在法国和英国的矿井中工作。在第二次世界大战之前，它们可能被用于通过陡峭的比利牛斯山脉走私货物。

这种结实而不难看的小型马来自法国和西班牙边境的比利牛斯山脉。

从基因上来说，与巴斯克山地马最接近的品种是波特克马，它们通常被描述为野生或半野生的马，尽管它们今天可能已经不是那样了。如今官方机构，如国家波特克马协会和法国国家种马场，开始负责起波特克马的繁育。这个品种比兰道斯马（见左页）更加粗糙，和后者一样，它们也与挑选出来的阿拉伯马（见第 86 ~ 87 页）和威尔士小型马（见第 284 ~ 285 页）杂交，以减少近亲繁殖并提高种群质量。

波特克马在 1970 年才被认为是一个品种。法国官方的品种标准区分了两种类型：山地型和平原型。山地型波特克马体高为 115 ~ 132 厘米（11.1 ~ 13 掌），一年之中有九个月在山里自由漫步，现在毛色大多是黑白斑的。平原型波特克马是从山地型中挑选出来的，在更好的条件下出生和长大，因此它们长得更高，体高达 120 ~ 147 厘米（11.3 ~ 14.2 掌）。它们也可能是黑白斑的，其他毛色如骝色、黑色和栗色也可以接受，但不包括青色。平原型波特克马通常不是纯种的。

今天，波特克马被用作儿童骑乘和拉车。和兰道斯马一样，它们也被用于繁育塞拉·法兰西马（见第 294 ~ 295 页）。

现在，在波特马山区的家园中，只有不到 150 匹纯种母波特克马。

塞拉·法兰西马

体高	原产地	毛色
127～148 厘米（12.2～14.2 掌）	法国	各种毛色

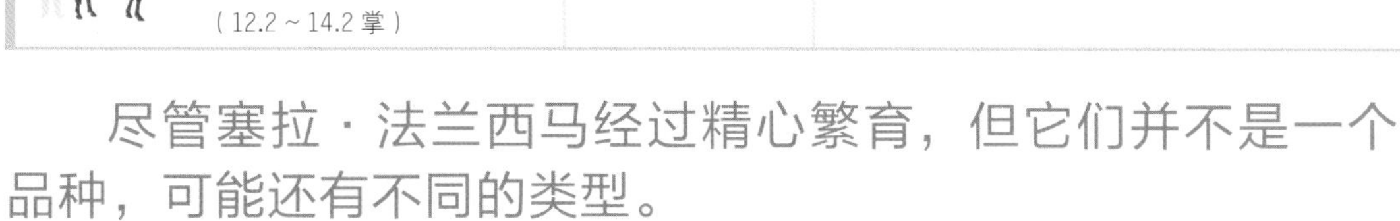

尽管塞拉·法兰西马经过精心繁育，但它们并不是一个品种，可能还有不同的类型。

迷人的英国骑乘小型马（见第 286 页）启发了法国的育种者，他们繁育了自己的迷你马——塞拉·法兰西马，供孩子们骑乘。20 世纪 70 年代，法国小型马俱乐部的大量出现进一步推动了塞拉·法兰西马的繁育。法国本土的小型马被用作基础原种并与各种小型马杂交，特别是英国本土的小型马，如威尔士小型马（见第 284～285 页）、新福里斯特小马（见第 276～277 页）、康尼马拉马（见第 258～259 页）和一些阿拉伯马（见第 86～87 页）。虽然纯血马（见第 114～115 页）经常被用来对其他马进行改良，但是法国的育种者很少使用纯血马，因为他们更感兴趣的是繁育一种适合教学和小型马俱乐部活动的全能马，而不是高质量的比赛用小型马。事实证明兰道斯马（见第 292 页）是一个特别受欢迎的基础品种，尽管包括波特克马（见第 293 页）在内的其他法国小型马也被使用过。塞拉·法兰西马最初被称为杂交小型马，因为其繁育过程中使用的品种很多。育种者组织——法国杂交小型马协会成立于 1969 年，这种马的血统登记簿于 1972 年建立。在 1991 年，这种马被重新命名为塞拉·法兰西马，之前的血统登记簿对外来血统关闭了。

这种小型马被描述为“本质上是一种身形较小的普通马”，它们有小型马粗壮的轮廓，但却具有普通马的运动能力，可用于盛装舞步、场地障碍赛和三项赛。由于不同血统之间的差异，目前还没有一个明确的品种标准，但是塞拉·法兰西小型马正在成为一种可区分的品种。

德国骑乘小型马

这是由英国原生小型马，尤其是威尔士小型马与身形较小的纯血马、德国的温血马和阿拉伯马杂交而成的，是德国版的塞拉·法兰西马。这种小型马体高为 138～148 厘米（13.2～14.2 掌），身体构造相当于普通马身体构造的缩小版。严格的测试确保了只有最好的小型马才能进入血统登记簿。最重要的是，这种小型马将小型马的特征和温血马的天赋结合在了一起。

新手和有一定竞技水平的骑手都能骑这种小型马。

冰岛马

体高	原产地	毛色
132～142 厘米（13～14 掌）	冰岛	毛色非常多；栗色最常见

托尔特步法

托尔特步法是一种"快慢步"，冰岛马用这种步法来快速跑过松软的地面。它们可以跑得非常慢也可以非常快，这使得骑手感觉非常舒适，在马上毫无不适。世界冰岛马协会制订了繁育冰岛马的规则，自1986年起就有了严格的评估制度。

冰岛马以其托尔特步法而闻名，托尔特是一种以快速或慢速行进的四拍慢步；有的冰岛马还会对侧步。

冰岛人从来不把冰岛马看作小型马。这个品种的起源可以追溯到9世纪，当时来自斯堪的纳维亚大陆的移民们乘船把马带到这座火山岛上。从那时起，这种小型马就在冰岛人的生活中扮演着重要角色。

冰岛马的血统极为纯正。早期人们曾试图在冰岛马中引入东方马的血统，但却带来了灾难性的结果，以至于世界上最古老的议会——冰岛议会明令禁止进口马匹。该法律现在仍然有效，这意味着冰岛马的血统得到了保护。从很早的时候开始，人们似乎就对冰岛马开始了选择性育种，并利用种马之间的争斗作为选择的基础。1879年，在冰岛北部的斯卡加夫约尔人们对冰岛马开始了更有组织的繁殖。最初是为了保持这种马的力量和耐力，后来育种计划改变了重点，以保留该品种独特的五种步法为目标。还有许多种马场严格按照特定的毛色繁育，大约有15种基本类型。

冰岛马经常被饲养在半野生的马群中，以保持自己的特性，在严寒的冬天，人们为它们提供庇护所和食物。现在的农民已经不再骑马旅行，但在高原地区，他们仍然在夏末的时候骑马把马和羊赶到一起。在冰岛，徒步穿越冰岛是一项很久之前就出现的休闲活动，马术运动也很受欢迎。冰岛马还经常参与一些竞技项目，包括赛马、越野赛、盛装舞步和场地障碍赛。冰岛马也经常作为肉马来饲养。

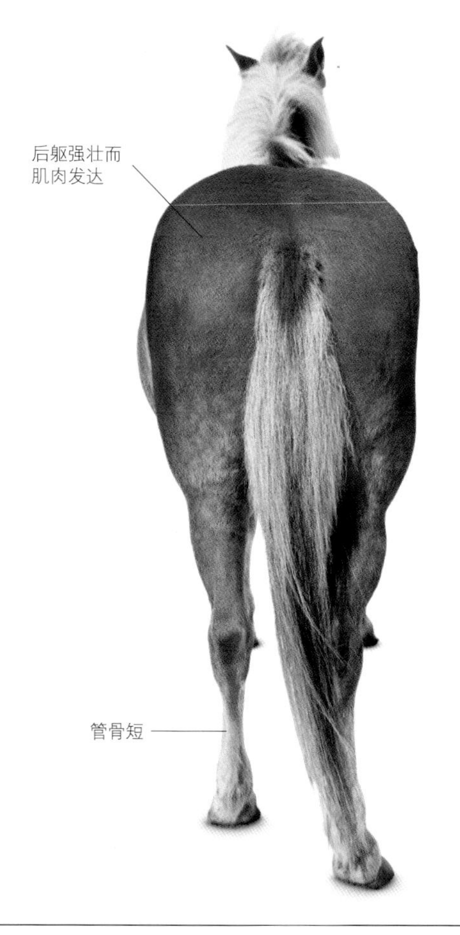

在冰岛，马的数量是人的两倍多。

冰天雪地

冰岛马足够强壮，可以承载一个成年人在崎岖山路上行走数千米，它们是环境影响特征的最好例子。

挪威峡湾马

体高	原产地	毛色
132～142 厘米（13～14 掌）	挪威	兔褐色

挪威峡湾马结实、耐寒而长寿，是世界上最古老和最纯正的品种之一。

人们对挪威峡湾马的原产地知之甚少，尽管它们可能来自东部，因为自上一个冰河期以来，瑞典南部和丹麦就有野马出没。斯堪的纳维亚的马可能是陪伴着维京人一路而来，但这些马与今天的挪威峡湾马不同，尽管前者可能是后者的祖先。

第一个经过深思熟虑的挪威峡湾马育种计划始于 19 世纪 80 年代中期。在此之前，挪威峡湾马比较小，体高为 122～127 厘米（12～12.2 掌）。

育种主要是在挪威西部地区进行。在这一地区自北向南，这种马的体形大小和类型都各不相同。来自北边菲尤拉纳和孙墨勒的马比来自桑荷兰的马体形更大，鬃毛、尾毛和距毛也更浓密，后者重量更轻，也更精致。现在养殖的挪威峡湾马主要是来自菲尤拉纳和孙墨勒的类型。众所周知，挪威峡湾马曾经有其他毛色：骝色、褐色、栗色等。然而，在 19 世纪末，这个品种几乎灭绝了。后来，它被一匹叫恩吉奥的种马（1891 年出生）所拯救，今天所有的挪威峡湾马都是它的后代。基因库的减少似乎使所有挪威峡湾马都变成了兔褐色。

挪威峡湾马通常被用来犁地、驮运物品和骑乘。它们擅长长距离项目，这符合其勇气和耐力。它们在拉车时的表现也非常出色，能够在竞技赛事中占据一席之地。

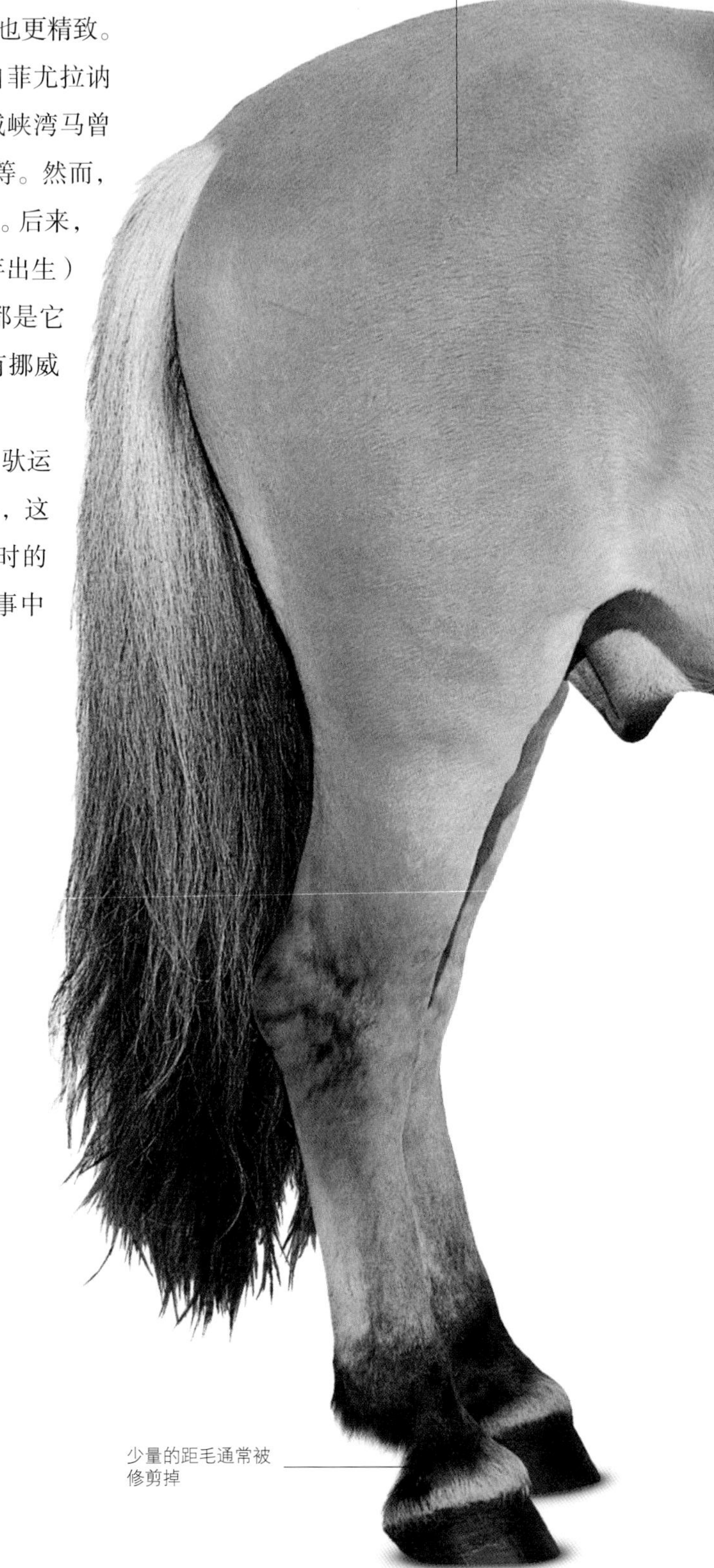

与亚洲有联系？

人们有时会说挪威峡湾马与普氏野马（也称为亚洲野马）有关系，因为它们有相似的特征，比如它们的被毛颜色、黑色的腿和背部的标记。然而，事实并非如此，因为普氏野马不同于家马，它有 66 条染色体，而挪威峡湾马一般有 64 条染色体。另外唯一一种具有不同染色体数量的马是里海马（见第 240～241 页）。

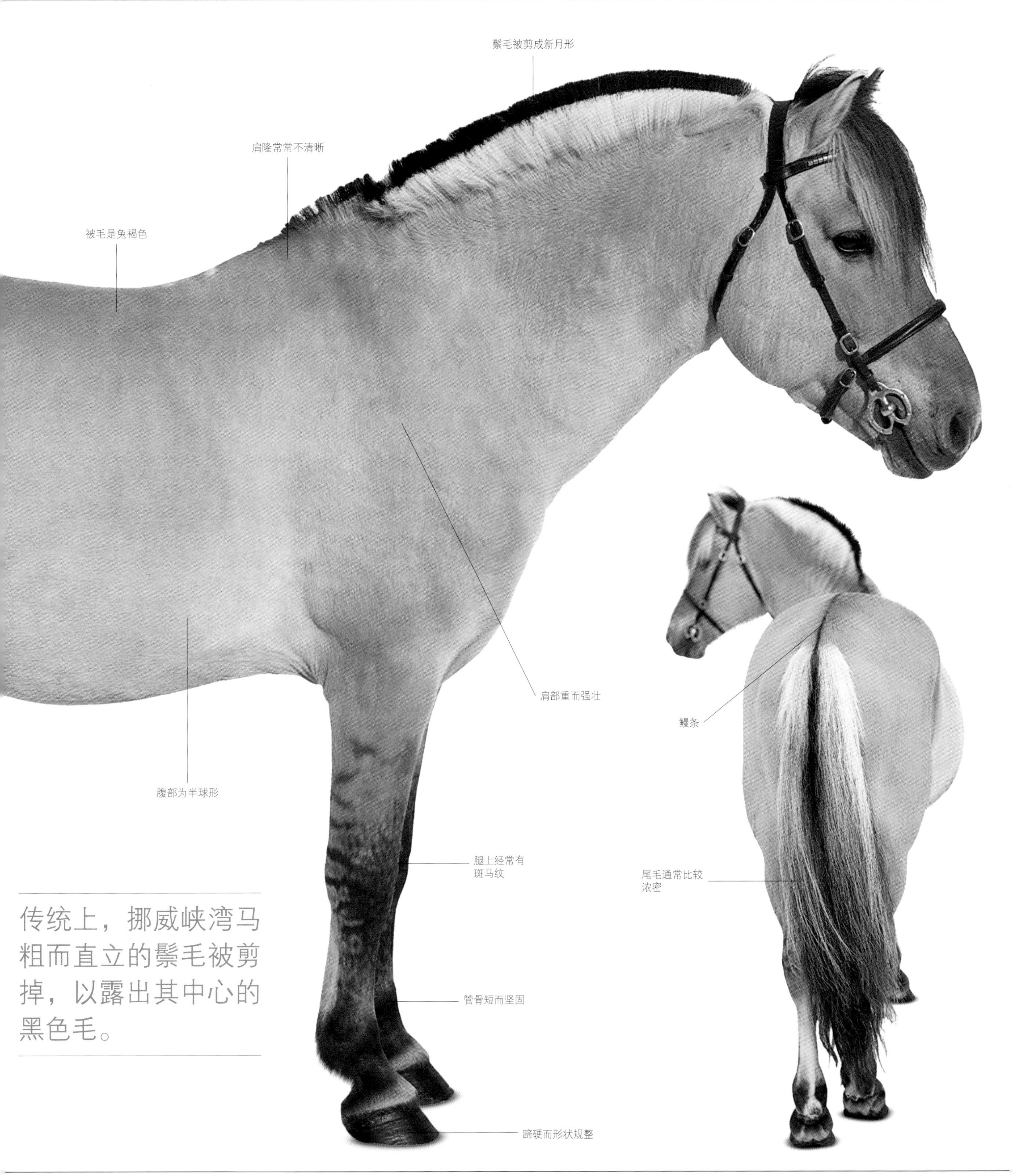

传统上，挪威峡湾马粗而直立的鬃毛被剪掉，以露出其中心的黑色毛。

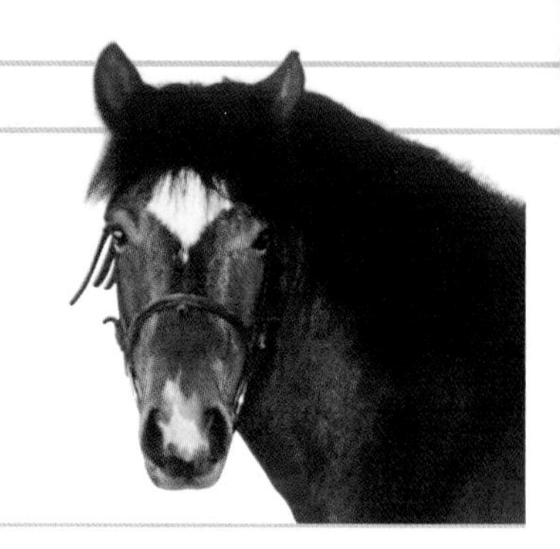

胡克尔马

体高
132～142 厘米
（13～14 掌）

原产地
中欧，喀尔巴阡山脉

毛色
主要是骝色，也有兔褐色、黑色和栗色

胡克尔马俱乐部

1972 年，捷克共和国成立了胡克尔马俱乐部，以拯救胡克尔马。这家俱乐部最初只有 5 匹纯种胡克尔马，现在则有 80 多匹，迄今为止俱乐部共繁育了 200 多匹纯种马。胡克尔马俱乐部是欧洲中部第一个建立残疾人骑马中心的组织。

吃苦耐劳的胡克尔马以能在崎岖的山路上驮运重物而闻名。

胡克尔马原产于喀尔巴阡山脉，这条山脉从捷克共和国延伸到斯洛伐克、波兰、匈牙利和乌克兰，一直延伸到罗马尼亚。最近的一项科学研究表明，胡克尔马在繁育过程中可能受到了很多类型的马的影响。胡克尔马表现出相对较高的遗传多样性，这可能与早期匈牙利人的育种实践有关。据了解他们使用了整个欧洲大陆所有的马匹类型来育种。此外，在匈牙利异教徒墓葬遗址中发现的马的遗骸可能与胡克尔马有共同的祖先，并且它们可能还与已经灭绝的泰班野马有密切的关系，这意味着我们还需要多了解胡克尔马。在 19 世纪，人们在罗马尼亚对胡克尔马进行了选择性育种，后来又在波兰对其进行选择性育种，它们还被奥匈帝国军队用作坐骑。它们也被用于较轻的农业工作，并经常在覆盖着冰雪的山路上作为驮马运输货物。

现代胡克尔马身形矮小而紧凑，是一个耐寒、强壮、性情温顺和主动性很强的品种。这种小型马大多数被用于拉车，尽管它们也可以骑乘。它们现在仍在喀尔巴阡人的高地农场工作，并被用于林业工作。如今，欧洲中部到处都有胡克尔马，据说胡克尔马的数量多达数千匹。

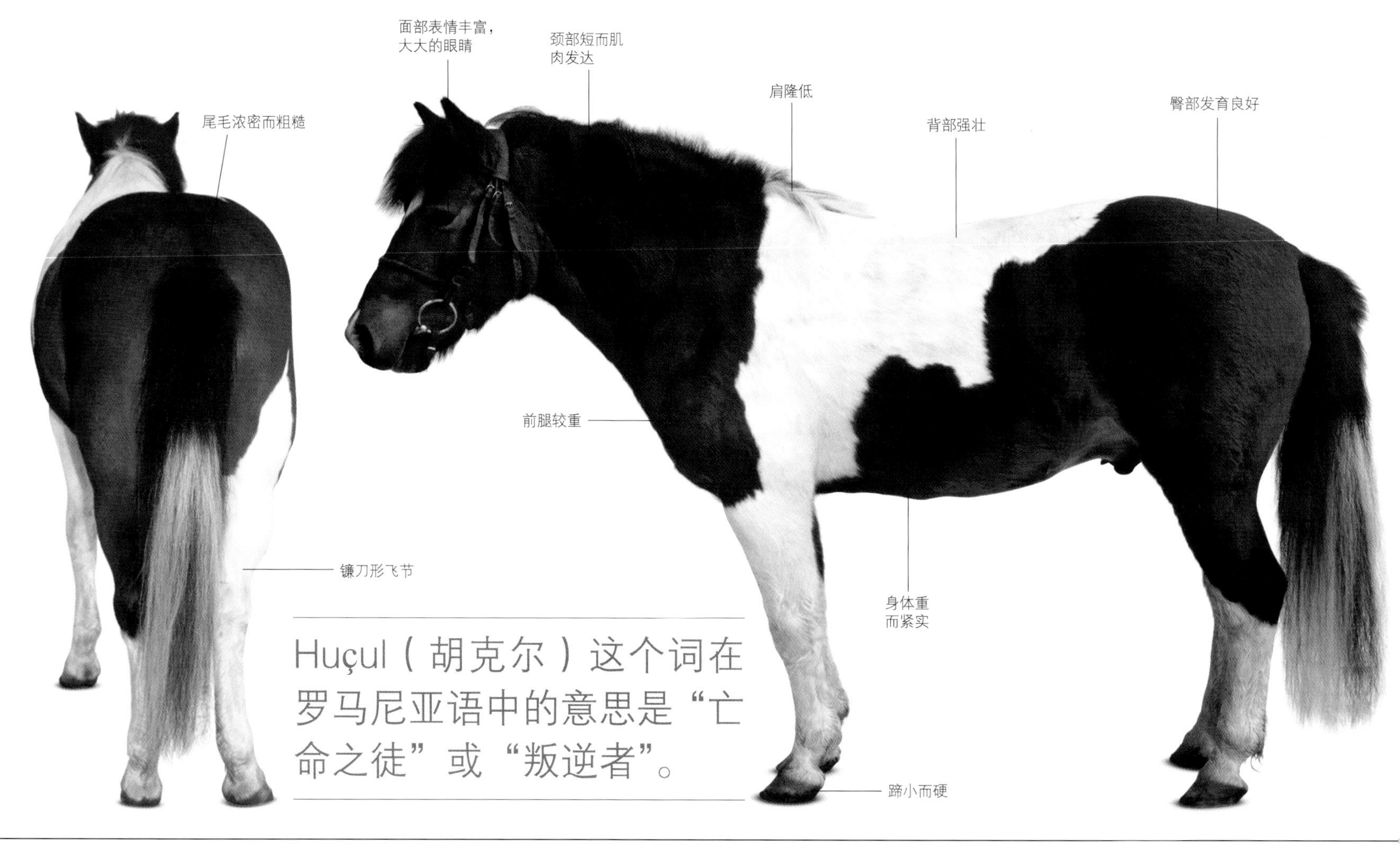

Huçul（胡克尔）这个词在罗马尼亚语中的意思是“亡命之徒”或“叛逆者”。

柯尼克马

体高　130~140 厘米（12.3~13.3 掌）
原产地　中欧，喀尔巴阡山脉
毛色　多为兔褐色，偶尔为黑色或栗色

在 20 世纪 20 ~ 30 年代，试图重新培育已灭绝的泰班野马的尝试导致了柯尼克马的产生，它们有一些泰班野马的特征，比如兔褐色的毛色和鳗条。Konik（柯尼克）在波兰语中的意思是“小型马”或“身形较小的普通马”。

柯尼克马以坚硬的树皮和入侵性的灌木为食，这有助于本土植物群的重建。该品种对整个欧洲脆弱的生态系统——比如湿地和大量人工种植的草地——的恢复做出了重大贡献。

强健迷人的柯尼克马是在波兰种马场经过选择性育种繁育而来的，可作为轻挽马，并做一些轻型重挽马的工作。善良和主动性强的特性使它们非常适合年轻的骑手。

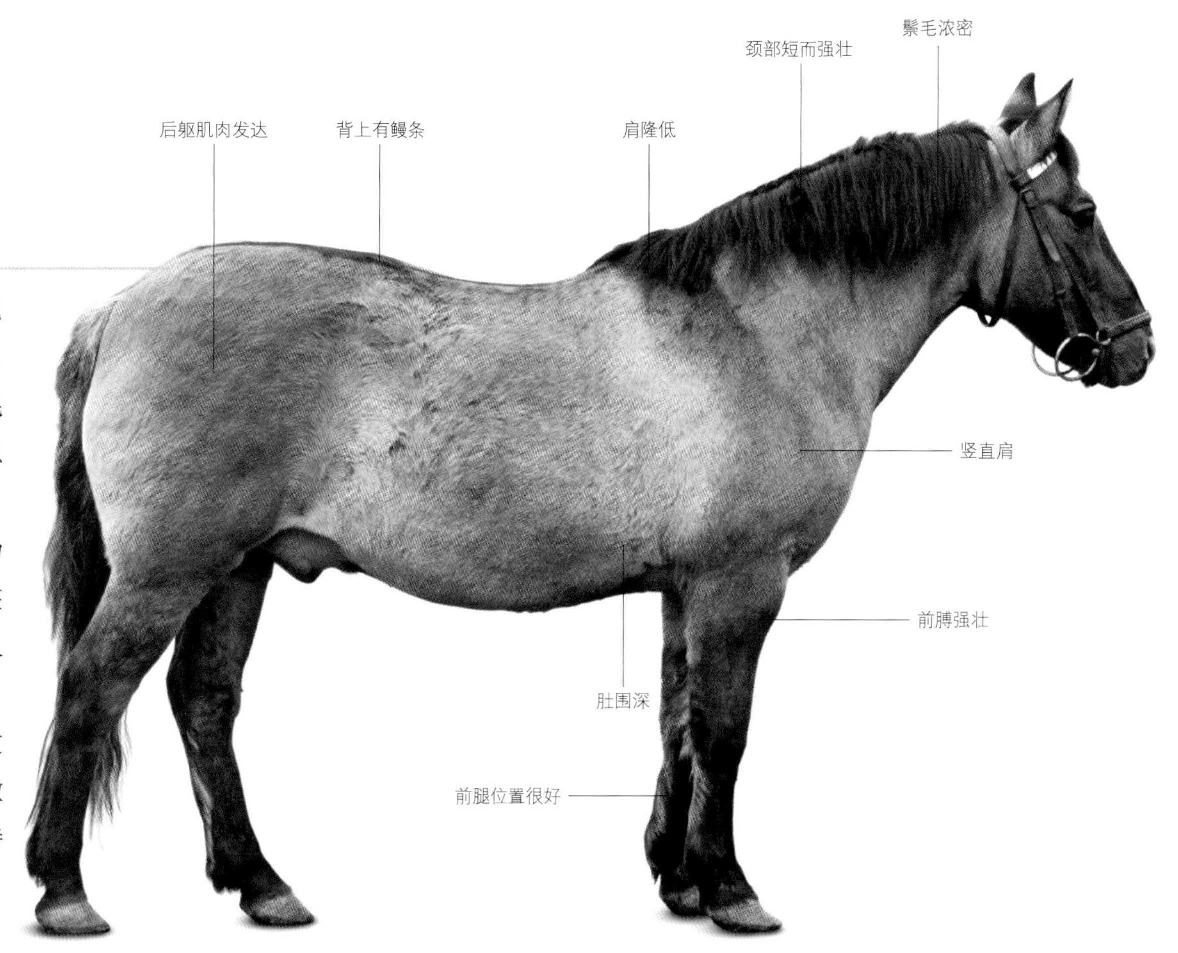

哥德兰马

体高　115~130 厘米（11.1~12.3 掌）
原产地　瑞典
毛色　主要有兔褐色、黑色、骝色和栗色

哥德兰马也被称为斯科鲁斯马，意思是“森林中的小马”，这个品种的第一个谱系登记于 1943 年。对其有影响力的种马包括：威尔士马种马克莱宾·丹尼尔和雷伯·杰纳勒尔；叙利亚阿拉伯马与哥德兰马杂交的后代——奥尔，它给哥德兰马带来了黄褐色的被毛颜色；还有阿拉伯马（见第 86 ~ 87 页）赫德万，它带来了青色的毛色。哥德兰马的血统登记簿在 1971 年关闭。如今，斯堪的纳维亚半岛、美国和哥德兰岛都养殖哥德兰马。

哥德兰马曾经用于做一般的农业工作，现在主要用于骑乘，也经常用于马术学校教学，供儿童使用。它们也是一种常用于轻驾车赛马的小型马，还擅长场地障碍赛、盛装舞步和三项赛。

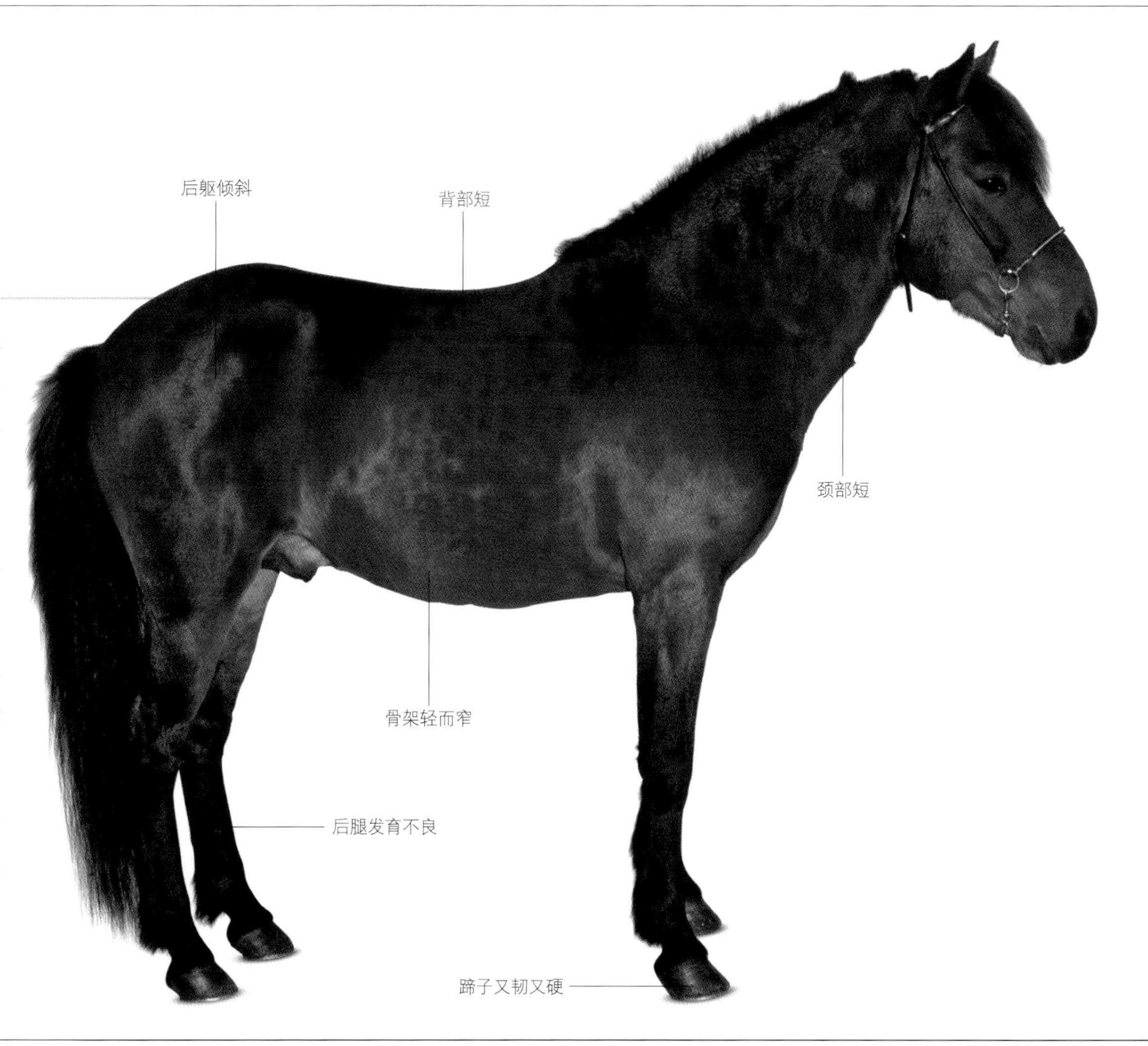

坚韧的小马

柯尼克马原产于喀尔巴阡山脉，精瘦、结实而健壮。它们厚厚的羊毛般的冬季被毛足以帮助它们抵御冰雪的侵袭。

品达斯小型马

体高	原产地	毛色
115 ~ 125 厘米（11.1 ~ 12.1 掌）	希腊北部	主要是骝色、褐色和青色

佩内里亚马

佩内里亚马是在希腊南部的伯罗奔尼撒半岛上繁育出来的。它们比品达斯小型马和斯基罗马稍大一些，有时体高达到142厘米（14掌）。虽然佩内里亚马的身体构造并不完美，但它们是一种强壮的动物，能够承载一位成年人，并且能完成小农场里通常需要小型马完成的任务。佩内里亚马被训练成用一种叫阿拉瓦尼的步法行进，这使它们骑起来很舒服。

这种希腊北部的小型马个头小、耐寒、结实，以繁育它们的地区命名。

品达斯小型马是在品达斯山脉周围的传统马场中繁育出来的。品达斯山脉位于希腊北部的色萨利和伊庇鲁斯的交界处。然而，遗传分析表明这种马可能有东方血统。这种小型马也叫帖撒罗尼迦马，有点儿让人摸不着头脑。

品达斯小型马在希腊的这个地区已经生活了数百年，由于这里土壤贫瘠，植被稀疏，气候条件恶劣，它们的身材都非常矮小。不同品种的品达斯小型马是根据繁育它们的地区来命名的，但是由于没有品种协会或血统登记簿，很可能它们之间已经进行了杂交，并且还将继续下去。

如今，步履稳健的品达斯小型马被用作驮马，在高地的小农场里做一些轻便的工作，也做一些林业工作。它们也是一种很有用的骑乘小型马，能在崎岖的地形和山路上快速行进。

品达斯小型马是一种强壮、吃苦耐劳的小型马，它们能在食物极少的情况下生存，以耐力著称。然而，这个品种也以脾气执拗而著称。品达斯小型马的蹄非常坚硬，几乎不需要用马蹄铁。母品达斯马传统上经常用来繁殖骡子。

今天，品种协会正在提高佩内里亚马的品质。

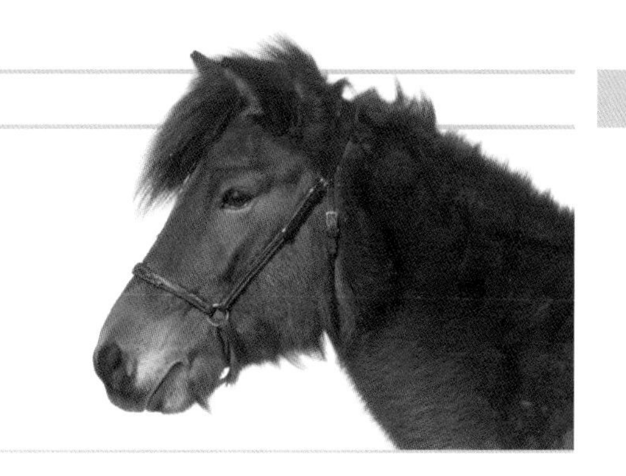

斯基罗马

体高	原产地	毛色
100 ~ 115 厘米（9.3 ~ 11.1 掌）	希腊斯基罗斯岛	主要为骝色，也有褐色、栗色和青色；很少有兔褐色

国外的斯基罗马

在英国的苏格兰有一小群斯基罗马。这些小型马从 2005 年就生活在这里了，它们现在的主人希拉芙·布朗是一名兽医。她比较了斯基罗马、里海马（见第 240 ~ 241 页）和埃克斯穆尔马（见第 270 ~ 271 页）的基因。她的研究结果表明，斯基罗马与这两个品种都没有关系。在科孚岛上还能找到另一小群斯基罗马。

自古以来斯基罗斯岛上就生活着小型马，甚至可以追溯到公元前 2500 年。

这个小个子品种原来可能遍布希腊群岛；现在它们只生活在爱琴海的斯基罗斯岛和其他一两处地方（见左框）。全世界仅有 200 匹左右的斯基罗马。

斯基罗马的整体比例更像一匹普通马而不是一匹小型马，据说这个品种和古希腊雕像和石柱上的马很像，比如帕特农神庙石柱上雕刻的马。这个品种不同于品达斯小型马（见左页）和其他一些希腊的小型马品种，它们与东方马没有基因亲缘关系，并且与众不同。

斯基罗马原来生活在科海拉斯山附近一个较小的野生马群中，它们被岛上的居民带下来帮助犁地和打谷粒，并被用作驮畜。岛民们还组织不带马鞍的小型马比赛，后来还举行乡村表演赛。

如今，这种小型马不再用于干农活，但仍以半野生的状态生活在它们的自然栖息地中，该区域现在是一个保护区。虽然斯基罗马的数量很少，但这种步履稳健、脾气好、聪明的马是儿童和年轻骑手的理想选择。

斯基罗斯岛马信托基金会负责保护和推广斯基罗马。

印第安种小型马

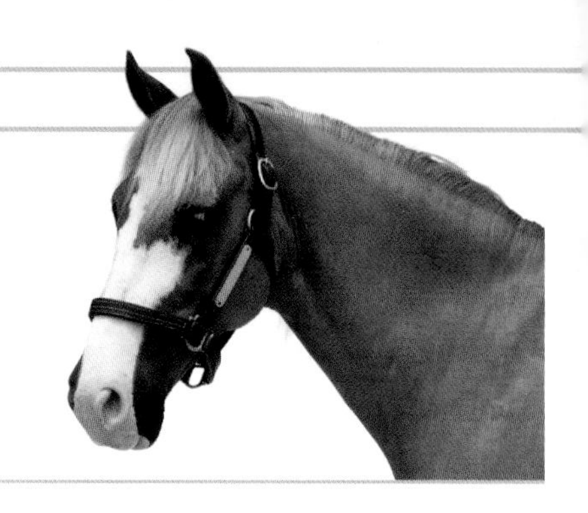

体高	原产地	毛色
142 厘米（14 掌）	美国俄勒冈州	各种毛色

印第安人

马使印第安人能够猎杀野牛，使他们的游牧生活更方便。最初，西班牙殖民者禁止印第安人拥有马匹，然而印第安人袭击了牧场并偷走了一些马匹。据说印第安人保留了最好的马，吃掉剩下的，因此这是一种选择性育种。如今，有许多传说是关于他们与马的。

这个品种是由占领俄勒冈和华盛顿领地的印第安卡尤塞人繁育出来的。

自 1855 年以来，卡尤塞人就一直生活在尤马蒂拉的保留地。他们是非常熟练的骑手和马匹育种者，马对他们游牧的生活方式以及猎杀野牛至关重要。北美殖民者把所有属于印第安人的马都称为印第安种小型马，但事实上，印第安种小型马是一个独特的品种，一般认为其起源于 19 世纪。尽管印第安种小型马的祖先还不清楚，它们很可能是法国诺曼马的后裔，也可能是进口到加拿大的佩尔什马（见第 56～57 页）。当法裔加拿大人越境进入北美东部进行贸易时，他们很可能与部落交换马匹，特别是与圣路易斯地区的波尼族人，马被从这里带到了更远的西部。卡尤塞人对马实行选择性繁育，很可能用较轻的西班牙柏布马（见第 88～89 页）与法国诺曼马进行了杂交。

现代的印第安种小型马身材矮小，肌肉发达，体格健壮。由于系部倾斜度很好，它们的慢步步法很碎，骑起来令人感觉很舒服。然而，这一品种的数量非常少，而且大多数印第安种小型马都生活在加利福尼亚。

印第安种小型马以耐力和速度著称，据说它们比美国的骑兵用马还优秀。

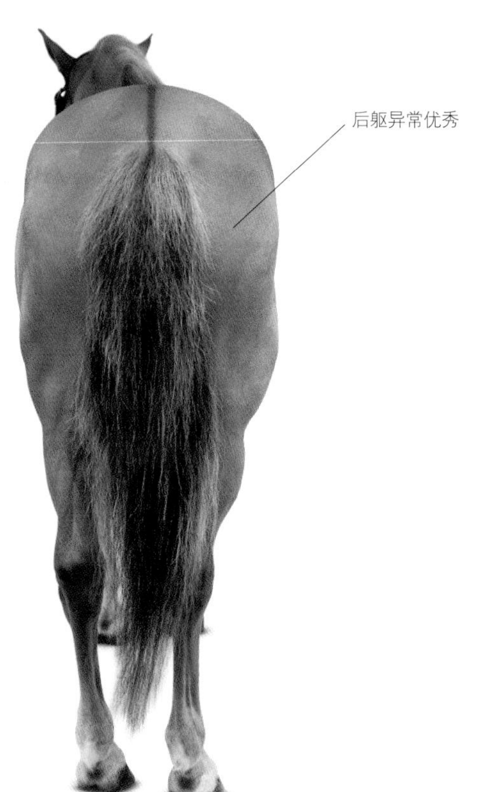

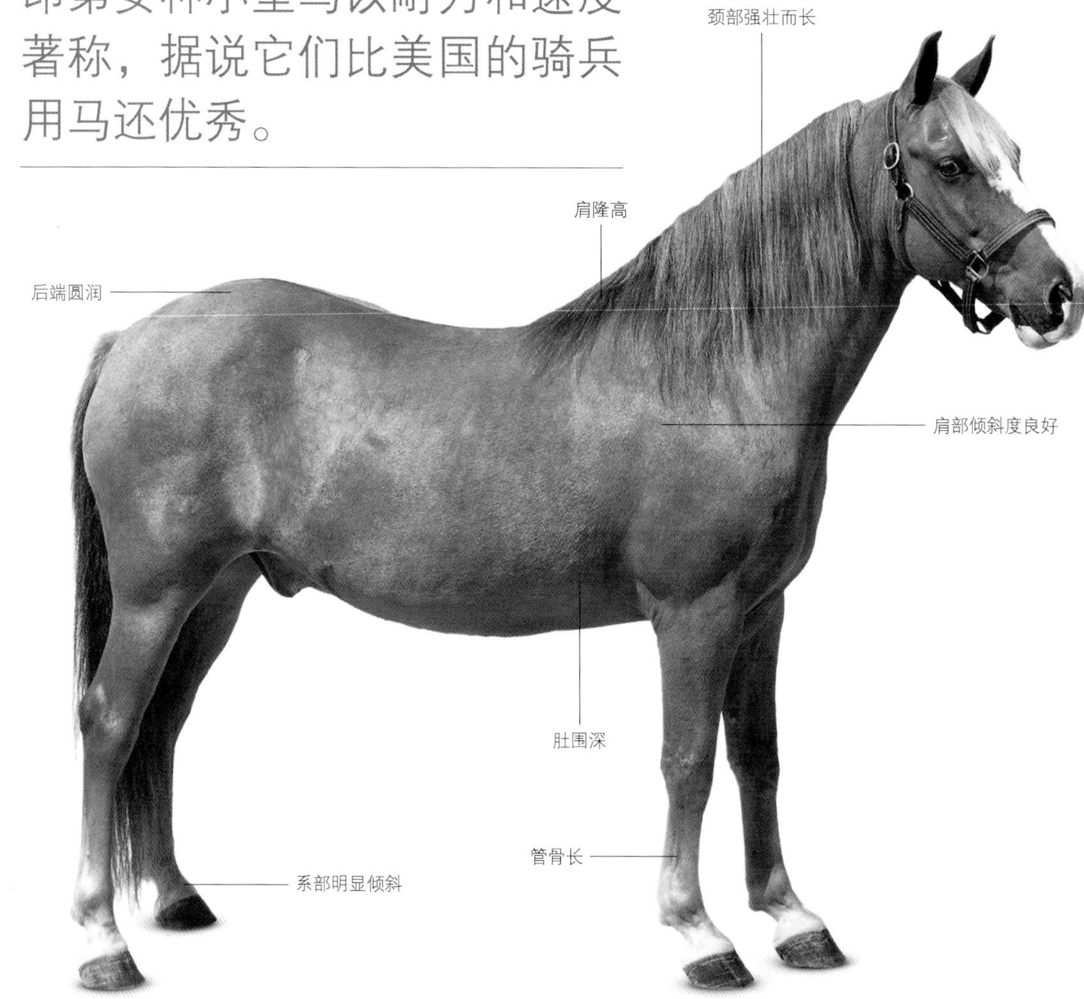

巴什基尔卷毛马

体高
平均 152 厘米
（15 掌）

原产地
美国内华达州

毛色
栗色和骝色

这个极其顽强的山地品种以其厚实、卷曲的冬季皮毛和浓密的鬃毛和尾毛而著称。

虽然巴什基尔卷毛马的一些遗传特征可以追溯到夸特马（见第 214 ~ 215 页）和摩根马（见第 216 ~ 217 页），但它们的起源尚不清楚。巴什基尔卷毛马的其他一些不寻常的性状只在野马身上发现过。

1898 年，彼得・达梅莱和他的父亲在内华达州中部山区骑马时，看到三匹长着卷毛的美国野马（见第 206 ~ 207 页），他们把这些野马带回了家。1932 年，这些野马的后代是少数能在冬季风暴中幸存下来的马。1942 年，达梅莱夫妇搬到了内华达州的干溪牧场。十年后，这群马的绝大多数死于另一场冬季风暴，只剩了一匹卷毛母马和一匹名叫库珀 D 的公马驹——第一匹用于育种的卷毛马种马。后来，母马被用来和一匹名叫内华达红的阿拉伯马（见第 86 ~ 87 页）和一匹名叫红宝石国王的摩根马杂交，其他参与育种的品种还包括阿帕卢萨马（见第 212 ~ 213 页）和美国骑乘种马（见第 218 ~ 219 页）。许多美国巴什基尔卷毛马可以追溯到这个最初的马群。

美国巴什基尔卷毛马的登记工作于 1971 年开始。它们是很好的工作马，非常聪明，以性情温和著称。

卷毛的好处

据说美国巴什基尔卷毛马的毛就像安哥拉羊毛一样，不会引起人过敏，可以纺成线。巴什基尔卷毛马的冬季被毛有比较明显的卷曲；夏季被毛可能比较直。冬季的被毛有各种各样的样式，波浪、压纹天鹅绒、卷曲和微卷。鬃毛和尾巴可能是小小的卷或者更像脏辫。鬃毛经常分开，披在颈部两侧。

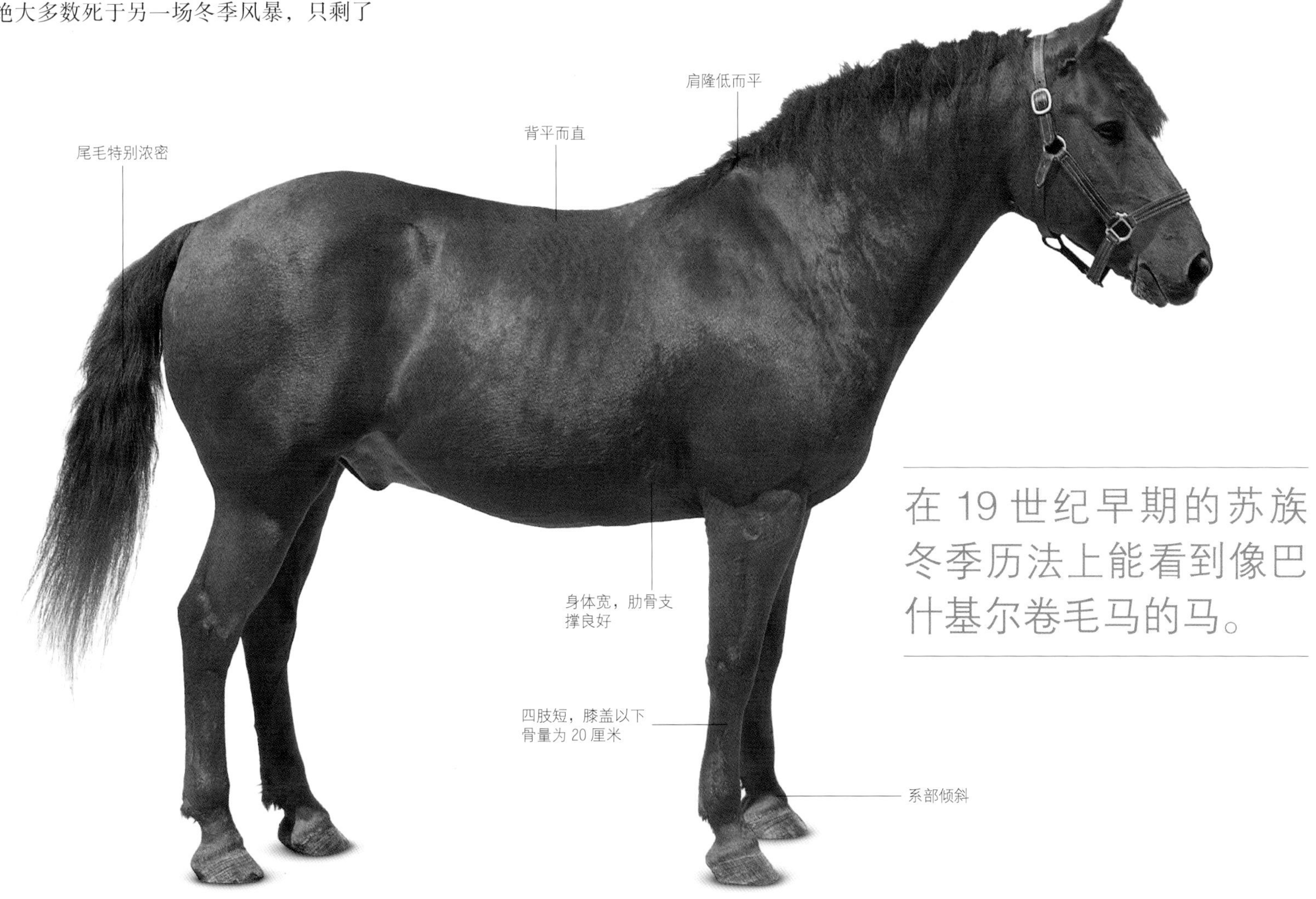

在 19 世纪早期的苏族冬季历法上能看到像巴什基尔卷毛马的马。

美洲矮种马

体高
117～142 厘米
（11.2～14 掌）

原产地
美国艾奥瓦州

毛色
斑点

这个品种的奠基种公马黑手是美国设德兰马和阿帕卢萨马的后代。

这是一种遍布全美国的小型马，是美国仅有的三种斑点马之一；另外两种是阿帕卢萨马（见第 212～213 页）和科罗拉多巡逻马（见第 224 页）。美洲矮种马的主要特征是其被毛的颜色，这也是将其作为一个新品种繁育的主要原因之一。

1954 年，来自艾奥瓦州的律师莱斯利·布姆豪尔买了一匹母马和一匹小马驹。他将这匹母马与一匹设德兰马种马（见第 262～263 页）交配，生出来的小马驹是白色的，有黑点斑点。布姆豪尔决定创建一个新的品种。他在 1955 年成立了美洲矮种马俱乐部。为了确保最高的育种标准，注册中心对马的身体构造有严格要求，包括体高、头型和毛色——毛色必须是阿帕卢萨色。随着该品种的流行，人们提高了体高的限制，还去掉了育种计划中的设德兰马。后来，人们又引入阿拉伯马（见第 86～87 页）、夸特马（见第 214～215 页）和威尔士小型马（见第 284～285 页）用于异型杂交。

这个品种的毛色图案有两种很常见的样式：披毯式和豹斑式。毛色为披毯式的美洲矮种马的腰部和臀部有白色标记，豹斑式则是全身有斑点。除了毛色，美洲矮种马育种的重点是好体质、精致的外表，以及潇洒、笔直、平衡的动作。在表演赛中，这种小型马被用于骑乘、拉车和跳越障碍，据说它们还被用来进行越野赛和耐力赛。

完美的学习用小型马

在整个美国，美洲矮种马达到了人们繁育它们的最初目的，因为它们易于训练，是一种性情温顺平和的坐骑，适合儿童骑乘。不像背部很宽的设德兰马，这种小型马的外形更像体形小的普通马，背部比较窄，这使得孩子们坐在上面很舒服，他们的腿更容易踩到马镫，从而使他们骑乘时更安全。

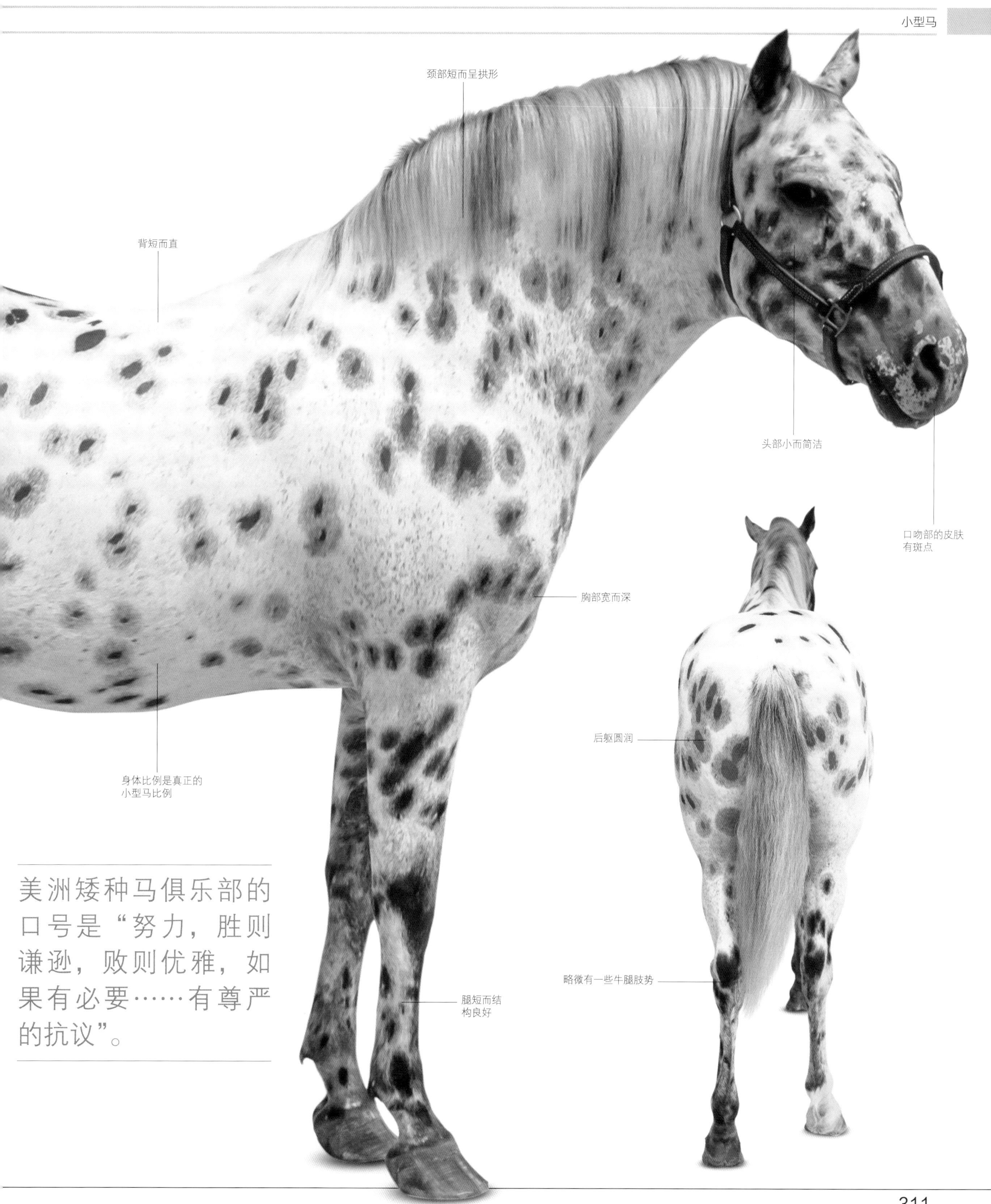

美洲矮种马俱乐部的口号是“努力，胜则谦逊，败则优雅，如果有必要……有尊严的抗议”。

美国设德兰马

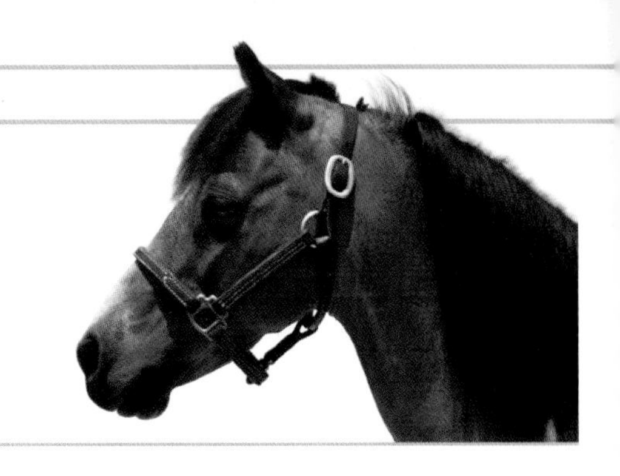

体高	原产地	毛色
高达117厘米（11.2掌）	美国	各种纯色

驾车

今天的美国设德兰马主要是一种小型轻挽马，在公路小型马级别（对应于英国的驾车级别）比赛中拉四轮马车和两轮马车。这个级别的轻挽马要求有高踏步、华丽的动作，这也是繁育这种小型马的目的。根据美国设德兰马俱乐部的说法，现代设德兰马"以其极致的动作和奔放的个性，真正地融入了赛场"。

一个多世纪以来，美国设德兰马一直是美国人最喜爱的小型马之一。

这种小型马是耐寒的英国品种的美国版，原产于苏格兰设德兰群岛。威斯康星州的罗伯特·利伯恩和艾奥瓦州的伊莱·埃利奥特分别在1884年和1885年引进了设德兰马。1888年，美国设德兰马俱乐部成立，1889年，美国设德兰马血统登记簿建立。在大约50年的时间里，美国育种家繁育出了两种设德兰马：美洲矮种马（见第310～311页）和美国最受欢迎的小型马——美国设德兰马。

美国设德兰马出口到世界各地已经100多年了，但只有在美国才有人尝试精心地对其进行杂交。从本质上说，美国设德兰马是一种聪明的驾车小型马，它们是通过从早期的岛屿设德兰马中选择较好的类型，并与哈克尼小型马（见第287页）和威尔士小型马（见第284～285页）杂交繁育而成的。然后，阿拉伯马（见第86～87页）和体形较小的纯血马也被用来进行异种杂交，以繁育一种相对独特的类型。面目一新的设德兰马比之前稍微高了一点儿，骨架更窄，四肢更长更细。它们在外形轮廓、身体构造、性格和动作上都很像哈克尼马。

美国设德兰马有四种截然不同的类型：基本类型，看起来最自然，最接近原始的苏格兰设德兰马；经典类型，这是基本类型的改良版；现代类型，具有哈克尼马的高步动作；现代休闲型，精致而优雅，但动作上不像现代类型那么极端。

美国设德兰马血统登记簿有四个区和两个与之相关的半纯种区。

钦科蒂格马

体高	原产地	毛色
122 ~ 132 厘米（12 ~ 13 掌）	美国弗吉尼亚州阿萨蒂格岛	各种毛色

在 20 世纪 20 年代，钦科蒂格马的故乡所在的小岛被建设成一个小型马的庇护所。

虽然这种野马是以美国东海岸的钦科蒂格岛命名，但它们却是源于邻近的阿萨蒂格岛并一直生活在那里。横跨马里兰州和弗吉尼亚州两州边界的阿萨蒂格岛是两种野生马群的家园。马里兰州的马群由美国国家公园管理局管理，弗吉尼亚州的马群由钦科蒂格岛志愿者消防公司管理。为了确保它们不会破坏岛上的生态，这两个种群都只保留了大约 150 匹马。

这种小型马可能是由 17 世纪的殖民者为了躲避围栏法和牲畜税而遗弃的。然而，根据当地民间的说法，摩尔人的马从失事的西班牙大帆船上游到阿萨蒂格岛。到 19 世纪末，这两座岛上都开始举办每年一度的围捕马驹活动。20 世纪 20 年代中期，钦科蒂格岛志愿者消防公司对岛上的原种产生了兴趣，并开始举办公益筹款活动。现在，成千上万的游客前来观看这一活动：小型马被聚集起来赶下阿萨蒂格岛，并游到附近的钦科蒂格岛。在那里，1 岁的小马驹向个人拍卖。

在 20 世纪 60 年代，该品种原种的品质严重下降，人们引进设德兰马（见第 262 ~ 263 页）和威尔士小型马（见第 284 ~ 285 页）的血统，并将其与品托马（见第 209 页）进行异种杂交使其品质得到了提升。矮壮的钦科蒂格马于 1994 年正式注册登记，据说是很好的儿童用小型马。

不寻常的饮食

钦科蒂格马的食物主要是粗糙的沼泽草和海滩草，其他马大都无法消化。为了丰富食物品种，这种小型马还会挑选圆叶菝葜、伏牛花、玫瑰果、海藻和毒葛等植物为食。这种饮食含有高浓度的盐，因此它们饮用的淡水量是家马的两倍，这让它们看起来相当臃肿。它们也喝盐水，但喝得不多。

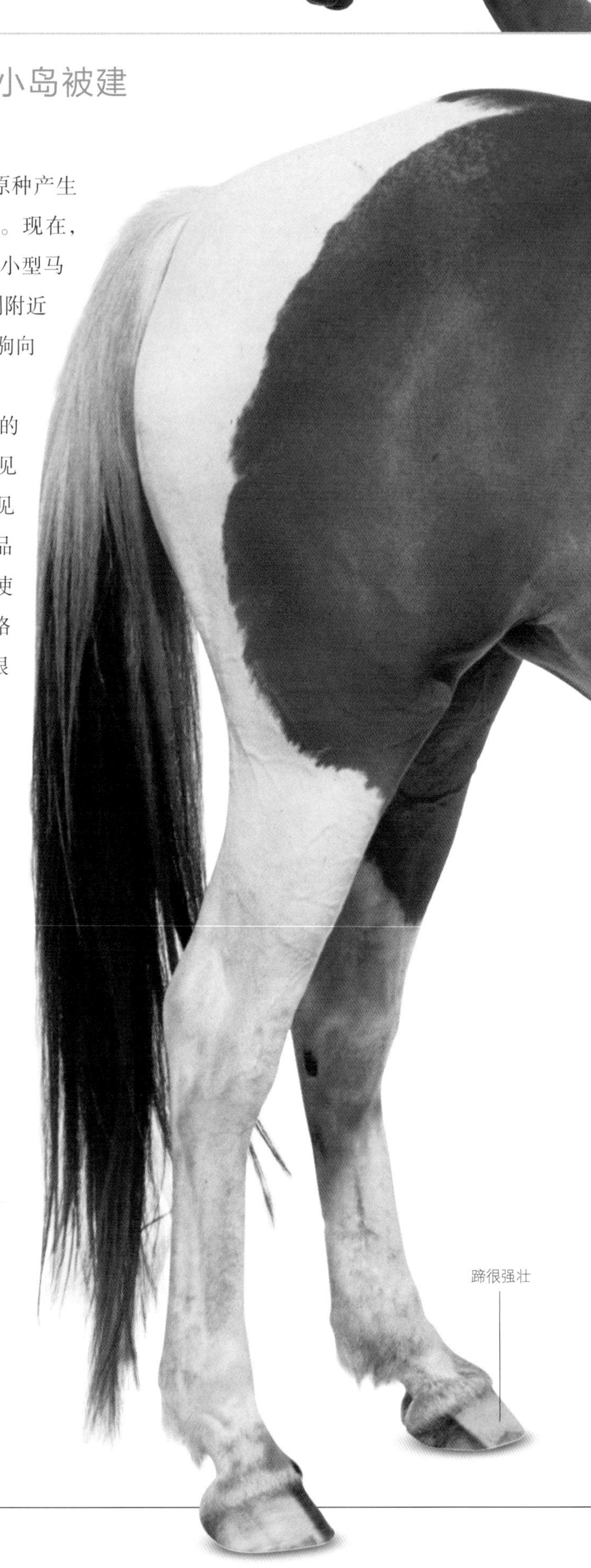

《钦科蒂格马的迷雾》是一部写于 20 世纪 40 年代的经典儿童故事书，讲述了一匹钦科蒂格马的一生。

努力游，否则就会沉入海底
阿萨蒂格岛上一年一度的围捕活动以小型马们从海中游上钦科蒂格岛而宣告结束。它们身强力壮，10分钟就可以游完全程。

加利青诺马

体高
122～140 厘米
（12～13.3 掌）

原产地
墨西哥

毛色
任何毛色

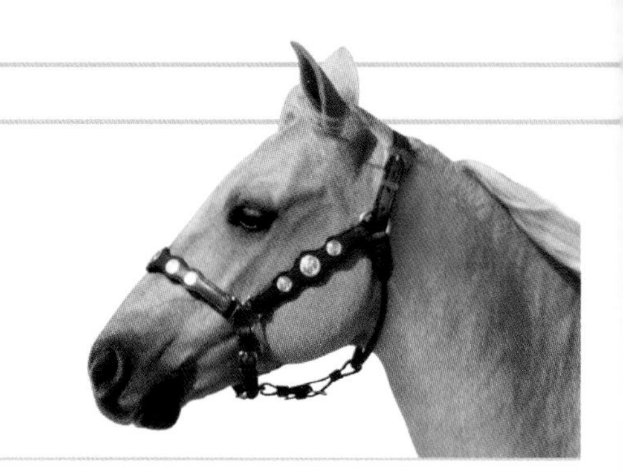

加利青诺马有着和小型马一样的身材，但其身体比例是普通马的比例。

人们认为这种身形紧凑的墨西哥品种是索雷亚马（见第 288 页）和葡萄牙北部加拉诺马的后裔。加利青诺马得名于西班牙西北部富饶的加利西亚省，它们的祖先就起源于那里。这一地区以出产会平滑步法的马而闻名于欧洲，这种马的特点是有快速的快慢步步法。16 世纪，西班牙殖民者把这种马带到加勒比海的伊斯帕尼奥拉岛和古巴，并建立了种群。后来，随着征服者入侵美洲大陆，殖民者和传教士开始在墨西哥定居，同时也带来了他们的马。据说，西班牙人在银矿里把加利青诺马当作驮马。有些加利青诺马和西班牙传教士一起去了美国西部，在那里大平原上的印第安人得到了他们。

现代的加利青诺马于 1958 年被人们从墨西哥带到美国得克萨斯州，同年它们被正式认定为一个品种。加利青诺马天生速度很快、反应灵敏、敏捷、体格健壮，是一种优良的放牧用马，目前在牧场和一般的农场工作中仍在使用。在墨西哥，加利青诺马被用于骑乘和拉车，也被用作轻型农业工作的驮马。这个品种中有许多马还保留了其西班牙祖先的快慢步步法，这使得它们在美国很受欢迎。它们在美国也被用于轻驾车赛马和场地障碍赛。美国加利青诺马的数量已经下降，但在一些州，包括得克萨斯州和佛罗里达州，爱好者们对这个品种进行了保护和推广。今天墨西哥的一些加利青诺马，特别是那些兔褐色的马，仍然与索雷亚马非常相似。

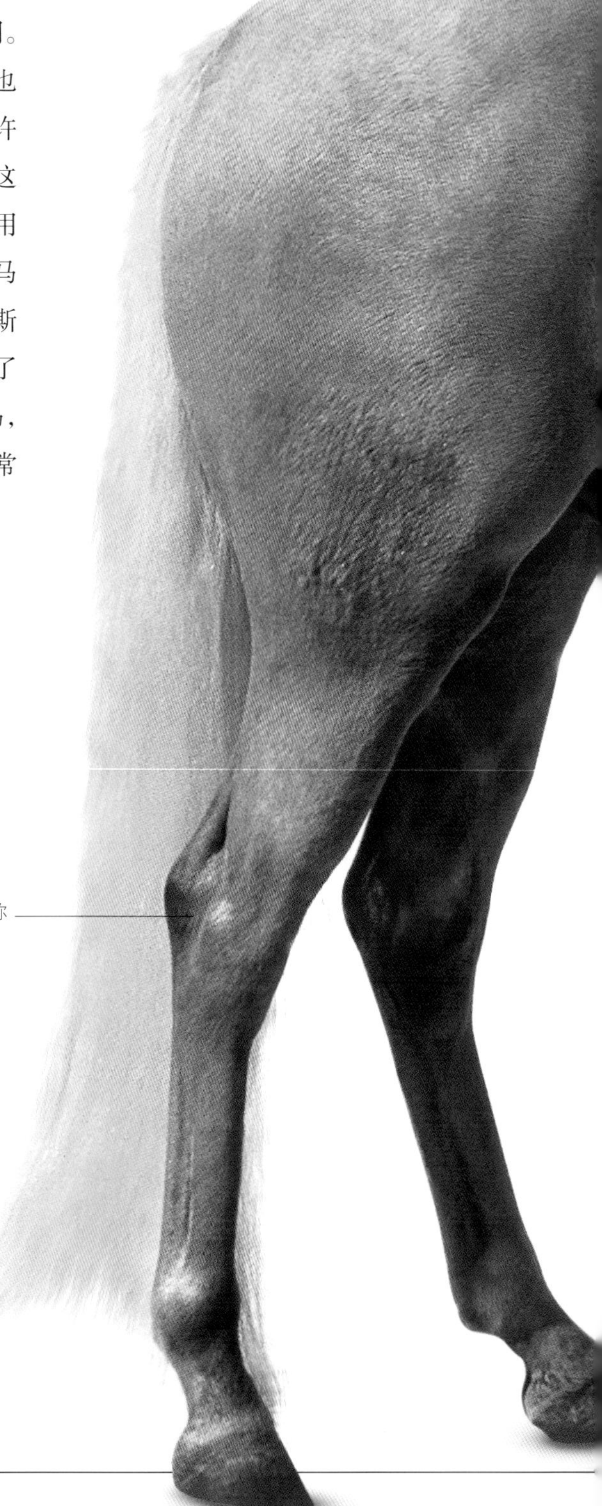

加拉诺马

这种小型马原产于葡萄牙北部，大约 130 厘米（12.3 掌）高，很像迷你马。和许多欧洲原生小型马一样，由于农业生产的变化——小型农场消失——以及狼的捕食，这种小型马也面临着灭绝的威胁。和加利青诺马一样，加拉诺马步法也很优美。这种马的毛色为骝色，鬃毛和尾毛浓密，通常是凹脸（盘状）。

这种性情温和的小型马是年轻骑手向骑普通马过渡的理想选择。

法拉贝拉马

体高	原产地	毛色
高达 89 厘米（8.3 掌）	阿根廷	各种毛色，包括斑点

这种马是在 19 世纪人们有意繁育出来的，它们很受欢迎，但数量仍然很少。

身形很小的小型马通常生长于气候恶劣、饲料匮乏的环境。然而，在马的饲养历史上，各个时期都有人将小型马作为宠物饲养或用以满足自己的猎奇心理。今天，最著名的代表就是法拉贝拉马。

19 世纪 50 年代中期，居住在阿根廷的爱尔兰人帕特里克・纽托尔用从潘帕斯人那里带来的小型马组建了一个种群。帕特里克・纽托尔的家族通过这群小型马繁育了更多的小型马，并记录了繁育的方法和细节，保留了有关繁殖品系的详细信息。1927 年，朱里奥・塞萨尔・法拉贝拉继承了这座建在布宜诺斯艾利斯郊外牧场上的种马场。1940 年，他创建了一个法拉贝拉马的品种登记协会，并成为最著名的法拉贝拉马育种专家。1991 年，这个协会更名为法拉贝拉马育种协会。

这个品种是由体形最小的设德兰马（见第 262～263 页）和体形非常小的纯血马（见第 114～115 页）杂交而成。克里奥尔马（见第 230 页）以及黑白斑和阿帕卢萨色的其他品种的马也被引入，以使法拉贝拉马得到其毛色。育种者将体形最小、质量最好的后代保留下来，并进行了密集的近亲繁殖，繁育出了这种近乎完美的迷你马。然而，近亲繁殖往往导致马缺乏活力，并有身体结构缺陷，这在法拉贝拉马的腿上就可以看到。

20 世纪 60 年代，这种微型马被送往美国，在那里它们引起了公众的注意。1973 年，美国成立了法拉贝拉迷你马协会，对该品种进行登记。在 20 世纪 70 年代，少量法拉贝拉马被出口到世界各国。

完美的儿童骑乘马

这种马体形很小，很小的孩子也可以骑法拉贝拉马。在表演和游行中，拉车的法拉贝拉马很受欢迎。作为宠物，它们脾气温顺，对人友好，并且易于训练。最优秀的法拉贝拉马可能保留了设德兰马的优点，但它们不够结实，后躯往往非常弱。

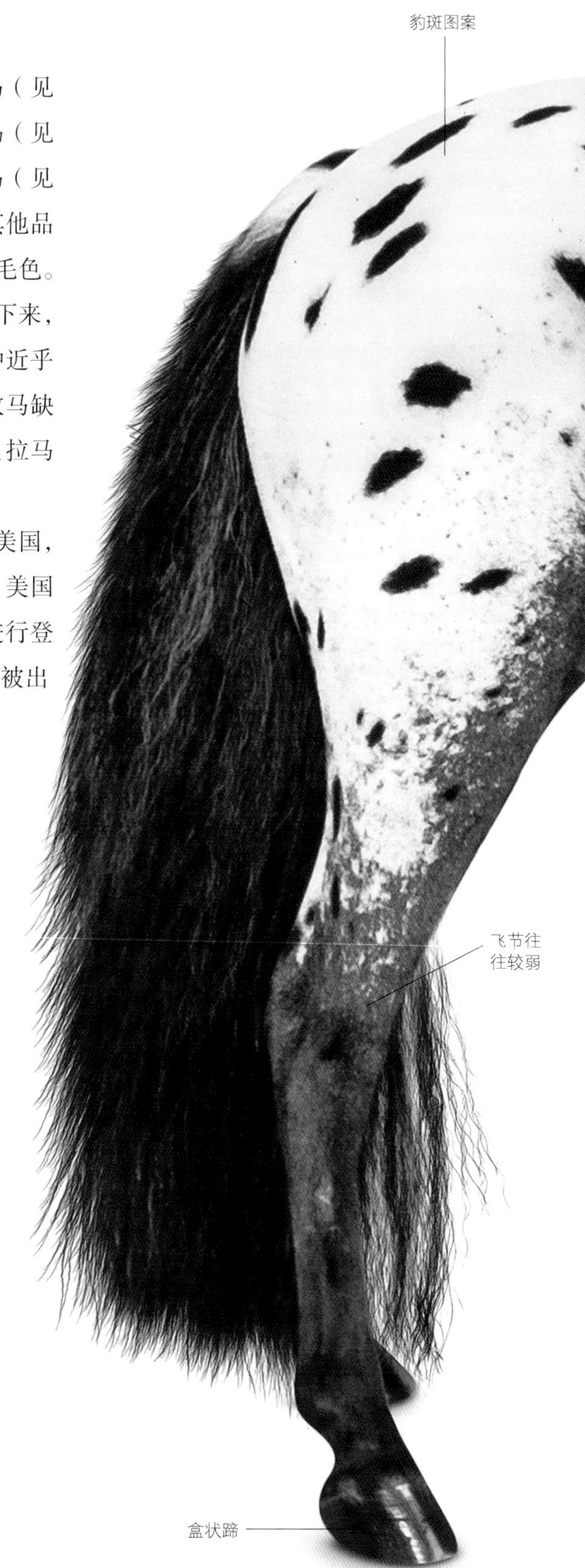

黄道十二宫是一匹有黑白豹斑的阿帕卢萨马，是美国最成功的法拉贝拉马父系之一。

第四章

马匹护理与马房管理

均衡的饮食

生活在大自然中的马以草和其他植物为生。它们每天要花20个小时来吃草以获取需要的能量，它们并不会浪费不必要的能量，在吃东西的时候行动也很缓慢。在冬天，当食物不那么容易得到的时候，它们的体重会变轻。

进食是为了工作

当我们让马工作时，它们需要比自然状态下跑得更快、跑得更久。它们被要求承载或拉动很重的重量，还可能参与能量消耗巨大的运动，如场地障碍赛或盛装舞步。另外，这些工作马没有那么多的时间吃东西，而它们的天然食物（量大、能量低）可能无法提供足够的能量来使其完成所需的工作。因此，为了保持健康，它们需要额外吃饲料，如干草或苜蓿，以及加工的精饲料。

草料和其他食物

干草和其他草料（如半干青贮料）基本上是将马的天然食物干燥后保存，以确保在整个冬天和其他不可能放牧的时间能随时得到。牧草、干草或其他草料是马的主要食物。马的消化系统已经进化出了能够从植物纤维中获取营养的能力（见第14～15页）。干草和半干青贮料是它们原来的食物，应该是马的补充饲料（见第326～327页）的主要成分。

相比之下，精饲料大多是袋装的各种营养成分的混合物。它们是以碎草料（如秸秆）或粗粒混合料（谷物和种子）为基础，如燕麦、玉米和亚麻子，也有可能两者都有。碎草料由切短的植物茎秆、干草、稻草以及苜蓿组成，粗粒混合料看起来像没有水果和坚果的麦片。大多数精饲料还添加有维生素、微量营养元素和其他成分，以确保马能够获取工作、肌肉生长和保持健康所需的一切。精饲料都含有由谷物或秸秆制成的小球，较大的球通常被称为“坚果”或“方块”，它们的能量含量通常很低，适

工作中的马
在传统的工作方式中，挽马会消耗掉大量的能量。因此，它们每天需要饲喂几次，之后还需要短暂的休息以消化食物。另外，它们还要喝大量的水。

合小型马和“优质的实用型马”（只需要很少的口粮就能生存的马）。

还有一些其他的东西可以喂马。甜菜渣就是一个例子。它是制糖业的副产品，它的含糖量低，易于消化，是纤维的良好来源。各种各样的添加剂也可以喂马：植物油和鱼肝油能提供能量，还是很好的调节剂；鱼肝油中含有对关节有益的 ω-3 脂肪酸。人们还经常给马饲喂其他被认为具有保健作用的东西，如大蒜、海藻和啤酒酵母。此外，多种维生素类型的产品也可以喂马，包括“饮食均衡剂”，通常呈粉状、颗粒状或球状，含有维生素、矿物质、微量元素和益生菌。

喂什么？

食物的种类和数量取决于马的类型、年龄、所做的工作，以及放牧时间。本地品种的马，尤其是小型马，夏季在草地上放牧应该就能生存，但在冬季需要补充饲料。如果它们工作量很大，并且状态变差，那么最好给它们补充一些以秸秆为基础的饲料和甜菜渣。对饲养要求较高的马来说，粗粒混合料通常是必不可少的，如那些经常参加比赛或做其他艰苦工作（如犁地）的马。这些马永远无法从草料中摄取足够的营养来满足它们的需求。

喂干草

牧草或干草是马最天然的食物。如果有选择的话，马一天会花很多时间来吃草，小心翼翼地挑选出它们想吃的。

精饲料是按配方来制作的，适合各种类型、各种年龄，以及从事各种工作的马。虽然从食物的名称就能清楚地知道是为满足马的何种需求而制作的，但包装上的标签能提供诸如成分、消化能（千焦）和主要成分（如蛋白质和纤维）等更加全面的介绍。在决定给马吃什么时，食物的消化能是一个非常有用的指标，因为这是马可以从食物中摄取的能量。竞技马所吃的饲料的消化能比从事中等或轻型工作的马吃的要高。给老马的饲料要含有益生菌和其他使食物更可口、更容易消化的成分。有许多饲料是专为易患蹄叶炎（见第 340 页）的马、幼马、怀孕或哺乳期的母马等准备的。

如何喂养?

由于马的消化系统（见第 14 ~ 15 页）非常敏感，喂养精饲料时一定要很小心，这点很重要。饮食的突然改变会破坏马的肠道菌群的微妙平衡，而过多的精饲料会让马容易兴奋。需要将精饲料在一天中分成两次或以上喂养，如果可能的话，可一天多次为马提供精饲料。马已经进化为可以几乎一直不停地吃东西。如果喂养马不能做到这一点，马就可能出现消化问题或行为问题，即所谓的“马房恶癖”（见第 330 页）。除了工作最辛苦的竞技用马以外，草料（包括草）应占马食物总量的 1/2 ~ 2/3。

人们通常会在饲料槽里加水来弄湿食物，马也必须经常喝干净的淡水。它们对此可能很

草料网兜
超重的马和小型马经常需要定量供应饲料。为了确保它们不会很快吃掉这些草料，可以将草料放进一个有小开口的大网兜里。这也可以避免草料浪费。

健康的处理方式
对马来说，胡萝卜是最健康的食物之一，可以大量食用。胡萝卜应该纵向切开，因为圆形或方形的块会卡在马的喉咙里，这可能导致马窒息。

饲料中有什么?

不同的饲料

袋装食品都有一个标签，上面标明饲料的消化能（千焦），以及蛋白质、纤维、淀粉和微量元素的含量。粗粒混合料的能量比秸秆的要高。谷物，如燕麦和大麦，在添入到饲料之前总是先碾碎。亚麻子必须煮熟（通常标记为微粉化）。饲料中也可能包括草药和其他成分，如糖浆，使它们的气味和味道更吸引马。

碎玉米　亚麻子　大麦　燕麦　秸秆

挑剔，如果提供给它们的水的味道与平常的不同，它们可能不喝水。要时刻留意它们，确保它们可以喝足够多的水，这很重要。

辛苦工作的马会流汗，从而流失盐分和水分，所以给它们补充盐分以保证它们的血液中矿物质的平衡，这点是非常重要的。以前人们会在田地和马房里提供盐舔块，但一些工作很辛苦的马可能也需要在饲料里添加一些盐。人们经常在比赛中给耐力马饮用电解质（含有微量元素的液体）。

和所有其他动物一样，马有可能吃得过多或过少，这都会导致严重的健康问题。状态计分表可以帮助判断马是否超重或是体重不足。

喂多少?

冬天，户外的马需要更多的能量来保持身体暖和，而牧草的营养水平并不高，因此饲料中需要补充额外的添加剂。而马房里的马在冬天可能并不需要比夏天更多的食物。

一匹体高为 163 厘米（16 掌）及以上马的日总采食量通常为 11 ~ 12 千克，而一匹体高为 132 ~ 142 厘米（13 ~ 14 掌）的马的日总采食量为 8 ~ 9 千克。也可以这么估算，成年马每天需要的食物总量是它体重的 2% ~ 2.5%（幼马为 3%）。地秤是测量马的重量的最好方法。体重测量带也相当准确，但你也可以通过测量马的肚围（腹部的最大处）和身长（肩端到臀角）得到一个估值，然后用公式计算。

喂养桶

饲料可以放入一个桶里，放在地上，这样饲料不会散得到处都是，使马吃起来更方便。记得使用马蹄不会被轻易套住的桶。

重量计算

- 肚围（厘米）^{2} x 身长 / 8700 = 体重（千克）
- 肚围（英寸）^{2} x 身长 / 300= 体重（磅）

牧场管理

马吃草时是它们最快乐的时候。牧场一定要维护良好并保证马的安全，还要有新鲜、干净的水源，还需建有能让马躲避恶劣天气的庇护所。大多数主人都会给他们的马足够的采食时间。

牧草

牧草是马的天然食物，吃草可以让马保持健康，同时还能让马有几个小时的消遣和适当的运动。与大多数其他植物不同，牧草是从根部向上生长，所以即使叶子不断被吃掉，它们也会继续生长。即使放任不管，正常情况下它们也会继续增高。牧草能在各种各样的环境中生长，不论干湿冷热。这使得它们对所有的食草动物来说都是一种非常经济的食物，包括马。

管理牧场并不困难，且会很快看到成果。最重要的是，不能过度放牧：推荐的最大量是每英亩一匹马。只要有几个小围场，并且经常将马在不同的围场间轮流转移，就可以避免过度放牧。

马会产生大量的粪便，而且它们不喜欢吃粪便附近的东西，所以必须定期（每天或每周）清理围场中的粪便，以避免有些草由于永远不会被马吃而变得长而粗糙。粪便中也含有虫卵，所以把它们清理走可以降低马感染寄生虫的风险。冬季牧场的草生长缓慢，雨水、雪和冰混合后容易变得泥泞，遭到严重破坏。大多数牧场主都认为，到冬季结束时，牧场将变得非常糟糕。所以当天气好转时，他们会把马转移到另一个牧场，这样冬季牧场就可以恢复了——草的韧性是很强的。将地耙一耙然后碾压一下就可以加快牧场的恢复速度，而大片裸露的土地需要重新播种草籽，幼苗的生长需要几个月。

杂草

虽然乍一看，一块地里长满了牧草，但通常会有几种不同的牧草和大量其他植物，包括杂草。这对大多数马来说不是问题；它们喜欢不同的口味，通常不会发胖，所以不需要高质量的草。然而，有些杂草对马来说是有毒的。所以一定要定期检查围场，并将其清除。狗舌草（见右上图）是最著名的有毒植物之一。马很少吃它，除非它们非常饿。狗舌草应该挖出来烧掉，或以其他方式销毁，因为它们干燥后口感还不错。毛茛也有毒，它们通常不会被马吃掉，但在潮湿的环境中它们蔓延得很快。必要时毛茛可能得需要喷洒除草剂控制，因为它们根本不可能挖干净。其他杂草，如酸模草和荨麻是无毒的，但也可能蔓延，特别是在没有粪便的地方。马不会吃它们，而且它们很难看。打顶是一种能控制它们的方法。

木栅栏
这种围栏坚固有效，但价格昂贵。最好使用高质量、耐风雨的木材。木栅栏需要定期涂上木材防腐剂。

围栏和篱笆

围场最好的分界线是木栅栏。它看起来非常不错，并且对马很安全。然而，它成本很高，还必须妥善维护，因为损坏的木栅栏会对马造成伤害或使得马匹逃逸。咬槽癖（见第 330 页）也会伤害马。

带刺铁丝网会给马造成可怕的伤害。如果要使用这种网，应再设置一层电围栏作为内栏，防止马匹接触铁丝网。光面铁丝和铁丝网可以

牧场
维护一个好牧场的关键是将牧草的顶部（通过打顶）保持在统一的高度，并确保没有杂草。树木和树篱下是马乘凉和隐藏的好地方。

接受，但必须绷紧并保证维护良好。马蹄铁或马蹄有可能卡在铁丝网围栏的网眼里，电围栏可以使马与铁丝网保持安全的距离。树篱和堤岸是很好的边界，还可以遮风挡雨，但通常应该用某种形式的围栏加固，因为马是很厉害的逃生专家，尤其是在冬天，它们在寻找更多的食物时。

水

淡水要倒在水槽中或水桶中以随时供应给所有马匹。如果你注意到马在饮水时出现争执，应再设置一个替代饮水点。有些马喜欢掌控一切，水槽和干草槽是它们树立权威的好地方。

庇护所

虽然我们经常可以看到马在最恶劣的天气中，顶着大雨、狂风或暴雪仍然待在户外，但在夏天它们很愿意在远离炎热和苍蝇骚扰的野地里快乐地度过一整天。如果它们愿意，给它们提供逃离恶劣环境的庇护所至关重要。野外的庇护所应该足够大，能够容纳围场里的所有马匹，并且有一个大的入口，这样等级高的马就不能守住大门、把等级低的马挡在外面，也不能把等级低的马挡在里面。理想情况下，庇护所应该是混凝土地面或较硬的地面，并向外延伸3米左右，否则地面会被严重侵蚀。

专门的庇护所
有大开口的棚子是给马遮风挡雨的理想场所。庇护所应该建在背风的地方。

门

容易打开和关闭的大门必不可少，但它们不应该让马很容易地打开。锁扣必须是安全的，没有突出的部分，因为马在饲喂时间会聚集在大门内侧：它们的腿、眼睛和毛皮都很脆弱，容易受到伤害。根据大门在场地上的位置，朝外开的门可能比朝里开的要好。铰链应该安装在角落里，以避免你和你的马被紧紧地夹住。门口的地面也容易变得泥泞，要建得硬实一些，要避免使用树皮碎片或锯末，因为实际上这些东西分解后会有助于土壤保持水分。

水的供应
水槽应该用不含铁的金属建造，以免生锈。水槽应放置在排水良好的地点，以确保周围的地面不会变得过于泥泞。

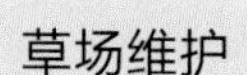

草场维护

耙地——在拖拉机或全地形车后面拖着链耙——可以让空气和水分进入草根，从而促进牧草的生长。耙齿能梳理牧草和其他植被，清除掉枯枝落叶，给表层土壤松土。冬季围场有可能过度放牧，要想使围场上凹凸不平的地方变平整，并帮助草皮恢复健康，最快的方法就是使用压辊来滚，这个过程被称为滚压。压辊通常很重，通常需要一台拖拉机来拖动。打顶——割掉草比较高的部分——可以除去长而粗的草，并在杂草（如荨麻）有可能结籽之前把它们割掉。

荨麻

马房管理

养马的方式取决于马的主人喜欢什么，马的用途是什么，以及有什么可用的设施。有的马群很少或根本没有得到正常的照料，处于半野生状态；而赛马则被安置在专门建造的马房里，还有专门照顾它的马夫，备受呵护。

采食时间

养马是为了娱乐或比赛，通常需要把它们的时间进行分配，分为用于在田野及围场吃草的采食时间和待在马房中的马房时间。分配结果会带来很大的不同。有些马一年四季都在草地上，只是偶尔需要到田野的庇护所中躲避恶劣天气和苍蝇。这是一种最低限度的管理，偶尔才会涉及马房管理——比如，在冬季天气最恶劣时的晚上。

马场

在马场里，马彼此之间能够看到，这创造了有限的社交机会。马天生是群居动物，所以社交是影响它们心理健康的一个重要因素。

马房时间

最常见的做法是让马白天待在户外，而晚上的大部分时间都待在马房里。虽然这需要马的主人做更多的工作，但这样可以让马匹的护理变得更为容易，比如为每匹马提供特定的饮食、每日刷毛、健康检查等。然而，患蹄叶炎（见第 340 页）的马通常会被关在马房较长时间以控制其食物摄入量。

传统上一流的比赛用马和赛马大部分时间都被关在马房里，只有很短的外出时间。对于价值高、性能好的马，让它们持续待在马房里的原因之一是，如果允许它们在无监督的情况下自由活动，它们可能受伤。然而，让马长期待在马房里是违背它的天性的。被关在马房里的马会感到沮丧和无聊，可能养成马房恶癖。即使只是每天一两个小时的自由活动，对马的精神和身体健康都非常有益，最理想的情况是马在同伴的陪伴下自由活动。

马房恶癖

■咽气癖：马伸脖子并竭力吞咽空气，这会导致马出现消化问题，比如胃溃疡。

■咬槽癖：马不断地撕咬马房的门或栅栏。这会损坏马房，伤害马的牙齿，并导致马出现消化问题。

■摇头：马不断地将重心从一条腿移到另一条，同时来回摇晃它的头。这会对马的前腿和颈部肌肉造成压力，也可能把马房的地板磨坏。

■兜圈子：马不断在马房内绕圈，并可能刨地面或踢马房的门。同样，这会对马的前腿和马蹄带来伤害，并可能损坏马房的地板。

马房设计

当许多马成群生活时，最简单的马房就是一个开放式的谷仓，地上有许多垫料，马房边缘或中间有装满干草的饲料槽，还有喝水的地方。在某些情况下，马可以自由地进出马房，或者在天气不好的时候，它们可以被关在马房内。然而，在许多情况下，尤其是马数量较少的情况下，将它们单独养在马房中更为方便。

大多数马房的基本设计都相同。今天，最常见的马房类型是宽敞的格子间或畜栏。宽敞的格子间更大，像单独的房间，是从一个大谷仓中隔出来的。格子间是一个正方形或长方形的格子，最理想的尺寸是 3.7 米 ×4.3 米，一边有大的、向外打开的双开门。传统上，这些格子间是成排的，门朝向院子，院子的两面或三面都有马房。最好的马房设计方案可能是美国谷仓式。在这种设计方案里，一排排的格子间

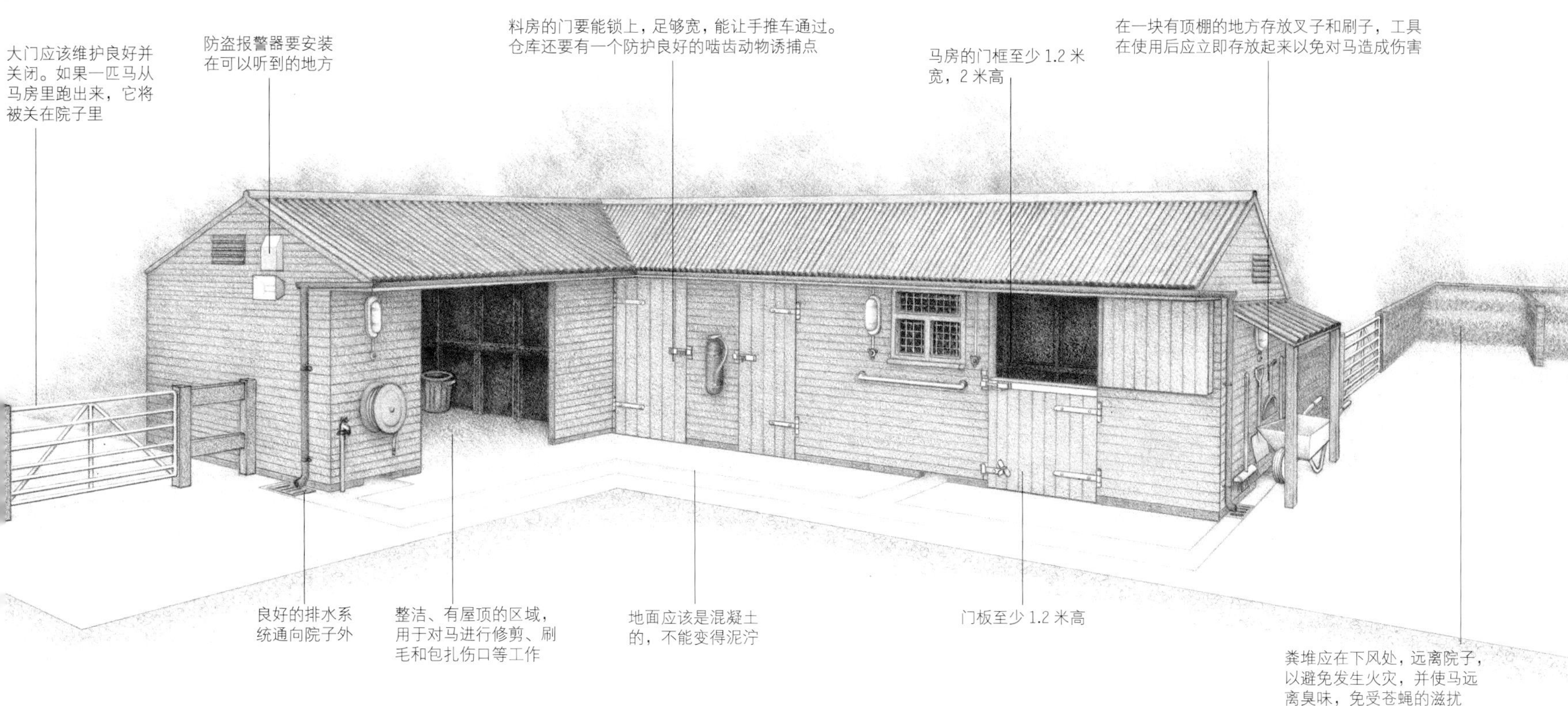

理想地点及建筑物

理想的马场要有通道供马匹通行，让它们很容易进入围场和有屋顶的区域，这对饲喂和储存物品也很方便。建筑物应该建在方形场地的周围，地面应该是水平的。

美国谷仓式

在这种马房里，格子间面对面排在中央通道两侧。整个区域都有屋顶，这为马创造了一个更好的环境：它们可以相互看到并交流。

朝向建筑中心开门，这样可以更好地抵御恶劣气候。现在，马房之间也越来越多地采用格子窗，这样马就可以看到彼此，这对它们的心理健康非常重要。

畜栏是马房的变体，但不太适合长期使用。它们往往比马房窄，因为没有门，马经常被拴在里面。在一些地方，马是面向墙的，这也影响了它们的视力。畜栏可以作为马匹的临时住所，比如在马戏表演时或马球比赛的间隙，军营里也有畜栏。

无论马房的设计如何，必须确保通风良好，但又不能被风直接吹过。当格子间都有马时，马房顶部的通风口必须一直开着。马房要能隔热保暖，因为里面的马没法靠移动来取暖；此外，马房里的马也常被修剪被毛（见第 335 页）。由于这个原因，大多数马房中的马在冬天都很健壮。好的排水系统对打扫马房至关重要，还能确保马房不会因马的尿液或洒出的水而过于潮湿。

垫料和打扫马房

传统的垫料用的是麦秸。如今，木屑和其他木质材料，以及碎纸、大麻纤维和芒草，更受欢迎。这些新材料比麦秸有如下优点：没有灰尘，马也不吃，吸水性更强，更容易看出有尿渍的区域，也更容易清除。现在橡胶地板也广泛使用在马房中，经常与柔软的垫料一起使用。橡胶地板很容易清洗，清洁工作的劳动强度也小。它虽然成本较高，但减少了垫料的用量，因此可以减少垃圾的堆积。

打扫马房

打扫马房通常用到叉子、铲子、扫帚和独轮手推车，不过根据马房使用的垫料，你还可以使用其他工具。

最好的做法是每天清理垫料，清除所有潮湿和肮脏的垫料，重新铺上新鲜垫料。厚垫草法是指每天只清除粪便，每周或更长时间做一次大扫除，彻底清理。这样每天可以节省一些时间，但是大扫除需要更长的时间，而且这还可能导致垫料发臭发霉，影响马的健康。垫料不干净会导致马蹄和马的呼吸系统出现问题。

舒适的陪伴

马不能时时被关在马房里，它们喜欢安全感，喜欢和其他马在一起。在有酷暑或寒冬的国家，马房可以为马提供一个舒适的居所。

刷毛和护理

家马都需要刷毛，通常还要钉上马蹄铁，以保持身体健康，并有能力完成它们所做的工作。它们需要定期去看钉掌师和马牙医，每年接种疫苗，以免受破伤风和其他疾病的侵袭。

刷毛

大多数马在开始工作前都要经过刷毛，这样马看起来很整洁，而且马具不会蹭到皮肤上的污垢，从而引起马疼痛。刷毛也有助于保持马的皮肤健康和马具清洁。刷毛的力度取决于马有多脏，是冬季被毛还是夏季被毛，以及骑手或驾车者希望它们的马有多干净。大部分时间被关在马房里的马通常在运动前后都需要刷毛，这有助于它们打发时间和保持皮毛健康。马在工作后，往往喜欢在尘土飞扬或泥泞的地方打滚，这么做似乎能避免苍蝇滋扰。

虽然有电动刷毛器和吸尘器，大多数人还是喜欢用手动工具刷马。这是一个爱抚马的机会，可以和它增进感情。首先，用塑料马梳和硬毛刷清除泥土。这些工具都很粗糙，所以要避开马的敏感部位，比如脸部。刷马的腿部和腹部时也要小心，马的这些区域都很敏感，如果刷这里时马反应较大，你有可能被马伤到。接下来，用软毛刷清除马身上的灰尘、脱落的毛和皮屑，使被毛产生光泽。柔软的软毛刷也可以刷马的面部和耳朵周围。较小的刷子可以使这项工作更容易一些。有些马喜欢耳朵里里外外都刷干净，但你不要在第一次给马刷毛时就这样做。

用梳子或硬毛刷刷鬃毛和尾巴。护发喷雾有助于这些较长的毛变柔顺，使你的工作更容易，马也更愉快；它们也能让马毛更浓密并产

刷毛工具

一套刷毛工具由不同用途的刷子和一些其他物品组成，如蹄勾和梳子。每匹马都应该有自己专用的刷毛用具。这些东西最好放在收纳盒里（见右上图），并保持干净。

硬毛刷
用来清除马腿和身上的泥土。

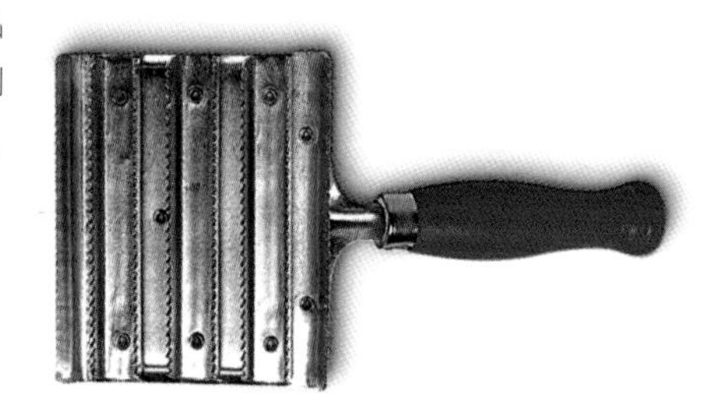

金属刷
只用于清洁其他刷子，绝对不能用在马身上。

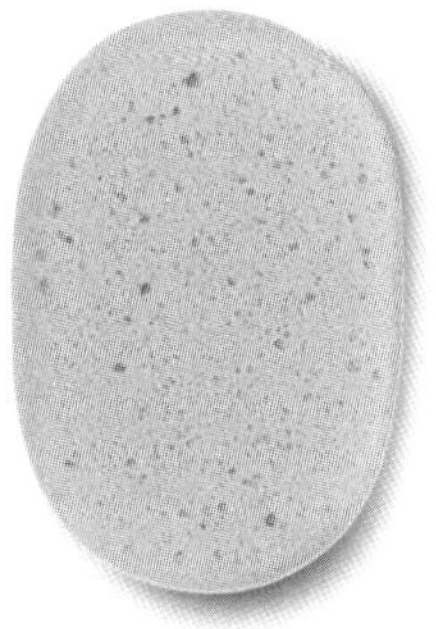

软海绵
使用海绵湿润和清洁面部和尾根。

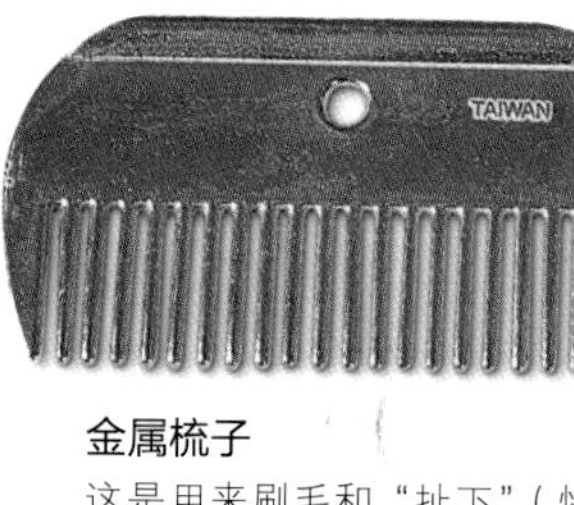

金属梳子
这是用来刷毛和"扯下"（快速拖拽）鬃毛和尾毛的。

软毛刷
柔软的刷毛有利于清洁马的被毛和身上较敏感的部位。

橡胶马梳
当马换下冬季被毛时，这种马梳很有用，因为橡胶会把毛吸出来。

按摩垫
骑乘后用来按摩马。

马房橡胶
实际上是亚麻布，是用来最后给被毛抛光的。

塑料马梳
用来清理马身上的泥块，还可以清洁硬毛刷。

造型刷
潮湿的造型刷可以使鬃毛和尾毛顺滑，也可以用护发喷雾代替。

蹄勾
这个钩状金属工具用来去除马蹄上的泥。

生良好的光泽。较长的毛可以通过修剪或梳理使整体的外观更整洁。

清理马蹄铁，去除底部的泥土和沙砾。建议从后往前使用蹄勾，避免碰到蹄踵和小腿周围的敏感部位。

编辫

当马匹用于表演或驾车赛时，通常鬃毛和尾巴要编成辫子。鬃毛要编为 9 ~ 12 根短辫子，额毛编为 1 根辫子。编成的辫子通常卷成一个整齐的球。尾毛可以简单地在尾根处修剪，也可以从两侧各取一小股毛，在中间编成辫子。这种小辫从尾巴的 1/3 处开始往下编，其余部分是松散的。你如果想要其他的效果，还可以使用更复杂的设计。

修剪被毛

冬天，来自较寒冷的国家的马会长出一层厚毛来抵御寒冷的天气。那些工作比较辛苦的马，如需要跳越障碍或袭步，经常需要剪掉大部分或全部的被毛。这样可以减少它们出汗，也更容易保持身体清洁。它们休息时，可以用各种各样的马衣来保暖。修剪被毛没有硬性规定要剪多少，通常这是骑手或主人的品味问题。修剪最少的方法叫爱尔兰式修剪，只剪掉颈部和腹部下方的毛；整体式修剪剪掉的地方更多，但背部可以不剪；而猎人式修剪只是在放置马鞍处留下一块不剪。

马尾巴编辫
马尾的毛长在尾根周围，所以你不能将尾毛像人的头发那样简单地分成三份。当给马尾编辫子的时候，你必须把两边的毛不断加入进来。

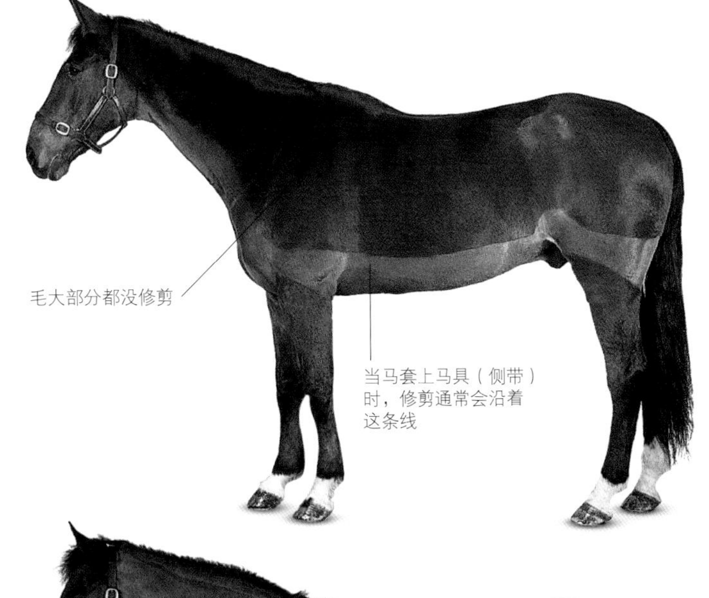

爱尔兰式修剪
爱尔兰式修剪是只修剪马工作时汗液容易积聚的部位的毛，也就是颈部下面、胸部、腹部和腿的上部的毛。如果你喜欢，你可以只修剪马颈部下面和腹部的毛。

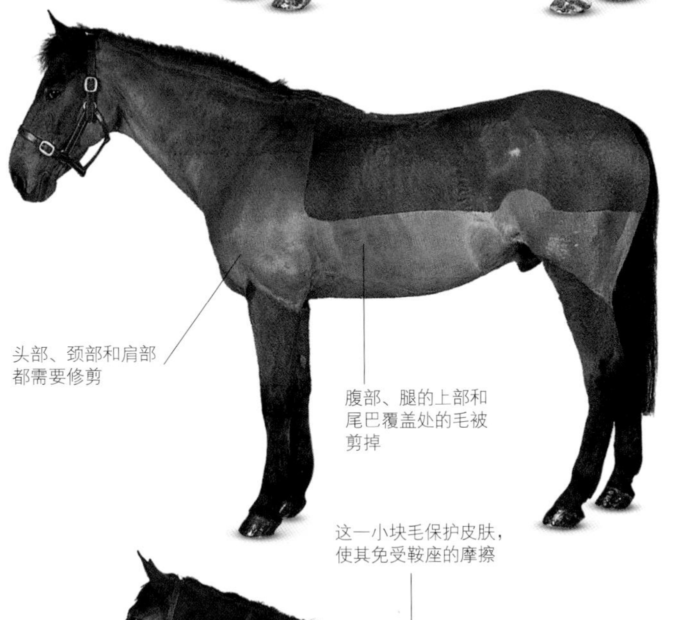

整体式修剪
这种修剪的效果就像马在长时间的慢速工作中穿着运动马衣一样，它既可以让汗水蒸发，又避免马的后躯肌肉变冷。

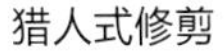

猎人式修剪
猎人式修剪，只留下放置马鞍处和马腿下部的毛没有修剪。马在不运动的时候需要穿上马衣。

马蹄保养和钉马蹄铁

马的蹄子是由蹄壁、蹄底和蹄叉组成的。蹄壁是马蹄的一部分，当马蹄着地时可以看到，它是由角质组成的。角质是一种叫作角蛋白的坚硬物质，这种物质与人类手指甲和脚指甲的成分是一样的。角质和指甲一样，是连续不断生长的。

工作马通常需要在马蹄上钉金属马蹄铁，但现在越来越多的人让马“打赤脚”或者在骑马时用橡胶靴来保护马蹄。马蹄铁能使马蹄磨损的速度比它自然生长的速度慢，还能提升马蹄的抓地力。在钉马蹄铁时，钉掌师必须考虑到马的自然动作，但在某些情况下，钉马蹄铁还可以弥补马身体结构上的缺陷，使马能更正常工作，从而避免绊倒或追蹄等问题（见第340页）。

马每4~6周需换一次马蹄铁。钉掌师会去掉旧的马蹄铁，修剪马蹄以去除过度生长的部分，如果马是赤脚的，这些过度生长的部分就会被磨掉。大多数的钉掌师都有不同码和不同设计的马蹄铁，但最后钉马蹄铁时通常需要在铁匠铺里加热马蹄铁，然后根据马不同的蹄形塑形。马蹄铁需要在还热时就压到马蹄上，去检查是否合适，这就是所谓的热马蹄铁。马蹄铁最后要钉在马蹄上，马蹄就像人类的指甲一样，钉马蹄铁马不会有感觉。

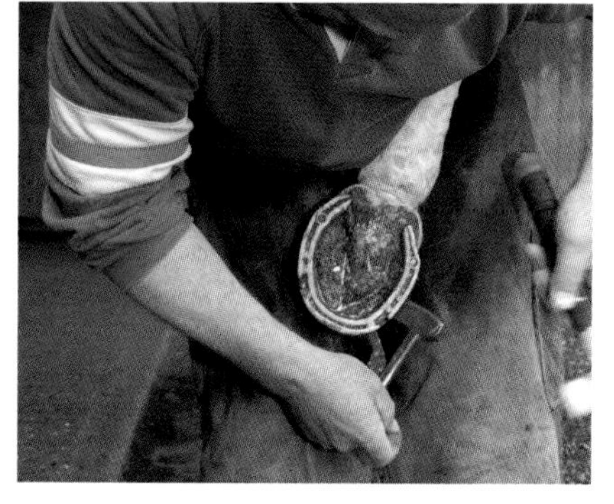

移除一个马蹄铁
钉掌师有一系列的特制工具，其中一些只用于给马钉马蹄铁。这个钉掌师正在用缓冲器和锤子把磨损了的金属马蹄铁去掉。

虽然金属马蹄铁已经使用了几个世纪，但它们有一个缺点，就是限制了马蹄的自然功能。马蹄铁会阻碍马蹄在着地时的扩张和收缩，这通常会导致蹄叉萎缩，无法再接触地面。蹄叉一直都很有弹性，这有助于吸收马蹄着地时的冲击。它还有助于将血液泵到腿部，所以如果蹄叉萎缩，就会影响血液的循环。

赤脚的马不钉马蹄铁工作，马的主人需要注意防止裸露在外的角质层过度磨损。橡胶靴有许多不同的设计，可以用来保护马蹄，防止过度磨损；也可以保护对坚硬地面敏感的马蹄——通常马在第一次去掉马蹄铁时会这样。大多数休闲马都能很好地适应不钉马蹄铁走路，因为它们经常在柔软的地面上工作，而且与过去的工作马相比，它们的工作时间要短得多。

牙齿保健

马的牙齿会不断生长，在自然环境中，当马咀嚼粗糙的食物时，如细长的草和低矮的灌木，牙齿就会磨损。家马需要定期进行牙齿护理，因为它们的饮食中通常缺乏这些粗糙的食物。此外，有时是由于马吃硬饲料和干草引起的单边磨损，会导致马的牙齿长出锋利的边缘，导致脸颊内部溃烂。马牙医使用锉刀锉去马的牙齿锋利的边缘，并重新修整牙齿磨损的表面。令人惊讶的是，大多数马都能忍受这种护理，因为在做牙齿护理时需要用塞口物把嘴撑开。

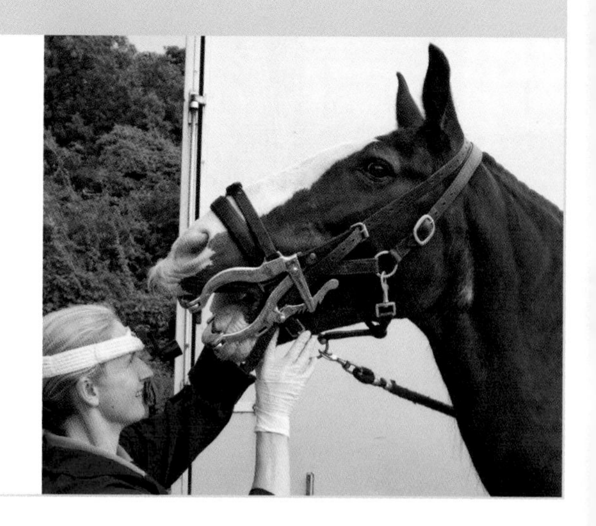

驱除寄生虫

过去的标准做法是每6~8周给马服用一次驱虫药，以确保它们没有肠道寄生虫（蠕虫）。然而，研究发现，定期驱虫会导致寄生虫对驱虫剂中的化学物质产生抗药性。研究还表明，多达80%的马对寄生虫有抵抗力，特别是那些得到良好照顾并保持健康的马。现在人们认为，及时清理牧场上的粪便以减少寄生虫的传播和每年两次除虫对大多数马来说已经足够了。与羊、牛等其他动物交叉放牧也可以减少寄生虫在牧场的传播。

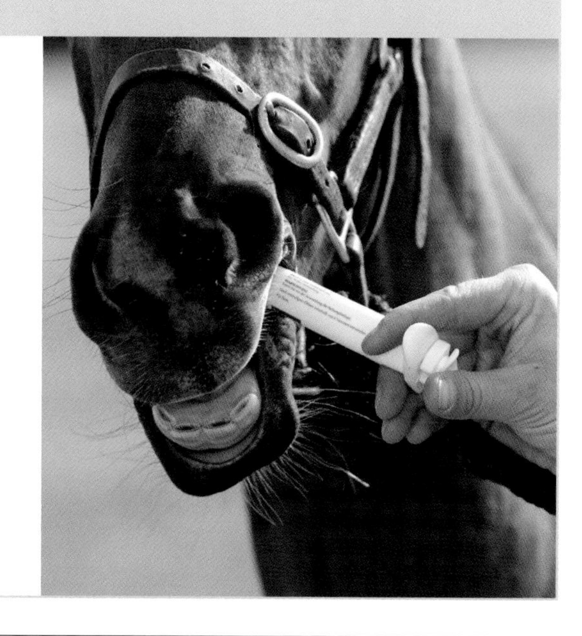

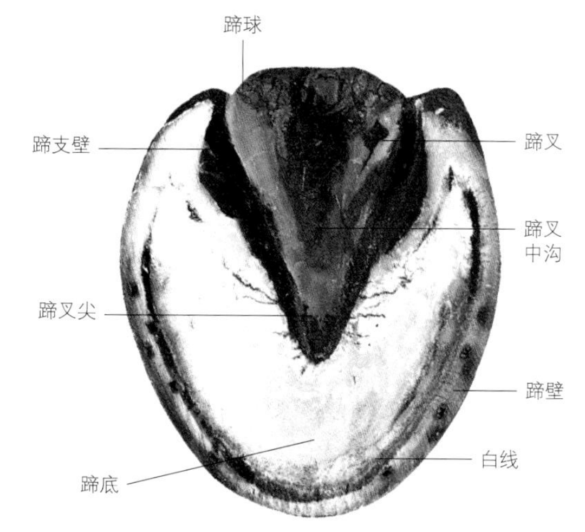

健康马蹄的底部
白线将不敏感的蹄壁与凹形蹄底分开。坚硬的角质蹄壁承受着马的重量，马蹄铁也固定在上面。

小心地刷马

大多数马喜欢刷毛。但在刷某些部位（比如腹部或耳朵）时，马会觉得痒，甚至有可能被激怒。它们喜欢的草料网兜能分散它们的注意力。

健康的标志

你可以通过光亮的皮毛、明亮的眼睛、竖起的耳朵和心满意足的举止看出一匹马是身体健康的。观察它慢步、快步和跑步将有助于你判断它是否感到舒适。大多数马主会经常用手抚摸马的身体和腿，检查马是否有红肿和不适。

了解你的马

确保马的身体健康，最好的方法之一是非常了解它。观察它在田野里吃草的样子和在马房里的样子；了解它所有细微的性格特征；知道它身上每一处的疙瘩和肿块以及每一处会发痒的地方，这样你就能注意到马的任何变化。还要观察它吃东西的方式，看它吃东西后是否饮水或在其他时间饮水。对马来说，每天饮足够的水是非常重要的，所以如果你注意到它不饮水，那就是一个确定马有问题的信号。

一旦它们安顿下来，了解了周围的环境和同伴，只要日常生活保持不变，大多数马就会相当平静。了解你的马的习惯。如果它通常比较冷静，那么开始兜圈子（见第 330 页）或者

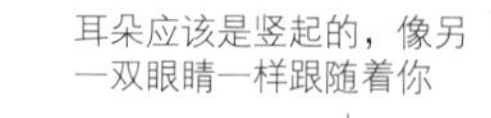

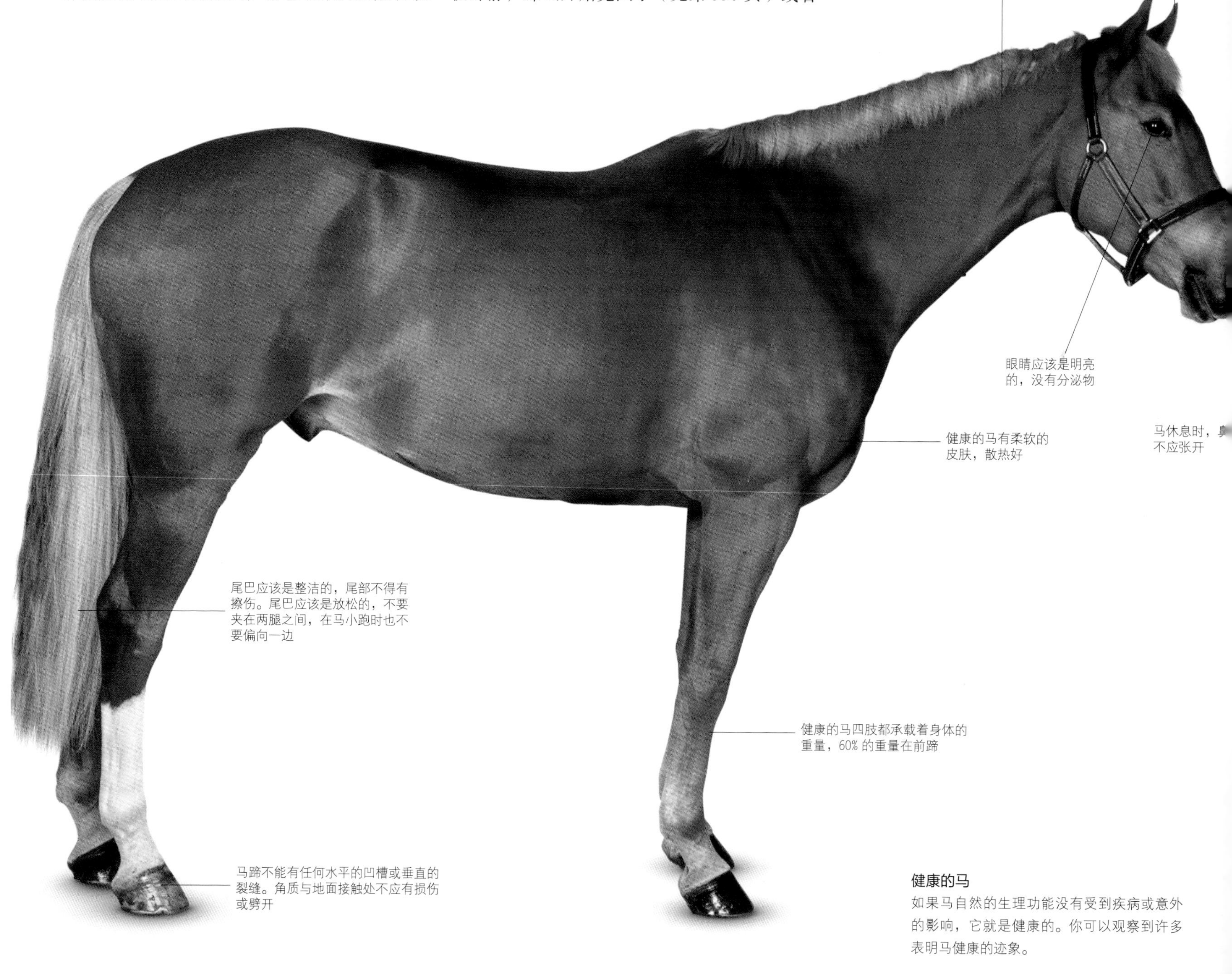

健康的马

如果马自然的生理功能没有受到疾病或意外的影响，它就是健康的。你可以观察到许多表明马健康的迹象。

观察你的马

在马吃草时观察它和它的饮食习惯，这点非常重要。大多数马都有固定的饮食习惯，如果它们行为有所改变，就说明它们出现了问题。

不再进食，你就应该警惕它是否有问题。同样，如果一匹平时机警活泼的马变得安静而孤僻，你也要怀疑它是否有问题。

粪便能很好地反映马的整体健康状况。粪便确实因马的不同而有所不同（了解你的马），但总的来说，应该是质地良好且柔软的。非常松散或干燥坚硬的粪便可能是马的肠道有问题的迹象。如果马在数小时内没有排便，这就表明它有腹绞痛（见第 340 页）。如果它表现出其他不适的迹象，这就很严重，请立即打电话给兽医。

肥胖

超重对生活在优良牧场、很少工作的马来说是一个特别明显的问题。这会导致马出现许多健康问题。

健康的家马和不健康的家马之间的区别远没有野生马之间那么明显。同样，马可能是健康的，但这并不意味着它很舒适。

健康的体重

马的外表可以告诉你它的健康状况，你可以用体况评分更详细地评估马的体况（肥胖度）。它是基于一个范围，从 0（瘦弱，肋骨和骨盆清晰可见）到 5（肥胖，颈部、肩部和后腿有脂肪沉积）。蹄叶炎（见第 340 页）和马代谢综合征（类似于糖尿病）等疾病与体况密切相关，因此经常给马做检查并采取措施避免它超重非常重要。养得好的马不应该瘦弱，所以马体重很低通常也是有潜在健康问题的标志。

生命体征

不同马的脉搏和静息呼吸速率各不相同，所以了解马的生命体征很重要。脉搏应该是每分钟 36 ~ 42 次，年轻马的数值略大一些。马正常体温为 38.5℃，超过 39.5℃就是有严重的问题。静息呼吸速率大约是每分钟 12 次。

检查马的血液循环，用手指使劲按压它的牙龈。牙龈被压白之后恢复粉色的时间不应超过 4 秒

测量马的脉搏时，将指尖放在颊骨边缘的动脉上

马出现问题的迹象

你要多观察马和它的行为，这样如果有任何不符合它平时习惯的地方，你会马上发现。以下迹象表明马的健康可能有问题。

- 深色尿
- 前腿跛行（慢步或跑步时点头）
- 后腿跛行（慢步或跑步时臀部的一侧比另一侧下降更多）
- 不断地将重心从一条腿转移到另一条腿
- 有疼痛、发热和肿胀现象，尤其是腿或蹄
- 拒绝进食或停止进食
- 进食时吞咽困难
- 躺着，不能或不愿站起
- 持续打滚，伴有出汗、刨地
- 体温升高，脉搏、呼吸频率加快
- 体温降低，脉搏、呼吸频率减慢
- 咳嗽和流鼻涕
- 呼吸时有不正常的声音
- 身体有肿胀或不寻常的肿块
- 任何大小的伤口
- 发热或关节肿胀
- 眼睛或眼睑肿胀
- 非刻意的体重减轻
- 粪便不成形
- 部分被毛脱落
- 在别的地方摩擦鬃毛和尾巴
- 全年长着冬季被毛

马的健康

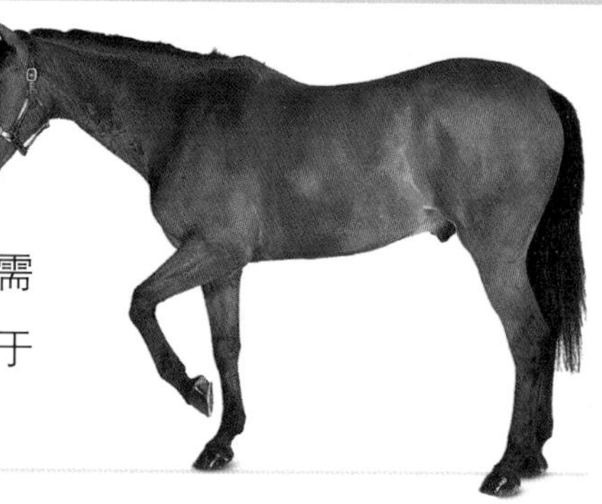

尽管马体形庞大，但它们是比较脆弱的动物，容易出现一系列健康问题。有些问题是由于马需要工作这一事实造成的，很多工作给马的四肢和背部带来了超常规的压力。还有些问题可能来源于马的消化系统，马的消化系统非常敏感。

腿和背部

背部载人给这种用四肢已经支撑了自己体重的动物增加了额外的负担。因此对马来说，肌腱拉伤是非常常见的，通常还伴随着蹄底擦伤。各种腿部关节以及腿部和蹄部小骨（如籽骨或舟骨）的炎症会导致跛行。有些问题可以通过休息和治疗得到解决，但有些问题或多或少是永久性的。追蹄伤是指马的后蹄碰到前肢蹄踵或系部，有时会出现很深的划伤。设计各异的包裹式"皮靴"可以用来保护马的前蹄和小腿，从而避免追蹄伤。这也用来避免"擦"伤，"擦"伤即当马移动时，一只蹄碰到了旁边的腿。

蹄叶炎是一种严重的影响蹄部的疾病。马蹄组织发炎后，蹄里没有容纳肿胀组织的空间，所以这会引起很严重的疼痛。病情严重时，会导致蹄骨（见第 9 页）下降，需要兽医长期的治疗才能恢复。蹄叶炎通常发生在超重的马身上，它与一种类似糖尿病的疾病有关——马代谢综合征。这种病经常反复发作。另一种让马痛苦的蹄部问题是脓肿，脓液积聚在蹄部。这个问题相对容易解决，可以在蹄底挖一个洞让脓液流出来。

背部问题通常是由于马鞍不合适，限制了马肩部的运动或摩擦背部造成的。由专家来安装马鞍非常重要，并且需要每年检查一次，以确保马鞍仍然安装良好。一些背部问题和非特异性肌肉不适可以通过马背按摩师处理和按摩得到缓解。

正常的腿　肿胀的腿

肿胀可能表明肌腱拉伤

肿胀都需要治疗
永远不要忽视腿的肿胀，即使马不跛行。在问题被确诊之前，需一直冷敷肿胀处，如冰包冷敷。

消化

所有的马主都害怕马患上腹绞痛。最常见的是胃疼，腹绞痛的程度从轻微发作（可以用肌肉松弛剂缓解）到肠扭转和肠套叠（需要手术切除受影响的肠子，肠套叠常会导致马死亡）不等。腹绞痛有许多原因，可能仅仅是由饮食的改变、寄生虫或压力而引起的，其他可能的原因还有摄入了沙子、牙齿问题和缺水等。腹绞痛的症状还包括出汗、用蹄刨地、打滚、伸直身体和不安的行为。

窒息是吃得太快引起的问题。食物卡在喉咙里，马在吞咽食物时变得很难受，鼻涕会从它的鼻子和嘴里流出来。窒息虽然看起来很可怕，但是通常会在几分钟内自行消失。症状如果没有消失，那么马可能需要兽医治疗。

皮肤

奇痒症是马最常见的皮肤病之一。这是一种对蚊虫叮咬的过敏反应，它会使马的颈部和尾巴发痒，马常通过在某处摩擦身体来缓解症状，这又导致皮肤变得粗糙。防蚊马衣、杀虫剂和洗剂可以减少蚊虫叮咬，但要想避免出现这种无法治愈的发痒情况，最有效的方法是在早上和晚上让马待在马房里，因为这段时间正是蚊虫最活跃的时候。肉样瘤和黑素瘤是另外两种常见的皮肤问题。肉样瘤是一种皮肤癌，可以通过冷冻、免疫疗法（注射卡介苗）、抹药膏或放疗（激光）治疗。治疗可能成功，尽管有些肉样瘤会复发而且可能迅速生长。黑素瘤是皮肤肿块，主要影响青毛马。它们也会在马的身体内部生长，尽管没有发生在人类身上那么危险，但它们很可能生长在马的肛门附近，

打滚
打滚是马正常的社交和梳毛行为——马经常一起打滚或者它们可能只是在搔痒。然而，如果马持续不断地打滚，它可能是有腹绞痛，需要治疗。

最终会阻塞肛门，这意味着马必须被安乐死。有各种各样的治疗黑素瘤的方法，但都不是很成功。

马的其他皮肤问题还包括面部的粉红色皮肤被晒伤（这可以通过涂抹防晒霜来避免）、癣、嗜皮菌病和泥热（系部皮炎）。癣是一种真菌感染，它会导致马脱毛，并且具有高度传染性，包括传染给人类，可以用抗真菌药膏和放入饲料药物进行治疗。嗜皮菌病和泥热是马身体和腿部的细菌感染。它们由温暖潮湿的天气引起，治疗方法是保持感染区域的清洁和干燥，并使用药膏。

清洗马蹄

马的球节和系部容易患泥热，用杀菌洗液清洗腿部有助于软化结痂。腿部应彻底干燥并涂上抗生素软膏。

库欣病

年龄较大的马（超过15岁）可能长出长而卷曲的被毛，在春天不会完全脱落。它们可能变得大腹便便，颈部上长着脂肪。这些是库欣病的典型症状，库欣病是由大脑下丘脑病变引起的。患有库欣病的马更容易患蹄叶炎。库欣病有治疗方案，治疗后能控制得很好，虽然它仍会发展并最终可能导致马死亡。

可怜的小型马

这匹小型马浓密的卷毛表明它得了库欣病。它站立时前腿向后倾斜，表明它也有蹄叶炎。

术语表

above the bit 抗缰 马嘴抬得高于骑手的手，拒绝受衔。这种做法降低了骑手对马的控制力。

action 动作 马在移动时骨架的运动。

aids 扶助 骑手或驾车者向马发出的、传递指令的方式。自然扶助是人用腿、手、体重和声音扶助。人工扶助是用马鞭和马刺扶助。

airs above the ground 地面腾跃动作 古典马术中的高级动作，包括原地腾跃、直立腾跃和莱瓦德等。在做这些动作时，马的前肢或四肢全部离地。由于这些动作非常复杂，通常只有古典马术学校的马才能表演，如西班牙皇家马术学校和黑骑士马术团。

allele 等位基因 影响特征（如被毛颜色）的基因的替代形式，其效果要看等位基因相对于其他等位基因是显性的还是隐性的。

amble 对侧步 一种较慢的同侧步法。见 pacer 溜蹄马。

articulation 关节 两块或两块以上的骨头相接的地方。

barrel 腹部 马的前腿和腰部之间的部分。

behind the bit 避衔 马的鼻子向后缩，在头与地面的垂线后面，避免受衔。

blue feet 蓝蹄 马蹄的角质致密，呈蓝黑色。

bone（一）骨量 在膝关节或飞节下面的马腿的周长。骨量决定了马的负重能力。**（二）骨头** 骨架的各个组成部分。

bow-hocks 弓形肢 马的飞节向内拐。见 cow-hocks 牛腿肢势。

boxy foot 盒状蹄 蹄窄而竖直，蹄叉小，蹄踵封闭，也被称为立方蹄、驴蹄或骡蹄。

breaking 调教 出于各种目的而对马进行的早期训练。

breed 品种 具有一致特征和表现水平的一群马，其血统被记录在血统登记簿中。

brood mare 繁殖母马 用于繁殖的母马。

caballine 与马有关的 用来区别家马和普氏野马、其他马科动物的术语。

cannon bone 管骨 膝关节和球节之间的腿骨，后腿管骨也叫胫骨。

carriage horse 马车马 一种相对较轻、优雅的马，用于拉私人马车或出租马车。

cart horse 货车马 一种冷血的挽马。

cavalry remount 骑兵用马 在骑兵部队服役的马，也叫战马。

chestnuts（一）附蝉 小的角质胼胝，也叫栗状斑，长在大多数家马和普氏野马的四条腿上。斑马和驴子的前腿上也有。**（二）栗色** 栗子一样的毛色。

chin groove 颐凹 下颏上的凹痕。当马戴上水勒时，这就是衔铁的大勒链所在的地方，也称为颏槽。

chromosome 染色体 细胞内带有遗传信息的线型结构。所有家马都有 64 条染色体，而驴只有 62 条。

clean-legged 整洁的腿 下肢没有长距毛。这个词专门用来描述挽马和轻挽马，虽然许多马确实也长有距毛。例如，克利夫兰骝马和萨福克潘趣马的腿就很整洁。

close-coupled 短背 通常指马的背部比较短，这在盛装舞步马中尤其常见，因为短背使收缩变得比较容易。这也表明马比较强壮、能负重。

closed studbook 封闭的血统登记簿 只接受已在血统登记簿或品种登记处登记过的母马和种马的后代登记。外来血统的马不被接受。

coach horse 四轮马车马 一种强壮有力的马，能拉车。

coldblood 冷血马 欧洲重型品种的通用名称。

collection 收缩 马放低臀部、拱起颈部并使头部垂直地面，通过身体轮廓的收缩，将力量集中于身体中心。

colt 公马驹 4 岁以下未阉割的公马。

conformation 身体构造 马的身体各部位组合在一起的方式，特别是各部分的组成比例。

cow-hocks 牛腿肢势 马的腿像牛的一样，在飞节处向内拐。见 bow-hocks 弓形肢。

cross-breeding 杂交育种 将不同的品种、类型或种类的个体进行交配。

croup 臀部 从背线的最高点与后躯相接处一直延伸到尾巴的顶端。“高臀”指的是臀部的最高点比肩胛骨高的马。

depth of girth 肚围深度 马从肩隆到肘部的长度。“良好的肚围深度”指的是两个部位之间的尺寸较大。

desert horse 沙漠马 是指在沙漠条件下饲养的马或在沙漠中饲养的马。它们耐热，并且在饮用极少量水的情况下也能存活。

dipped back 凹背 位于肩隆和臀部之间的背部下凹。凹背常出现在老马身上。

dilution gene 稀释基因 从双亲遗传而来的、会使毛色变浅的隐性等位基因。稀释基因会影响马的被毛颜色，有时也会影响它的眼睛和皮肤的颜色。

dished face 盘状脸 头部轮廓较凹，尤见于阿拉伯马，也见于其他一些品种。

dishing 碟形动作 马的前腿的动作，前蹄向外踢出时，运动轨迹呈圆形。通常被认为是一种缺陷动作。

DNA (deoxyribonucleic acid) 脱氧核糖核酸 构成染色体的物质。它存在于细胞中，携带着制造和维持生物体所必需的遗传信息。

dock 尾根 尾巴上长毛的骨肉部分。

docking 截尾 截去尾巴的一部分。过去通常给挽马截尾，以避免马尾巴缠在挽具上。现在许多国家都禁止这样做。

dominant allele 显性等位基因 一种掩盖隐性等位基因效应的等位基因。当等位基因从双亲（纯合子条件）或单亲（杂合子条件）遗传时，它所影响的特征往往在群体中更为常见。

dorsal-eel stripe 鳗条 指从颈部到尾巴的一道连续的黑色、褐色或黄褐色的条纹，通常出现在兔褐色的马和其他马科动物身上。

draught 挽马 拉各种交通工具的马，但通常是指重型马。

dry 干瘦 用来描述沙漠饲养的牲畜所具有的头部瘦削、皮肤较薄、静脉很明显的外观。

engagement 后肢深踏 马后肢踏到身体正下方。

entire 完整的 用于描述未阉割的公马（种马）的术语。

equid 马科动物 用于马科所有成员的术语。现存的马科动物都属于马属。

ergot 距 球节后生长的角质。

ewe neck 母羊式脖颈 指马的颈部上缘发育不健全，有时是由于马把头抬得太高。因此，颈部的下缘经常显得过度发达。

extension 伸展 伸展步伐就是指步幅变大和身体轮廓的伸长。collection 收缩的反义词。

extravagant action 华丽的动作 指膝盖和飞节抬高的动作，就像哈克尼马、哈克尼小型马和美国骑乘种马那样。

false ribs 假肋 马第 8 根“真肋”后面的 10 根与胸骨不相连的肋骨。

feather 距毛 下肢和球节上的毛发。通常多见于重型马，也见于其他一些普通马和小型马。

filly 小母马 4 岁以下的母马。

five-gaited 五步马 美国人对一种美国骑乘种马的叫法，这种马会慢步、快步、跑步、台步（一种快的慢步）和慢的侧向步法（两拍的步法）。

flank 肋腹 马最后一根肋骨和后躯之间，腰部以下的区域。

flexion（一）屈挠 当马下颌抵住衔铁，颈部轻轻拱起时，这种表现就叫屈挠。**（二）弯曲** 飞节完全弯曲。

floating（一）漂浮 与阿拉伯马快步步法有关的动作。**（二）磨牙** 马磨牙。

foal 马驹 1 岁以下的小马、未阉割的公马或小母马。

forearm 前膊 前腿膝盖以上和肘部以下的部分。

forehand 前躯 马身体的前部，包括头、颈、肩、肩隆和前腿。

forelock 额毛 两耳之间的鬃毛，垂于前额。

four-in-hand 四驾 由 4 匹轻挽马组成的队伍。

frog 蹄叉 蹄底的橡胶状角质，具有减震作用。

full mouth 满牙 马长到 6 岁时长满恒牙。

gaited horse 步法马 指既学会了人工步法又有自然步法的马。

gaskin 后大腿 见 second thigh 后大腿。

gelding 阉马 阉割的公马。

gene 基因 遗传的最小功能单位，决定马的样子和其身体如何工作。

girth 肚围 从肩隆的后面测得的身体周长。

goose-rump 鹅臀 从臀部到尾根的倾斜度很大，一般认为这会导致马步幅缩小。有时被称为“跳跃者的缓冲器”。

hack（一）骑乘马 一种公认的轻型骑乘马。**（二）骑乘** 即骑马。

halfbred 半血马 纯血马与任何其他品种的马杂交所繁育的马。纯血马与阿拉伯马杂交繁育的是盎格鲁—阿拉伯马，它本身也是一个品种。

hames 马颈轭 安装在挽具项圈内的金属臂，并与缰绳相连。

hand 掌 起源于中世纪的度量单位，用来描述马的高度。1 掌约等于 10 厘米。

harness 挽具 马拉车时用到的装备的总称。不包括骑马的装备。

harness horse 轻挽马 用于拉车的马，具有相关的身体构造，如竖直的肩部和宽阔强壮的胸部，并具有抬高的“轻挽马动作”。

haute école 高等马术 古典马术的高级动作。见 airs above the ground 地面腾跃动作。

heavy horse 重型马 大型的挽马。

heavyweight 重量级马 仅凭骨骼和身体，负重 89 千克以上的马。

hemione（亚洲）野驴 亚洲野驴的学名，以有别于其他马科动物。

heterozygous 杂合的 遗传学术语，指等位基因包含了遗传自父母一方的隐性基因等位基因和来自另一方的显性基因。

high-crowned teeth 高冠齿 指齿冠高于齿根的牙齿，这种牙齿容易受到草木等粗糙植物的严重磨损。马的牙齿齿根是不封闭的，所以牙齿会一直生长，直到老年。

high school 高级古典马术 见 haute école 高等马术。

hindquarters 后躯 身体从肋腹到尾根，再到后大腿顶部的部分。

hinny 驴骡 母驴和公马（种马）的后代。它们比骡子少见。

hollow back 背部凹陷 见 dipped back 凹背。

homozygous 纯合子的 指从父母双方遗传的是同一等位基因（隐性或显性）。

hotblood 热血马 用来描述阿拉伯马、柏布马和纯血马的术语。

hybrid 杂种 任何两种马科动物杂交的后代，如马和驴。

inbreeding 近亲繁殖 为固定或突出某一特定特征，种马与其有血缘关系的母马、母马与其生下的公马或同一种（母）马所繁育的马之间进行交配。

in hand 控制 人站在地面用缰绳控制着马，而不是骑着。

jibbah 楔形 阿拉伯马前额结构的传统名称。

jog trot 慢快步 一种步幅较小的快步。

leader 头马 四驾马车中领头的两匹马中任意的一匹，或拉车时其他马前面的马。头马中左边的马所在的一侧称为近端，右边的马所在的一侧称为远端。

levade 莱瓦德 一种经典的地面腾跃动作，在这种动作中，马的前腿弯曲，高高扬起，由深深弯曲的后腿支撑身体——有控制的半蹲。

light horse 轻型马 适于骑乘或拉车的马，不是重型马或小型马。

light horseman 轻骑兵 轻骑兵是能够快速行进的骑兵，与重装骑兵对应，主要是在突袭时冲锋。

light of bone 骨量轻 膝盖以下骨量不足。这被认为是一个严重的缺陷，意味着马很难毫不费力地支撑骑手的身体。

lightweight 轻量级马 仅凭骨骼和身体，负重不超过 79 千克的马。

line-breeding 品系繁育 将具有共同祖先的个体进行交配，并将某些世代移去以突出特定特征。

loaded shoulder 负重肩 马的前腿显得过度发达和沉重，肩部竖直，肩隆平。这种身体构造通常使马的步幅小而不稳。

loins 腰 马身上放马鞍处后面的脊柱两侧的区域。

lope 大步慢跑 以日常用的驾辕马车进行的西部马术跑步表演。

low-crowned teeth 低冠齿 齿冠高度等于或小于齿根高度的牙齿。牙根是固定的，封闭的，所以牙齿不能持续生长。始祖马的牙齿是这样的。

manège 驯马场 用来调教和训练马的有围栏的场地。

mealy nose 面粉色鼻子 像表面有一层面粉一样的口吻部，比如埃克斯穆尔马那样的。

middleweight 中量级马 凭借骨骼和身体，负重 79 ~ 89 千克的马。

monodactyly 单趾型 每蹄只有一根脚趾。

mule 骡子 公驴和母马的后代。

narrow behind 狭窄的后部 当臀部和大腿肌肉无力时，从后面看显得太过纤细的身体构造。

native ponies 原生小型马 生活在半野生群体中的小型马，尤指在不列颠群岛的小型马。也是英国山地和高沼地品种的另一个名称。

nick 割尾 对尾巴下的肌肉进行修剪和重置，人为地使其举得较高。

non-caballine 非马的马科动物 指除家马和普氏野马外所有的其他马科动物。

on the bit 受衔 当马放松下颏，咬住衔铁，并对缰绳扶助做出轻柔的反应时，它就处于“受衔”状态，它的头部几乎垂直于地面。

open studbook 开放的血统登记簿 马可以登记在开放的血统登记簿上，不管它的出身如何，只要它符合品种协会制定的标准。进入血统登记簿的标准可能非常严格，与身体结构、表现或两者都有关。而与毛色有关的“品种”，如帕洛米诺马，只需要马的毛色符合要求。

oriental horses 东方马 在繁育英国纯血马时使用的不严谨的术语，指原产于东方的马，如阿拉伯马血统或柏布马血统的马。

outcross 异型杂交 无亲缘关系的马的杂交，以引入外来的血统。

pacer 溜蹄马 这类马快步时同侧肢同时做动作而不是传统的对角肢做动作，即近侧的前肢和近侧的后肢一起动作，然后是远侧肢。

pack horse 驮马 用马背运输货物的马。

parietal bones 顶骨 头骨顶部的骨头。

partbred 半纯种马 纯血马血统的马和其他品种的后代，如威尔士半纯种马。

pedigree 谱系 血统登记簿上血统的详细记录。

piebald 黑白斑 黑色和白色相间的毛色。

pigeon toes 内八字蹄 蹄向内拐的身体结构缺陷。有时称为 pin-toes 别针蹄。

plaiting 编花步 两蹄在运动过程中交叉，是一种可能导致危险的错误动作。

points 特点 马身体的外部特征。

poll 项部 头部的一部分，位于两耳之间。

polydactyly 多趾型 马蹄有两根及以上的脚趾。

postillion 御马手 坐在车座驾驶马的人，通常是一人或两人。

preorbital 眶前骨 马眼以下脸的一部分，一直延伸到口吻部的末端。

prepotency 优先遗传力 将特征和类型持续传递给后代的能力。

purebred 纯种马 不是杂交繁育的马。

quality 品质 品种和类型的改良元素，通常是由于阿拉伯马或纯血马的影响。

quarters 后躯 见 hindquarters 后躯。

racehorse 赛马 为比赛而饲养的马，通常是纯血马，但也有其他品种的马。

rack 台步 美国骑乘种马的一种步法。"是一种华丽、快速、四拍的步法"，与溜蹄无关。

ram-head 山羊头 像柏布马那样的凸脸，鹰钩鼻。

rangy 宽的 形容马的动作幅度和步幅较大。

recessive allele 隐性等位基因 必须从父母双方遗传才能出现在后代身上的等位基因。

riding horse 骑乘马 适于骑乘的马，具有与舒适的骑马动作相关的身体构造（与挽马或马车马相反）。

roached mane 弓形鬃毛 美国人对剪短的马鬃的叫法。

roadster（一）诺福克公路马 一种骑乘快步马，现代哈克尼马的祖先。**（二）美国轻型轻挽马** 通常是美国标准骑乘种马。

roman nose 鹰钩鼻 在夏尔马和其他重型品种中出现的凸脸特征。见 ram-head 山羊头。

running horse 跑马 英国赛马，也叫跑马原种，为纯血马与进口的东方种马杂交提供了基础。

saddle horse（一）骑乘马 一种骑乘用马。**（二）鞍马** 一种支撑马鞍的木头支架。

saddle marks 鞍印 马鞍下的白毛，可能是由于马鞍不合适造成的。

school movements 高级动作 在马术学校里进行的体操式训练。涉及的运动模式也叫"高级模式"。见 airs above the ground 地面腾跃动作和 manège 驯马场。

scope 幅度 马动作自由从而达到某一特定角度的能力。

second thigh 后大腿 从膝关节到飞节的肌肉，也叫 gaskin 后大腿。

set tail 置尾 将尾巴截断或做了割尾，人为地使其抬得很高。

shannon bone 胫骨 后腿管骨。

short-coupled 背部短 见 close-coupled 短背。

shoulder 肩部 马的肩部与骨骼的其余部分没有骨连接。见 upright shoulder 竖直肩和 sloped shoulder 倾斜肩。

sickle hocks 镰刀形飞节 像镰刀形状、软弱而弯曲的飞节。

sire 父系 马的父亲。

skewbald 花斑 指毛色是不规则的白色，上面有除黑色以外的其他颜色的斑点。

slab-sided 平板肋 马的肋骨扁平。

sloped shoulder 倾斜肩 在肩隆和肱骨之间的肩部有很长的斜度，使马有长而平稳的步伐。

sound horse 健康马 不跛行的马。也可以指具有良好身体构造、健康、没有缺点和缺陷、四肢活动自如的马。

stallion 种马 4 岁或 4 岁以上未阉割的公马。

stamp 印记 据说有优势的种马会将自己的性格和身体特征标记在其血统上。见 prepotency 优先遗传力。

stamp of horse 马的印记 马的一种可辨认的类型或模式。

stud（一）种马场 育种场所。**（二）种马**

studbook 血统登记簿 由育种协会出版的书，记录有资格进入的原种的谱系。一些品种协会的血统登记簿是封闭的，还有一些血统登记簿则是开放的。有些可能两者兼而有之。

substance 体质 指以体格和肌肉结构来衡量的身体特质。

tack 马具 tackle（马具）的缩写。

topline 背线 从肩隆到臀部末端的背部线条。

turnout 配饰 马、骑手的穿着或车辆的装备。

type 类型 满足特定目的的马（如柯柏马、猎马和骑乘马），但不一定属于特定品种。

upright shoulder 竖直肩 在肩隆和肱骨之间的肩部的角度急剧下降，使马有短而不稳定的步幅。这被认为是一种令人满意的特征。例如，在冰岛马和挽马身上出现，曾经在骑乘马身上也非常流行。

up to weight 载重量 描述马的术语，根据它的体质、骨骼、体形和身体构造，它能够承载的最大重量。

warmblood 温血马 一般来说，是阿拉伯马或纯血马与其他血统的马（通常是冷血马）杂交的后代。

weight carrier 重型驮马 能负重 95.2 千克的马。

zebra bars 斑马纹 马腿上的深色条状斑纹。

致 谢

出版方向以下人士表示感谢。

感谢邓肯・特纳、亚历克斯・劳埃德、史蒂夫・伍斯南-萨维奇、莎朗・斯宾塞、罗希特・布哈德瓦伊和桑杰・乔汉提供设计支持；感谢弗兰基・皮西特尔、鲁帕・拉奥、里吉・拉朱、尼莎・萧、安塔拉・莫特拉、普里扬贾利・纳兰和伊拉・彭德尔提供编辑支持；感谢伊丽莎白・怀斯为索引提供帮助；感谢商凯雅做校对；感谢乔安娜・威克斯和金・布莱恩特补充文字；感谢贾格塔・辛格、阿肖克・库马尔和萨辛・辛格提供技术支持；感谢玛格达琳娜・斯特拉科娃为图像和额外的文本提供帮助。

图片作者

出版方谨对以下人士许可用他们的照片深表感谢（a—上方；b—下方；c—中间；f—远端；l—左边；r—右边；t—顶部）。

扉页 阿拉梅图片库，青年图片库有限公司。

彩页 盖蒂图片社，凯莉・鲍登。

目录 Dreamstime.com，珍妮・普罗沃斯特。

P1 阿拉梅图片库，青年图片库有限公司。

P2 多林金德斯利，伦敦大学皇家兽医学院，tr。

P7 123RF.com 孔萨・苏马诺，cl。阿拉梅图片库，诺曼・欧文・托马林，c。tbkmedia.de，cr。Dreamstime.com，克里斯蒂安・德格罗特，clb。

P8 多林金德斯利，爱尔兰挽马小马驹戈特，米尔・兰帕德先生，tr。

P16 多林金德斯利，阿帕卢萨马金砖，莎莉・卓别林，tr。

P17 Dreamstime.com，特里・亚历山大，ca。

P18 富图力像素回忆录，cra。

P19 阿拉梅图片库，格兰杰历史图片档案馆，tr。

P20 Dreamstime.com，奈杰尔・贝克，tr。乔・维克斯，b。

P22 123RF.com，特蕾西・福克斯，cra。富图力，埃里克・伊斯塞利，tr。

P23 阿拉梅图片库，青年图片库有限公司，ca。

P24～25 盖蒂图片社，加里・阿尔维斯。

P26 多林金德斯利，巴纳巴斯・金德斯利，b。达勒姆大学东方博物馆，tr。

P28 多林金德斯利，宾夕法尼亚大学考古和人类学博物馆，clb。

P29 123RF.com，托马斯・哈杰克。

P30 123RF.com，乔里斯沃，bl。

P31 阿拉梅图片库，洛德普莱斯系列，crb。盖蒂图片社，世界历史档案馆 /UIG，t。

P32～33 阿拉梅图片库，加里卡尔顿，b。

P33 123RF.com，费塞乔，crb。阿拉梅图片库，青年图片库有限公司，tc。

P34 多林金德斯利，达勒姆大学东方博物馆，tr。

P35 多林金德斯利，阿伯丁大学，cl。盖蒂图片社，世界历史档案馆 /UIG，cb。

P36 阿拉梅图片库，奈迪图片库，b。

P37 123RF.com，小基思・韦伯，cb。阿拉梅图片库，纪事报，tl。

P39 多林金德斯利，高地马弗鲁希，归属于斯温顿戴克斯伯爵夫人，tr。

P40～41 盖蒂图片社，达雷尔・古林。

P42 阿拉梅图片库，大卫・埃利奥特。

P44 Dreamstime.com，克里斯托弗・哈洛伦，bl。

P44～45 多林金德斯利，克莱兹代尔马默文・拉玛奇和波林・拉玛奇，泰恩—威尔郡克莱兹代尔马骑乘农场。

P45 多林金德斯利，克莱兹代尔马默文・拉玛奇和波林・拉玛奇设计图，泰恩—威尔郡克莱兹代尔马骑乘农场，br。

P46～47 多林金德斯利，夏尔马洛克伍德公爵，伯克斯郡勇敢夏尔马骑乘中心。

P47 阿拉梅图片库，世界娱乐新闻网，br。多林金德斯利，夏尔马洛克伍德公爵，伯克斯郡勇敢夏尔马骑乘中心，tr。

P48 阿拉梅图片库，地理图片，bl。

P48～49 多林金德斯利，萨福克潘趣马。

P54 iStockphoto.com，罗伯托比内蒂 70，bl。

P56 多林金德斯利，佩尔什马探戈，法国圣罗国家种马场，tr。鲍勃・兰格里斯，bc。

P57 多林金德斯利，佩尔什马探戈，法国圣罗国家种马场，br。

P58 Dreamstime.com，玛蒂娜・伯格，bl。

P60 阿拉梅图片库，理查德・贝克尔，cla。

P61 阿拉梅图片库，希米斯，cla。多林金德斯利，鲍勃・兰格里斯 / 布隆奈斯—乌鲁斯，由法国贡比涅国家种马场提供，tr；鲍勃・兰格里斯 / 法国贡比涅国家种马场 / 布隆奈斯，bl。

P64 多林金德斯利，诺曼・柯柏马伊比斯，法国 L6 国家种马场，bl。

P64～65 多林金德斯利，诺曼・柯柏马伊比斯，法国 L6 国家种马场。

P65 多林金德斯利，诺曼・柯柏马伊比斯，法国 L6 国家种马场，tr。吉特・霍顿 / 霍顿的马，br。

P68 多林金德斯利，日德兰马，丹麦尼尔森，bl，tr。

P72 阿拉梅图片库，青年图片库有限公司，bc。

P74 阿拉梅图片库，米卡埃尔・厄特，bl。

P76 安尼莉丝・瓦拉，www.hesteliv.com，cl。

P82 阿拉梅图片库，米哈伊尔・康德拉肖夫，cla。

P83 Dreamstime.com，乔治・科利达斯，cl。

P84 盖蒂图片社，康拉德伍兹 / 明登图片社。

P90～91 Dreamstime.com，阿姆斯卡德。

P94～95 Dreamstime.com，米克尔 15。

P97 阿拉梅图片库，阿尔特拉图片库，cla。多林金德斯利，卡巴尔德马，莫斯科赛马场，bl，br，tr。

P98 阿拉梅图片库，罗杰阿诺德，cla。

P100 阿拉梅图片库，西奥多・凯，cla。

P101 多林金德斯利，特尔斯克马，莫斯科赛马场，bl，bc，tr。摄影 UPPA，cla。

P102～103 123RF.com，尤莉亚・丘普娜。

P104 阿拉梅图片库，米哈伊尔・康德拉肖夫，bl。

P106 阿拉梅图片库，骑手，cla。

P107 布里奇曼图片，私人收藏 / 斯台普顿收藏，cr。多林金德斯利，顿河马巴雷特，bl，br，tr。

P108 阿拉梅图片库，旅行与艺术指导图片社，cla。

P110 马格达莱娜・斯特拉科娃，cb，tr。

P116 多林金德斯利，克利夫兰骝马，迪姆・莫克夫妇，tr。

P116～117 多林金德斯利，克利夫兰骝马，迪姆・莫克夫妇。

P118 阿拉梅图片库，法拉普，bc。多林金德斯利，猎马霍波，罗伯特・奥利弗，tr。

P118～119 多林金德斯利，猎马霍波，罗伯特・奥利弗。

P119 多林金德斯利，猎马霍波，罗伯特・奥利弗，br。

P122 多林金德斯利，骑乘马赖伊・坦各，罗伯特・奥利弗，tr。Dreamstime.com，米尔 19，bl。

P122～123 多林金德斯利，骑乘马赖伊・坦各，罗伯特・奥利弗。

P123 多林金德斯利，骑乘马赖伊・坦各，罗伯特・奥利弗，br。

P124 多林金德斯利，柯柏马西尔维斯特和，猎马奥瓦辛，均为 R. 罗伯特・奥利弗所有，tr。Dreamstime.com，琳恩・比斯特龙，bc。
P124～125 多林金德斯利，柯柏马西尔维斯特和猎马奥瓦辛，均为 R. 罗伯特・奥利弗所有。
P125 多林金德斯利，柯柏马西尔维斯特和猎马奥瓦辛，均为 R. 罗伯特・奥利弗所有，br。
P126～127 阿拉梅图片库，马克・J. 巴雷特。
P128 多林金德斯利，爱尔兰挽马米尔小姐，bl。
P128～129 多林金德斯利，爱尔兰挽马米尔小姐。
P129 多林金德斯利，tr。
P130～131 多林金德斯利，威尔士柯柏马特里利・杰克，L.E. 比格利夫妇。
P131 多林金德斯利，威尔士柯柏马特里利・杰克，L.E. 比格利夫妇，tr。
P132～133 阿拉梅图片库，曼弗雷德・格雷布勒。
P134 多林金德斯利，安达卢西亚马阿多尼斯-雷克斯，威尔士库和卢西亚种马场，波伊斯，bl。
P136 多林金德斯利，阿特莱尔马卡斯托，葡萄牙国家种马场，br，tr。吉特・霍顿 / 霍顿的马，cla。
P137 多林金德斯利，美洲阿拉伯马终极，戴维斯夫妇，cla。
P139 Dreamstime.com，韦塞尔・西克尔，cl。
P140～141 阿拉梅图片库，马里昂・卡普兰。
P142 阿拉梅图片库，希米斯，bc。
P144 多林金德斯利，卡马尔格马雷诺特，孔特雷拉斯先生，法国圣马迪拉莫。
P145 多林金德斯利，卡马尔格马雷诺特，孔特雷拉斯先生，法国圣马迪拉莫，bl，bc，tr。
P146～147 123RF.com，谢尔盖・乌里德尼科夫。
P148 多林金德斯利，塞拉・法兰西马戴尔王子，法国 L6 国家种马场，tr。
P148～149 多林金德斯利，塞拉・法兰西马戴尔王子，法国 L6 国家种马场。
P149 多林金德斯利，塞拉・法兰西马戴尔王子，法国 L6 国家种马场，br。
P150～151 多林金德斯利，法国快步马历史学家普尔，法国贡比涅国家种马场。
P151 多林金德斯利，法国快步马历史学家普尔，法国贡比涅国家种马场，tr。维基百科，br。
P153 多林金德斯利，海尔德兰马幽灵，彼得・蒙特，英国伯克郡爱斯科赛马场，br。
P158 多林金德斯利，弗里斯马绍克，索妮娅・格雷，柴郡塔通代尔马车店。
P159 多林金德斯利，弗里斯马绍克，索妮娅・格雷，柴郡塔通代尔马车店，tr，br。鲍勃・兰格里斯，cra。
P160 多林金德斯利，吉特・霍顿 / 克莱斯・奥尔登堡，bc。
P162 鲍勃・兰格里斯，cla。
P163 鲍勃・兰格里斯，cl。
P164 多林金德斯利，荷尔斯泰因马莱纳德・苏・沃森，康沃尔郡特雷纳温种马场，tr。鲍勃・兰格里斯，bl。
P164～165 多林金德斯利，荷尔斯泰因马莱纳德・苏・沃森，康沃尔郡特雷纳温种马场，tr。
P165 多林金德斯利，荷尔斯泰因马莱纳德・苏・沃森，康沃尔郡特雷纳温种马场，br。
P170 多林金德斯利，纳普斯特鲁马，丹麦，br。盖蒂图片社蒙蒂・弗雷斯科专题新闻社，bc。
P170～171 多林金德斯利，纳普斯特鲁马，丹麦。
P172 多林金德斯利，bl，br，tr。忽洛丹斯堡马扎里夫・兰格夫杰卡德，丹麦，bl，br，tr。盖蒂图片社，霍格尔・李奥，cla。
P173 多林金德斯利，丹麦温血马兰博，丹麦，bl，tr。
P177 iStock.com，锡提卡，cla。
P178 黑白动物摄影，维纳明・尼基夫罗夫，cla。
P179 鲍勃・兰格里斯，cla。
P184 吉特・霍顿 / 霍顿的马，cla；马格达莱娜・斯特拉科娃，cl。
P186 阿拉梅图片库，银棱镜图片社，cla。
P188 123RF.com，伊恩・范・哈特伦，bc。多林金德斯利，哈福林格马流浪者，海伦・布莱尔小姐，英格兰中西部西尔弗雷塔哈福林格马种马场，tr。
P188～189 多林金德斯利，哈福林格马流浪者，海伦・布莱尔小姐，英格兰中西部西尔弗雷塔哈福林格马种马场。
P189 多林金德斯利，哈福林格马流浪者，海伦・布莱尔小姐，英格兰中西部西尔弗雷塔哈福林格马种马场，br。
P192 阿拉梅图片库，马克，bc。
P194 阿拉梅图片库，奥德赛图片，cla。
P195 阿拉梅图片库，青年图片库有限公司，cl。多林金德斯利，穆尔格斯马，意大利，bl，br，tr。
P196～197 多林金德斯利，利皮扎马西格拉维・斯塞拉・约翰，戈达德・芬威克和林恩・莫兰，德韦达郡的奥斯丹种马场。
P197 多林金德斯利，利皮扎马西格拉维・斯塞拉・约翰，戈达德・芬威克和林恩・莫兰，德韦达郡的奥斯丹种马场，tr。Dreamstime.com，阿扎姆・艾哈迈德，br。
P198 马格达莱娜・斯特拉科娃，tr，cr，b。
P200～201 阿拉梅图片库，安德列・科恩菲尔德。
P204 多林金德斯利，农聂斯马潘帕斯，匈牙利的 A.G. 基什穆西吉所有，cla，bc，tr，br。
P205 多林金德斯利，弗雷索马弗雷索四世，匈牙利的 A.G. 基什穆西吉，tr。
P207 雷克斯 / 沙特斯托克，独立电影公司 / 埃弗雷特，br。
P208 多林金德斯利，帕洛米诺马怀克伍德・戴纳斯卡，哈伍德夫人，格罗斯的威奇伍德种马场，bl，tr，br。
P209 多林金德斯利，丹・班尼斯特，cla。
P210～211 阿拉梅图片库，青年图片库有限公司。
P212 Dreamstime.com，祖扎娜・蒂勒罗夫，bl。
P212～213 多林金德斯利，阿帕卢萨马金砖，莎莉・卓别林。
P215 阿拉梅图片库，户外档案馆，cra。
P216 多林金德斯利，摩根马福克斯溪王朝，达尔文・奥尔森，美国肯塔基马术公园，tr。
P217 多林金德斯利，摩根马福克斯溪王朝，达尔文・奥尔森，美国肯塔基马术公园，br。
P222 鲍勃・兰格里斯，bl。
P226 多林金德斯利，美国标准马漫步威利，法灵顿马房和保罗・西伯特庄园，美国肯塔基马术公园，bl。
P226～227 多林金德斯利，美国标准马漫步威利，法灵顿马房和保罗・西伯特庄园，美国肯塔基马术公园。
P227 多林金德斯利，美国标准马漫步威利，法灵顿马房和保罗・西伯特庄园，美国肯塔基马术公园，tr。
P229 鲍勃・兰格里斯，cl。
P230 拍摄者加布里埃尔・博伊塞尔 / 伍德福尔斯，cla。
P231 阿拉梅图片库，埃弗兰・帕德罗，cra。
P232 123RF.com，乔特克斯 1，cla。
P234 Dreamstime.com，坦尼娅・庞蒂蒂，cla。
P236～237 阿拉梅图片库，雷根・帕纳森。
P238 阿拉梅图片库，青年图片库有限公司。
P240 多林金德斯利，里海马霍普斯通・沙比茨，S. 斯科特夫人，威尔特郡亨登里海马种马场，tr。Dreamstime.com，罗伯特・维斯登，bl。
P240～241 多林金德斯利，里海马霍普斯通・沙比茨，S. 斯科特夫人，威尔特郡亨登里海马种马场。
P241 多林金德斯利，里海马霍普斯通・沙比茨，S. 斯科特夫人，威尔特郡亨登里海马种马场，br。
P244～245 凡尔纳・克劳福德。
P248 多林金德斯利，巴塔克马多拉，董库尼亚旺，印度尼西亚苏门答腊，bl。

P248～249 多林金德斯利，巴塔克马多拉，Tung Kurniawan，印度尼西亚苏门答腊。
P250 阿拉梅图片库，祖玛出版社，cla。
P253 iStockphoto. com，获胜的马，cla。
P254 盖蒂图片社，通用历史档案，cr。
P255 阿拉梅图片库，西尔维亚·格罗尼维奇，cra。
P256 克里邓斯坦／马里布公园种马场，维多利亚澳大利亚，bl。
P258 多林金德斯利，康尼马拉马斯平威清晨，霍奇金斯小姐，牛津斯平威种马场，tr。鲍勃·兰格里斯，bl。
P258～259 多林金德斯利，康尼马拉马斯平威清晨，霍奇金斯小姐，牛津斯平威种马场。
P259 多林金德斯利，康尼马拉马斯平威清晨，霍奇金斯小姐，牛津斯平威种马场，br。
P264 阿拉梅图片库，纪事报，bl。多林金德斯利，高地马弗鲁希，归属于斯温顿戴克斯伯爵夫人，tr。
P264～265 多林金德斯利，高地马弗鲁希，归属于斯温顿戴克斯伯爵夫人。
P265 多林金德斯利，高地马弗鲁希，归属于斯温顿戴克斯伯爵夫人，br。
P266 布里奇曼图片，英国南希尔兹博物馆和艺术画廊，bl。多林金德斯利，费尔马威夫瑞德·威廉，威廉·埃灵顿夫妇，tr。
P266～267 多林金德斯利，费尔马威夫瑞德·威廉，威廉·埃灵顿夫妇。
P267 多林金德斯利，费尔马威夫瑞德·威廉，威廉·埃灵顿夫妇，br。
P268 多林金德斯利，戴尔斯-沃伦莱恩公爵迪克森先生，米尔贝克小马工作室，约克斯，bc，br，tr。鲍勃·兰格里斯，cr。
P269 多林金德斯利，戴尔斯-沃伦莱恩公爵迪克森先生，米尔贝克小马研究室，约克郡。
P270 多林金德斯利，埃克斯穆尔马莫雷顿·德尔菲诺斯，琼·弗里曼，赫茨的莫雷顿种马场，bl。
P270～271 多林金德斯利，埃克斯穆尔马莫雷顿·德尔菲诺斯，琼·弗里曼，赫茨的莫雷顿种马场，bl。
P271 多林金德斯利，埃克斯穆尔马莫雷顿·德尔菲诺斯，琼·弗里曼，赫茨的莫雷顿种马场，tr。
P272 多林金德斯利，达特穆尔马艾伦代尔·吸血鬼，M. 霍登小姐，赫里福德郡海文种马场。
P273 多林金德斯利，达特穆尔马艾伦代尔·吸血鬼，M. 霍登小姐，赫里福德郡海文种马场，br，tr。
P280～281 阿拉梅图片库，苏格兰视角。
P286 多林金德斯利，骑乘小型马布鲁特，罗伯特·奥利弗，bl，br，tr。鲍勃·兰格里斯，cla。
P287 鲍勃·兰格里斯，cl。
P289 超级图库，马尔卡／马尔卡，cl。
P290 鲍勃·兰格里斯，cl。
P294 盖蒂图片社，帕特里克·斯图拉兹／法新社，bc。
P296 Dreamstime.com，达里亚·梅德韦杰娃，cl。
P298～299 盖蒂图片社，北极图片社。
P300～301 多林金德斯利，峡湾马奥斯丹·斯威克·约翰，戈达德·芬威克和林恩·莫兰，德韦达郡的奥斯丹种马场。
P301 多林金德斯利，峡湾马奥斯丹·斯威克·约翰，戈达德·芬威克和林恩·莫兰，德韦达郡的奥斯丹种马场，br。
P302 阿拉梅图片库，青年图片库有限公司，cla。
P304～305 阿拉梅图片库，特里·惠特克。
P306 吉特·霍顿／霍顿的马，cl。
P307 Dreamstime.com，迪米特里斯·科雷里斯，cla。
P308 本地图库，cl。
P309 阿拉梅图片库，马克·J·巴雷特，cra。多林金德斯利，巴什基尔卷毛马梅尔的幸运男孩，丹·斯图尔特家族，美国肯塔基马术公园，b。
P314 Dreamstime.com 史蒂夫·科尔，bl。
P316～317 阿拉梅图片库，银棱镜图片社。
P318 123 RF. com，玛塔的扎卡里亚斯·佩雷拉，bl。
P320 多林金德斯利，法拉贝拉马珀伽索斯，基尔斯通，tr。iStockphoto. com，安迪·格里格，bl。
P320～321 多林金德斯利，法拉贝拉马珀伽索斯，基尔斯通。
P321 多林金德斯利，法拉贝拉马珀伽索斯，基尔斯通，br。
P322～323 盖蒂图片社，索莫伊瓦里。
P324～325 Dreamstime. com，康妮·斯约斯特伦。
P331 鲍勃·兰格里斯，cl。
P332～333 盖蒂图片社，格雷戈里·T. 史密斯。
P336 阿拉梅图片库，阿根加·福托格拉菲茨纳·卡罗，bc。
P341 阿拉梅图片库，青年图片库有限公司，cra。

尾页 naturepl.com 克里斯特尔·理查德。
其他图片 © 多林金德斯利，更多信息请查阅 www.dkimages.com。